国家“双高计划”水利水电建筑工程高水平专业群活页式教材

# 水利工程运行与管理

（活页式）

主　编　赵海滨

中国水利水电出版社
www.waterpub.com.cn
·北京·

## 内 容 提 要

本书是国家“双高计划”水利水电建筑工程高水平专业群活页式教材，结合我国水利行业发展总体规划和产业、行业发展现状，为适应现代高职教育培养应用型、技术技能型人才需求而编写的。全书共分5个模块，13个项目，包括水库运行调度、水利工程运行监测、水利工程监测资料整理分析、水利工程养护维修和水利工程防汛抢险等内容。

本书为高等职业教育水利工程与管理类等相关专业教材，可供水利工程运行与管理技术人员参考使用，又可作为水工监测工、闸门运行工、河道修防工等职业技能鉴定、相应领域职业技能等级证书考核及培训参考用书。


**图书在版编目（CIP）数据**

水利工程运行与管理 / 赵海滨主编. -- 北京 : 中国水利水电出版社, 2024.2

国家“双高计划”水利水电建筑工程高水平专业群活页式教材

ISBN 978-7-5226-1680-3

Ⅰ. ①水… Ⅱ. ①赵… Ⅲ. ①水利工程管理－高等职业教育－教材 Ⅳ. ①TV6

中国国家版本馆CIP数据核字(2023)第141845号

| | |
|---|---|
| 书　　名 | 国家“双高计划”水利水电建筑工程高水平专业群活页式教材<br>**水利工程运行与管理（活页式）**<br>SHUILI GONGCHENG YUNXING YU GUANLI（HUOYESHI） |
| 作　　者 | 主编　赵海滨 |
| 出版发行 | 中国水利水电出版社<br>（北京市海淀区玉渊潭南路1号D座　100038）<br>网址：www.waterpub.com.cn<br>E-mail：sales@mwr.gov.cn<br>电话：(010) 68545888（营销中心） |
| 经　　售 | 北京科水图书销售有限公司<br>电话：(010) 68545874、63202643<br>全国各地新华书店和相关出版物销售网点 |
| 排　　版 | 中国水利水电出版社微机排版中心 |
| 印　　刷 | 北京市密东印刷有限公司 |
| 规　　格 | 184mm×260mm　16开本　18.5印张　439千字 |
| 版　　次 | 2024年2月第1版　2024年2月第1次印刷 |
| 印　　数 | 0001—1500册 |
| 定　　价 | **63.00**元 |

# 前言

本书是依据《国家职业教育改革实施方案》（国发〔2019〕4号）、《关于实施中国特色高水平高职学校和专业建设计划的意见》（教职成〔2019〕5号）、《职业教育提质培优行动计划（2020—2023年）》（教职成〔2020〕7号）、《关于推动现代职业教育高质量发展的意见》和《关于深化现代职业教育体系建设改革的意见》等文件精神，结合国家级“双高计划”教学改革的实践经验进行编写的，突出了当前职业教育关于课程改革的新理念，增强了应用性和实用性。

根据高等职业教育的特点，教材在编写过程中本着以职业能力为本位，以应用为核心，突出实践，融入“四新”。内容编排上，依据教育部水工专业教学标准，对接水利行业技术岗位需求与职业能力要求，广泛征求水利工程一线技术人员经验和意见，紧密联系水利工程运行与管理实际，将水利工程运行与管理岗位工作内容重构为水库运行调度、水利工程运行监测、水利工程监测资料整理分析、水利工程养护维修、水利工程防汛抢险5个任务模块，结合运行管理工作对象的不同进一步将5个模块划分为13个工作项目，并以工作过程为载体将项目内容解构为48个典型工作任务，各典型工作任务相对完整和独立，且彼此关联，利于专业群项目化、模块化教学实施，教学内容融入课程思政，实现润物无声的育人效果。同时，教材编写充分贯彻“岗课赛证”的一体化设计理念，将水工监测工、闸门运行工、河道修防工等岗位技能要求、职业技能竞赛标准、职业技能等级证书标准有机融入教材，适应专业建设、课程建设、教学模式与方法改革创新等方面的需要，满足项目学习、案例学习、模块化学习等不同学习方式要求，有效激发学生学习兴趣和创新潜能。

本书由黄河水利职业技术学院赵海滨担任主编，袁斌、赵青、张安然担任副主编，陶永霞教授担任主审。本教材模块一中的项目二、项目三，模块二中的项目二、项目三，模块四由黄河水利职业技术学院赵海滨编写；模块一中的项目一由黄河水利职业技术学院李梅华编写；模块二中的项目一由黄河水利职业技术学院方琳编写；模块三由中国南水北调集团中线有限公司李书阁编写；模块五由黄河水利职业技术学院袁斌、赵青共同编写；案例和知识拓展部分由黄河水利职业技术学院张安然编写。

在编写过程中，得到了黄河水利职业技术学院王勤香教授、雷恒教授，河南省前坪水库建设管理局总工程师皇甫泽华，黄河水利科学研究院申震洲教高、张攀教高，黄委范县河务局高级技师林喜才，云南云水工程技术检测有限公司张玉飞等水利企业、事业单位技术人员支持，在此表示感谢。

由于编者水平有限，本书难免存在疏漏或不当之处，恳请广大读者批评指正。

**编者**

2023 年 7 月

# 目 录

模块一

# 水库运行调度

## 项目一　库区环境量监测

环境量监测主要包括坝前水位、坝后水位、气温、大气压力、降水量、冰压力、坝前淤积和下游冲刷等。环境量监测站可以监测其中的一项或几项。大坝变形、渗流、应力应变等均与环境量的变化关联，为了解环境量对大坝的影响，必须对环境量进行监测，设置多用途环境量监测固定测站，并分析环境量对大坝的变形、渗流、应力应变影响程度，为分析判断大坝安全提供基础信息。降水量、气温、大气压力观测可应用当地水文站、气象站观测资料，土石坝环境量监测项目与混凝土坝的环境量监测项目略有不同。

### 任务一　环境量监测项目确定

#### 一、土石坝环境量监测项目

根据《土石坝安全监测技术规范》（SL 551—2012），土石坝环境量监测项目按表1-1-1执行。从表中可以看出，环境量中的上下游水位、降水量、气温和库水温是1、2、3级土石坝必设的监测项目。

表1-1-1　土石坝环境量监测项目

| 编号 | 监测项目 | 建筑物级别 | | |
|---|---|---|---|---|
| | | 1 | 2 | 3 |
| 1 | 上下游水位 | ★ | ★ | ★ |
| 2 | 降水量、气温、库水温 | ★ | ★ | ★ |
| 3 | 坝前泥沙淤积及下游冲刷 | ☆ | ☆ | |
| 4 | 冰压力 | ☆ | | |

注　1. ★为必设项目，☆为一般项目，可根据需要选设。
2. 坝高小于20m的低坝，监测项目选择降低一级。

#### 二、混凝土坝环境量监测项目

根据《混凝土坝安全监测技术规范》（SL 601—2013），混凝土坝环境量监测项目按

表 1-1-2 执行。从表 1-1-2 中可以看出，上下游水位、气温、降水量是 1、2、3、4 级混凝土坝必设的监测项目，坝前水温是 1、2 级混凝土坝必设的监测项目。

**表 1-1-2　　混凝土坝环境量监测项目**

| 编号 | 监测项目 | 建筑物级别 | | | |
|---|---|---|---|---|---|
| | | 1 | 2 | 3 | 4 |
| 1 | 上下游水位 | ★ | ★ | ★ | ★ |
| 2 | 气温、降水量 | ★ | ★ | ★ | ★ |
| 3 | 坝前水温 | ★ | ★ | ☆ | ☆ |
| 4 | 气压 | ☆ | ☆ | ☆ | ☆ |
| 5 | 冰冻 | ☆ | ☆ | ☆ | |
| 6 | 坝前泥沙淤积及下游冲刷 | ☆ | ☆ | ☆ | |

注　★为必设项目，☆为一般项目，可根据需要选设。

图 1-1-1　环境量监测站（水位、降水量、气温、水质）

环境量监测应遵循《混凝土坝安全监测技术规范》（SL 601—2013）、《土石坝安全监测技术规范》（SL 551—2012）、《水位观测标准》（GB/T 50138—2010）、《降水量观测规范》（SL 21—2015）等标准、规范的要求。环境量监测设施应在水库蓄水前完成施工，水位、降水量、气温、水温观测可以应用当地水文站和气象站的观测资料，也可以在坝址附近建立监测站进行环境量的观测，如图 1-1-1 所示。

## 任务二　水　位　监　测

### 一、水位监测测点布置

#### （一）上游（水库）水位测点布置要求

蓄水前应在坝前布设至少一个永久性测点。测点应处于水面平稳、受风浪和泄洪影响较小、便于安装设备和观测的位置；测点可以安置在岸坡或永久建筑物上；测点水位应能代表坝前平稳水库水位。

#### （二）下游（河道）水位测点布置要求

下游（河道）水位监测应与测流断面统一布置，测点应设置在水流平顺、受泄流影响较小、便于安装设备和观测的地点；当各泄水口泄流分道汇入干道时，除在干道上应设置测点外，在各分道上也可布设测点；河道无水时，下游水位用河道中的地下水位代替，宜与渗流监测结合布置。

**(三) 输泄水建筑物水位测点布置要求**

输泄水建筑物的水位监测布设应与上下游水位监测相结合，并根据水流观测需要，可在建筑物中若干部位（如渠首及堰前、闸墩侧壁、弯道两岸、消力池等处）增设水位测点。消力池的下游水位测点应布设在距离消力池末端不小于消能设施总长的3～5倍处。

## 二、水位监测设备和方法

观测设备可以采用水尺和自记水位计进行观测。水尺应延伸到高于校核洪水位，水尺的零点高程每年应校测1次，怀疑水尺零点高程有变化时应及时校测。水位计应在每年汛前检查。

**(一) 水尺**

水尺通常用搪瓷板或合成材料制成，长度为1m，宽约10cm，水尺刻度分辨率为1cm。水尺要求具有一定的强度、不易变形，具有耐水性，温度伸缩性应尽可能小。

水尺是测站水位监测的基本设施，通常设立在岸边用以观测水面升降情况。水尺的常用形式有四种：按形式可分为直立式、倾斜式、矮桩式和悬锤式四种。

(1) 直立式水尺。一般由靠桩和水尺板两部分组成。靠桩有木桩、混凝土桩或型钢桩，埋入土深0.5～1.0m；水尺板由木板、搪瓷板、高分子板或不锈钢板做成，其尺度刻划一般至1cm。

(2) 倾斜式水尺。如图1-1-2所示，把水尺板固定在岩石岸坡或水工建筑物（土石坝的坝坡）上，也可直接在岩石或水工建筑物的斜面上涂绘水尺刻度，刻度大小以能代表垂直高度为准。倾斜式水尺的优点是不易被洪水和漂浮物冲毁。

(3) 矮桩式水尺。如图1-1-3所示，矮桩式水尺由固定矮桩和附加的测尺组成。因流冰、航运、浮运等冲撞而不宜用直立式水尺时，可用这种水尺。

图1-1-2 倾斜式水尺

图1-1-3 矮桩式水尺

(4) 悬锤式水尺。通常设置在坚固陡岸、桥梁或水工建筑物的岸壁上，用带重锤的悬索测量水面距离某一固定点的高差来计算水位。

水尺安装时，应进行精密的水准测量，以确定水尺的整米位置，直立式水尺应该保持铅直，倾斜式水尺在竖直面的投影也应保持铅直。读水尺水位时，观测者身体应尽量蹲下，视线接近水面，读取水面反映在水尺上刻度线数值，叫水尺读数。水尺读数加上水尺零点高程，即等于水位，水位以米计，读数精确到 0.01m。

**（二）自记水位计**

自记水位计是利用机械、压力、声波、电磁波等传感装置间接观测记录水位变化的设备，一般由水位感应、信息传输与记录装置三部分组成。常见感应水位的方式有浮子、水压力、超声波、雷达波等多种类型。

1. 浮子式水位计

浮子式水位计利用浮子跟踪水位升降，以机械方式直接传动记录水位的一种水位计（图 1-1-4），具有简单可靠、精度高、易于维护等特点。主要由感应传输部分和记录部分组成，感应传输部分直接感受水位变化，构件为浮子（浮筒）、悬索及重锤、水位轮，浮子（浮筒）和重锤用塑胶铜线连接悬挂在水位轮上，水位涨落使浮筒升降带动水位轮正反旋转。记录部分由记录转筒、自记钟、自记笔及导杆组成，记录滚筒与水位轮直接连接，当水位轮旋转时，记录滚筒一起转；记录纸装在记录滚筒外面，记录笔是特制的小钢笔，由石英晶体自记钟以每小时一定的速度带动它在记录纸横坐标方向上单向运动，这样记录滚筒随水位变化作纵向运动，记录笔随时间变化作横向运动，将水位模拟曲线描绘在记录纸上。

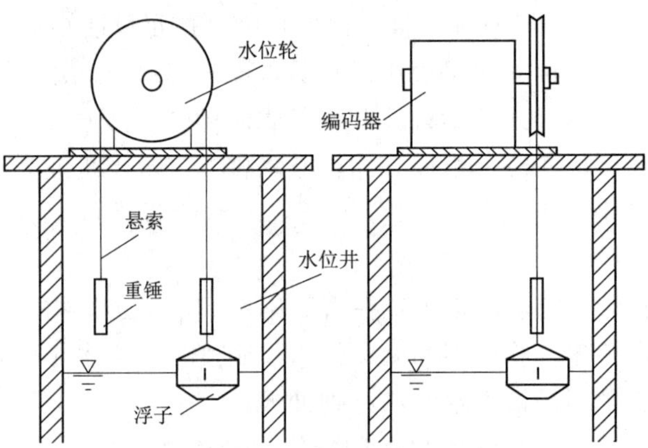


图 1-1-4 浮子式水位计结构示意图

使用浮子式水位计时，必须建设水位井。水位井可以在混凝土建筑物中预留管道，也可利用金属管、钢筋混凝土、砖或其他材料单独修建测井，如图 1-1-5 所示。

2. 压力式水位计（渗压计）

通过传感器测量水体的静水压力，得到水位的仪器称为压力式水位计，又称渗压计，如图 1-1-6 所示。设测点的静水压强为 $P$，水体密度为 $\gamma$，则测量（传感固定测点）处的水深为 $H=P/\gamma$。若固定测点高程为 $Z$，则 $Z+H$ 即为水位。该类仪器可应用在江河、湖泊、水库及其他密度比较稳定的天然水体中，实现水位测量和存储记录。

3. 超声波水位计

超声波水位计是一种把声学和电子技术相结合的水位测量仪器。按照声波传播介质的区别可分为液介式和气介式两大类。传感器安装在水中的称为液介式超声波水位计，而传感器安装在空气中不接触水体的，称为气介式或非接触式超声波水位计。

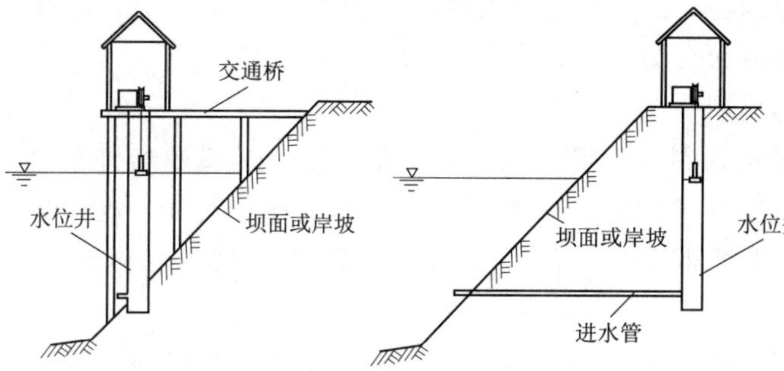


（a）岛式水位井　　（b）岸式水位井

图 1-1-5　浮子式水位计

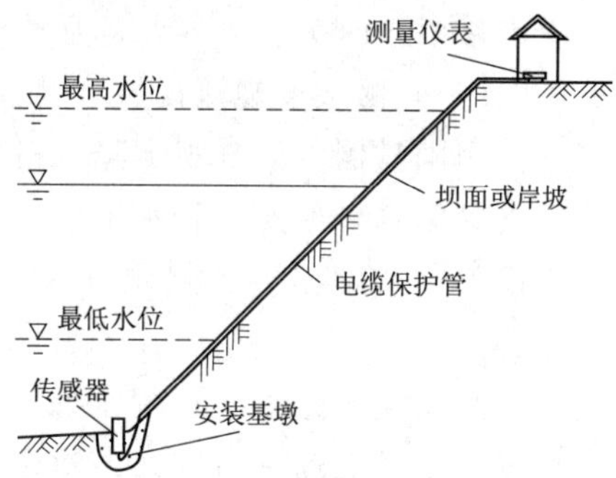


图 1-1-6　压力式水位计安装示意图

4. 雷达水位计

雷达水位计是通过非接触方式测量地表水位的一种高精度测量仪器。原理同非接触式超声波水位计，但由电磁波传输反射实施测量。可用于多泥沙、多漂浮物、多水草以及具有腐蚀性的污水、盐水等恶劣环境下的水位监测。

### 三、水位监测要求

#### （一）测次要求

水位监测应与库水位相关的监测项目同时观测。开闸泄水前、后应各增加观测 1 次，汛期还应根据要求适当加密测次。下游水位应与上游水位同步观测。监测数据认真记录、填写，不应涂改、损坏和遗失。土石坝、混凝土坝水位监测一般为每日 1～2 次，当出现强降水、库水位明显变化，蓄水初期、遭遇大洪水、强地震、工程异常等特殊情况时，应加密监测频次，满足监测预警、预测预报和大坝安全管理要求。

#### （二）观测精度要求

水位监测的准确度要求为：当水位变幅小于 10m 时，测量综合误差不大于 2cm；当水位变幅在 10～15m 范围时，测量的综合误差不大于水位变幅的 2%；当水位变幅大于 15m 时，测量综合误差不大于 3cm。

## 任务三　降水量、温度及淤积监测

### 一、降水量监测

降水量是指在一定时段内，从大气降落到地面的降水物在地平面上所积聚的水层深度。降水日数是指在指定时段内，日降水量大于等于 0.1mm 的天数。

降水量观测包括降雨、降雪、降雹的水量，根据需要可测记雪深、冰雹直径、初霜和终霜日期及雾、露、霜现象。降水量以 mm 为单位，其观测记载的最小量（简称记录精度）根据观测要求确定，需要雨日地区分布变化资料或采用人工雨量器的降水量观测应记至 0.1mm；不需要雨日地区分布变化资料的降水量观测，其多年平均降水量小于 400mm 的地区可记至 0.2mm，多年平均降水量 400～800mm 的地区可记至 0.5mm，多年平均降水量大于 800mm 的地区可记至 1mm；水面蒸发站应与蒸发观测的记录精度相匹配；观测记录和资料整理的记录精度应与仪器的分辨力一致。降水量观测记录应采用北京时间。记起止时间者，观测时间应记至分钟，不记起止时间者，可记至小时。日降水量以8时为日分界，即从昨日8时至今日8时的降水量为昨日降水量。

**（一）降水量观测误差**

用雨量器（计）观测降水量由于受观测场环境、气候、仪器性能、安装方式和人为因素等影响，使降水量观测值存在系统误差和随机误差。误差来源主要有风力误差、湿润误差、蒸发误差、溅水误差、积雪漂移误差、仪器误差、仪器计量误差、测记误差等。

系统误差是由于观测设备、仪器、操作方法不完善或外界条件变化所引起的一种有规律的误差。通常系统误差对多个测点或多次测值都发生影响，影响值及正负号有一定规律。除在观测中应尽量采取措施来消除或减少系统误差外，还应在资料分析时努力发现和消除系统误差的影响。发现有系统误差要加以处理。

偶然误差是由于若干偶然原因所引起的微量变化的综合作用所造成的误差。这些偶然原因可能与观测设备、方法、外界条件、观测者的感觉等因素有关。偶然误差对测值个体而言是没有规律的（或者规律还未被人掌握），不可预言和不可控制的，但其总体服从于统计规律，可以从理论上计算它对观测结果的影响。

**（二）降水量观测场**

降水量观测场位置选择应避开强风区，其周围应空旷、平坦，不受突变地形、树木和建筑物的影响；观测场不能完全避开建筑物、树木等障碍物的影响时，雨量器（计）至障碍物边缘的距离应大于障碍物顶部与承雨器口高差的2倍；在山区，观测场不宜设在陡坡上、峡谷内和风口处，应选择相对平坦的位置，使承雨器口至山顶的仰角不大于30°；场内仪器之间、仪器与栏栅之间的间距不小于2.0m，仅设1台雨量器（计）时为4m×4m，设置雨量器和自记雨量计各1台时为4.0m×6.0m，场地平面布置，如图1-1-7所示。场内地面应平整，保持均匀草层，草高不宜超过20cm；设置的小路和门应便于观测，路宽不大于0.5m；观测场四周应设置不高于1.2m的防护栏栅，栏栅条的疏密不应影响降水量观测精度，多雪地区应考虑在近地面不致形成雪堆；有积水的观测场，应在其周围开挖排水沟，以防止场地内积水；观测场应设立警示标志，划定保护范围，承雨器口至障碍物顶部高差的2倍距离为保护范围，不应有建筑物，不应栽种树木和高秆作物。

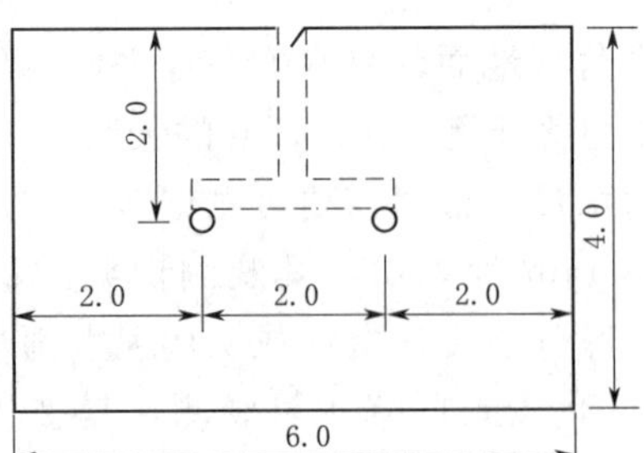


（a）安置2台仪器

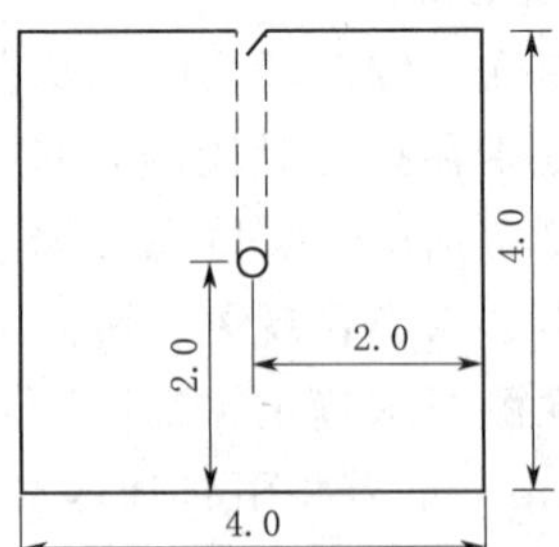


（b）安置1台仪器

图1-1-7 降水量地面观测场平面布置图（单位：m）

### （三）降水量观测仪器

降水量观测仪器分为人工雨量器和自记雨量计，自记雨量计有翻斗式、称重式、轮盘斗式和虹吸式等类型。人工雨量器适用于驻测的雨量站观测液态和固态降水量；翻斗式、称重式和轮盘斗式雨量计适用于驻测和无人驻测的雨量站观测液态降水量；虹吸式雨量计适用于驻测的雨量站观测液态降水量。

1. 人工雨量器

人工雨量器主要由承雨器、储水筒、储水器和器盖等组成，并配有专用量雨杯，如图 1－1－8 所示，用于观测固态降水的雨量器，配有无漏斗的承雪器，或采用漏斗能与承雨器分开。量雨杯总刻度为 10.5mm，最小刻度为 0.1mm。

2. 虹吸式雨量计

虹吸式雨量计是自动记录液态降水物的数量、强度变化和起止时间的仪器，由承雨器（受水口）（通常口径为 20cm）、浮子室、自记钟和虹吸管等四个部分组成。在承雨器下有一浮子室（浮子室是一个圆形容器），室内装一浮子与上面的自记笔尖相连，浮子室外连虹吸管，如图 1－1－9 所示。

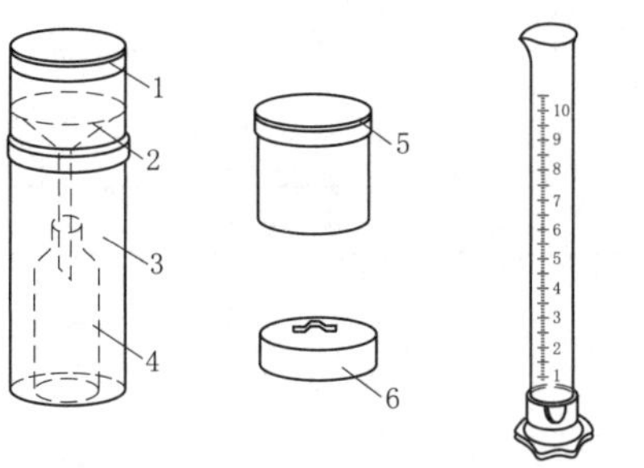

（a）人工雨量器　（b）量雨杯

图 1－1－8　人工雨量器及量雨杯

1—承雨器；2—漏斗；3—储水筒；4—储水器；5—承雪器；6—器盖

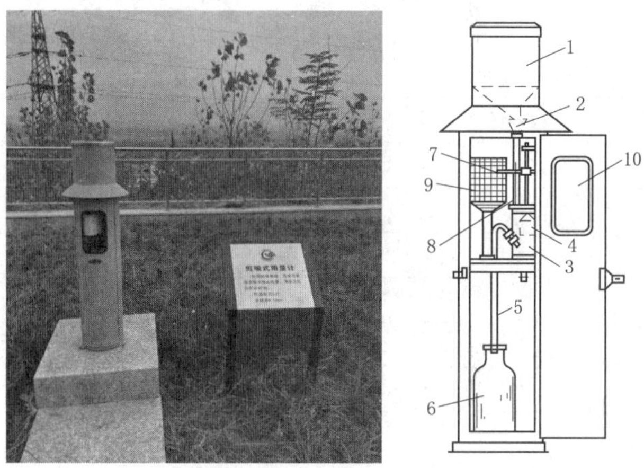

图 1－1－9　虹吸式雨量计

1—承雨器；2—小漏斗；3—浮子室；4—浮子；5—虹吸管；6—储水器；7—记录笔；8—笔档；9—自记钟；10—观测窗

3. 虹吸式雨量计测量原理

当雨水由承雨器进入浮子室后，其水面立即升高，浮子和笔杆也随着上升（由于笔杆总是随着降水量作上下运动，因此，自记纸的时间线是直线而不是弧线）。下雨时随着浮子室内水集聚的快慢，笔尖即在转动着的自记吸管短的一端插入浮子室的旁管中，用铜套管抵住连接器。再将笔尖上好墨水，使笔尖接触自记纸。雨量计在记录使用之前，必须对虹吸管的虹吸作用和自记笔尖的滑动情况进行检查。同时，还要调整虹吸管的高度和自记笔尖的零线位置，使之处于正确状态，以保证正常工作。

4. 降水量人工观测记载簿

降水量人工观测记载簿格式见表 1－1－3，由封面、封里、观测记载表、封底组成。用 A4 纸印刷，可每月装订 1 册，年终将 12 册合订为 1 本。

表 1-1-3 降水量人工观测记载簿格式

共 页

**__________站降水量人工观测记载簿**

测站编码：__________

____年____月

流域：__________ 水系：__________ 河名：__________

地址：__________ 省（自治区、直辖市）__________县（市）

__________乡（镇）__________村

观测： 一校： 二校：

年 月 年 月

**仪 器 说 明**

观测场地地面高程： m（ 基面）

| 雨量器名称 | 型式 | 口径/mm | 器口离地面高度/m | 备注 |
|---|---|---|---|---|
| | | | | |
| | | | | |
| | | | | |
| 观测大事记 | | | | |
| | | | | |
| | | | | |
| | | | | 年 月 日 |

第 页

**降雨量人工观测记载表**

__________月 （采用 段次）

| 日 | 观测起止时间 | | 实测降/mm | 时段降水/mm | 日降雨水 | | 备注 |
|---|---|---|---|---|---|---|---|
| | 起时 | 止时 | | | 日期 | 降水量/mm | |
| | | | | | | | |
| | | | | | | | |
| | | | | | | | |

观测： 第 页

| 月 统 计 | | | |
|---|---|---|---|
| 总降水量： | | 降水日数： | |
| 最大日降水量： | | 日 期： | |

(1) 表里填写应符合下列要求：

1) 仪器说明，根据当月使用的雨量器说明书抄填；观测场地面高程按雨量站考证簿填写，未测定者空白。每年观测的第一个月应详细填写仪器说明，以后各月凡与上月完全相同者，可从略。

2) 观测大事记，填记本月观测中所发生的重要事件，如更换观测员或临时委托观测情况；观测场地或周围障碍物的变化；仪器性能检查、维修情况；发生特殊天气现象及影响观测质量的事物等。

(2) 降水量人工观测记载表填写应符合下列要求：

1) 月份，填写降水量观测记载的月份。

2) 采用段次，填写当月采用的观测段次。

3) 观测起止时间。

4) 实测降水量，填写降水量观测值；降雪或降雹时，在降水量数值右侧加注降水物符号。

5) 时段降水量，填写观测段次内的各次实测降水量累计值；降雪或降雹时，在降水量数值右侧加注降水物符号；观测值欠准时，在降水量数值右侧加欠准符号“※”；观测值不全时对降水量数值加括号；因故障缺测，且确知其降水量达仪器 1/2 个分辨力时，缺测时段记缺测符号“—”；降雪量缺测，但测其雪深者，将雪深折算成降水量填入，并在备注栏注明。

6) 日降水量，累加昨日 8 时至今日 8 时各次观测的降水量作为昨日降水量；未在日分界观测降水量者，在“日降水量”栏记合并符号“↓”。

封底应填写总降水量、降水日数、最大日降水量、最大日降水量发生的日期。

5. 降水量自动记录统计表

采用翻斗式、称重式、轮盘斗式和虹吸式等自记雨量计，虹吸式雨量计观测记录统计按表 1-1-4。

表 1-1-4　　虹吸式雨量计观测记录统计表

| 年　月　日 8 时至　日 8 时 | |
|---|---|
| ① | 自然虹吸量（储水器纳水量）＝　　mm |
| ② | 自记纸上查得的未虹吸量＝　　mm |
| ③ | 自记纸上查得的底水量＝　　mm |
| ④ | 自记纸上查得的日降水量＝　　mm |
| ⑤ | 虹吸订正量＝①＋②－③－④＝　　mm |
| ⑥ | 虹吸订正后的日降水量＝④＋⑤＝　　mm |
| ⑦ | 时钟误差：8 时至 20 时　　分；20 时至 8 时　　分 |
| 备注： | |

6. 降水量测次

降水量应每天监测、记录，当出现强降水、库水位明显变化，蓄水初期、遭遇大洪水、强地震、工程异常等特殊情况时，应加密监测频次，满足监测预警、预测预报和大坝安全管理要求。

## 二、坝前水温监测

坝前水温监测点应设置在靠近上游坝面的库水中，其位置和重点观测断面一致，上游坝面温度测点可兼作坝前水温观测点。

混凝土坝测点的垂直布设：水库水深较小时，至少应在正常蓄水位以下 20cm 处、1/2 水深处及库底各布置 1 个测点。水库水深较大时，从正常蓄水位到死水位以下 10m 范围内，每隔 3～5m 宜布置 1 个测点；再往下每隔 10～15m 宜布置 1 个测点，必要时正常蓄水位以上也可适当布置测点。

土石坝的固定测点应布设在正常蓄水位以下 1m 处，固定垂线上至少应在水面以下 20cm 处、1/2 水深处及接近库底处布设 3 个测点；固定断面上至少有 3 条垂线。

观测设备应采用耐水压温度计，如深水温度计、半导体温度计、电阻温度计等。每年汛前应检验温度计，水温观测准确度应不大于 0.5℃。

## 三、气温监测

坝址附近至少应设置一个气温监测点，在蓄水前完成观测点设置。气温监测仪器应设在专用的百叶箱内，如图 1-1-10 所示，可安装直读式温度计、最高最低温度计或自记温度计、干湿球温度计等。气温监测准确度应不大于 0.5℃。

图 1-1-10 气温监测百叶箱

## 四、坝前淤积和下游冲刷监测

坝前淤积和下游冲刷均改变了原始的水下地形，水下地形的改变是否超出了设计的要求，是否会影响建筑物安全是安全监测关注的问题。

坝前、沉砂池和下游冲刷的区域应各至少布设一个观测断面。库区应根据水库的形状和规模，自河道入库区直至坝前设置若干个观测断面，每个断面的库岸设置相应的控制点。

坝前淤积和下游冲刷监测主要是监测指定断面的水下地形。平面位置的确定可以采用全站仪、GNSS 接收机进行观测，水深可以采用测杆、测深锤或测深仪进行探测，对于断面不能全部控制的局部复杂地形，应辅以局部水下地形测量。有条件时，可利用遥感照片分析水库淤积。

坝前淤积和下游冲刷一般先进行指定断面的水下地形测量，然后利用 CAD 绘制断面图，最后根据原始水下断面图和后续测量时间的水下断面图求出淤积量和冲刷量。图 1-1-11 为某水库原始水下断面图与 2016 年 3 月 5 日测量的水下断面图的叠加，计算得到该断面淤积面积为 207.5$m^2$。如果测量相邻断面的淤积面积，即可计算出该范围内的淤积方量。

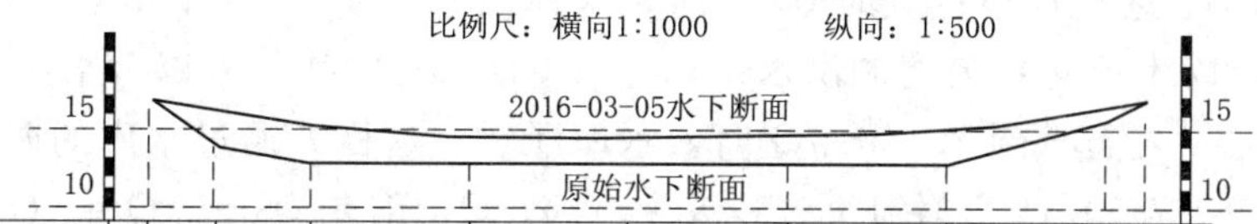


| 高程 | 16.81 | 13.88 | 12.78 | 12.78 | 12.78 | 12.78 | 12.88 | 15.68 | 16.85 | |
|---|---|---|---|---|---|---|---|---|---|---|
| 里程 | 0+000.0 | 0+008.4 | 0+020.0 | 0+040.0 | 0+060.0 | 0+080.0 | 0+100.0 | 0+120.0 | 0+125.2 | |

本断面淤积面积207.5$m^2$

图 1－1－11　某水库 0＋200 断面坝前淤积断面图

# 项目二　水库防洪控制运用

## 任务一　水库调洪作用与原理

水库调度运用，亦称为水库控制运用，就是运用水库的调蓄能力，科学地调度天然来水，使之适应人们的用水需要，达到兴利除害的目的。水库调度应坚持“安全第一，统筹兼顾”的原则，在保证水库工程安全、服从防洪总体安排的前提下，根据洪水、库容和工程设施研究确定水库的蓄泄方案，协调防洪、兴利等任务及社会经济各用水部门的关系，发挥水库的综合利用效益。

水库防洪调度是水库调度运用的一个重要组成部分。水库防洪调度是根据设计确定的或上级主管部门核定的水库防洪标准和下游防护对象的防洪标准、防洪调度方案及各特征水位，按照经批准的调度运用计划，严格执行有调度权限的防汛抗旱指挥部门的调度指令，对入库洪水进行调蓄，确保大坝和下游防洪安全。如遇超标准洪水，应首先保障大坝安全，并尽量减轻下游的洪水灾害。

防洪调度原则是根据水库调度基本原则提出的，其特点是：在确保水库大坝安全的前提下，最大限度地发挥水库对上、下游的防洪效益，一方面解决水库蓄洪与泄洪的矛盾，同时还要解决防洪安全与兴利蓄水的矛盾，要力求少留专门调洪库容，使调洪库容尽量结合兴利，并通过预报调度，重复利用库容，减少无益弃水，充分发挥和提高水库的综合效益，调洪方式要贯彻“大水多放，小水少放”的原则，下泄流量宜逐渐增大，避免突变，以防止由于下游准备不足而造成损失。

### 一、水库调洪作用

水库调洪是指利用水库防洪库容滞蓄水库上游洪水，削减洪峰，改变天然洪水过程，从而保证水库工程本身及上、下游的防洪安全。图 1－2－1 为溢洪道无闸门时的水库调洪示意图。在洪水来到之前，水库已蓄至防洪限制水位。当洪水来临时（即图中 $t_0$），水库即开始泄洪。开始涨水时，溢洪道顶水头较小，其下泄流量 $q$ 小于同一时刻的洪水流量 $Q$，因此水库开始滞蓄洪水。随着洪水流量的不断增加，库水位逐渐升高，下泄流量也跟着加大。一直到时刻 $t_M$ 时，出现洪峰流量 $Q_M$ ［图 1－2－1（a）］。此后

入库洪水流量 $Q$ 逐渐减小；至时刻 $t_m$ 时，入库洪水流量 $Q$ 等于最大下泄流量 $q_m$，水库停止蓄水，库水位达到最高调洪水位 $Z_m$［图 1-2-1（b）］。以后水库以大于 $Q$ 的泄量 $q$ 逐渐泄放，直至时刻 $t_N$，$q=Q$ 时，水库泄空。这样，通过水库的调洪作用，使天然洪水过程 $Q=f(t)$ 改变为泄洪过程 $q=f(t)$，$Q_M$ 削减为 $q_m$。$Q=f(t)$ 与 $q=f(t)$ 之间的面积即相当于相应洪水的调洪库容 $V_调$。显然，在一定的设计洪水下，最大下泄流量 $q_m$ 比洪峰流量 $Q_M$ 对下游防洪保护对象及大坝本身更安全，所以，通过水库调洪就可达到防洪目的。

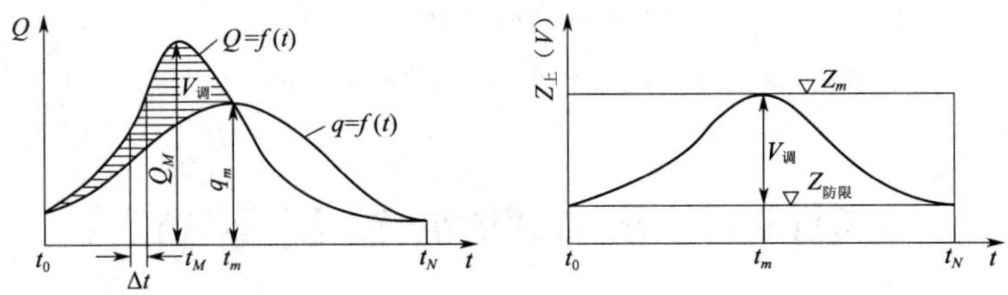


（a）调洪流量过程线图　　（b）库水位变化过程线图

图 1-2-1　溢洪道无闸门时水库调洪示意图

## 二、调洪计算基本原理

溢洪道上不设闸门或虽设闸门但闸门全开的调洪是水库调洪的基本方式，这里就针对这种调洪方式来讨论调洪计算的基本原理。泄洪洞都有闸门，其调洪情况与有闸溢洪道相似。

水库调洪是在水量平衡和动力平衡（即水力学中所说的连续方程和运动方程）的支配下进行的。水量平衡可表示为水库水量平衡方程，动力平衡可由水库蓄泄方程（或蓄泄曲线）来反映。从起调开始，逐时段连续求解这两个方程，即可由入库流量过程 $Q-t$ 求得出库流量过程 $q-t$，这就是水库调洪计算所遵循的基本原理。

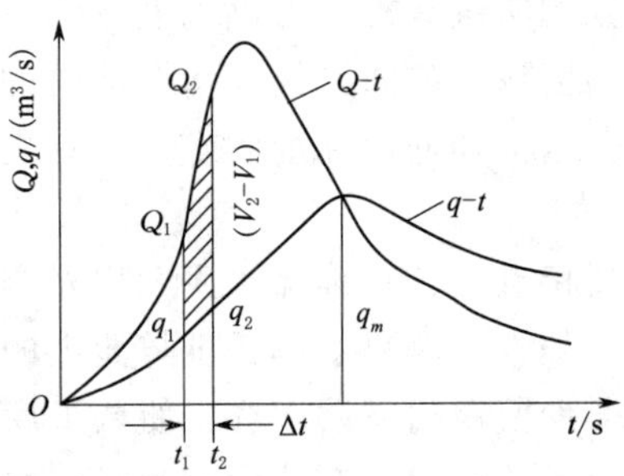


图 1-2-2　水库调洪计算示意图

### （一）水库水量平衡方程

如图 1-2-2 所示，在某一时段 $\Delta t$ 内，入库水量减去出库水量，应等于该时段内水库增加或减少的蓄水量，对此可写出如下的水量平衡方程：

$$\frac{Q_1+Q_2}{2}\Delta t-\frac{q_1+q_2}{2}\Delta t=V_2-V_1 \tag{1-2-1}$$

式中　$Q_1$、$Q_2$——时段 $\Delta t$ 始、末的入库流量，$m^3/s$；

$q_1$、$q_2$——时段 $\Delta t$ 始、末的出库流量，$m^3/s$；

$V_1$、$V_2$——时段 $\Delta t$ 始、末的水库蓄水量，$m^3$；

$t$——计算时段，s，其长短选择，应以能较准确地反映洪水过程线的形状为原则，陡涨陡落的，$\Delta t$ 取短些，反之则取长些。

### (二) 水库蓄泄方程

溢洪道无闸或闸门全开时的泄流量就是溢洪道的泄流能力，对于某一水库，当泄洪建筑物的型式、尺寸一定时，泄流能力 $q$ 仅取决于泄洪设施的水头或水库蓄量 $V$，因此可建立水库蓄泄方程：

$$q=f(V) \tag{1-2-2}$$

在式（1-2-1）和式（1-2-2）中，仅 $q_2$、$V_2$ 为未知数，故联立求解可得，例如第一时段，$Q_1$、$Q_2$ 可从入库洪水过程线得知，$q_1$、$V_1$ 可由起调水位 $Z_1$ 查 $Z-V$、$q-V$ 线得到，从而可联立解出该时段末的 $q_2$、$V_2$。显然，该时段的 $q_2$、$V_2$ 正是第二时段开始时的 $q_1$、$V_1$ 于是又可联立解出第二时段末的 $q_2$、$V_2$，依此类推，即可求出水库下泄流量过程线，最大下泄流量 $q_m$，调洪库容 $V_{调}$ 和水库最高水位 $Z_m$。

## 任务二　水库防洪调度运行参数的确定

水库防洪调度运行参数是决定水库规模和水库防洪效益的特征值，主要包括允许最高洪水位、当年防洪标准、防洪限制水位和泄流方式等。

决定防洪调度运行参数大小的主要因素有：水库及其与上下游防洪控制点区间的洪水特性、下游河道的安全控制泄量（允许泄量）$q_{安}$、泄洪建筑物型式与尺寸、调洪规则及相应的调洪方式等。在规划设计阶段，调洪参数要根据这些因素，通过调洪计算及全面分析论证选定。在运行调度期间，则应随着水文气象条件、工程运用情况及水库承担任务等各种因素的变化，定期结合水库调洪方案的编制，对调洪参数进行复核。

### 一、允许最高洪水位的确定

水库的允许最高洪水位一般在设计时均已确定，即设计最高洪水位。由于工程状况的改变和隐病患的暴露，若按原设计最高洪水位运用，可能会出现危险，则应视具体情况重新确定当年允许最高洪水位。对于新建成的水库，大坝未经过高水位考验，允许最高洪水位不能马上就按设计标准运用，水位要由低到高，逐年抬高。对工程完好的水库，允许最高洪水位按下式确定

$$\nabla_{允许最高洪水位}=\nabla_{坝顶高程(防浪墙顶高程)}-Y \tag{1-2-3}$$

其中，坝顶超高 $Y$ 按式（1-2-2）计算，如图 1-2-3 所示，对特殊重要的工程，可取 $Y$ 大于该计算值。

$$Y=R+e+A \tag{1-2-4}$$

式中　$Y$——坝顶超高，m；

$R$——波浪在坝坡上的最大爬高，m；

$e$——最大风壅水面高度，即风壅水面超出原库水位高度的最大值，m；

$A$——安全加高，m，根据坝的级别按表 1-2-1 选用。

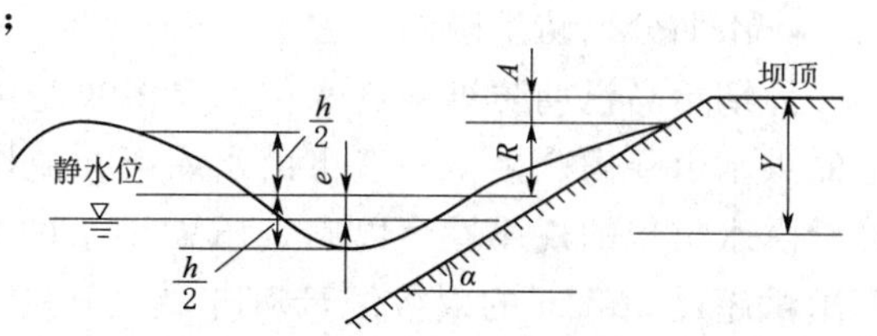

图 1-2-3　坝顶超高计算图

表 1-2-1　　土石坝安全加高 A 值　　单位：m

| 坝的级别 | | 1级 | 2级 | 3级 | 4级、5级 |
|---|---|---|---|---|---|
| 正常运用条件 | | 1.50 | 1.00 | 0.70 | 0.50 |
| 非常运用条件 | 山区、丘陵区 | 0.70 | 0.50 | 0.40 | 0.30 |
| | 平原、滨海区 | 1.00 | 0.70 | 0.50 | 0.30 |

对于中、小型土石坝，$R+e$ 的高度可按坝前水库中风的吹程 $D$ 作近似估计，参见表 1-2-2 水库中风速低于 80km/h 时取下限，风速达到 160km/h 时取上限，采用光滑的混凝土板护面时，按表 1-2-2 中数值再增大 50%。

表 1-2-2　　波浪爬高和风浪壅高（$R+e$）的近似估计值

| 在水库中风的吹程 $D$/km | <1.6 | 1.6 | 4.0 | 8.0 | 16.0 |
|---|---|---|---|---|---|
| 波浪爬高和风浪壅高（$R+e$）/m | 0.9～1.2 | 1.2～1.5 | 1.5～1.8 | 1.8～2.4 | 2.1～3.0 |

## 二、防洪标准确定

已建水库的防洪标准在设计时就已明确。但是，当工程尚未按设计标准完建如大坝高程不够、溢洪道宽度或深度不够时，水库则不能按设计防洪标准运用。当水库在运用过程中，出现严重的病隐患，如坝体渗漏严重、有裂缝等病险情况尚未处理，水库也不能按设计防洪标准运用。应必须按当年水库工程的实际情况，推算其抗洪能力，即防洪标准。

当年防洪标准的推求步骤如下：

(1) 确定允许最高洪水位、起调水位（正常高水位或汛限水位）。

(2) 计算出各种不同频率的洪水（洪水总量、洪峰流量和洪水过程）。

(3) 根据泄洪设施现有泄洪能力，对不同频率的洪水进行调洪演算。当某种频率的洪水经调洪演算，其最高洪水位等于或稍低于允许最高洪水位时，则该种频率即为当年防洪标准（它低于设计防洪标准）。

## 三、汛期分期限制水位的确定

汛期限制水位是防洪调度中的一个关键性指标，既关系到水库安全度汛，又影响到水库兴利蓄水，应根据大坝安全状况、下游河道行洪能力、当地洪水规律等情况，综合考虑确定。可以分段确定不同的汛期限制水位。使防洪与兴利相互兼顾，使水库最大限度地发挥效益。

根据我国多数地区汛期水文特性和当地暴雨发生的规律，水库防洪运用一般可分为初汛期、主汛期、尾汛期（也可分为两期或四期）进行控制蓄泄。初汛期和尾汛期洪水较小，汛期分期防洪限制水位 $Z_{限}$ 可以适当抬高一些，以增加兴利蓄水量；主汛期洪水较大，汛期分期防洪限制水位 $Z_{限}$ 可适当低一些，以提高水库的抗洪能力。

分期抬高汛期防洪限制水位，是解决防洪与兴利矛盾的有效办法。我国绝大多数河流的洪水由降雨产生，一般可由水库所在流域上的暴雨或洪水发生的时间和次数，统计分析洪水出现的规律性，以确定汛期洪水的分期。例如，某中型水库 1963—1982 年日降雨量超过 50mm 的次数统计列于表 1-2-3，从表中的统计可以得出初汛期、主汛期、尾汛期出现的时期。

表 1-2-3　某中型水库 1963—1982 年日降雨量超过 50mm 的次数统计表

| 月 | 6 | | | 7 | | | 8 | | | 9 | | |
|---|---|---|---|---|---|---|---|---|---|---|---|---|
| 旬 | 上 | 中 | 下 | 上 | 中 | 下 | 上 | 中 | 下 | 上 | 中 | 下 |
| 次数 | 0 | 2 | 3 | 6 | 11 | 8 | 9 | 12 | 9 | 5 | 3 | 2 |
| 洪水分期 | 初汛期 | | | | 主汛期 | | | | | 尾汛期 | | |

分析出洪水发生的规律后，推求汛期分期防洪限制水位 $Z_{限}$，大体上有两种方式：

(1) 各分期采用不同的防洪设计标准。如上所述，中型水库主汛期水库设计洪水标准 $P=1\%$，初汛期、尾汛期 $P=2\%$，而汛期各分期选用同一洪水理论频率曲线。根据汛期各分期的设计洪水，分别进行调洪演算，得出各分期的防洪限制水位 $Z_{限}$。由于主汛期洪水标准较高，则 $Z_{限}$ 较低；非主汛期洪水标准较低，则 $Z_{限}$ 较高。这种方式常用于缺乏资料的中、小型水库分期 $Z_{限}$ 的推求。

(2) 各分期采用相同的防洪设计标准。由流量资料或暴雨资料推求汛期各分期的设计洪水，如初汛期为 6 月 10 日至 7 月 10 日，将每年这个时期中的洪峰流量最大值选出组成系列作频率分析，得出初汛期的设计洪峰流量。同理，分别求出其他时期的设计洪峰流量。虽然洪水的频率相同，但主汛期的洪水大于其他时期，故主汛期推求的 $Z_{限}$ 较低。而非主汛期相同标准的设计洪水较小，推求的 $Z_{限}$ 较高，也就是抬高了汛期限制水位，可多蓄水兴利。这种方式常用于有实测资料的大中型水库。

在水库的防洪运用中，需根据水库工程检查观测的结论确定水库允许的最高水位 $Z_{允}$，然后推求 $Z_{限}$。$Z_{允}$ 可能会大于或小于水库设计洪水位 $Z_{设}$。为了避免试算，可从 $Z_{允}$ 开始向下调洪计算，这种方法称为调洪逆运算。若采用调洪顺运算，则需先假设起调水位向上调洪计算，看所得最高水位与 $Z_{允}$ 是否相符，如果不符则重新假设起调水位再进行试算。直到二者相符时，所假设的起调水位，即为 $Z_{允}$ 条件下的 $Z_{限}$。

**【案例 1】** 水库无闸门控制自由下泄调洪逆运算。

某年调节水库，100 年一遇设计洪水过程线资料列入表 1-2-4 中①、②栏，水位库容、堰上水头与 $q=f(V)$ 关系曲线见表 1-2-5，或点绘成 $Z-q$ 关系曲线如图 1-2-4 中的曲线 1。水库溢洪道为无闸门控制的实用堰，堰宽 70m，堰顶高程与正常蓄水位 59.98m 齐平。当 $Z_{允}=62.52$m 水库溢洪道自由泄流时，试用调洪逆运算法推求相应于 $Z_{允}$ 的防洪限制水位 $Z_{限}$。

表 1-2-4　某水库推求主汛期（$P=1\%$）防洪限制水位的调洪逆运算表（自由泄流）

| 时间 $t$ /h | 流量 $Q$ /(m³/s) | 时段 $\Delta t$ (1h) | 平均流量 $\overline{Q}$ /(m³/s) | $\left(\frac{V}{\Delta t}+\frac{q}{2}\right)$ (时段末) | $\left(\frac{V}{\Delta t}-\frac{q}{2}\right)$ (时段初) | 库水位 $Z$ (时段初) /m |
|---|---|---|---|---|---|---|
| ① | ② | ③ | ④ | ⑤ | ⑥ | ⑦ |
| 10 | 0 | 9～10 | 81 | | | |
| 9 | 162 | 8～9 | 244 | | | |
| 8 | 326 | 7～8 | 409 | | | |

续表

| 时间 $t$ /h | 流量 $Q$ /($m^3$/s) | 时段 $\Delta t$ (1h) | 平均流量 $\overline{Q}$ /($m^3$/s) | $\left(\frac{V}{\Delta t}+\frac{q}{2}\right)$ (时段末) | $\left(\frac{V}{\Delta t}-\frac{q}{2}\right)$ (时段初) | 库水位 $Z$ (时段初) /m |
|---|---|---|---|---|---|---|
| 7 | 492 | 6～7 | 574 | 6318 | 5744 | (62.52) |
| 6 | 656 | 5～6 | 738 | 6250 | 5512 | 62.25 |
| 5 | 820 | 4～5 | 903 | 6030 | 5127 | 61.85 |
| 4 | 986 | 3～4 | 1068 | 5550 | 4482 | 61.13 |
| 3 | 1150 | 2～3 | 960 | 4750 | 3790 | 60.30 |
| 2 | 770 | 1～2 | 580 | 4020 | 3440 | 59.90 |
| 1 | 390 | 0～1 | 195 | 3630 | 3435 | 59.87 |
| 0 | 0 |  | 0 | 3670 | 3670 | 60.12 |

**表 1-2-5　　某水库水位、库容、堰上水头与 $q=f(V)$ 关系曲线表**

| 水库水位 $Z$/m | 59.98 | 60.50 | 61.00 | 61.50 | 62.00 | 62.50 | 63.00 | 63.50 | 64.00 | 64.50 |
|---|---|---|---|---|---|---|---|---|---|---|
| 总库容 $V$/万 $m^3$ | 1296 | 1460 | 1621 | 1800 | 1980 | 2180 | 2378 | 2598 | 2817 | 3000 |
| 堰上水头 $h$/m | 0 | 0.52 | 1.02 | 1.52 | 2.02 | 2.52 | 3.02 | 3.52 | 4.02 | 4.52 |
| 下泄流量 $q$/($m^3$/s) | 0 | 46.5 | 127.6 | 232.2 | 256 | 496 | 650 | 818 | 999 | 1191 |

**解：**(1) 计算并绘制调洪辅助曲线如图 1-2-4 所示。图中曲线 2 为 $Z-\left(\frac{V}{\Delta t}-\frac{q}{2}\right)$关系曲线，曲线 3 为 $Z-\left(\frac{V}{\Delta t}+\frac{q}{2}\right)$关系曲线。

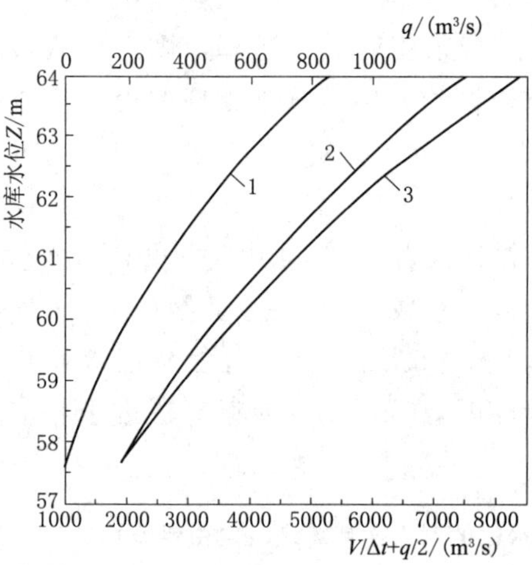


图 1-2-4　调洪逆运算辅助曲线

(2) 应用辅助曲线。由 $Z_{允}$ 开始作调洪逆运算求 $Z_{限}$，见表 1-2-4，其计算步骤如下：

1) 若水库 $Z_{允}=62.52$m，相应的 $q_{允}=588m^3/s$。因在 $q_{允}$ 时库水位最高，且入库流量等于出库流量，故应将 $Z_{允}$ 填写在⑦栏中 $q_{允}$ 与 $\overline{Q}$ 相近的时段，即 6～7 时段。库水位 6～7 时段达到 $Z_{允}$，因此，从 6～7 时段末库水位为 62.52m 开始逆运算。

2) 运用逆运算的公式，水量平衡方程式为

$$\left(\frac{V_2}{\Delta t}+\frac{q_2}{2}\right)-\overline{Q}=\left(\frac{V_1}{\Delta t}-\frac{q_1}{2}\right)$$

式中　$V_1$、$q_1$——时段初的蓄水量，万 $m^3$、泄流量，$m^3/s$；

$V_2$、$q_2$——时段末的蓄水量，万 $m^3$、泄流量，$m^3/s$；

$\overline{Q}$——该时段的平均入库流量，$m^3/s$。

逆运算方法是：由 $Z_{允}=62.52\text{m}$，查 $Z-\left(\frac{V_2}{\Delta t}+\frac{q_2}{2}\right)$ 曲线，得 $\left(\frac{V_2}{\Delta t}+\frac{q_2}{2}\right)=6318\text{m}^3/\text{s}$，填写在⑤栏 6～7 时段。

由 $\left(\frac{V_2}{\Delta t}+\frac{q_2}{2}\right)-\overline{Q}=6318-574=5744(\text{m}^3/\text{s})$，得时段初的 $\left(\frac{V_1}{\Delta t}-\frac{q_1}{2}\right)$ 值，填写在⑥栏；由 $\left(\frac{V_1}{\Delta t}-\frac{q_1}{2}\right)=5744(\text{m}^3/\text{s})$，在 $Z-\left(\frac{V_1}{\Delta t}-\frac{q_1}{2}\right)$ 曲线上查得时段初的库水位 $Z_1=62.45\text{m}$，填写在⑦栏。

3）进行下一个时段的计算。重复上述方法，将 62.45m 当成下一个时段末的库水位 $Z_2$；查 $Z-\left(\frac{V_2}{\Delta t}+\frac{q_2}{2}\right)$ 曲线得 $\left(\frac{V_2}{\Delta t}+\frac{q_2}{2}\right)=6250\text{m}^3/\text{s}$，填写在⑤栏 5～6 时段；由 $6250-738=5512(\text{m}^3/\text{s})$，查曲线 $Z-\left(\frac{V_1}{\Delta t}-\frac{q_1}{2}\right)$ 得 $Z=62.25\text{m}$，填写在⑦栏。

4）按上述步骤计算至库水位上升为止。第⑦栏中的最低水位 59.87m，即为防洪限制水位 $Z_{限}$，该值就是相应于 $Z_{允}=62.52\text{m}$，在自由泄洪情况下的 $Z_{限}$。

**【案例 2】** 水库有闸门分级控制下泄调洪逆运算。

由【案例 1】资料，若 $Z_{允}=62.52\text{m}$，相应于下游防洪要求的水库防洪高水位 $Z_{防}=61.91\text{m}$，下游防护对象要求按 $q_{安}=50\text{m}^3/\text{s}$ 控制泄流，当水库溢洪道分级防洪控制时，用调洪逆运算法推求分期防洪限制水位 $Z_{限}$。

**解：** 本例属中型水库缺乏资料情况，推求分期防洪限制水位采用不同防洪设计标准的方式。汛期划分为初汛期、主汛期、尾汛期，见表 1-2-3。水库设计洪水标准主汛期 $P=1\%$，初汛期、尾汛期 $P=2\%$；水库下游防洪标准为 10%。

当水库水位高于 $Z_{防}$ 时，溢洪道自由泄流；当库水位低于 $Z_{防}$ 时，溢洪道泄流控制为 $q_{安}=50\text{m}^3/\text{s}$。

（1）推求主汛期 $P=1\%$ 洪水时的 $Z_{限}$。调洪逆运算见表 1-2-6，其步骤如下：

1）从库水位 $Z_{允}=62.52\text{m}$ 开始向下运算，溢洪道为自由泄流，计算方法同表 1-2-4。

2）当库水位算至 62.25m 时，即将接近 $Z_{防}=61.91\text{m}$，则应按下游防洪要求 $q_{安}=50\text{m}^3/\text{s}$ 控制泄流。由 62.25m 查图 1-2-4 中 $Z-q$ 曲线得 $q_1=512\text{m}^3/\text{s}$，

$$\frac{V_1}{\Delta t}=\left(\frac{V_1}{\Delta t}-\frac{q_1}{2}\right)+\frac{q_1}{2}=5512+\frac{512}{2}=5768(\text{m}^3/\text{s})$$

则即下一个时段末的 $\frac{V}{\Delta t}$ 值，填写在⑧栏。

3）按控制泄流的水量平衡公式 $\frac{V_1}{\Delta t}=\frac{V_2}{\Delta t}-\overline{Q}+\overline{q}=5768-903+50=4915(\text{m}^3/\text{s})$，填写在⑧栏下一个时段末；$4915-1068+50=3897(\text{m}^3/\text{s})$；连续运算得出⑧栏中的最小值 $\frac{V}{\Delta t}=2312\text{m}^3/\text{s}$

4）最小库容 $V=2312\Delta t=2312\times3600=832$（万 $\text{m}^3$），查库容曲线得 $Z_{限}=58.28\text{m}$。

（2）推求初汛期、尾汛期 $P=2\%$ 入库洪水的 $Z_{限}$。用分级防洪控制，从 $Z_{允}=$

62.52m开始向下调洪逆运算，其计算方法同表1-2-6，求得初、尾汛期的$Z_{限}=59.72$m。

**表1-2-6　某水库推求主汛期（$P=1\%$）防洪限制水位的调洪逆运算表（分级控制泄流）**

| 时间$t$ /h | 流量$Q$ /(m³/s) | 时段（1h） | 平均流量$\overline{Q}$ /(m³/s) | $\left(\frac{V}{\Delta t}+\frac{q}{2}\right)$（时段末）/(m³/s) | $\left(\frac{V}{\Delta t}-\frac{q}{2}\right)$（时段初）/(m³/s) | 库水位$Z$（时段初）/m | $\frac{V}{\Delta t}$（时段末）/(m³/s) | 泄流量$q$（时段初）/(m³/s) |
|---|---|---|---|---|---|---|---|---|
| ① | ② | ③ | ④ | ⑤ | ⑥ | ⑦ | ⑧ | ⑨ |
| 10 | 0 | 9～10 | 81 | | | | | |
| 9 | 162 | 8～9 | 244 | | | | | |
| 8 | 326 | 7～8 | 409 | | | 62.52 | | |
| 7 | 492 | 6～7 | 574 | 6318 | 5744 | 62.45 | | |
| 6 | 656 | 5～6 | 738 | 6250 | 5512 | 62.25 | | (512) 50 |
| 5 | 820 | 4～5 | 903 | | | | 5768 | 50 |
| 4 | 986 | 3～4 | 1068 | | | | 4915 | 50 |
| 3 | 1150 | 2～3 | 960 | | | | 3897 | 50 |
| 2 | 770 | 1～2 | 580 | | | | 2987 | 50 |
| 1 | 390 | 0～1 | 195 | | | | 2457 | 50 |
| 0 | 0 | | 0 | | | | 2312 | 50 |
| | | | 0 | | | | 2362 | 50 |

## 任务三　水库防洪调度图编制

### 一、防洪调度图的组成

防洪调度图是水库调度图的重要组成部分，它由水库在汛期各个时刻的蓄水指示线所组成，反映了汛期内不同时刻为了拦蓄洪水必须留出的防洪库容，主要包括汛期限制水位、防洪调度线、防洪高水位及由这些线所划分的调洪（泄洪）区。防洪调度线是根据下游防洪标准的设计洪水过程线，从汛期限制水位开始，进行调洪计算而得出的水库蓄水指示线。

在水库调度中，由于不能准确预知未来径流，使防洪与兴利发生矛盾。矛盾焦点主要集中在对库容的利用上。目前解决这种矛盾的主要途径是从径流（特别是洪水）分析入手，认真处理防洪与兴利的关系，合理编制水库防洪调度图及相应的调洪方案，尽可能将调洪库容与兴利库容结合使用。根据不同河流的洪水规律，防洪与兴利有3种典型的结合情况。

（1）调洪库容与兴利库容完全结合。这种情况适用于控制流域面积较大，洪水出现日期及大小比较稳定，丰、枯水期界限较分明的水库。

（2）调洪库容与兴利库容部分结合。这种情况适用于洪水出现日期虽不稳定，但洪水大小有随时间逐渐减小规律的水库。在这种情况下，水库有可能进行分期洪水调度。

（3）调洪库容与兴利库容不结合。这种情况出现于控制流域面积小，洪水出现日期与洪水大小无明显规律，丰、枯水期界限不明显的水库。

防洪调度图是指导水库防洪调度的重要工具，它实际上反映了以各种频率洪水的最高洪水位为判别条件的调洪规则，即只要根据面临时刻库水位在调度图中所处位置，就可按相应的调洪规则决定水库在该时刻泄放流量的大小，从而也就决定了水库对整个汛期洪水的调洪方式。

## 二、防洪调度图绘制

防洪调度图可以根据确定的允许最高洪水位和防洪限制水位，在同一张图纸上以水库水位为纵坐标，以日期为横坐标，绘制防洪调度图。防洪调度图是由校核洪水位$Z_{校}$、设计洪水位$Z_{设}$、防洪高水位$Z_{防}$及各汛期分期洪限制水位$Z_{限}$线的连接线所组成，此联接线又称为防洪调度线。各汛期分期洪限制水位线以上的空间，是水库在汛期所必需预留出的防洪库容。

根据任务二中【案例 2】计算结果的绘制防洪调度图，如图 1-2-5 所示。已知设计洪水位 62.52m、防洪高水位 61.91m 和正常蓄水位 59.98m，初汛期、主汛期、尾汛期的$Z_{限}$为【案例 2】计算成果。以防洪调度图作为指导水库汛期防洪运用的基本依据，一般情况下，当库水位低于防洪限制水位时，按兴利要求供水不泄洪；当库水位在$Z_{限}$与$Z_{防}$之间时，按下游防洪控制点的安全泄流量泄洪；当库水位高于$Z_{防}$时，则按第二级防洪要求，为确保水库安全，自由泄流。由于防洪调度图是在一定设计条件下制定的，它不能包括防洪调度中的许多细节情况和具体措施，故还需拟定各种频率洪水在不同库水位时，相应的蓄水、泄水、闸门开启操作程序等调度规则。

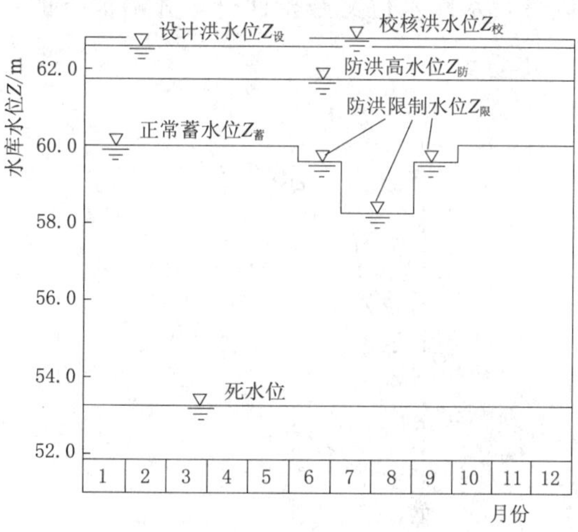


图 1-2-5 水库防洪调度图

# 任务四 水库防洪调度方式的拟定

防洪调度图虽然能够表达出在汛期内各时期水库应预留的防洪库容，但是当洪水来临时，水库应如何控制蓄泄，还需要考虑上下游的防洪要求、水文预报的可靠程度、洪水特性、泄洪设备使用情况等因素，拟定出合适的调度方式。

## 一、下游无防洪任务的水库调度方式

当水库不承担下游防洪任务时，防洪调度的首要任务就是确保大坝安全，水库泄洪一般采取库水位超过某一数值后，即敞开闸门泄洪的方式，现就溢洪道是否设有闸门情况的调度方式进行介绍。

（1）溢洪道上无闸门控制的调度方式。水库溢洪道上不设闸门，汛期限制水位一般与溢洪道堰顶齐平，洪水来临时，库水位到达溢洪道堰顶高程之后，水库就开始自由溢洪，下泄流量的大小取决于库水位的高低。

(2) 溢洪道上有闸门控制的调度方式。许多水库为了抬高兴利蓄水位和增加水库泄洪时的初始流量，在溢洪上设置闸门，并使汛期限制水位高于溢洪道堰顶高程。由于闸门的调节性能不同，调度方式又可分为以下两种。

1) 闸门能调节流量的调度方式。闸门能够逐渐开启进行调节流量，调度方式是当库水位为限制水位且在洪水开始起涨时，逐渐开启闸门，控制使其下泄量等于入库流量，水库水位维持在汛期限制水位。当闸门开启到与汛期限制水位齐平时，则将闸门全部开启，水库便自由泄流，其泄流过程及库水位变化过程，如图 1-2-6 所示。

2) 闸门不能调节流量的调度方式。有些水库溢洪道闸门不能逐步开启，要么全开，要么全关，遇到洪水起涨，就全开闸门泄流，但是此时开始入库的洪水流量较小，而水库的下泄流量较大，故引起水库水位下降，泄空了一部分库容。随着库水位的降低，下泄流量相应逐渐减小，如图 1-2-7 所示。在 $b$ 点之后，入库的洪水流量大于水库的下泄流量，水库水位又开始回升，先前泄空的一部分库容得到充蓄，泄流量也随之增加。

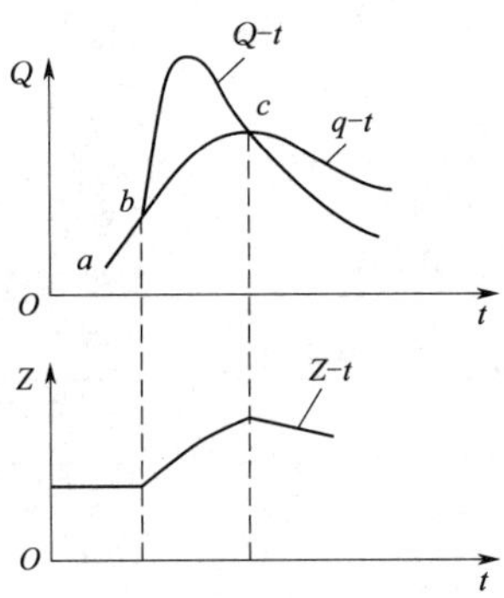


图 1-2-6 闸门能调节流量的调度方式

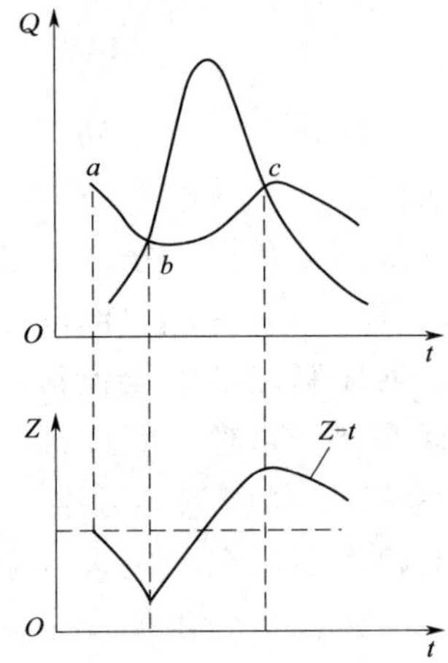


图 1-2-7 闸门不能调节流量的调度方式

## 二、下游有防洪任务的水库调度方式

大多水库都承担着下游防洪任务，这样水库就存在着两种防洪标准：一是水库的防洪标准，包括设计标准和校核标准；另一是水库下游防护对象的防洪标准。此时，不但要分别拟定出水库本身及下游防洪要求的调度方式，而且还要考虑两者的统一调度问题。下面介绍几种下游有防洪任务的调度方式。

### (一) 固定泄量调度方式

当水库距下游防洪防护对象很近，区间洪水较小，即可采用固定下泄流量的调度方式。固定下泄流量的大小，由下游防洪防护对象的重要性、堤防安全情况及其抗洪能力而定。固定泄量的调度方式如图 1-2-8 所示。在调洪过程中，利用闸门控制泄量，当 $Q<q_{安}$ 时，闸门逐渐开启，来多少泄多少，水库水位保持不变，泄流过程如图 1-2-8 中部 $ab$ 段；当入库流量 $Q>q_{安}$ 时，闸门逐渐关闭，泄流量限制为 $q_{安}$，泄流过程如图 1-2-8 中 $bc$ 段，水库水位上升，至 $c$ 点水库水位达最高值。

如果下游各防护对象的抗洪能力有一定差别，受灾后的损失轻重也不同，就应该区分为几个固定下泄流量分级控制，按照“大水多泄，小水少泄”的原则进行调度，可以充分发挥防洪库容的作用，如图 1-2-9 所示，但分级不宜过多，以免造成调度上的困难。

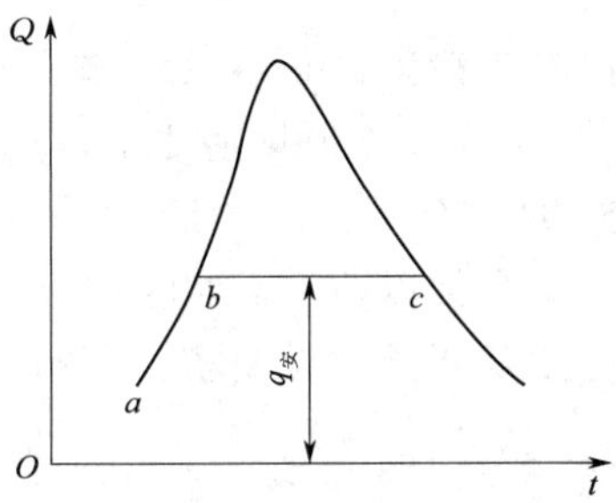


图 1-2-8 固定泄量调度方式示意图

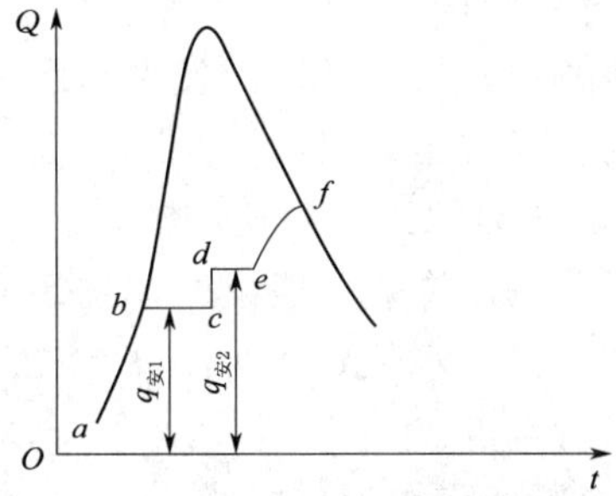


图 1-2-9 分级调洪调度方式示意图

图 1-2-9 中规定分为 $q_{安1}$、$q_{安2}$ 两级调度，$q_{安1}$、$q_{安2}$ 分别为下游防洪防护对象相应的安全泄流量。$ab$ 段入库洪水 $Q<q_{安1}$ 时，即来多少泄多少，水库水位保持不变，闸门逐渐开启；$bc$ 段入库洪 $Q>q_{安1}$，为保护下游防洪防护对象，水库按 $q_{安1}$ 下泄，闸门逐渐关闭，水库水位上升；至 $c$ 点库水位已达某一指标，说明入库洪水很大，此时可以放弃下游某些次要的防护对象，开大闸门，使泄流量 $q_{安1}$ 突变增至 $q_{安2}$，$de$ 段闸门逐渐关闭，泄流量控制在 $q_{安2}$，水库水位继续上升；若至 $e$ 点，库水位又达另一指标，说明入库洪水更大，此时要考虑以确保大坝安全为原则，应在 $e$ 点相应的时刻全开闸门，水库泄洪设施呈自由泄流方式。采用上述调度方式，必须明确对改变下泄流量的判别条件，而且对各种频率洪水的判别条件要统一，即对大洪水过程开始的小流量部分要按小洪水调度，超过上述的各项指标后方能按大洪水调度。

**（二）补偿调节调度方式**

当水库距下游防洪防护对象有相当距离，区间洪水较大，调度时对区间来水不可忽略，要充分发挥防洪库容的作用，当发生洪水时，区间洪水 $Q_{区}$ 大时，水库少放水，区间洪水 $Q_{区}$ 小时，水库多放水。补偿调节就是控制水库泄流量与区间流量两者的组合流量不超过下游防洪防护对象的允许泄流量 $q_{安}$，见式（1-2-5），由两式确定水库的下泄流量过程如图 1-2-10 所示。

$$q_{安}=q_{泄}+Q_{区} \quad (1-2-5)$$

式中　$q_{泄}$——水库补偿调节的泄流量。

图 1-2-10 中 $Q_{入}-t$ 为入库洪水过程，$q-t$ 为下泄流量过程，区

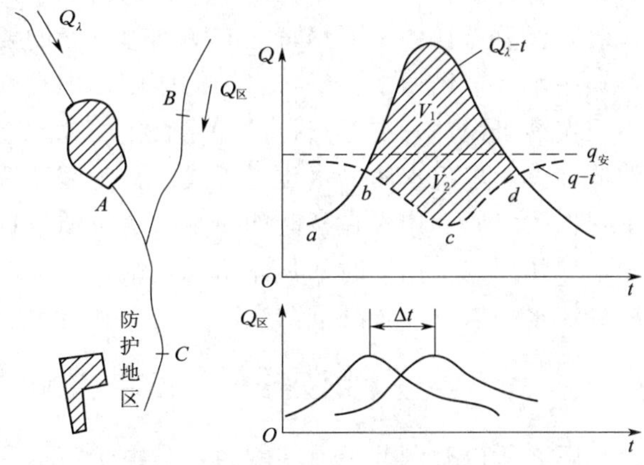


图 1-2-10 补偿调节调度方式示意图

间 $B$ 洪水到达到防洪控制点 $C$ 的传播时间为 $t_{BC}$，水库下泄流量到达 $C$ 的传播时间为 $t_{AC}$，$t_{BC}-t_{AC}=\Delta t$。将区间洪水过程线 $Q_{区}-t$ 后移 $\Delta t$ 倒置于 $q_{安}$线之下，即为水库补偿的下泄流量过程线 $q-t$（图 1-2-10 中 $abcd$ 线），而入库流量过程线与 $bcd$ 曲线所夹的面积为满足下游防洪要求所需的防洪库容。$bcd$ 线与 $q_{安}$线所夹的面积为补偿库容。能否实现补偿调节的条件是 $t_{AC}<t_{BC}$。水库下泄流量到达防洪控制点的时间若大于区间洪水的到达时间，当知道区间发生洪水时，水库再减少泄量已来不及，这就限制了补偿调节方式的实现。当 $t_{AC}>t_{BC}$ 时，如区间洪水可能预报，且预见期之 $t_{预}$与 $t_{BC}$ 之和不小于 $t_{AC}$ 时，也可以进行补偿调节，但是区间洪水预报的精度要求较高。

补偿调节调度方式一般以库水位作为判别条件。通常以防洪高水位以下的库容作为防洪补偿用，当库水位到达防洪高水位后，则不再顾及下游防洪要求，而按保证大坝安全的要求进行调度。

**（三）经验调度法调度方式**

当水库至下游防洪防护对象的区间面积较大，而区间洪水预报在预见期和预报精度方面又不能满足补偿调节的要求时，可采用一些经验性的补偿调节方式，常用的方法有以下几种。①错峰调度法，即水库留出一定的错峰库容，用来调节洪水，将入库洪峰与区间洪水的洪峰“错”开；②涨率调度法，即根据水库至下游防洪防护对象间一个或几个水文站的洪水大小与涨率来决定水库蓄泄；③固定区间典型洪水补偿法，即区间未涨水之前按入库流量下泄，起涨后按 $q_{泄}=q_{安}-Q_{区}$ 下泄。

# 项目三　水库兴利控制运用

水库除了防洪调洪外，往往兼有发电、灌溉、城镇供水、航运等综合利用任务。因此，水库调度既要满足水利系统的防洪要求，又要满足灌溉、发电及其他综合利用的要求。本项目重点介绍水库灌溉兴利控制运行及兴利调度图的编制。

为了满足农作物生长耗水的需要，利用水库调节合理安排灌溉供水过程，称为水库灌溉调度。通过水库灌溉调度正确处理供水保证率、来水、用水、蓄水四者之间的关系，达到合理、科学、充分利用水资源的目的。总的原则是：优先满足城乡居民生活用水，既要保重点任务又要尽可能兼顾其他方面的要求，最大限度地综合利用水资源；实行计划用水、节约用水，一水多用的原则，提高水的重复利用率。

根据灌溉设计标准，选择设计代表年的来水量和灌溉用水量（或长系列操作），经过调节计算，求出水库的水位过程线，称为灌溉调度线。由若干调度线组成水库灌溉调度图，作为水库运用中在各时期控制库水位的依据。在水库调度工作中，调度图起到重要的指导作用。根据当时的具体情况，结合调度图合理安排水库的正常供水、加大供水或减少供水，以及妥善处理防洪泄水与兴利蓄水、供水之间的关系。

## 任务一　水库兴利调节原理

水库之所以有调节径流的能力，是由于筑坝和设置放水孔后，能够有计划地按兴利要求改变放水孔的开度来控制和调节水库的出流。而出流水量与河川天然来水相差的水量，就暂时蓄于水库或由水库中补足，因而就有水库蓄水量的蓄泄变化，而水库的这种蓄和泄的变化情况，是确定水库工程规模及兴利效益的主要依据之一。

兴利调节计算原理，就是将水库整个调节周期内蓄水量的变化过程划分为若干较小的计算时段，按时段进行水量平衡计算，确定水库的蓄水量，水位等，其公式如下：

$$\Delta W_{来} - \Delta W_{出} = (Q_{来} - Q_{来})\Delta t = \Delta W \quad (1-3-1)$$

式中 $\Delta W_{来}$、$Q_{来}$——时段 $\Delta t$ 内入库水量和入库平均流量，$m^3$、$m^3/s$；

$\Delta W_{出}$、$Q_{出}$——时段 $\Delta t$ 内出库水量和出库平均流量，$m^3$、$m^3/s$；

$\Delta W$——时段 $\Delta t$ 内水库蓄水变量，$m^3$，该值增加为正，减少为负。

时段出库水量 $\Delta W_{出}$ 包括各种兴利部门用水总量 $\Delta W_{用}$、水库损失水量 $\Delta W_{损}$，以及水库蓄满后产生的弃水量 $\Delta W_{弃}$。此外，水库在时段内蓄水变量 $\Delta W$ 可用水库容积增减值 $\Delta V$ 代替，则可写成下列形式：

$$\Delta W_{来} - \sum \Delta W_{用} - \Delta W_{损} - \Delta W_{弃} = \Delta W = \Delta V = V_{末} - V_{初} \quad (1-3-2)$$

式中 $V_{初}$、$V_{末}$——时段 $\Delta t$ 初、末的水库容积，$m^3$。

上式中一些水量往往随水库水位或引水水头而变化，例如损失水量中的蒸发、渗漏损失和水电站的发电流量等。这种水库水位与出库水量之间相互依赖关系，使上述水量平衡方程式（对水库水位而言）呈隐函数的形式。时段 $\Delta t$ 的长短，根据调节周期的长短、径流和需水变化程度而定。对于年调节水库，$\Delta t$ 可取一个月为计算时段，在来水量或用水量变化较大时，也可取一旬作为计算时段。选择时段过长，会使计算所得的调节库容或调节流量产生较大误差，且较多地偏于不安全的一面。

年调节计算一般不采用通常的从 1 月 1 日至 12 月 31 日的日历年度，而是采用调节年度又称水利年度，即以水库蓄泄过程循环作为一年的起讫点，从蓄水期初库空开始，经蓄水期（来水大于用水），将余水蓄在水库中直到库满，并经供水期（来水小于用水），将水库放空为终点。

按照水库来水和用水的配合，水库可分为一次运用、二次运用等情况。如图 1-3-1 所示，有一个余水期，一个缺水期，水库为一次运用情况，水库在一个调节年度内，缺水期内的缺水总量为 $V_2$，显然，这一年水库若能蓄这么多水，就能保证这一年用水需要，所以水库的兴利库容 $V_{兴} = V_2$，而且余水量 $V_1$ 大于 $V_2$，水库可保证蓄满，并且尚有一部分余水要放弃，弃水量为 $V_1 - V_2$。图 1-3-1 中 $t_0 \sim t_1$ 为蓄水期，$t_1$ 为满库时刻，$t_2 \sim t_3$ 为供水期，$t_3$ 为库空时刻，$t_1 \sim t_2$ 为弃水期。

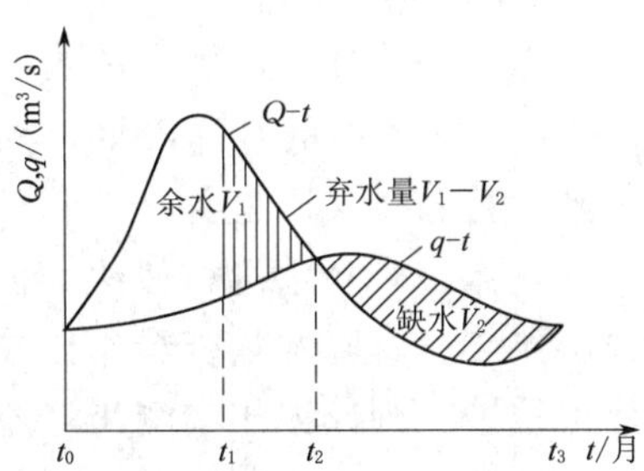


图 1-3-1 水库一次运用

## 任务二 水库年度供水计划调度图编制

在有预报的条件下，通常以日历年为时序，根据年初水库实际蓄水量、当年各月来水量预报值、当年各月用水量估算值，以及水库兴利调节水量平衡原理，进行顺时序调节计算，推求当年水库各月末蓄水过程线，以此作为当年计划调度线。其对应的供水过程，即为水库年度供水计划。

## 一、编制年度供水计划的依据

（1）由国家颁布和上级主管部门下达的有关方针、政策、法规及意见等文件是编制计划必须遵循的基本原则。

（2）水库工程原设计文件、原设计意图。

（3）本年度计划灌溉面积和作物组成、灌区历年灌溉面积增减、作物组成变更情况。

（4）当年长期气象、水文预报，水库集水面积内和灌区内各测站历年的降水量、蒸发量、径流量资料等。

（5）水库水位-面积和水位-容积关系曲线，水库各种兴利特征水位和防洪特征水位等。

（6）其他综合利用要求（如发电、航运等）。

## 二、水库来水量的预测方法

水库来水量的预测通常是由预报的月降雨量计算月径流量，常用的方法有以下几种：

（1）降雨径流相关法。根据预报的各月降雨量务，由月降雨-径流相关图查得月径流深 $y_i$，从而求得各月来水量 $W_i$，计算公式为

$$W_i=0.1y_iF \tag{1-3-3}$$

式中 $W_i$——月来水量，万 $m^3$；

$y_i$——月径流深，mm；

$F$——水库集水面积，$km^2$。

（2）月径流系数法。

$$W_i=0.1\alpha_i x_i F \tag{1-3-4}$$

式中 $\alpha_i$——某月的月径流系数；

$x_i$——预报的月降雨量，mm；

其他符号意义同上。

（3）年、月降水量相似法。根据长期预报所给出的当年年降水量和各月降水量，与过去历年年、月降水量资料作比较，若过去某年的年降水量、逐月降水量都与当年的预报值很接近，则以该年实测年径流过程作为本年预报的径流过程。

## 三、用水量的估算

以灌溉为主的水库，主要是确定灌溉用水量，灌溉用水量加上渠系输水损失，即为灌区总用水量。估算用水量的方法根据具体条件而异，通常采用的有以下几种：

（1）固定灌溉制度法。由于长期气象预报往往只能报出当年各月的降水量，不能预报逐日、逐旬的降水量，因此，用田间水量平衡推算当年灌溉制度就有困难时，可采用固定灌溉制度法，即假定各年同一月份的灌溉用水量为常数。这种方法在北方干旱少雨地区各年的灌溉用水量差别较小的情况下使用十分简便。

（2）年、月降水量相似法。选用过去某年的年、月降水量与预报的本年年、月降水

量相似年份的灌溉用水过程作为本年度灌溉用水过程。但通常还要考虑当年的灌溉面积、作物组成、复种指数等情况作一定修正，然后再考虑渠系输水损失，即得当年灌区总用水过程。

（3）逐月耗水定额法。水库根据灌区试验及多年实践，推得本灌区逐月总耗水定额（$m^3$/亩），在作本年度供水计划时，由预报已知当年逐月降水量，可按下式推求本年度水库供水量和供水过程，即为灌区总用水过程：

$$W_{供i}=\frac{E-0.667\alpha x_i}{\eta}A \quad (1-3-5)$$

式中 $W_{供i}$——水库月供水量，万 $m^3$；

0.667——由 mm 变换成 $m^3$/亩的单位换算系数；

$\alpha$——降雨的田间有效利用系数；

$x_i$——田间月降水量（预报值），mm；

$E$——作物月耗水定额，$m^3$/亩；

$\eta$——渠系水有效利用系数；

$A$——灌区总灌溉面积。

## 四、绘制水库供水计划调度线

综上所述，在有长期预报的条件下，可以确定水库当年逐月来水量和估算灌区逐月总用水量，并绘制当年水库供水计划调度线（又称为预报调度线）。无论是年调节水库还是多年调节水库，其绘制计划调度线的方法与步骤都是相同的。调节计算与绘制计划调度线时要注意：水库水位在汛期一般不能高于防洪限制水位。如果水库水位超过防洪限制水位，又没有特殊的措施，则应弃水。

灌溉水库当年计划调度线，实质上就是当年各月库水位的预报值，可按它控制全年库水位，以保证按计划用水。实际运用中，常常要根据中、短期水文气象预报及当时的库水位，随时调整或修正计划调度线。在推求当年灌溉计划调度线时，对掌握的当年可能出现的缺水或弃水情况，应提出相应对策。遇到缺水时，为避免集中断水，采用减少各月用水量的方法，节约用水，减少损失。遇到弃水，则应尽量设法加大灌溉用水量，或引水灌塘和增加其他部门（如发电）的用水量等。

虽然河川水情变化复杂，来水量难以准确预计，但当年计划调度线仍可作为当年计划供水的一条控制线。实际库水位落在相应时刻计划调度线附近，可按计划供水；落在计划调度线以上，可加大供水；在计划调度线以下，应减少供水。

下面举例说明防洪与兴利库容结合时当年计划调度线的绘制。当水库有结合库容时，若已知来水量、用水量、兴利库容、年初水库实际蓄水量等条件，即可采用顺时序调节计算的方法推求水库当年计划调度线。在汛期，为了防洪需要，按不同时期的防洪限制水位控制蓄水量，通过兴利调节计算得出当年水库的蓄水过程线，作为当年的计划调度线。关于汛期分期防洪限制水位的确定，详见前述。

**【案例 3】** 某水库正常蓄水位为 124.5m，兴利库容为 4450 万 $m^3$；死水位为 110.0m，相应死库容为 540 万 $m^3$，水位-库容曲线，如图 1－3－2 所示。按防洪要求，7 月防洪限制水位为 113.8m，死水位以上允许蓄水量为 1000 万 $m^3$，即 7 月预留防洪

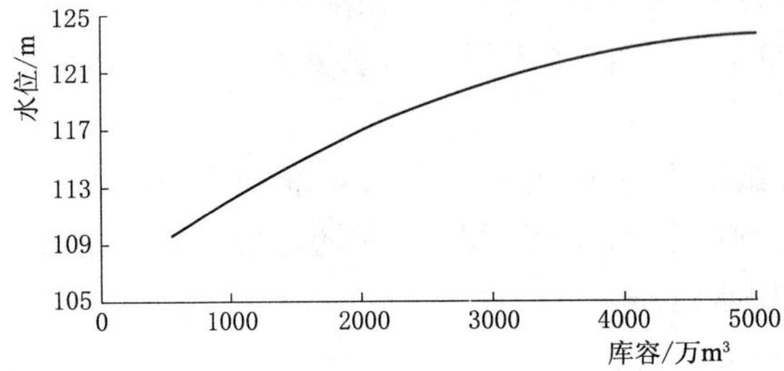


图 1-3-2　某水库水位-库容曲线

库容为 3450 万 $m^3$（4450 万－1000 万 $m^3$）；8 月防洪限制水位为 121.6m，死水位以上允许蓄水量为 3150 万 $m^3$，预留防洪库容为 1300 万 $m^3$（4450 万－3150 万 $m^3$）。1983 年根据长期预报和估算的当年来水量、用水量见表 1-3-1 中②、③栏，水量损失按每月 40 万 $m^3$ 计，该年年初死水位以上蓄水量为 4030 万 $m^3$，要求绘制水库当年计划调度线。

**表 1-3-1**　　**某水库 1983 年计划调度线计算表**　　单位：万 $m^3$

| 月份 | 来水量 | 用水量 | 水量损失 | 净来水量-用水量 | | 月末蓄水量 | 月末库水位 | 弃水量 | 备　注 |
|---|---|---|---|---|---|---|---|---|---|
| | | | | + | － | | | | |
| ① | ② | ③ | ④ | ⑤ | ⑥ | ⑦ | ⑧ | ⑨ | ⑩ |
| | | | | | | 4030 | 123.30 | | |
| 1 | 70 | 0 | 40 | 30 | | 4060 | 123.35 | | 水库蓄水 |
| 2 | 40 | 0 | 40 | 0 | | 4060 | 123.35 | | |
| 3 | 430 | 0 | 40 | 390 | | 4450 | 124.50 | | 水库蓄满 |
| 4 | 360 | 1040 | 40 | | 720 | 3730 | 122.92 | | 水库放水 |
| 5 | 190 | 2160 | 40 | | 2010 | 1720 | 120.25 | | 水库放水 |
| 6 | 140 | 1820 | 40 | | 1720 | 0 | 110.00 | | 放空至死水位 |
| 7 | 2150 | 1390 | 40 | 720 | | 720 | 111.65 | | 限制蓄水至 113.8m |
| 8 | 4500 | 1210 | 40 | 3250 | | 3150 | 121.60 | 820 | 限制蓄水至 121.6m |
| 9 | 1200 | 1040 | 40 | 120 | | 3270 | 121.85 | | 水库蓄水 |
| 10 | 420 | 0 | 40 | 380 | | 3650 | 122.60 | | 水库蓄水 |
| 11 | 310 | 0 | 40 | 270 | | 3920 | 123.15 | | 水库蓄水 |
| 12 | 200 | 0 | 40 | 160 | | 4080 | 123.40 | | 水库蓄水 |
| 合计 | 10010 | 8660 | 480 | | | | | | |

**注**　表中⑦栏月末蓄水量是指死水位以上蓄水量。

**解：**现分析汛期防洪限制水位控制时，水库蓄水变化情况，由表 1-3-1 可以看出：

（1）由已知来水、用水及水量损失资料，计算水库各月的余、亏水量，即表中②、③、④栏，余水填入⑤栏，亏水填入⑥栏。

（2）从 1 月初开始顺时序调节，各月初蓄水量加当月余水量或减当月亏水量，得月末蓄水量。例如，1 月末蓄水量＝4030＋30＝4060（万 $m^3$）；4 月末蓄水量＝4450－720＝3730（万 $m^3$），依此类推。

（3）7 月有余水量 720 万 $m^3$，按 7 月防洪限制水位为 113.8m、允许蓄水量为 1000 万 $m^3$ 分析，可把全部余水蓄入库中，此时，实际库水位在防洪限制水位以下，没有问题。

(4) 8 月有余水量 3250 万 $m^3$，按 8 月防洪限制水位为 121.6m，允许蓄水量为 3150 万 $m^3$ 考虑，余水不能全蓄，弃水量为 3250－(3150－720)＝820（万 $m^3$）。9 月以后汛限水位升至正常蓄水位，按正常情况蓄、泄水，即遇余水加，遇亏水减，直至算到 12 月末。

(5) 由水位-库容曲线（图 1－3－2）可查到各月末库水位，填入表中第⑧栏，据此可绘出以日历年为时序的水库当年计划调度线，如图 1－3－3 所示。

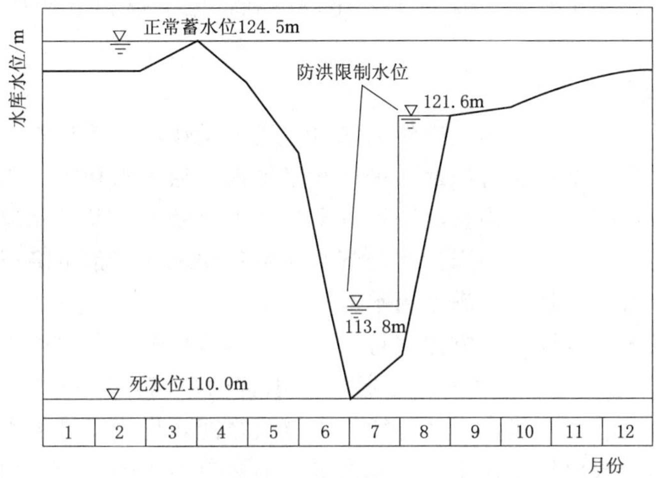


图 1－3－3 某水库 1983 年计划调度图

## 任务三 水库兴利调度图的编制

为满足农作物生长需要合理安排水库灌溉供水的过程，称为水库灌溉调度。每年天然来水有丰有枯，农作物的缺水量也不一样，灌溉期开始时水库的蓄水量有多有少。所以需要在保证水库工程安全的前提下，通过水库灌溉调度，适当地处理来水、用水、蓄水三者之间的关系，以达到合理、充分、科学地利用水资源的目的。

在缺乏长期水文、气象预报或只有定性预报的情况下，无法采用前面的方法推求水库当年计划调度线。这时，应充分发挥水库的兴利调节作用，尽可能处理好来水、用水之间的矛盾，避免在无预报条件下水库运行的盲目性，通常是应用兴利统计调度图来控制水库的蓄水和放水。

水库的兴利调度图是在保证正常供水前提下，根据不同来水频率，制定水库兴利部分的控制运用计划，采用时历法兴利调节结合统计分析方法，得出相应设计枯水年份的各种可能出现的库水位的外包线和内包线。

### 一、兴利调节代表年选择

绘制年调节水库的灌溉调度图，采用实际代表年法或设计代表年法。

(1) 实际代表年法。从实测的年来水量和年用水量系列中，选择 3～5 个年来水量和年用水量都接近灌溉设计保证率的实际年来、用水过程，对其分别进行调节计算，求出它们的兴利库容，然后在选用的频率范围内各把 3～5 个库容按大小次序重新排位，求出对应于设计保证率的库容。兴利调节计算后，若长系列法求得兴利库容 $V_{兴设}$，与实际代表年法求得的 $V_{兴}$ 不同，则在编制调度图时，可选取所需最大蓄水量略高于 $V_{兴设}$ 的某一个年份作代表年之一。

（2）设计代表年法。将所选择的典型年的来水量、用水量都分别缩放，转换为与设计保证率相应的设计年来水量、用水量。所求得的各种设计代表年的年来水量、用水量都是相等的，只是其年内分布各不相同而已。典型年的年水量与设计年的年水量要比较接近，同时要求来、用水年内分配对工程比较不利，已保证调节计算得出较大的兴利库容。

## 二、兴利调度图的作用

选出代表年后，对所选择的代表年来水量、用水量作年调节计算。计算方法与兴利计算相同，从死水位开始，逆时序逐月进行水量平衡，遇亏水相加，遇余水相减。一直计算到水库开始蓄水位的时刻为止，即可得出各月末应蓄水量及其相应的库水位。之所以从死水位开始逆时序调节，是因为年调节水库每年供水期末都可降至死水位，只要求供水期开始时水库所蓄水量，能满足用水就可以了。

分别对每个代表年以同样的方法进行调节计算，得到若干条水库水位与时间的关系线（即调度线），如图 1-3-4 所示。连接各月水位的最高点得外（上）包线；连接各月水位的最低点得内（下）包线。外包线与内包线之间，作为正常供水区。外包线以上为加大供水区，因为按保证率供水，水库蓄水量不必再多于外包线。如果外包线以上再有多余的水，就可加大供水，故外包线称加大供水线；否则在外包线以下加大供水，就可能引起正常灌溉供水的破坏，故外包线又称防破坏线。内包线以下为减少供水区，因为水库蓄水若低于内包线水位，按保证率供水就没有保证，故应限制供水，尽可能使库水位保持在正常供水区内，故内包线称限制供水线。

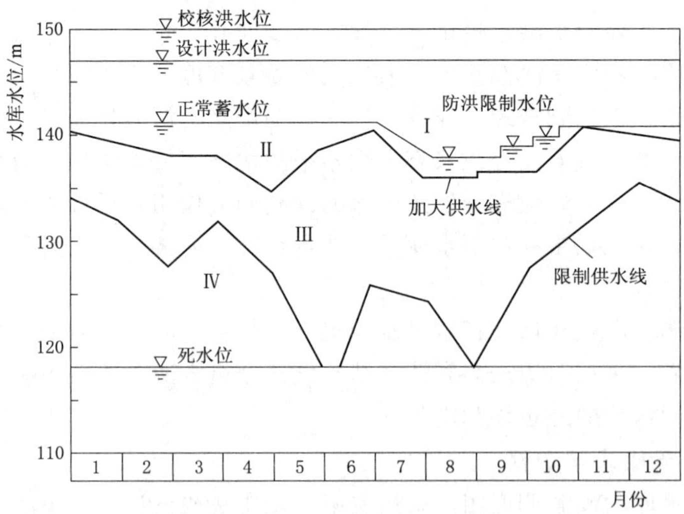


图 1-3-4 某水库年调节调度图

Ⅰ—调洪区；Ⅱ—加大供水区；Ⅲ—正常供水区；Ⅳ—减少供水区

有了水库兴利调度图，在运行管理中，可以根据当时实际库水位所落区域决定应该是正常供水、加大供水或是减少供水，做到尽量减少弃水，避免供水中断。

由此可见，兴利调度图是根据过去的来水、用水资料作兴利调节计算后分析归纳然后绘出的。在水库的运行管理中，兴利调度图常与当年计划调度图一起，作为指导水库运行的依据。有条件时，应和中、短期水文气象预报结合，增加调度的可靠性，使水库兴利运用满足经济、安全的要求。

### 三、加大供水线和限制供水线的绘制

水库兴利库容是根据设计枯水年的来水、用水确定的，其相应的水库蓄水过程线在蓄水期末正好达到正常蓄水位，在供水期末放空。因此，从满足兴利要求出发，可按它作为指导设计枯水年份供水期水库运用的依据。但是由于径流年内分配的差异性，用不同典型年推求的设计枯水年蓄水过程线各有所不同，所以在绘制水库兴利调度图时，选取不同典型的设计枯水年蓄水过程线的上、下包线作为基本调度线。上包线称为加大供水线，下包线称为限制供水线，并用统计方法归纳、调整后得到的上、下包线组成的调度图，称为兴利统计调度图，其计算步骤如下：

(1) 从实测资料中，选择与设计枯水年年来水量接近的若干个枯水典型年（如4～5个）来水过程，然后按 $K_1=W_{来p}/W_{来典}$ 的比例进行缩放，即得不同典型年内分配的设计枯水年来水过程。

(2) 按 $K_2=W_{用p}/W_{用典}$ 的比例将各典型年的用水过程进行缩放，得各设计代表年的用水过程。在干旱少雨地区，若灌区内有效降雨量与作物总需水量相比，其数量很小时，可采用固定灌溉定额方式，以简化计算。

(3) 对各设计年份的来水、用水过程自供水期末的死库容开始，逆时序（晚蓄方案）进行调节计算，遇亏水加，遇余水减，可按式（1-3-6）和式（1-3-7）求得各月月初所需的水库蓄水量，并由水位-容积关系曲线查得相应库水位。

$$V_{初}=V_{末}\mp\Delta V \tag{1-3-6}$$

$$\Delta V=\Delta W=\Delta W_{来}-\sum\Delta W_{用}-\Delta W_{损}-\Delta W_{弃} \tag{1-3-7}$$

式中 $V_{初}$、$V_{末}$——时段 $\Delta t$ 初、末的水库库容，$m^3$；

$\Delta V$、$\Delta W$——时段 $\Delta t$ 内水库库容增减值、水库蓄水变量，增加为正，减少为负，$m^3$；

$\Delta W_{来}$、$\sum\Delta W_{用}$、$\Delta W_{损}$、$\Delta W_{弃}$——时段 $\Delta t$ 内入库水量、用水总量、损失水量、弃水量，$m^3$。

(4) 各设计年份的兴利蓄水过程线绘于同一张图上，取各年蓄水过程线的上包线即得加大供水线，取下包线即得限制供水线，如图1-3-5所示。为了防止某些典型年汛期开始较迟，在供水期，将上、下包线结束于同一点，该点相当于汛期第一场洪水最迟开始时刻，如图1-3-5中的 $B$ 点。其方法是将下包线水平移至 $B$ 点，或将下包线的末端与上包线的末端连起来，如图1-3-5中 $BC$ 线。在蓄水期，常将下包线水平移至供水开始最迟时刻 $A$，或将 $AC$ 相连。在图1-3-5中，将供水期的限制供水线调整到供水最迟发生的时间 $B$ 点。

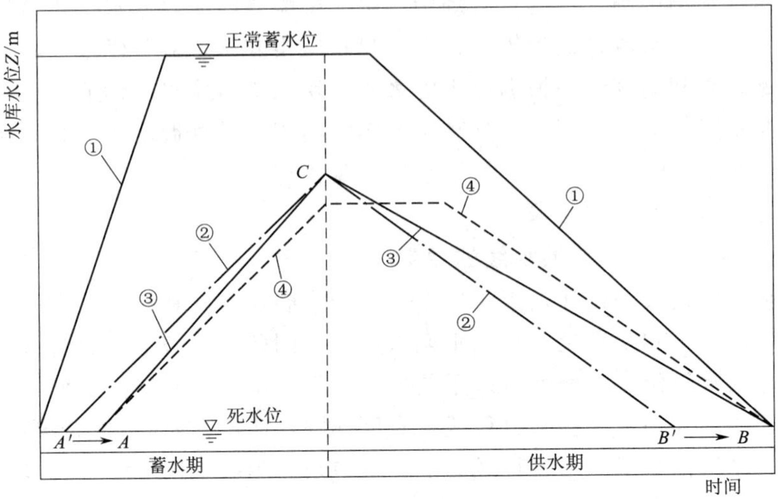


图 1-3-5 蓄水期、供水期调整调度线示意图

①—上包线；②—下包线；③—ACB 线；④—②线平移至 A、B

**【案例 4】**

1. 基本资料

某灌溉水库兴利库容 $V_{兴}=4400$ 万 $m^3$，设计保证率为 75%，水库有 22 年的径流资料，水库设计时已求出设计枯水年年径流量 $W_p=10000$ 万 $m^3$。

2. 绘制步骤

(1) 在实测资料中，选择出与设计枯水年年径流量（$P=75\%$）相近的 3 个典型年份，即 1958—1959 年、1961—1962 年、1963—1964 年，加上原设计枯水年（1968—1969 年），共 4 个年份的资料。

(2) 对各典型年进行缩放，得到不同年内分配的设计代表年来水资料，见表 1-3-2。

**表 1-3-2　　3 个典型年份各月来水计算表**　　单位：万 $m^3$

| 月份 | 1958—1959 年 | | 1961—1962 年 | | 1963—1964 年 | |
|---|---|---|---|---|---|---|
| | 典型年来水量 | 设计年来水量 | 典型年来水量 | 设计年来水量 | 典型年来水量 | 设计年来水量 |
| 7 | 1613.0 | 1290.0 | 2550.0 | 2340.0 | 2000.0 | 1900.0 |
| 8 | 6800.0 | 5430.0 | 4400.0 | 4040.0 | 4300.0 | 4090.0 |
| 9 | 2000.0 | 1600.0 | 1500.0 | 1380.0 | 2200.0 | 2090.0 |
| 10 | 500.0 | 400.0 | 500.0 | 460.0 | 480.0 | 455.0 |
| 11 | 300.0 | 240.0 | 200.0 | 184.0 | 198.0 | 188.0 |
| 12 | 200.0 | 160.0 | 110.0 | 101.0 | 70.0 | 66.5 |
| 1 | 150.0 | 120.0 | 80.0 | 73.5 | 50.0 | 47.5 |
| 2 | 110.0 | 80.0 | 40.0 | 36.7 | 40.0 | 38.0 |
| 3 | 250.0 | 200.0 | 38.0 | 34.9 | 50.0 | 47.5 |
| 4 | 300.0 | 240.0 | 70.0 | 64.0 | 60.0 | 57.0 |

续表

| 月份 | 1958—1959年 | | 1961—1962年 | | 1963—1964年 | |
|---|---|---|---|---|---|---|
| | 典型年来水量 | 设计年来水量 | 典型年来水量 | 设计年来水量 | 典型年来水量 | 设计年来水量 |
| 5 | 100.0 | 80.6 | 900.0 | 825.0 | 680.0 | 648.0 |
| 6 | 237.0 | 190.0 | 500.0 | 160.0 | 340.0 | 323.0 |
| 合计 | 12550.0 | | 10888.0 | | 10468.0 | |
| *K* | 0.80 | | 0.92 | | 0.95 | |

(3) 水库水量损失按每月 25 万 $m^3$ 计，采用固定用水定额法，即各年同 1 月用水量相同，见表 1-3-3。

(4) 各设计代表年份，按已知兴利库容和考虑损失后的用水量，进行逆时序调节计算，得到各月月初的水库蓄水量，见表 1-3-3、表 1-3-4。在这两张表中，各设计代表年份均从 6 月底死库容起算，遇亏水加、遇余水减逆时序计算到 7 月初。

**表 1-3-3　3 个设计代表年份逆时序调节计算表**　单位：万 $m^3$

| 月份 | 用水量＋损失水量 | 1958—1959年 | | | 1961—1962年 | | | 1963—1964年 | | |
|---|---|---|---|---|---|---|---|---|---|---|
| | | 来水量 | 供水量 | 月初兴利蓄水量 | 来水量 | 供水量 | 月初兴利蓄水量 | 来水量 | 供水量 | 月初兴利蓄水量 |
| 7 | 1267.4 | 1290.0 | | | 2340.0 | −1072.6 | 9 日开始蓄水 | 1900.0 | −632.6 | 30 日开始蓄水 |
| 8 | 1112.8 | 5430.0 | −4317.2 | 6 日开始蓄水 | 4040.0 | −2927.9 | 764.5 | 4090.0 | −2977.9 | 14.6 |
| 9 | 801.5 | 1600.0 | −798.5 | 3537.5 | 1380.0 | −578.5 | 3692.4 | 2090.0 | −1288.5 | 2992.5 |
| 10 | 336.0 | 400.0 | −64.0 | 4336.0 | 460.0 | −124.0 | 4270.9 | 455.0 | −119.0 | 4281.0 |
| 11 | 288.0 | 240.0 | 48.0 | 4864.0 (4400.0) | 184.0 | 104.0 | 4394.9 | 188.0 | 100.0 | 4758.5 (4400.0) |
| 12 | 288.0 | 160.0 | 128.0 | 4816.0 (4400.0) | 101.0 | 187.0 | 4290.9 | 66.5 | 211.5 | 4658.5 (4400.0) |
| 1 | 288.0 | 120.0 | 168.0 | 4688.0 (4400.0) | 73.5 | 214.5 | 4103.9 | 47.5 | 240.5 | 4437.0 (4400.0) |
| 2 | 288.0 | 80.0 | 208.0 | 4520.0 (4400.0) | 36.7 | 251.3 | 3889.4 | 38.0 | 250.0 | 4196.5 |
| 3 | 288.0 | 200.0 | 88.0 | 4312.0 | 34.9 | 253.1 | 3638.1 | 47.5 | 240.5 | 3946.5 |
| 4 | 801.5 | 240.0 | 561.5 | 4224.0 | 64.0 | 737.5 | 3385.0 | 57.0 | 744.5 | 3706.2 |
| 5 | 2043.9 | 80.0 | 1963.9 | 3662.5 | 825.0 | 1218.9 | 2647.5 | 648.0 | 1395.9 | 2961.5 |
| 6 | 1888.6 | 190.0 | 1698.6 | 1698.6 | 460.0 | 1428.6 | 1428.6 | 323.0 | 1565.6 | 1565.6 |

(5) 上述 3 个代表年份的各年蓄水过程线绘于同一张图上，做出上包线即为加大供水线，它是这一束曲线各时段最高点的连线，概括了不同年份内分配条件下，为了正常供水应达到的最大蓄水量。因此，若水库实际蓄水量高于该线，就可以加大供水。同样，作出这一束曲线的下包线，即为限制供水线，它是保证正常供水所允许的最

小蓄水量，若水库实际蓄水量低于该线，就必须限制供水。由此可绘出兴利调度图，如图 1-3-6 所示。

**表 1-3-4　设计枯水年（1968—1969 年）调度线计算表**　单位：万 $m^3$

| 月份 | 来水量 | 用水量 | 损失水量 | $W_{来}-W_{用+损}$ | | 月初兴利蓄水量 | 弃水量 | 备注 |
|---|---|---|---|---|---|---|---|---|
| | | | | + | − | | | |
| 7 | 1630.0 | 1242.4 | 25.0 | 362.6 | | 0 | 309.0 | 7 月 26 日开始蓄水 |
| 8 | 4500.0 | 1087.1 | 25.0 | 3387.9 | | 53.6 | | 蓄水 |
| 9 | 1760.0 | 776.5 | 25.0 | 958.5 | | 3441.5 | | 蓄水 |
| 10 | 336.0 | 311.0 | 25.0 | | | 4400.0 | | 蓄水 |
| 11 | 191.0 | 263.0 | 25.0 | | 97.0 | 4400.0 | | 开始放水 |
| 12 | 65.0 | 263.0 | 25.0 | | 223.0 | 4303.0 | | 放水 |
| 1 | 56.0 | 263.0 | 25.0 | | 232.0 | 4080.0 | | 放水 |
| 2 | 36.0 | 263.0 | 25.0 | | 252.0 | 3848.0 | | 放水 |
| 3 | 41.0 | 263.0 | 25.0 | | 247.0 | 3596.0 | | 放水 |
| 4 | 65.0 | 776.5 | 25.0 | | 736.5 | 3349.0 | | 放水 |
| 5 | 890.0 | 2018.9 | 25.0 | | 1153.9 | 2612.0 | | 放水 |
| 6 | 430.0 | 1863.6 | 25.0 | | 1458.6 | 1458.6 | | 放空至死水位 |
| 合计 | 10000.0 | 9391.0 | 300.0 | | 4400.0 | | | |

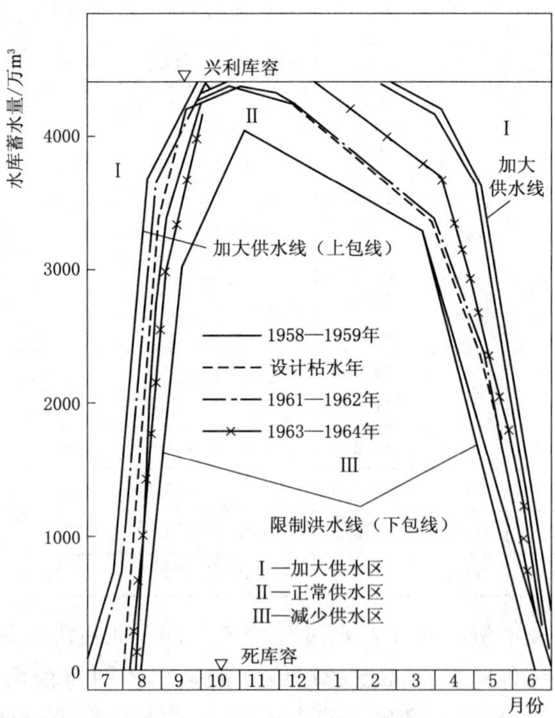


图 1-3-6　某灌溉水库兴利调度图

# 模块二

# 水利工程运行监测

## 项目一 土石坝运行监测

### 任务一 土石坝巡视检查

巡视检查是通过眼看、耳听、手摸、鼻嗅以及使用一些简单的工具，对水库工程表面状态的变化进行经常性的巡视、查看等工作的总称。它是水库日常运行管理中必不可少的基础性工作，具有全面性、及时性和直观性等特点，是及时发现大坝安全隐患的主要措施之一。管理人员对水库进行认真的检查和观察，通常能够及时发现水库的状态变化，通过对不正常的情况进行分析处理，防患于未然，把安全事故消灭在萌芽之中，从而确保水库大坝的安全运行。据国内、外有关资料统计，通过大坝巡视检查发现的大坝重大安全隐患，占出险水库总数的70%以上。尤其是在大多数小型水库缺乏大坝观测设施的情况下，巡视检查显得更为重要。

**一、巡视检查的基本要求**

土石坝巡视检查应根据工程的具体情况和特点，制定切实可行的检查制度。应规定具体的巡视时间、部位、内容和方法，并确定其路线和顺序，由有经验的技术人员负责进行。依据《土石坝安全监测技术规范》（SL 551—2012），巡视检查分为日常巡视检查、年度巡视检查和特别巡视检查三类。工程施工期、初蓄期和运行期均应进行巡视检查。

（1）日常巡视检查。非汛期，小型水库日常巡视检查一般每月1～3次；汛期，每周不少于2次。当库水位接近正常高水位时，每天至少巡查1次，病险水库每天至少巡查2次。

（2）年度巡视检查。每年的汛前汛后、冰冻较严重地区的冰冻和融冰期、有蚁害地区的白蚁活动显著期等，按规定的检查项目，对大坝进行比较全面或专门的巡视检查。进行年度巡视检查，每年不少于2次。

（3）特别巡视检查。特别巡视检查应在坝区遇到大洪水、大暴雨、有感地震库水位骤变、高水位运行以及其他影响大坝安全运用的特殊情况时进行，要对建筑物容易发生变化和破坏的部位加强检查观察。

巡视检查要突出重点部位和观察重点现象。其中，重点部位主要包括大坝上、下游坝面，坝脚及附近范围，涵洞进、出口部位，溢洪道两侧岩体，上游水面附近，以及以往发现的安全隐患部位等。重点现象主要包括坝体严重渗漏、坝面塌坑、裂缝、滑坡，坝基处流土或管涌等危险迹象。

发生险情时要加密巡视检查。大坝发生比较严重的破坏现象或出现其他危险迹象时，要增加测次，组织专门人员对险情变化做好记录，对出险部位做好标记，并进行连续昼夜观察，夜间加大巡查频次；要建立交接班制度，交接班时要将情况变化及采取措施等交代清楚。同时，及时上报主管部门并采取有效应对措施。巡视检查人员要提高安全意识。既要密切关注天气变化情况，提高巡视检查警觉性；巡查时也要注意自身安全，配备必要的防护设施（如防滑鞋、救生衣、照明工具等）。

巡视检查实行记录与报告制度。每次巡视检查时，巡查人员要带好必要的辅助工具和记录笔、簿；现场巡查结束后，巡查人员要认真填写记录表，有关人员均要签名；开展年度巡视检查和特别巡视检查时，除认真填写记录表外，还要提出简要报告。巡视检查中如发现问题，巡查人员要在记录表中详细记录时间、部位、问题，必要时附照片、简图等，并与以往记录对比分析，对异常情况进行复查。确认后，及时上报主管部门。

## 二、巡视检查内容

巡视检查范围包括坝体、坝基、坝肩、各类泄洪输水设施及其闸门，以及对大坝安全有重大影响的近坝区岸坡和其他与大坝安全有直接关系的建筑物和设施。巡查的重点是大坝上游水面附近，上、下游坝面；坝脚（含镇压层范围）；涵洞进出口部位；溢洪道两侧岩体；监测系统以及病险水库的隐患部位等，主要的巡视检查项目和内容，见表 2-1-1。

**表 2-1-1　　土石坝巡视检查项目和内容**

| 检查项目 | | 检查内容 |
|---|---|---|
| 大坝 | 坝顶 | 有无裂缝、异常变形、积水或植物滋生等现象；防浪墙有无开裂、挤碎、架空、错断、倾斜等情况 |
| | 上游坝坡 | 护坡是否损坏；有无裂缝、剥落、滑动、隆起、塌坑、冲刷或植物滋生等现象；近坝水面有无冒泡、变浑或漩涡等异常现象 |
| | 下游坝坡 | 有无裂缝、剥落、滑动、隆起、塌坑、雨淋沟、散浸、冒水、渗水坑或流土、管涌等现象；坝面排水系统是否通畅；草皮护坡是否完好，有无兽洞、蚁穴等隐患 |
| | 坝趾 | 坝趾反滤体、减压井（或沟）等排水、导渗降压设施有无异常或破坏现象。渗漏水的水量、颜色、气味及浑浊度、温度有无变化 |
| | 观测设施 | 大坝观测设施行是否正常，有无损坏、堵塞等现象 |
| 坝区 | 坝端 | 坝体与岸坡连续处有无裂缝、错动、渗水等现象；两岸坝端区有无裂缝、滑动、崩塌、溶蚀、隆起、塌坑、异常渗水和蚁穴、兽洞等 |
| | 坝址近区 | 有无阴湿、渗水、管涌、流土或隆起等现象；排水设施是否完好 |
| | 坝端岸坡 | 绕坝渗水是否正常；有无裂缝、滑动迹象；护坡有无隆起、塌陷或其他损坏现象 |

续表

| 检查项目 | | 检　查　内　容 |
|---|---|---|
| 溢洪道 | 进水渠 | 有无坍塌、崩岸、淤堵或其他阻水现象；流态是否正常 |
| | 控制段 | 有无裂缝、渗水、剥落、冲刷、磨损、空蚀等现象；伸缩缝、排水孔是否完好 |
| | 消能工 | 有无冲刷破损或砂石、杂物堆积等现象 |
| | 工作桥 | 是否有不均匀沉陷、裂缝、断裂等现象 |
| 输、泄水洞（管） | 引水段 | 有无堵塞、淤积、崩塌 |
| | 进水塔（竖井） | 有无裂缝、渗水、空蚀等损坏现象 |
| | 洞（管）身 | 洞壁有无裂缝、空蚀、渗水等损坏现象；洞身伸缩缝、排水孔是否正常 |
| | 出口 | 放水期水流形态、流量是否正常；停水期是否有水渗漏 |
| | 消能工 | 有无冲刷或砂石、杂物堆积等现象 |
| | 工作桥 | 是否有不均匀沉陷、裂缝、断裂等现象 |
| 闸门及启闭机 | | 闸门及其开度指示器、门槽、止水等能否正常工作，有无不安全因素 |
| | | 启闭机能否正常工作；备用电源及手动启闭是否可靠 |
| 通信及交通设施 | | 通信设施是否完好、畅通；照明及交通设施有无损坏及障碍 |

## 三、巡视检查路线

水库范围广，各建筑物体型庞大，且存在视线遮挡、表面凹凸不平、植物滋生或其他情况，若仅站在某一指定部位查看，仅能看清附近小范围或四周一部分的情况，为了确保了解整个枢纽建筑物的状况，巡查顺序一般可从左岸坡上坝，从下游坝面下坡，再从右侧岸坡上坝，如果坝面较大，则需要反复几次上坝下坝，检查每处坝面；从右侧沿坝体巡查至左坝体尽头，从左侧上游坝面巡查至尽头，同时观察水面情况。在步行巡视坝坡过程中，应随时停下，环视360°进行观察。因此，制定合理的检查路线对于巡查工作的有效开展，及时发现病险状况可起到事半功倍的重要作用。常见的检查路线及其适用范围，见表2-1-2。

**表2-1-2　　　　检　查　路　线**

| 部位 | 巡视方式 | 适　用　范　围 | 说　　明 |
|---|---|---|---|
| 坝坡 | 之字形路线检查 | 区域小或坡度平缓的坝坡 | （1）采用之字形路线的方式检查能保证控制整个坝坡和坝顶。<br>（2）按平行路线沿坝坡向下或向上检查，不容易遗漏。<br>（3）在步行巡视坝坡过程中，应随时停下，环视360°进行观察。<br>（4）应尽量多巡查，保证各部位都能巡视到，确保不遗漏任何缺陷 |
| | 平行路线检查 | 坡度很陡或者面积大的坝坡 | |
| 坝顶 | 平行路线检查 | 区域小，形状规则或无阻碍物 | |
| 坝脚 | 平行路线检查 | 区域小，形状规则或无阻碍物 | |
| | 之字形路线检查 | 坝后存在大范围渗漏、形状不规则或存在阻碍物 | |

按上述方式检查还应从不同角度观察，有些缺陷可就近发现，而有些缺陷只能从远处观察到。诸如坝面扭曲和坝上植物生长的微小变化等异常现象就可以从远处观察；在一日内太阳光照射角小的时候，从远处观察坝坡和坝趾区域，通过太阳光反射易发现湿润地带。对于建筑物数量较多、分布范围较分散的大中型水库，检查路线应事先绘制在

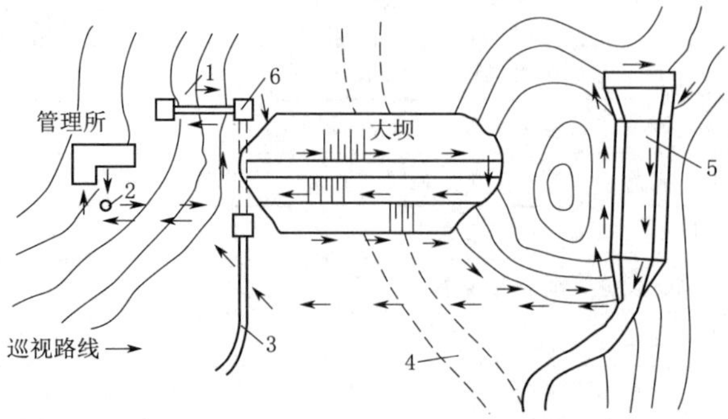


图 2-1-1 水库检查路线图

1—水位尺；2—雨量器；3—渠道；4—老河道；5—溢洪道；6—进水口

枢纽平面图上，本着高效、科学与灵活性的原则制定，特殊情况时适当调整。检查线路图上须标明相关建筑物名称、巡视检查的起点、终点、带箭头的标线等，不管巡查人员如何更换，只要按照路线图去检查，就能够全面地查看现场，而不会错过，如图 2-1-1 所示。

## 四、巡视检查主要方法

1. 常规检查方法

巡视检查的一般方法通常是用眼看、耳听、脚踩、手摸和鼻嗅等直观方法，或辅以锤、钎、钢卷尺等简单工具对工程表面和异常现象进行检查量测。对大坝表面（包括坝脚及附近范围）要由数人列队进行检查，以防漏查。

（1）眼看。察看迎水面大坝附近水面有否漩涡；迎水面护坡块石有否移动、凹陷或突鼓；防浪墙、坝顶有否出现新的裂缝或原存在的裂缝有无变化；坝顶有否塌坑；背水坡坝面、坝脚及附近范围内有否出现渗漏突鼓现象，尤其对长有喜水性草类的地方要仔细检查，判断渗漏水的浑浊变化；大坝附近及溢洪道两侧山体岩石有否错动或出现新裂缝；通信、电力线路是否畅通等。

（2）耳听。耳听有否出现不正常水流声或震动声。如坝体、坎肩较大渗漏时会有明显的流水声；渗漏水从裂缝中喷射出来的声音；闸门启闭时发出的异常响声等。

（3）脚踩。检查坝坡、坝脚是否有土质松软、鼓胀、潮湿或渗水。

（4）手摸。当眼看、耳听、脚踩中发现有异常情况时，则用手作进一步临时性检查，对长有杂草的渗漏出逸区，则用手感测试水温是否异常，通常水库渗水在夏季感觉偏凉，在冬季感觉偏温。

（5）鼻嗅。库水是否有异常气味，作为水质检查的一种辅助手段。

2. 特殊方法

在水库大坝遇到重大险情或对安全问题存在怀疑时，常规的检查方法难以判别，需采用技术手段进一步检查或探查。技术检查的方法、方式很多，如开挖探坑（或探槽）、钻探、仪器探测、孔内电视、向孔内注水试验、投放化学试剂、潜水员探摸或水下电视、水下摄影或录像等。一般水库管理单位欠缺相应的人员、装备和技术水平，故特殊方法适用于专业的检查检测机构和人员。

（1）开挖探查。对大坝裂缝、塌坑、反滤体损坏等，可采用开挖探查法，特别是对大坝裂缝情况的检查与评估，常会采用开挖探坑、探槽、探井等，有时探井还会挖得很深，借此检查、判断裂缝等情况。该方法的特点是结果直观准确、方法简单方便。为进一步探究坝体质量和渗流状况，可对开挖物采样作土工试验，获得相关数据。

（2）钻探。对坝体质量、地层结构等探查，主要适应于工程原相关资料缺乏的水库，通过钻探取得岩石、土体的样本，了解其分布、产状等特征，同时进行试验，获得其物理力学性质指标。

（3）放水检查。怀疑大坝水下隐蔽部分出现安全问题时，可采取放水检查。根据工程情况不同，可采取部分放水，或完全放水检查。降低或放空水位后，采取人工检查，有时配合采取部分勘探和试验工作。一般放空检查均对发现的问题及时进行处理。

（4）水下检查。水下检查即维持水库蓄水的情况下，对大坝水下结构进行的安全检查，即安排潜水员水下探查或水下摄像检查（或水下机器人检查）。有些水库的黏土铺盖损坏、集中渗漏点、面板损坏情况等都是水下检查发现的。

（5）仪器探测。

1）电法探测：对土石坝的裂缝、渗漏等情况，有时也采用物探方法进行无损勘探，如直流电阻率法、自然电场法、激发极化法等。此法对工程无损伤，检查周期短，技术和设备不复杂；但结果不够量化，甚至可能是经验性、建议性的结果。

2）同位素探测：对大坝渗漏情况，可采用放射性同位素技术进行探测，可探测渗漏通道、渗流的流速与流向等。该方法的技术性强，能够深入地下深层，结果量化较为可靠。

## 五、土石坝常见问题检查与判别

了解和掌握水库大坝易发生的常见问题和险情，是开展巡视检查工作的重要基础。根据土坝的特性，土坝易发生的主要问题包括：渗漏、裂缝、滑坡（脱坡）、塌坑（跌窝）、护坡破坏等，南方多数省份的土石坝还普遍存在白蚁危害问题。

### （一）渗漏检查与判别

#### 1. 渗漏类型

土坝具有一定程度的透水性。水库蓄水后，在水压力作用下，库水会通过坝体、坝基、坝肩的孔隙，或其之间的接触面，或大坝与输（泄）水建筑物之间接触面等渗出，称为渗漏。

土坝渗漏按其发生部位，可分为坝体渗漏、坝基渗漏和绕坝渗漏。其中，坝体异常渗漏可分为散浸、集中渗漏、管涌和流土等。

#### 2. 渗漏判别与检查方法

在水库检查和观测工作中，发现土坝渗水，既不能疏忽大意，也不能草木皆兵，将所有渗漏情况都列为隐患或病险，要对土坝的渗漏情况进行经常性检查、观察。发现异常渗漏情况，要及时分析渗漏的原因，并采取必要的修理措施予以整治。

基本判别方法：渗漏现象一般用肉眼可以观察到。如渗水从坝后排水体或坝后基础中渗出，清澈见底、不含土粒，且渗漏量变化很小，有时还会有所减少，属正常渗漏；如渗水变浑，或明显看到水中有土颗粒，可能已转变成异常渗漏，其他部位（如坝坡、坝肩、建筑物连接处等）的各种渗漏均属异常渗漏。

（1）散浸。散浸指水库高水位运用或在汛期高水位下，浸润线明显抬高，导致下游坝坡出逸点以下局部土体及坡脚附近出现土壤潮湿或发软并有渗水流出的现象，如图 2-1-2 所示。其本质是坝体渗径长度不够，浸润线抬高，渗水就将在坡面或坡脚附近渗出，使下游坝面形成大片散浸区。散浸虽然渗漏量不大，但直接影响坝坡稳定，如不及时处理，可能会发展成集中渗漏、塌坑、滑坡等险情。

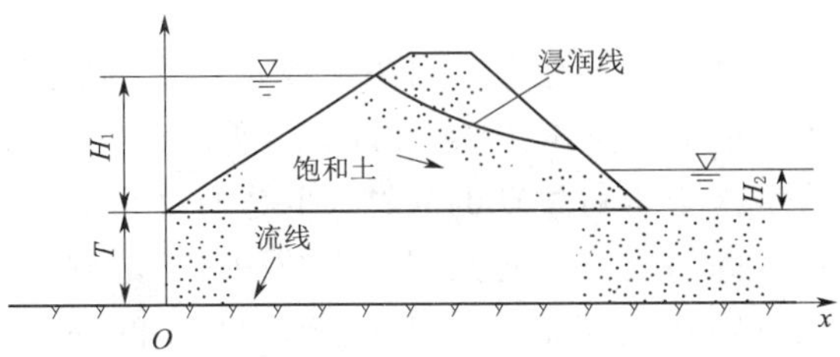


图 2-1-2 土坝浸润线示意图

散浸的主要原因：①坝坡较陡，坝身单薄；②坝体填筑质量差，碾压不实，夹有沙层（透水性强），施工分段接头搭接不紧密；③坝体内防渗结构损坏，透水性增大；④坝后排水反滤失效（如淤泥堵死）导致浸润线抬高；⑤坝内有蚁穴、兽洞、树根、暗沟等隐患。

检查提示：在晴天无雨时，坝坡坡面湿润、或有明显渗水、或潮湿松软并陷脚、或部分草皮色深叶茂、严寒季节冻结变硬等，都是坝体散浸渗漏的特征。

（2）集中渗漏。由于各种原因，大坝存在裂缝、孔隙、强透水层等薄弱环节，在高水位情况下，下游坡或坝脚附近出现横贯坝体或坝基的渗漏孔洞，形成成股水流，称为集中渗漏，也叫作漏洞。集中渗漏通常会带走坝体土粒，长时间后易形成管涌，甚至淘成孔穴逐渐形成塌坑。心墙或斜墙等防渗体被击穿形成的集中渗漏、大坝与坝下涵管等建筑物接触面形成的集中渗漏，都是严重的渗漏问题，易出现重大险情，需慎重对待、及早处理。

集中渗漏的主要原因：①坝体填筑质量差，如土料透水性大、有杂质，碾压不实，土体内有大的干土块（或冻土块），夹有沙层（透水性强），施工分段接头搭接不紧密等；②坝体内存在生物洞穴等隐患，如白蚁、老鼠、蛇等动物在坝体内打洞、筑巢等；③大坝与输水洞、溢洪道等建筑物接触面的填土质量差、不密实，或建筑物接触部位出现损坏；④坝体不均匀沉陷引起的横向裂缝、心墙的水平裂缝等造成。

检查提示：下游坝脚、坝体与两岸山体结合部位、坝下涵管出口附近、横向裂缝部位、蚁洞部位等都是可能出现集中渗漏现象的重点部位，要重点观察，同时，检查坝面有无出现塌坑或下陷现象，并根据情况降低库水位，以缓解险情。如集中渗漏出流浑水、或由清变浑、或时清时浑，均表明渗漏正在迅速扩大。当渗水由清变浑，并明显有土颗粒或渗水量突然增大，很可能是坝体内部发生渗透变形的征兆；当渗水量突然减少或中断，有可能是渗漏通道顶壁坍塌，暂时堵塞的结果，此时绝不能疏忽大意，更应加强观测。

（3）坝基渗漏。在反滤排水体附近、或排水沟以外的地面，有明显的渗水出逸、或冒水翻砂、或沼泽化（芦草茂盛）等现象，属坝基渗漏。坝基渗漏通常有可能导致坝下游坡脚附近发生管涌或流土。

管涌也称泡泉，是指在渗透水流作用下，土体中细颗粒从粗颗粒孔隙中被渗流带走而发生渗透破坏的现象。管涌发生时，水面出现翻花，随着上游水位升高，持续时间延长，险情不断恶化，大量涌水翻沙，使坝基土壤骨架破坏，孔道扩大，基土被淘空，引起建筑物塌陷，造成垮坝事故。

流土是指在渗流作用下，使坝基的局部土体表面隆起或大块土体松动而随渗水流失，这种现象称为流土。

坝基渗漏的主要原因：①清基不彻底或根本未清基，施工时未将杂草、树根、碎石等杂物清除干净，致使坝体及基础结合面产生渗漏；②坝基未进行防渗或防渗措施不到位；③运用不当，水库水位消落，坝前滩地部分黏土铺盖裸露暴晒开裂，或在铺盖上挖坑取土打桩等引起渗漏；④对导渗沟、减压井养护维修不善，出现问题未及时处理，而发生渗透破坏；⑤在坝后任意取土、修建鱼池等也可能引起坝基渗漏。

检查提示：若反滤排水体附近、或排水沟以外的地面，在晴天无雨的情况下，有明显的渗水出逸、或冒水翻砂、或沼泽化（芦草茂盛）等现象，属坝基异常渗漏。如坝后基础发生翻砂冒水或涌水带沙现象，进一步发展会出现坍塌或穿洞，危及大坝安全。

(4) 绕坝渗漏。坝下游两端与岸坡连接处或附近岸坡，有明显的渗水出逸，属绕坝渗漏。

绕坝渗漏的主要原因：①两岸地质条件差，岩体破碎，节理发育、透水性大；②岸坡未设截水槽，或截水槽深度不够，夯压不密实，施工中岸坡开挖不符合要求，与岸坡结合不好。

检查提示：若坝下游两端与岸坡连接处或附近岸坡，在晴天无雨的情况下，有明显的渗水出逸，属于绕坝渗漏。如果渗漏量较大、或有明显的集中渗漏、或渗水浑浊等，属异常现象。

**(二) 土石坝裂缝检查与判别**

土石坝裂缝是最常见的病害现象之一，对坝的安全威胁很大，有资料显示，在土石坝出现的各种事故中，因裂缝造成的事故约占1/4，横向裂缝可能发展成集中渗流通道，纵向裂缝可能造成滑坡，还有一些细小裂缝，因雨水灌入易加剧坝体潜在危险，因此，对土石坝裂缝的巡查必须引起重视。

1. 裂缝分类

土坝常见的裂缝一般分布在坝面上（坝顶和上、下游坝坡），也有隐藏在内部的。按裂缝的存在部位一般分为表面裂缝和内部裂缝；按裂缝的走向一般分为横向裂缝（垂直于坝轴线）、纵向裂缝（平行于坝轴线）、斜向裂缝（与坝轴线斜交）；按裂缝产生的原因一般分为干缩缝、沉陷缝、冻融缝、滑坡裂缝和震动裂缝等。其中，横向裂缝和滑坡裂缝的危害性最大，如图2-1-3所示。

2. 土石坝裂缝特征与成因

(1) 干缩和冻融裂缝。干缩和冻融裂缝是由于坝体受气候的影响或植物的影响，土料中水分大量蒸发或冻胀，在土体干缩或膨胀过程中产生的。

1) 干缩裂缝。干缩裂缝易发生在坝体表面，分布较广，呈龟裂状，密集交错，缝的间距比较均匀，没有特定的走向，无上下错动。一般与坝体表面垂直，上宽下窄，呈楔形尖灭，缝宽通常小于1cm。干缩裂缝一般不致影响坝体安全，但若不及时维修处理，雨水沿缝渗入，将增大土体含水量，降低土体抗剪强度，促使病害发

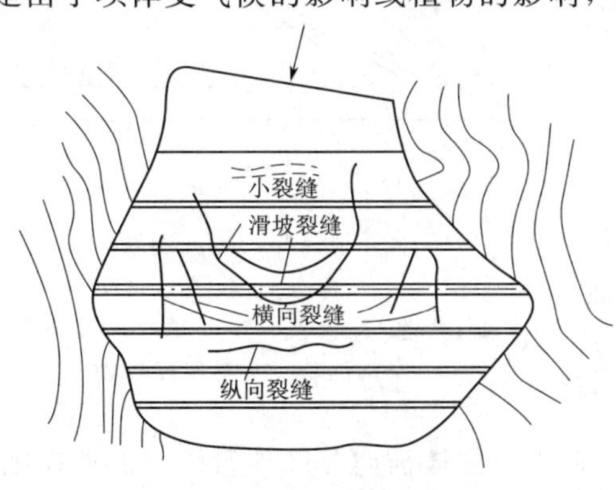

图2-1-3 裂缝的示意图

展，尤其是斜墙和铺盖的干缩裂缝可能引起严重的渗透破坏。

2）冻融裂缝。冻融裂缝主要由冰冻而产生。当气温下降时土体因冰冻而冻胀，气温升高时冰融，但经过冻融的土体不会恢复到原来的密实度，反复冻融，土体表面就形成裂缝。其特征为：发生在冻土层以内，表层破碎，有脱空现象，缝深及缝宽随气温而异。冻融裂缝特征；冻融裂缝规律性差，纵横分布，呈龟裂状；一般深度较浅，多系铅直开裂，上宽下窄呈楔形状。因此，在坝体和坝顶用砂石做保护层，保护层厚度应大于冻层深度。

（2）纵向裂缝。纵向裂缝主要是因坝体在横向断面上不同土料的固结速度不同，或由坝体、坝基在横断面上产生较大的不均匀沉陷所造成的。一般规模较大，基本上是垂直地向坝体内部延伸，多发生在坝的顶部或内外坝肩附近。其长度一般可延伸数十米至数百米，缝深几米至十几米，缝宽几毫米至几十厘米，两侧错距不大于 30cm。主要产生原因及常见部位如下：

1）坝壳与心墙或斜墙的结合面处。由于坝壳与心墙、斜墙的土料不同，压缩性有较大差异，填筑压实的质量亦不相同，因此固结速度不同，致使在结合面处出现不均匀沉陷的纵向裂缝，如图 2-1-4 所示。

2）坝基沿横断面开挖处理不当处。在未经处理的湿陷性黄土地基上筑坝，由于坝的中部荷载大，施工中坝基沉陷也大，蓄水后的湿陷较小，而上、下游侧由于荷载小，坝基沉陷小，蓄水后的湿陷反而大，可能产生纵向裂缝，如图 2-1-5（a）所示。沿坝基横断面方向上，因软土地基厚度不同或部分为黏软土地基，部分为岩基，在坝体荷重作用下，地基发生不均匀沉陷，引起坝体纵向缝，如图 2-1-5（b）所示；跨骑在山脊的土坝两侧，在固结沉陷时，同时向两侧移动，坝顶容易出现纵向裂缝，如图 2-1-6 所示。

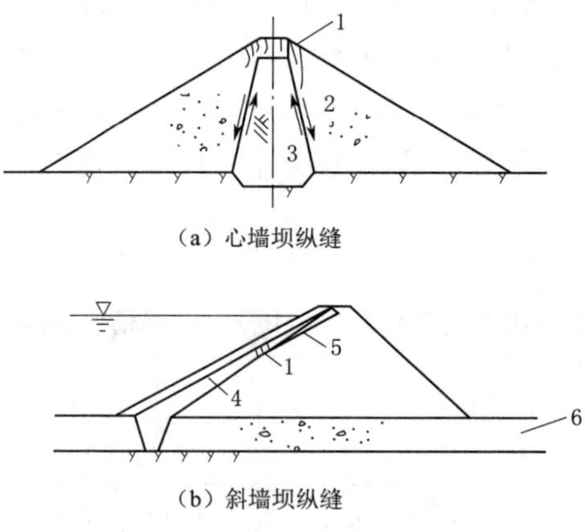


图 2-1-4　坝壳与心墙或斜墙产生纵向裂缝示意图

1—纵缝；2—坝壳；3—心墙；4—斜墙；5—斜墙沉降；6—砂卵石覆盖层

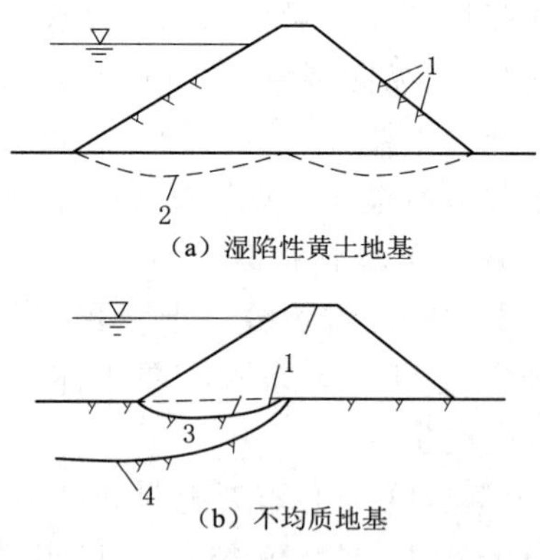


图 2-1-5　压缩性地基引起的纵缝

1—纵缝；2—地基湿陷；3—高压缩地基；4—岩基

此外，坝体横向分区填筑结合面处在施工时分别从上、下游取土填筑，土料性质不同，或上、下游坝身碾压质量不同，或上、下游进度不平衡，填筑层高差过大，结合面坡度太陡，不便碾压，甚至有漏压现象，蓄水后，在横向分区结合处产生纵向裂缝；截水槽对应的坝顶处，因截水槽的压缩性比两侧自然土基压缩性小，与截水槽对应的坝顶处的沉陷比两侧坝坡的沉陷小，故而产生纵向裂缝。

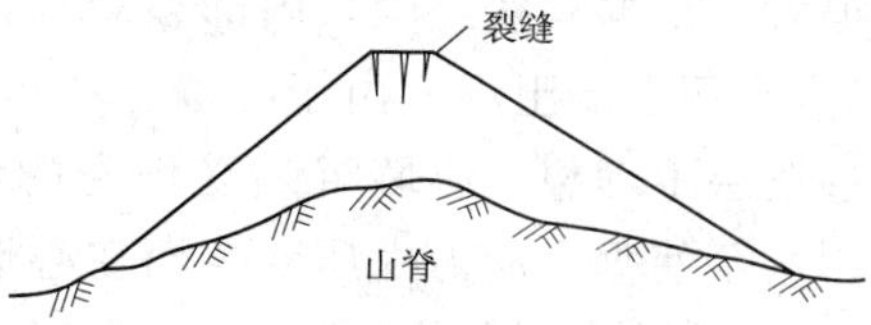


图 2-1-6 跨骑在山脊上的土坝坝顶纵向裂缝

(3) 横向裂缝。横向裂缝产生的根本原因是沿坝轴线方向纵断面上相邻坝段的坝高不同或坝基的覆盖厚度不同，产生不均匀沉陷，当不均匀沉陷超过一定限度时，即出现裂缝。横向裂缝常见于坝端，一般接近铅直或稍有倾斜地伸入坝体内。缝深几米到十几米，上宽下窄，缝口宽几毫米到十几厘米，偶尔可见更深、更宽的裂缝。缝两侧可能错开几厘米甚至几十厘米。横向裂缝对坝体危害极大，特别是贯穿心墙或斜墙、造成集中渗流通道的横向裂缝。主要产生原因及常见部位如下：

1）坝体沿坝轴线方向的不均匀沉陷。坝身与岸坡接头坝段，河床与台地的交接处，涵洞的上部等，均由于不均匀沉陷，极易产生横向裂缝，如图 2-1-7 所示。

2）坝基地质构造不同，施工开挖处理不当而产生横向裂缝。有压缩性大（如湿陷性黄土）的坝段，或坝基岩盘起伏不平，局部隆起，而施工中又未加处理，则相邻两部位容易产生不均匀沉陷，而引起横向裂缝，如图 2-1-8 所示。

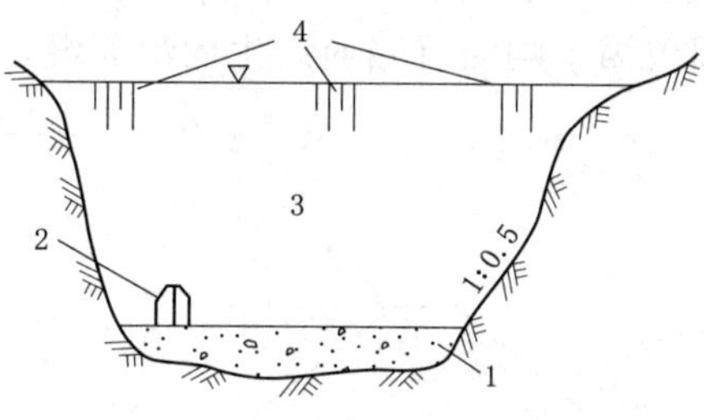


图 2-1-7 横向裂缝常见部位

1—砂卵石；2—涵洞；3—土坝；4—裂缝

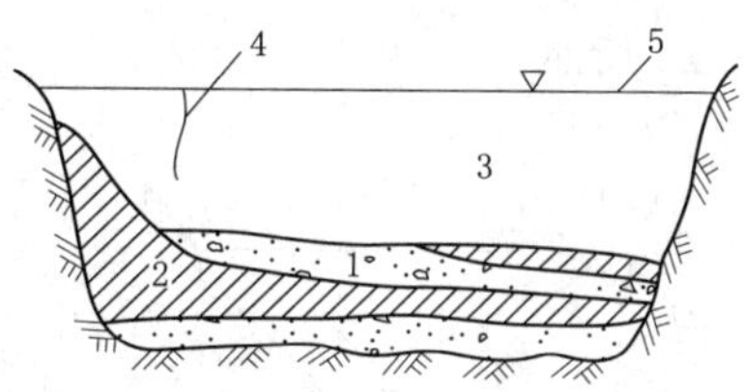


图 2-1-8 某水库横向裂缝示意图

1—砂卵石；2—黄土；3—土坝；4—裂缝；5—坝顶

3）坝体与刚性建筑物结合处。坝体与刚性建筑物结合处往往会因为不均匀沉陷引起横向裂缝。坝体与溢洪道导墙连接的坝段就属于这种情况，如图 2-1-9 所示。

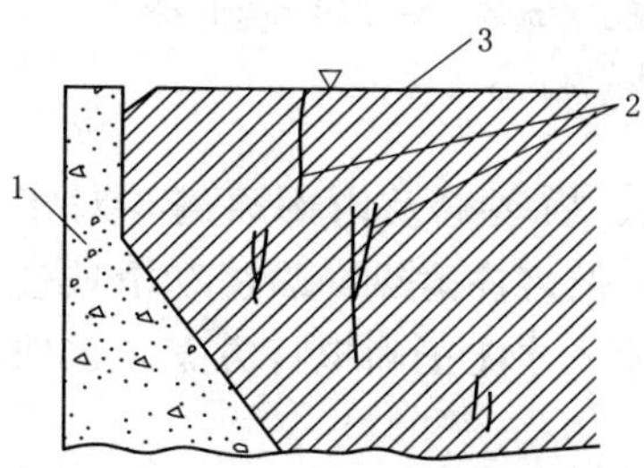


图 2-1-9 某水库土坝与溢洪道结合处裂缝示意图

1—溢洪道墙；2—裂缝；3—坝顶

4）坝体分段施工的结合部位处理不当。在土石坝合龙的龙口坝段、施工时土料上坝线路、集中卸料点及分段施工的接头等处往往由于结合面坡度较陡，各段坝体碾压密实度不同甚至漏压而引起不均匀沉陷，产生横向裂缝。

(4) 内部裂缝。内部裂缝很难从坝面上发现，往往发展成集中渗流通道，造成了险情才被发觉，使维修工作被动，甚至无法补救，所以坝体内部裂缝危害性很大。根据实践经验，内部裂缝常在以下部位发生：

1）薄心墙土坝。由于心墙土料运用后期可压缩性比两侧坝壳大，若心墙与坝壳之间过渡层不理想，心墙沉陷受坝壳的约束产生拱效应，拱效应使心墙中的垂直应力减小，甚至使垂直应力由压变拉而在心墙中产生水平裂缝，如图 2-1-10 所示。

2）修建在局部高压缩性地基上的土坝。因坝基局部沉陷量大，使坝底部发生拉应变过大而产生横向或纵向的内部裂缝，如图 2-1-11 所示。

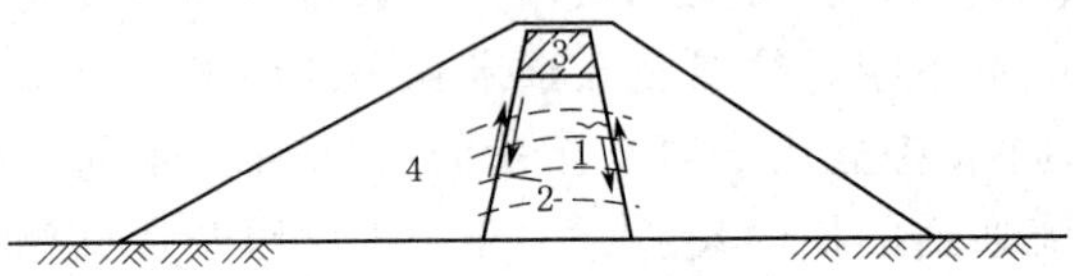


图 2-1-10 心墙坝内部水平裂缝示意图

1—水平裂缝；2—心墙；3—心墙未下沉部分；4—坝壳

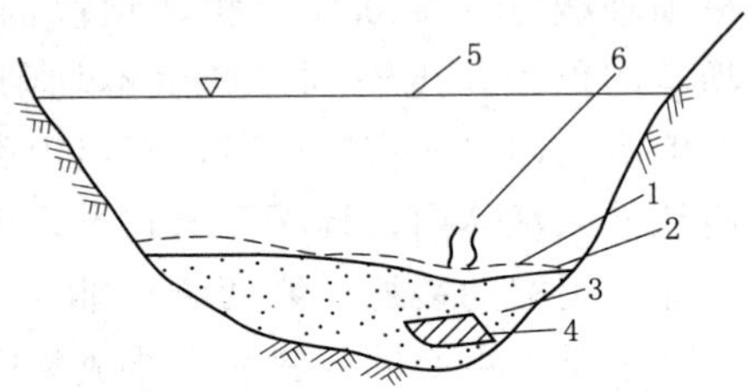


图 2-1-11 高压缩性地基内部裂缝

1—原坝底；2—沉陷后坝底；3—细砂；4—高压缩性土；5—坝顶；6—裂缝

3）修建于窄深峡谷中的坝。在地基沉陷的过程中，上部坝体通过拱作用传递到两端，拱下部坝沉陷量较大，因而产生拉应力，坝体内产生裂缝，如图 2-1-12 所示。

4）坝体和刚性建筑物相邻部位。因刚性建筑物比周围的河床冲积层或坝体填土的压缩性小得多，从而使坝体和刚性建筑物相邻部位因不均匀沉陷而产生内部裂缝，如图 2-1-13 所示。

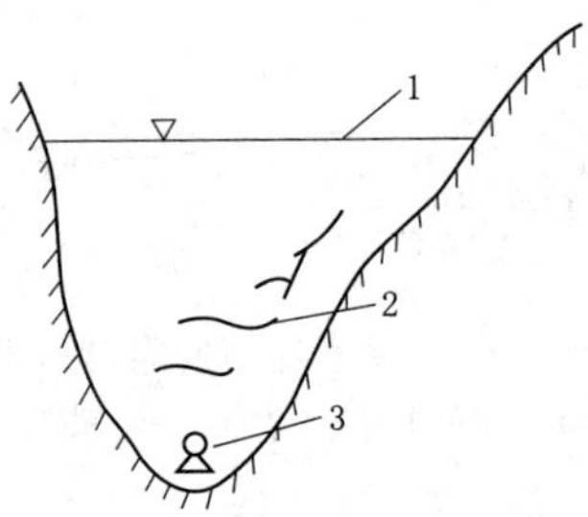


图 2-1-12 窄深峡谷土坝内部裂缝示意图

1—坝顶；2—裂缝；3—放水管

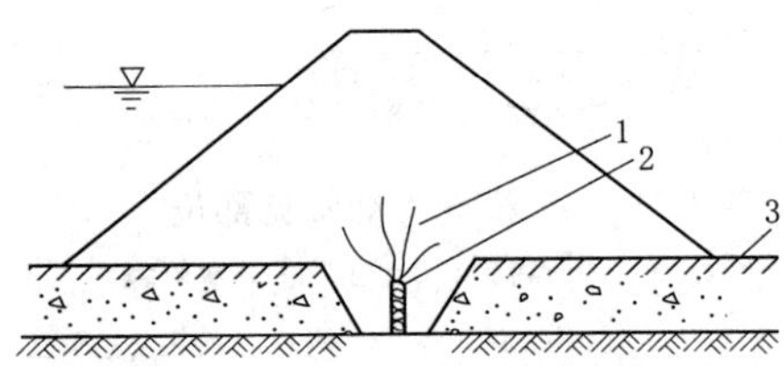


图 2-1-13 刚性截水墙引起内部裂缝

1—裂缝；2—混凝土截水墙；3—河床冲积砂砾层

3. 裂缝检查与判别

实际工程中土石坝裂缝主要是干缩；冻融裂缝；纵、横裂缝及内部裂缝，对于干缩；冻融裂缝；纵、横裂缝可根据各自的特点加以判断，但需注意纵向裂缝和滑坡裂缝的区别。此外，需注意判断分析内部裂缝，只有判断准确，才能正确拟订方案，采取有效的处理措施。

（1）滑坡裂缝与纵向裂缝的区别。

1）纵向裂缝一般接近于直线，垂直向下延伸；而滑坡裂缝一般呈弧形，向坝脚延伸。

2）纵向沉陷裂缝发展过程缓慢，随土体固结到一定程度而停止，而滑坡裂缝发展初期较慢，当滑坡体失稳后突然加快，如图 2-1-14 所示。

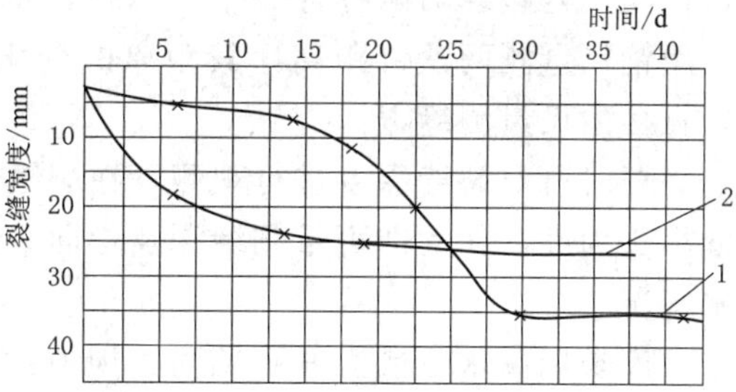


图 2-1-14　两种裂缝发展过程线

1—滑坡裂缝；2—纵向沉陷裂缝

3）纵向沉陷裂缝，缝宽为几毫米至几十毫米，错距不超过 30cm，而滑坡裂缝的宽度可达 1m 以上，错距可达数米。

4）滑坡裂缝发展到后期，在相应部位的坝面或坝基上有带状或椭圆形隆起，而沉陷缝不明显。

（2）内部裂缝判断。内部裂缝判断，具体可结合坝体坝基情况从以下各方面进行分析判断，如有其中之一者，就有可能产生内部裂缝。

1）当库水位升高到某一高程时，在无外界影响的情况下，渗漏量突然加大。

2）当实测沉陷远小于设计沉陷，而又没有其他影响因素时，应结合地形、地质、坝型和施工质量等进行分析判断。

3）某坝段沉陷量、位移量比较大。

4）单位坝高的沉陷量和相邻坝段悬殊。

5）个别测压管水位比同断面的其他测压管水位低很多，浸润线呈现反常状况；或做注水试验，其渗透系数远超过坝体其他部位；或当水库水位升到某一数值时，测压管水位突然升高。

6）钻探时孔口无回水，或者有掉钻现象。

4. 裂缝记录

土石坝裂缝的巡查主要凭肉眼观察。对于观察到的裂缝应设置标志并编号，保护好缝口。对于缝宽大于 5mm 裂缝，或缝宽小于 5mm 但长度较长、深度较深，或穿过坝轴线的横向裂缝、弧形裂缝（可能是滑坡迹象的裂缝）、明显的垂直错缝以及与混凝土建筑物连接处的裂缝，还必须进行定期观测，观测内容包括裂缝的位置、走向、长度、宽度和深度等，记录裂缝发生的时间、位置、走向、裂缝的宽度和长度等，裂缝检查记录表，如表 2-1-3 所示。

**表 2-1-3　　裂缝分布统计表**

工程部位：

| 序号 | 发现日期 | 裂缝编号 | 裂缝位置 | | | 裂缝描述 | | | | | | 备注 |
|---|---|---|---|---|---|---|---|---|---|---|---|---|
| | | | 桩号/m | 轴距/m | 高程/m | 长/m | 宽/m | 深/m | 走向/(°) | 倾角/(°) | 错距/cm | |
| | | | | | | | | | | | | |
| | | | | | | | | | | | | |

统计者：　　　　　　　　　　　　　　　　校核者：

观测裂缝位置时，可在裂缝地段按土坝桩号和距离，用石灰或小木桩画出大小适宜的方格网进行测量，并绘制裂缝平面图。

裂缝长度可用皮尺沿缝迹测量，对于缝宽，可在整条缝上选择几个有代表性的测点，在测点处裂缝两侧各打一排小木桩，木桩间距以 50m 为宜。木桩顶部各打一小铁钉。用钢尺量测两铁钉距离，其距离的变化量即为缝宽变化量。也可在测点处撒石灰水，直接用尺量测缝宽。

必要时可对裂缝深度进行观测，在裂缝中灌入石灰水，然后挖坑探测，深度以挖至裂缝尽头为准，如此即可量测缝深及走向。对土石坝裂缝观测的同时，应观测库水位和渗水情况。

水库长期高水位或大暴雨期间，坝坡含水量大，稳定性降低，容易发生滑坡裂缝；水库连续放水，库水位骤降时，上游坝坡也最容易发生滑坡裂缝；发生地震也容易引起大坝裂缝；遇上述情况时都要加强检查观察。

**（三）土石坝滑坡检查与判别**

土石坝出现滑坡（也叫作脱坡），主要是边坡失稳，指坝坡土体在重力作用下，沿着一个或多个软弱面产生整体向下滑移的现象，当土体下滑力超过了抗滑力，使坝体的一部分（有时还包括部分坝基）失去平衡，下滑脱离原来位置，造成滑坡险情，如图 2-1-15 所示，如不及时处理，会严重影响水库大坝安全，滑坡按其滑动面的部位不同，分为浅层滑动和深层滑动，滑坡形式如图 2-1-16 和图 2-1-17 所示。

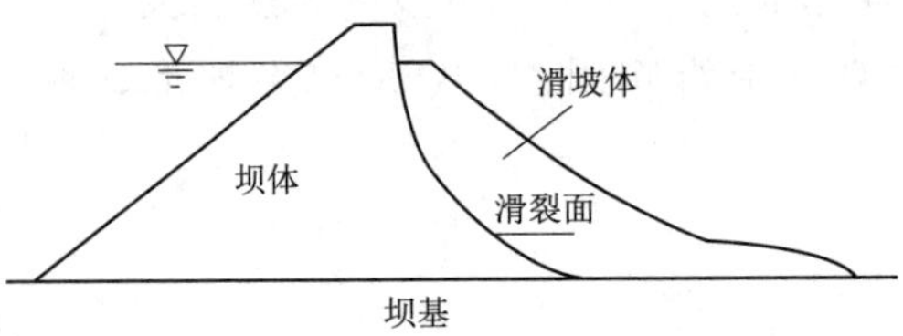


图 2-1-15 坝体滑坡示意图

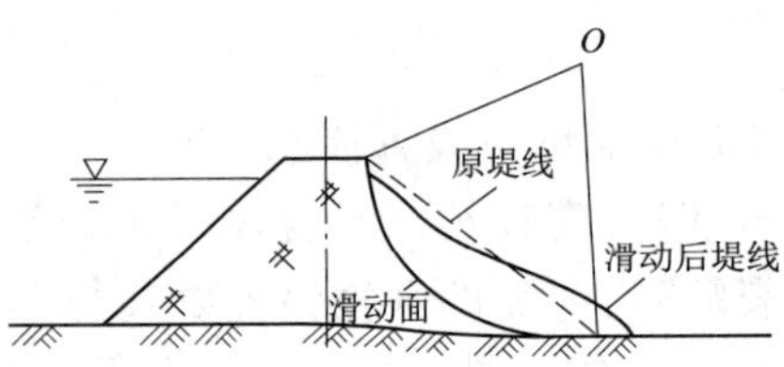


图 2-1-16 浅层滑动示意图

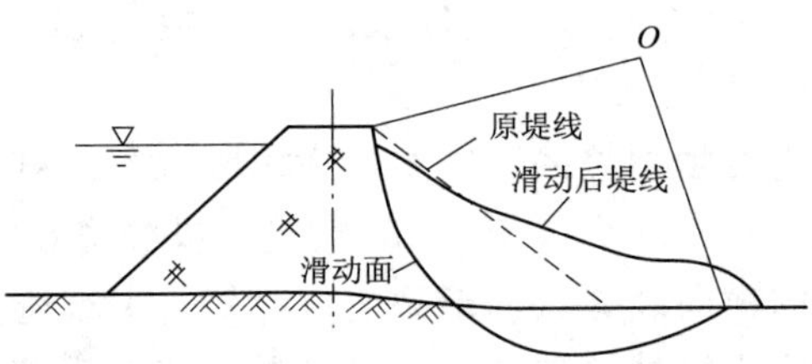


图 2-1-17 深层滑动示意图

1. 滑坡成因

土坝滑坡的原因很多，情况比较复杂，往往是多种因素组合造成的。依据《土石坝养护修理规程》（SL 210—2015）主要产生的原因包括设计、施工、管理等方面，具体如下：

（1）设计方面：基础有淤泥层或其他高压缩性土，勘察未探明，设计未能进行处理；选择坝址时，未能避开渊潭或水塘，坝脚沉降过大引起滑坡；坝端破碎带未采取适当防渗措施，产生绕坝渗漏，使局部坝体饱和，引起滑坡；设计中计算指标选用偏高，或对地震考虑不够，坝坡过陡；排水设计不当，背水坡出现渗水逸出，浸润线抬高、引起坝体滑坡。

（2）施工方面：碾压不实，干容重未达标，土体抗剪强度不足；水中填筑时未能严格按施工技术要求进行，形成集中软弱层；抢筑临时拦洪断面和合龙段，过坡过陡，填筑质量差；冬季施工没有采取适当措施，冻土层解冻后形成软弱层；将黏性较大、透水性较小的土料填筑在下部，黏性较小、透水性较大的土料填筑在上部，蓄水后，背水坡上部湿润饱和，造成滑坡；心墙坝的砂壳填筑不好，蓄水后产生较大湿陷；土坝加高培厚，新旧坝体之间结合不好，渗水饱和后造成背水坡滑坡。

（3）管理方面：库水位下降速度过快，上游坝体不能及时排水，形成较大的渗透压力，造成坝坡失稳；坝体土料中的细颗粒堵塞了排水体，浸润线抬高，土体饱和度增加，抗剪强度降低；坝后减压设施堵塞，坝基渗透压力和浮托力增加。

（4）其他原因：强烈地震引起坝体滑坡；持续大暴雨，使坝体土体饱和，风浪淘刷破坏护坡形成陡坎，大坝附近爆破施工，坝体上部堆载过大。

2. 滑坡类型及特征

滑坡主要是通过对滑坡性裂缝进行检查观测和判断来加以判别，可参照土石坝滑坡类型及特征表进行判别，见表 2－1－4。已判明发生滑坡的大坝，需查清滑坡体范围，查清是浅层滑动还是深入坝基的深层滑动。

**表 2－1－4　　土石坝滑坡类型及特征表**

| 类型 | 滑坡名称 | 滑坡形状 | 滑坡特征 |
|---|---|---|---|
| 按滑坡的性质 | 剪切性滑坡 | 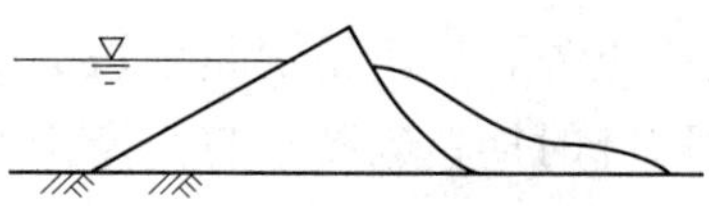 | 1. 坝面首先出现一条主要的纵向裂缝（以下简称主裂缝）及一些不连续的短小裂缝。主裂缝两端逐渐以弯弧形向坝坡下部延伸，随着滑坡的发展，上述变形逐渐加快。<br>2. 主裂缝两侧上下错开，随着滑坡的发展，错动距离逐渐加大，滑动体下部将出现带状或椭圆形隆起，并向下游推移。<br>3. 坝坡越陡，滑坡的可能越大 |
| | 塑流性滑坡 | 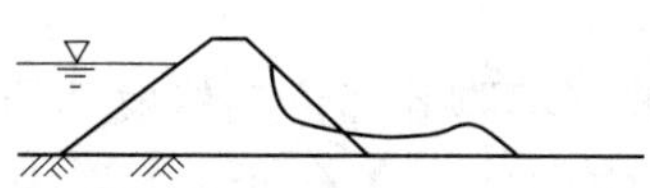 | 1. 多发生在含水量较大的高塑性黏土填筑的坝体。<br>2. 滑坡的性质是由于土的蠕动作用或塑性流动。<br>3. 在滑坡前，滑动体上部通常不出现明显的纵缝，而是坡面的位移量连续增加。滑动体下部也可能有隆起现象，其中沿软弱层发生的塑流滑坡也会出现纵向裂缝和错距。<br>4. 滑坡过程较为缓慢，但含水量较大、排水不良时，塑性流动也会出现较快的速度 |
| | 液化性滑坡 | 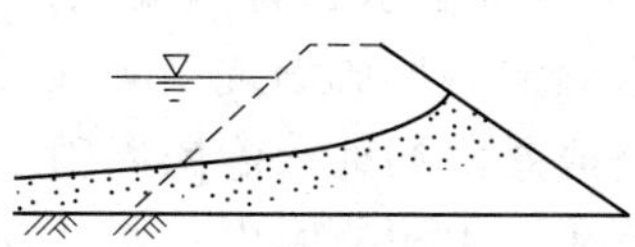 | 1. 多发生在坝身或坝基有级配均匀、密度较小的中细砂或细砂的土坝。<br>2. 滑坡的原因是当细砂处于饱和状态时，受强烈的振动，砂粒相互脱离处于悬浮状态，以致失去或降低抗滑能力。<br>3. 骤然发生，无征兆 |
| 按滑面的形状 | 圆弧滑坡 | 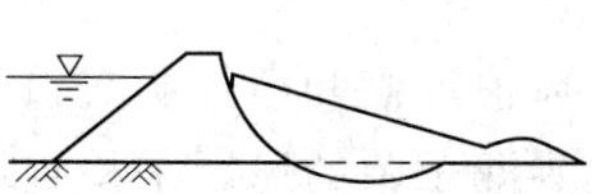 | 1. 滑动面呈圆弧形。<br>2. 滑弧上端通常位于坝顶或靠近坝肩的上下游坡面上。<br>3. 建于基岩或坚实地基的土坝，滑弧将通过坝趾或坝坡；若属于土基，滑弧有可能穿过坝基 |

续表

| 类型 | 滑坡名称 | 滑 坡 形 状 | 滑 坡 特 征 |
| --- | --- | --- | --- |
| 按滑面的形状 | 折线滑坡 | 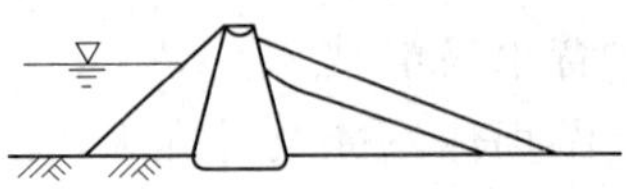 | 1. 多发生在斜墙坝与心墙坝。<br>2. 在沿滑坡体中心且垂直于坝轴线的剖面上，滑缝为两个或两个以上折线构成。砂质坝或砂质坝壳，一般以水位高程为滑缝转折点 |
| | 混合滑坡 | 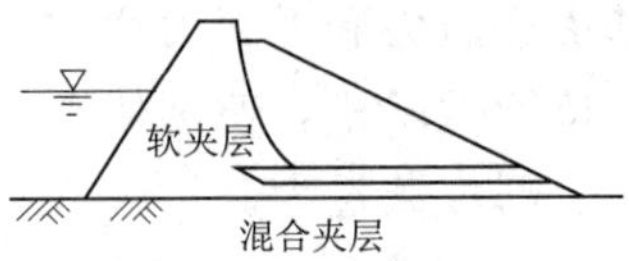 | 1. 多发生在坝基或坝体有软弱夹层的土坝。<br>2. 在滑坡体中心且垂直于坝轴线的剖面上，滑缝由通过软弱层的直线与坝体内的曲线组成。当软弱夹层的厚度超过 5m 时，滑面也可能呈圆弧状 |
| 按滑坡的部位 | 上游滑坡 | 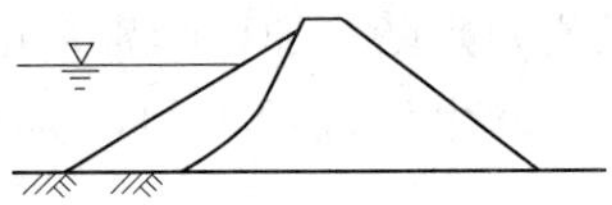 | 1. 多发生在水位骤降、大风浪袭击或地震等时期。<br>2. 滑坡体的大小与高度取决于水位骤降的幅度和速度、风浪的大小、地震的烈度等 |
| | 下游滑坡 | 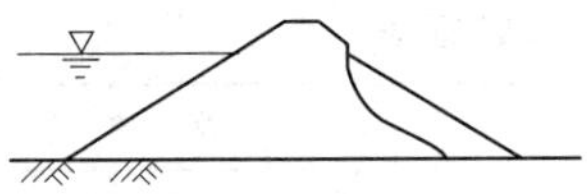 | 1. 多发生在高水位、持续的特大暴雨和地震时期。<br>2. 滑坡体上部位于坝顶者较为常见 |

3. 检查与判别

对滑坡的检查，除日常巡视检查中对其检查外，以下情况是滑坡的多发时期，要严密监视，具体包括：①高水位时期；②水位骤降时期；③持续特大暴雨时期；④蓄水时期；⑤春季解冻时期；⑥强烈地震后等。

滑坡主要是通过对滑坡性裂缝进行检查观测和判断来加以判别，根据滑坡性裂缝基本判别方法，结合土石坝滑坡类型及特征综合判断，已判明发生滑坡的大坝，需查清滑坡体范围，查清是浅层滑动还是深入坝基的深层滑动。

**(四) 塌坑检查与判别**

在持续高水位情况下，在坝顶、上下游坡、坝脚等部位突然发生局部下陷而形成的险情，成为塌坑（或跌窝）。塌坑既破坏坝体完整性，又有可能缩短渗径，有时还伴有渗漏、管涌、流土等险情同时发生，危及大坝安全。

塌坑的主要成因：①施工质量差，土坝分段施工，接头处未处理好，夯压不实；②基础、两岸边坡未处理或处理不彻底；③坝体与输水涵管和溢洪道结合部填筑质量差，在高水头渗透水流的作用下，或砂壳浸水湿陷，形成塌坑；④坝身有隐患，如白蚁的蚁穴、蚁路等形成的空洞，遇高水头的浸透或暴雨冲蚀，隐患周围土体湿软下陷，形成塌坑；⑤伴随坝基管涌渗水或坝身漏洞的形成，未能及时发现和处理，使坝身或基础内的细土料局部被渗透水流带走、架空，最后上部土体支撑不住，发生下陷，也能形成塌坑。

塌坑检查。塌坑现象肉眼极易观察到，除风浪淘刷和白蚁洞穴引起的塌坑外，大部分塌坑多由渗流破坏而引起。因此，要从引起渗漏现象的原因来检查塌坑可能发生的部位。例如进水塔（竖井或卧管）附近、坝体内放水洞轴线附近，可能因断裂漏水而引起塌坑；反滤坝址上游坝坡部位，可能因反滤坝发生破坏而引起塌坑；坝体与山坡接合不好产生绕坝渗漏而引起塌坑等。

发现塌坑后要做好记录。记录塌坑发生的时间、直径大小、形状和深度、相对位置、高程、洞内渗水情况等，绘出草图，必要时进行拍照。

**（五）护坡破坏检查与判别**

为保证土坝坝体完整，免遭破坏，我们通常在上下游坡设置护坡保护。常见的护坡型式有：①上游坡：干砌石护坡、浆砌石护坡、混凝土预制板护坡、现浇混凝土护坡等；②下游坡：草皮护坡、干砌石护坡、碎石护坡等。

*1. 护坡破坏的常见类型及特征*

（1）脱落。由于砌体不紧密或砂浆脱落，在风浪作用下使石块松动、脱落，如图 2-1-18（a）所示。

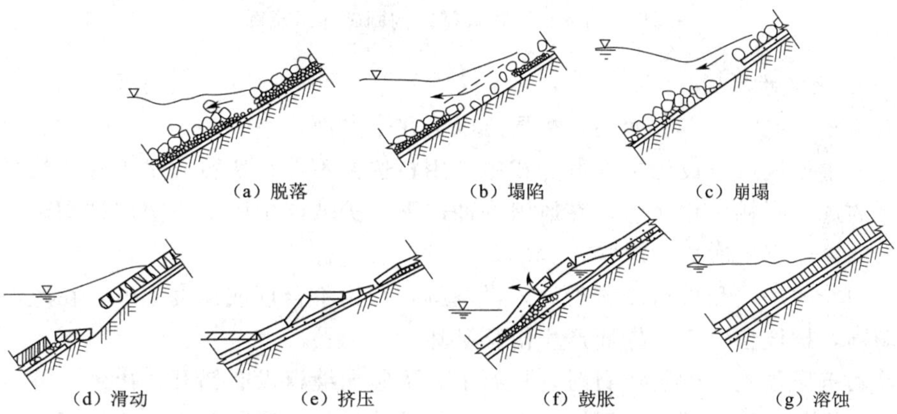


图 2-1-18　护坡破坏类型示意图

（2）塌陷。由于砌体施工质量差，风浪将护坡垫层淘出，或因坝体沉陷，使护坡架空或沉陷成凹坑，甚至发生错动或开裂，如图 2-1-18（b）所示，坡脚底部淘刷，如图 2-1-19 所示。

（3）崩塌。护坡局部破坏后，由于底部垫层失去保护，继续淘刷坝体，将造成护坡大面积的崩塌，如果护坡崩塌比较迅速，将威胁坝体安全，如图 2-1-18（c）所示。

（4）滑动。坝坡局部破坏后，未能及时抢护，破坏面逐渐扩大，使上部护坡失去支撑，处于悬空状态，加上波浪的冲击、震动和垫层的移动，造成上部护坡倾滑，如图 2-1-18（d）所示。

（5）挤压。在冰冻地区，由于水体中冰盖压力的作用，使护坡隆起而挤压破坏；或者因坝体沉降量大，护坡不能相应缩短，本身挤压隆起，如图 2-1-18（e）所示。

（6）鼓胀。混凝土或浆砌石护坡排水不良，当遇水库水位骤降时，在渗透压力作用下，局部护坡鼓胀以致破裂。严寒地区由于坝体表层冻胀，也会使护坡发生这种现象，如图 2-1-18（f）所示。

（7）溶蚀。由于护坡材料差，或在缺乏石料的地区，以砖代石砌筑护坡，护坡受冰凌和水的长期冲刷而剥蚀或溶蚀，如图 2-1-18（g）所示。

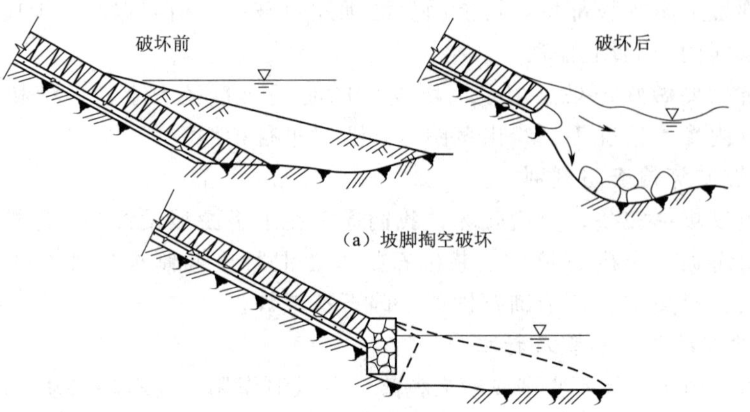


(a) 坡脚掏空破坏

(b) 基础掏空破坏

图 2-1-19 护坡基脚淘刷破坏示意图

2. 护坡破坏的原因

护坡的破坏原因是多方面的，主要有以下几个方面：

(1) 由于护坡块石设计标准偏低或施工用料选择不严，块石质量不够，粒径小，厚度薄。有的选用石料风化严重。在风浪的冲击下，护坡产生脱落，垫层被淘刷，上部护坡因失去支撑而产生崩塌和滑移。

(2) 护坡的底端和护坡的转折处未设基脚，结构不合理或深度不够，在风浪作用下基脚被淘刷，护坡会失去支撑而产生滑移破坏。

(3) 砌筑质量差。砌筑块石时，块石上、下竖向缝口没有错开，出现通缝，这样砌筑就失去了块石互相连锁的作用。块石砌筑的缝隙较大，底部架空，搭接不牢。受到风浪淘刷，块石极易松动脱出，遭到破坏。

(4) 没有垫层或垫层级配不好。护坡垫层材料选择不严格，未按反滤原则设计施工，级配不好，层间系数大（$D_{50}/d_{50}>10$），起不到反滤作用。在风浪作用下，细粒在层间流失，护坡被淘空，引起护坡破坏。

(5) 在严寒地区，冻胀使护坡拱起，冻土融化，坝土松软，使护坡架空；水库表面冰盖与护坡冻结在一起，冰温升降对护坡产生推拉力，使护坡破坏。

(6) 在土坝运用中，水位骤降和遭遇地震，均易造成护坡滑坡的险情。

3. 护坡的检查

护坡破坏检查，应结合护坡型式，根据具体情况分析，护坡破坏检查肉眼均可观察到，主要检查内容包括：①检查护坡表面是否松动、散落、风化剥落、隆起、塌陷、掏空，有无杂草、雨淋沟、空隙等；②检查沿护坡的库水是否变浑，护坡垫层下面的土体是否松软、淘刷和滑动；③检查坝面排水沟是否通畅，坝坡有无积水，排水沟两侧及底部填土有无冲刷等。

**(六) 白蚁危害检查及判别**

白蚁是世界性有害昆虫，在我国黄河以南的大部分地区，土石坝白蚁危害较为普遍。白蚁危害隐蔽，破坏力强，它能够在各类土坝内构筑蚁巢和四通八达的蚁道，蚁道往往贯穿土坝上下游，在汛期水位上涨时，水流进入蚁道和蚁巢，造成土坝多种险情出现，严重时甚至造成垮坝崩堤的大灾大难。据不完全统计，自新中国成立以来因白蚁危害造成水库重大险情的现象屡见不鲜，导致垮坝的小型水库数量多达400余座，对水利工程安全、人民生命财产安全造成重大威胁。堤坝蚁巢构成如图2-1-20所示。

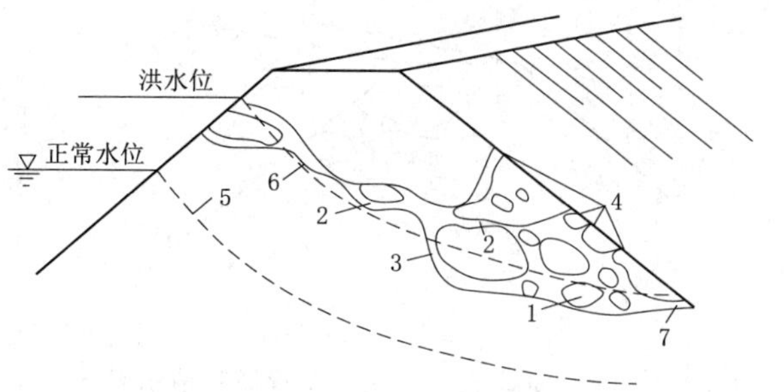


图2-1-20 堤坝蚁巢构成示意图

1—主巢；2—菌圃（副巢）；3—蚁路；4—分飞孔；5—正常水位浸润线；6—高水位浸润线；7—吸水线

1. 白蚁危害检查类型

白蚁及其他动物危害检查分为日常检查、定期普查和专项检查三类，应分别遵守下列规定：

(1) 日常检查由大坝管理单位人员承担，对坝区及其管理范围内进行常规检查，重点检查曾经发生过白蚁及其他动物危害的部位。日常检查应与大坝的日常巡视检查相结合。

(2) 定期普查由白蚁防治专业技术人员承担，定期对土石坝工程各部位进行全面检查。定期普查宜春、秋两季各进行一次。

(3) 专项检查由白蚁防治和水利工程专业技术人员联合承担，在土石坝工程大修前集中进行检查。

2. 白蚁危害检查内容

白蚁危害检查主要包括：①应检查大坝是否有湿坡、散浸、漏水、跌窝等现象，辨析是否因白蚁危害引起；②应检查大坝及周边地区白蚁活动时留下的痕迹，辨别蚁种；③应检查大坝迎水面漂浮物中是否有白蚁蛀蚀物；④应检查大坝表面泥被、泥线的分布密度、分群孔数量和真菌指示物等；⑤应检查蚁源区范围内树木和植被上泥被泥线分布情况；⑥应检查坝体及两岸坝肩是否存在动物洞穴入口。

白蚁种类很多，危害土坝的白蚁主要是土栖白蚁，其中黑翅土白蚁和黄翅大白蚁最为常见，其他较为常见的白蚁还有黑胸散白蚁、乳白蚁、大家白蚁、卤土白蚁和海南土白蚁等。

3. 蚁害引发主要险情

(1) 湿坡、牛皮涨。当土坝土质欠佳时，如用风化土、半风化土、混合料填筑的土坝，白蚁在土坝内修筑蚁道时常受阻，遇到石块则转弯抹角，尽管蚁道内壁是用较好的黏土筑建，但蚁道本身仍不够牢固，非常容易被水冲刷损坏。水流由外坡进入蚁道而不能顺畅流出，水在土坝内漫浸，在内坡就会形成散浸，甚至牛皮涨等现象，严重时造成滑坡险情。

(2) 漏洞。当土坝土质尚好，是用坚实的黏土筑成，白蚁修筑的蚁道就坚固而结实，蚁道内壁光滑，当水流进入蚁道时，不管进水如何混浊，出水口开始流出的都是清水，这是因为浊水在蚁道内要经过无数个菌圃的过滤，此时也可能有白蚁随清水流出。

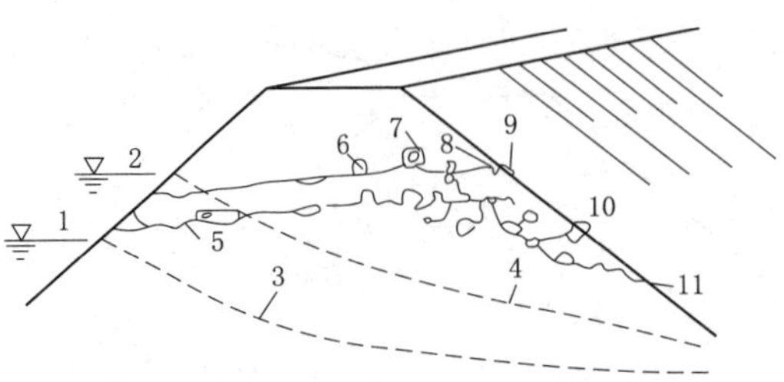


图 2-1-21 白蚁危害土坝引发管涌险情示意图
1—正常水位；2—高水位；3—正常水位浸润线；4—高水位浸润线；5—蚁道；6—菌圃（副巢）；7—主巢；8—候飞室；9—分飞孔；10—泥被、泥线；11—漏水孔

一段时间之后，清水变浊，且带有白蚁甚至明显的菌圃颗粒，这是由于蚁道、蚁巢和菌圃被水流冲刷浸泡破坏所致。白蚁危害的土坝发生漏洞险情图和引发管涌险情示意图，如图 2-1-21 所示。

（3）跌窝。当主巢空腔较大时，长期下雨导致主巢上部土层湿润，抗剪力减弱，因重力下坠压垮蚁巢从而形成跌窝。或者因蚁患造成的管漏险情严重发生时，巢体和周边泥土随水流被大量冲刷出土坝外，造成土坝内部空洞，上部土层因重力下坠瞬间坍塌形成空洞。

（4）崩堤、垮坝。如果土坝矮小或超限水位时，如果没能及时发现白蚁造成的危害，或因抢护措施不得力，险情从漏洞发展至跌窝，则极易发生崩堤垮坝。

4. 白蚁危害主要原因

白蚁的产生有四个方面的原因：①建坝前，未清除基础内的白蚁蚁巢，留下了蚁患；②山坡上枯萎的树木、竹根和杂草经常滋生白蚁，而坝坡一般都有草皮护坡，正是土栖白蚁的食物，坝内的土壤温度和湿度，非常适宜白蚁生活；③在白蚁分飞季节，大坝周围夜间灯火容易将附近山坡和田野中白蚁有成虫吸引来，在坝内创造新群体，营巢繁殖；④管理不严而招引白蚁，例如经常在堤坝上晒柴草、堆放木材等，事后又不及时清理；有的水库在坝上种植白蚁喜食的树木等。

5. 白蚁危害检查主要方法

（1）迹查法。由白蚁防治专业技术人员在大坝及蚁源区根据白蚁活动时留下的地表迹象和真菌指示物来判断是否有白蚁危害。

（2）锹铲法。在白蚁经常活动的部位，用铁锹或挖锄将白蚁喜食的植物根部翻开，查看是否有活白蚁及蚁路等活动迹象。

（3）引诱法。采用白蚁喜食的饵料，在坝体坡面上设置引诱桩、引诱坑或引诱堆等方法引诱白蚁觅食。

（4）仪探法。采用探地雷达、高密度电阻率法等仪器探测白蚁及其他动物巢穴。

（5）嗅探法。利用猎犬、警犬等对白蚁巢穴气味有灵敏反应的动物进行探测。

同时，在白蚁检查过程中应在坝坡上及其蚁源区内查找泥被线、分群孔和真菌指示物，经常寻找坝上白蚁喜食物里有否白蚁在活动或活动时留下的痕迹；采用白蚁喜食的饵料，在坝体坡面上设置引诱桩、引诱坑或引诱堆方法引诱白蚁觅食；引诱桩、堆、坑的设置标准是纵距 10m 左右，横距 5m 左右；设置 1 周后观察 1 次，其后每 2～3 天观察 1 次，对已被白蚁采食的，绘制白蚁活动痕迹分布图，标注白蚁活动位置和痕迹类型，并在白蚁活动的地方设置明显标记或标志。检查结束后，应对白蚁及其他动物危害进行分析论证，划分危害程度等级，并根据危害程度制定防治方案。

## 六、检查记录和报告

### （一）检查记录

每次巡视检查后均应将检查的情况记录在相应表格上，记录表格式见表 2-1-5。如发现异常情况，除应详细记述时间、部位、险情和绘出草图外，必要时应测图、摄影或录像，对于有可疑迹象部位的记录，主要病险描述要点（表 2-1-6），同时应在现场就地对其进行校对，确定无误后才能离开现场。现场记录应及时整理，登记专项卡片，还应将本次巡视检查结果与上次或历次巡视检查结果进行比较分析，如有异常现象，应立即进行复查，检查人员应签名。

**表 2-1-5　巡视检查记录表**

工程名称：

日期：　　年　月　日　　　　库水位：　　m　　　　天气：

| 巡视检查部位 | | 损坏或异常情况 | 备注 |
|---|---|---|---|
| 坝体 | 坝顶、防浪墙、迎水坡/面板、背水坡、坝趾、排水系统、导渗降压设施 | | |
| 坝基和坝区 | 坝基、基础廊道、两岸坝端、坝趾近区、坝端岸坡、上游铺盖 | | |
| 输、泄水洞（管） | 引水段、进水口、进水塔（竖井）、洞（管）身、出水口、闸门、动力及启闭机、工作桥 | | |
| 溢洪道 | 进水段（引渠）、内外侧边坡、堰顶或闸室、溢流面、消能工、闸门、动力及启闭机、工作（交通）桥、下游河床及岸坡 | | |
| 近坝岸坡 | 坡面、护面及支护结构、排水系统 | | |
| 其他（包括备用电源等情况） | | | |

注　被巡视检查的部位若无损坏和异常情况时应写“无”字。有损坏或出现异常情况的地方应获取影像资料，并在备注栏中标明影像资料文件名和存储位置。

检查人：　　　　　　　　　　　　负责人：

**表 2-1-6　主要病险描述要点**

| 病险类型 | 描述要点 |
|---|---|
| 渗漏 | 1. 集中渗漏点的具体位置（包括桩号、高程）；<br>2. 集中渗漏点的数量；<br>3. 散浸（渗漏面）的范围（包括起始桩号、高程、面积大小）；<br>4. 估算渗漏量；<br>5. 其他需描述的事项（如析出物、水流状况、浑浊度等） |
| 裂缝 | 1. 具体位置（包括建筑物的部位、起始桩号、高程）；<br>2. 延伸长度；<br>3. 表面最大缝宽；<br>4. 主要的走向；<br>5. 其他需描述的事项（如析出物、水流状况、浑浊度等） |
| 塌陷（塌坑） | 1. 具体位置（包括建筑物的部位、起始桩号、高程）；<br>2. 范围大小（包括形状、尺寸）；<br>3. 深度；<br>4. 其他需描述的事项（如渗水、土层变化等） |

续表

| 病险类型 | 描 述 要 点 |
|---|---|
| 蚁害 | 1. 具体位置（包括建筑物的部位、桩号、高程）；<br>2. 活动痕迹（泥皮、泥线）；<br>3. 其他需描述的事项（周围土体、渗漏等） |
| 溢洪道、涵管堵塞 | 1. 具体位置（包括建筑物的部位、高程）；<br>2. 堵塞物名称；<br>3. 堵塞影响程度 |
| 启闭机失灵 | 1. 启闭机编号；<br>2. 主要部件名称；<br>3. 失灵程度描述 |

### （二）检查报告

日常巡视检查中发现严重异常现象时，应立即采取应急措施，并上报主管部门。年度巡视检查和特殊巡视检查结束后，应提出简要报告，并对发现的问题及时采取应急措施，然后根据设计、施工、运行资料进行综合分析比较，写出详细报告，并立即报告主管部门，见表2-1-7。各种巡视检查的记录、图件和报告等均应整理归档。

**表2-1-7　　水库巡视检查报告**

| 基本情况 | 检查时间：　　年　月　日　　水库水位：　m<br>检查组成员： |
|---|---|
| 主要建筑物、金属结构、机电设备等存在的主要问题 | 主坝： |
| | 副坝： |
| | 溢洪道： |
| | 发电引水隧洞、副坝坝下涵管： |
| 管理上需要进一步改进的主要问题 | |
| 检查结论和建议 | 检查组组长：<br>年　月　日 |

## 任务二　土石坝变形监测

土石坝在自重、水压力等荷载作用下，会产生不同程度的变形，各部位变形在空间某一点上的反映即为位移。其位移量的大小除与外荷作用有关外，还随坝体材料、结构型式、施工质量、地基状况的不同而不同。不论何种情况引起的位移，都可视为水平方向的位移和垂直方向的位移，而水平位移又分为垂直坝轴线和平行坝轴线方向的位移，分别称为横向水平位移和纵向水平位移，规定坝体水平位移以向下游为正，向上游为负，向左岸为正，向右岸为负。对土石坝进行位移观测，目的在于了解大坝在施工和运用期间是否稳定和安全，坝的变形是否符合客观规律，是否在正常的变化范围之内，并与其他观测项目联系分析，研究坝体内部是否存在问题，判断坝体有无裂缝或滑坡危害。

## 一、视准线法观测土石坝水平位移

视准线法又称方向线法，以经过光学仪器的视准线建立一个平行或通过坝轴线的固定铅直平面作为基准面，定期观测确定点位与基准面间的偏离值，两次测得的偏离值的差即为该点的水平位移。

视准线法是测定坝体横向水平位移的主要方法之一，该方法操作简便，计算容易，观测成果可靠，尤其是对坝轴线为直线的大坝较为适用。

### （一）视准线法观测原理

视准线法观测坝体水平位移的原理如图 2-1-22 所示，在坝端两岸山坡上设工作基点 $A$ 和 $B$，将经纬仪安置在 $A$ 点（或 $B$ 点），后视 $B$ 点（或 $A$ 点）固定觇标，构成视准线。

由于 $A$、$B$ 点在两岸山坡上，不受土坝变形影响，因此 $AB$ 构成的视准线是固定不变的，以此作为观测坝体变形的基准线，然后沿视准线在坝体上每隔适当距离埋设水平位移标点，如 $a$、$b$、$c$、$d$、$e$。首次测出位移标点 $a$、$b$、$c$、$d$、$e$ 中心偏离离视线的距离 $l_{a0}$、$l_{b0}$、$l_{c0}$、$l_{d0}$、$l_{e0}$，作为初测成果，记录各位移标点与视准线的相对位置。

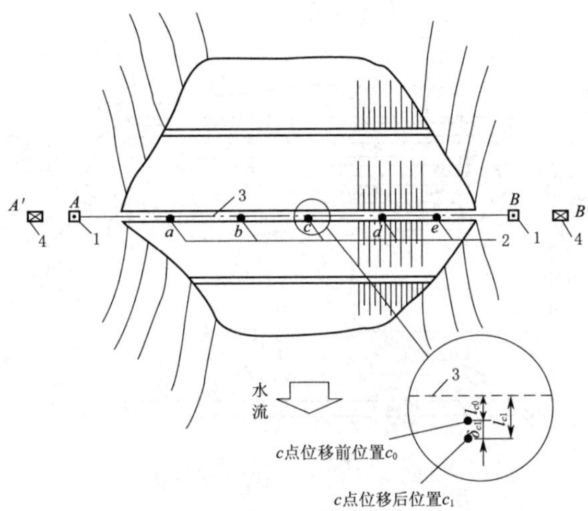


图 2-1-22 视准线法观测坝体水平位移示意图
1—工作基点；2—位移标点；3—视准线；4—校核基点

当坝体发生水平位移后，各位移标点与视准线相对位置发生变化，再次测出各位移标点离视准线的距离 $l_{a1}$、$l_{b1}$、$l_{c1}$、$l_{d1}$、$l_{e1}$，与初测成果的差值即为该位移标点在垂直视准线方向的水平位移量。以 $c$ 点为例，初测成果为 $l_{c0}$，变位后离视准线距离为 $l_{c1}$、$l_{c1}$ 与 $l_{c0}$ 的差值即为位移标点 $c$ 的横向水平位移量 $\delta_{c1}$。

因此，对任一点第 $i$ 次测得的累计横向水平位移量为

$$\delta_i = l_i - l_0 \tag{2-1-1}$$

式中 $\delta_i$——第 $i$ 次测得位移标点的累计横向水平位移量，mm；

$l_i$——第 $i$ 次测得位移标点偏离视准线的距离，亦即偏离值，mm；

$l_0$——初次测得位移标点偏离视准线的距离，亦即标点的初始偏距或埋设偏距，mm。

### （二）测点的布设

为了全面掌握土坝的水平位移规律，同时又不使观测工作过于繁重，就要在土坝坝体上选择有代表性的部位布设适当数量的测点进行观测。水平位移的测点分为三级：位移标点、工作基点和校核基点，布置形式，如图 2-1-23 所示。一般布置原则是：

（1）位移标点布置在坝体上。观测横断面选择在最大坝高处、原河床处、合龙段、地形突变处、地质条件复杂处、坝内埋管及运行有异常反应处，一般不少于3个。

（2）观测纵断面一般不少于4个，通常在坝顶的上游、下游两侧布设1～2个；上游坝坡正常蓄水位以上1个，正常蓄水位以下视需要设临时测点；下游坝坡半坝高以上1～3个，半坝高以下1～2个（含坡脚处1个）。对软基上的土石坝，还应在下游坝址外侧增设1～2个。

（3）坝长小于300m时，每排位移标点的间距宜取20～50m；坝长大于300m时，宜取50～100m。

（4）每排位移标点延长线两端山坡上各设一个工作基点。若坝轴线非直线或轴线长度超过500m，可在坝体每一纵排标点中增设工作基点，并兼做标点。

（5）为了校测工作基点有无变动，在两个工作基点延长线上各埋设一个校核基点，如图2-1-23所示。校核基点也可不设在视准线延长线上，而在每个工作基点附近，设置两个校核基点，使两校核基点与工作基点的连线大致垂直，用钢尺丈量以校测工作基点是否发生变位。

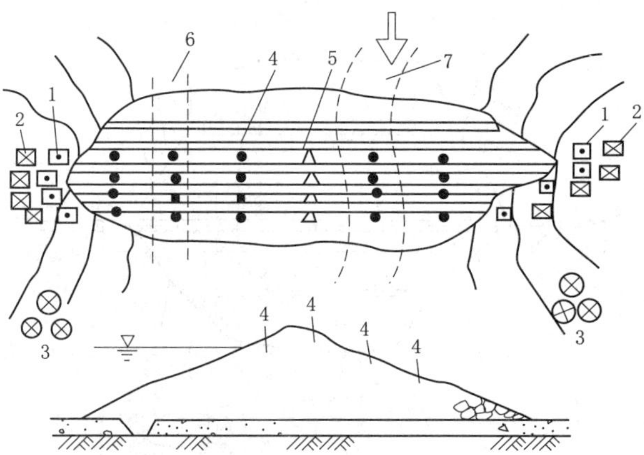


图2-1-23　土石坝位移测点布置示意图

1—工作基点；2—校核基点；3—水准基点；4—位移标点；5—增设工作基点；6—合龙段；7—原河床

（6）工作基点与校核基点都应布置在坚硬的岩石或坚固的土基上，应为不动点，且能避免自然因素和人为因素的影响。

**（三）测点结构**

（1）工作基点。工作基点是供安置经纬仪和觇标构成视准线的标点，有固定工作基点和非固定工作基点两种。埋设在两岸山坡上的工作基点，称为固定工作基点。当大坝较长或折线形坝需要在两个固定工作基点之间增设工作基点，这种工作基点埋设在坝体上，其本身随坝体变形而发生位移，故称为非固定工作基点。

工作基点应采用混凝土观测墩，其高度不宜小于1.2m，顶部应设强制对中装置，对中误差不超过±0.1mm，盘面倾斜度不应大于4′。建在基岩上的，可直接凿坑浇筑混凝土埋设；建在土基上的，应对基础进行加固处理，结构如图2-1-24所示。

（2）校核基点。校核基点的结构基本与工作基点相同。校核基点和工作基点的位置应具有良好视线（对空）条件，视线高出（旁离）地面或障碍物距离应在1.5m以上，并远离高压线、变电站、发射台站等，避免强电磁场的干扰。要求监测点旁离障碍物距离1.0m以上。工作基点和校核基点是测定坝体位移的依据，必须保证其不发生变位，一般需浇筑在基岩或原状土层上。

（3）位移标点。位移标点应与被监测部位牢固结合，能切实反映该位置变形，其埋设结构可依位移标点布设独立设计。

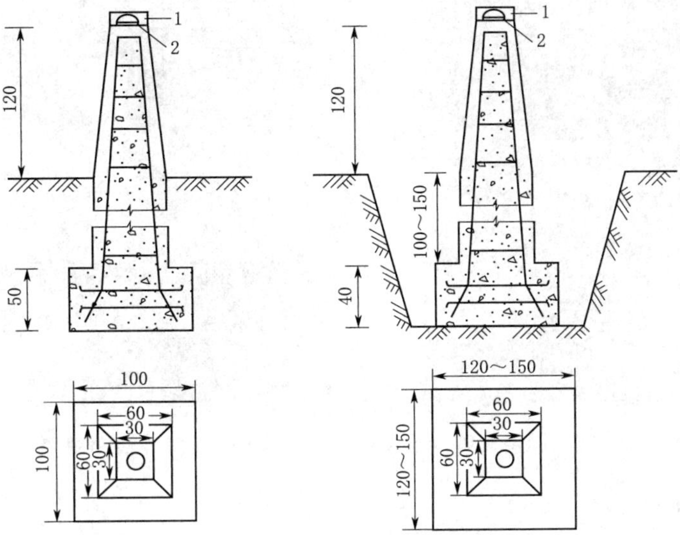


图 2-1-24 工作基点结构示意图（单位：cm）

1—保护盖；2—强制对中基座

**（四）观测仪器和设备**

1. 观测仪器

视准线法观测水平位移，一般采用经纬仪进行或全站仪观测。

一般大型水库的土坝水平位移，可使用 $J_6$ 级或 $J_2$ 级经纬仪进行观测。土坝长度超过 500m 以及比较重要的水库，最好使用 $J_1$ 级经纬仪进行观测。

对于视准线长度超过 500m（或曲线形坝）的变形观测可以采用佛卡或拓普康的全站仪观测，如图 2-1-25 为可用于视准线观测法的 LeicaTS60 全站仪。

2. 观测觇标

位移观测所用的觇标，可分为固定觇标和活动觇标两种。

（1）固定觇标。固定觇牌是安置于工作基点上，供全站仪瞄准构成基准线。图 2-1-26 为固定觇标，其基座与工作基点相连接，借助圆水准器及脚螺旋可将基座整平，从而使觇牌上图案的竖线处于铅垂位置，以利于瞄准。

（2）活动觇标。活动觇牌是安置于位移标点上，供全站仪瞄准，从而在活动觇牌上读取位移标点的偏离值。图 2-1-27 为活动觇标的一种形式，其结构与固定觇标基本相同，但它在觇牌上附有微动螺旋、分划尺和游标（或测微鼓），转动微动螺旋时，可使觇牌连同游标在基座的分划尺上左右移动，从而利用游标（或测微鼓）读数，一般可读至 0.1mm 或 0.02mm。

图 2-1-25 LeicaTS60 全站仪实物图

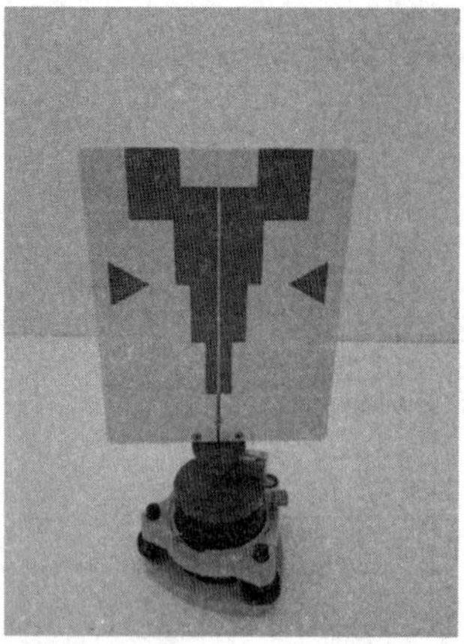

图 2-1-26 固定觇牌

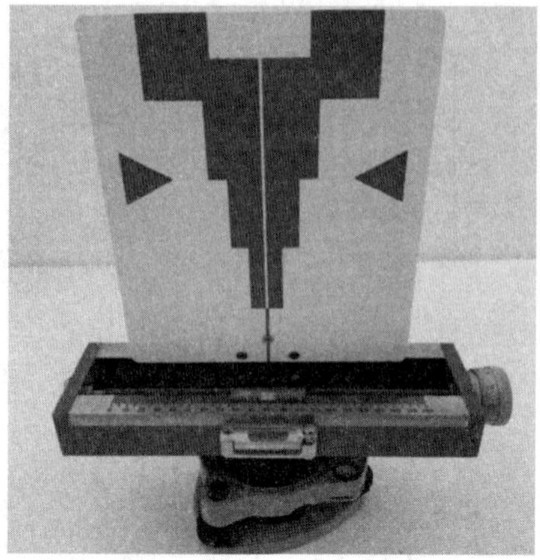

图 2-1-27 活动觇牌

**（五）观测方法**

用视线法观测水平位移，视线长度受光学仪器的限制，一般前视位移标点的视线长度在 250～300m 之间，可保证要求的精度。坝长超过 500m 或折线形坝，则需增设非固定工作基点，以提高精度。固定端点设站观测法基本步骤如下。

固定端点设站观测法属于整体观测法。如图 2-1-22 所示，将全站仪安置于工作基点 $A$，在另一端的工作基点 $B$ 安置固定觇牌，在位移点 $c$ 上安置活动觇牌，并令觇牌面垂直于视线方向，用全站仪盘左瞄准 $B$ 点上的固定觇牌作为固定视线（固定全站仪使其不能左右移动），然后俯下望远镜瞄准 $c$ 点，指挥司标者移动觇牌，直至觇牌的中线恰好落在望远镜的竖丝上时发出停止信号，随即在觇牌上读取读数，重新转动觇牌，令觇牌离开视线后，再与视线重合，再读数。如此反复进行，一般读取 2 次读数取其平均值作为上半测回，倒转望远镜，按上述方法观测下半测回。取盘左盘右读数的平均值作为一测回的成果。测回数应根据精度要求、视线长度以及望远镜放大倍数进行估算。$c$ 点施测完毕，依法观测 $a$、$b$、$d$、$e$ 等点。然后将全站仪安置于 $B$ 点，固定觇牌安置于 $A$ 点，按上法进行返测。各点取往返观测的平均值作为最终成果。安全监测技术规范规定：正镜或倒镜两次读数差不超过 2.0mm，测回差不超过 1.5mm。视准线法观测水平位移的记录表，可参考表 2-1-8。

**表 2-1-8　　水平位移观测记录表**

（视准线法）

<table>
<tr><td colspan="18">测站 A　后视 B　观测者：　记录者：　校核者：　单位：mm</td></tr>
<tr><td rowspan="2">测点</td><td>测</td><td colspan="3">观测日期</td><td colspan="3">正镜读数</td><td colspan="3">反镜读数</td><td>一测回</td><td>二测回</td><td>埋设</td><td>上次</td><td>间隔</td><td>累计</td><td rowspan="2">备注</td></tr>
<tr><td>回</td><td>年</td><td>月</td><td>日</td><td>次数</td><td>读数</td><td>平均值</td><td>次数</td><td>读数</td><td>平均值</td><td>读数</td><td>平均读数</td><td>偏距</td><td>偏距</td><td>位移量</td><td>位移量</td></tr>
<tr><td rowspan="4">A3<br>(0+125)</td><td rowspan="2">1</td><td rowspan="4">01</td><td rowspan="4">11</td><td rowspan="4">25</td><td>1</td><td>+86.4</td><td rowspan="2">+85.4</td><td>1</td><td>+83.5</td><td rowspan="2">+83.0</td><td rowspan="2">+84.2</td><td rowspan="4">+83.8</td><td rowspan="4">+78.4</td><td rowspan="4">+82.2</td><td rowspan="4">+1.6</td><td rowspan="4">+5.4</td><td rowspan="2"></td></tr>
<tr><td>2</td><td>+84.4</td><td>2</td><td>+82.5</td></tr>
<tr><td rowspan="2">2</td><td>1</td><td>+84.2</td><td rowspan="2">+84.7</td><td>1</td><td>+81.4</td><td rowspan="2">+82.0</td><td rowspan="2">+83.4</td><td rowspan="2"></td></tr>
<tr><td>2</td><td>+85.2</td><td>2</td><td>+82.6</td></tr>
</table>

注　1. 埋设偏距为位移标点初测成果，即首次观测的平均读数。

2. 位移方向向下游者读数为“+”，向上游者读数为“−”。

**(六) 观测频次**

水库大坝在运行的第一期，大坝及地基会因库水位的变化而发生较大变化，因此水平位移观测的间隔时间较短，一般每周观测 1 次。第二期，水平位移观测周期可适当延长至每月 1 次。第三期，水平位移观测每季 1 次，随着时间的推移最后可减至每半年 1 次。不论处在哪一时期，当水库工程有异常现象，或库水位等其他外部因素急剧变化时，应临时增加测次，以便密切监视大坝的状态变化。

## 二、水准法观测土石坝垂直位移

建筑物垂直位移观测分为表面垂直位移观测和内部垂直位移观测，一般通过水准法观测表面的垂直位移，通过在建筑物内部埋设观测仪器监测内部垂直位移。

**(一) 水准法基本原理**

垂直位移观测的测点一般为水准基点、起测基点和位移标点三级。在坝体上布置位移标点，在两岸坡布置起测基点，在受库水位变化影响较小的地基稳定处设置水准基点。由水准基点引测起测基点的高程，再由起测基点引测位移标点的高程，位移标点的高程变化量即为测点处的坝体垂直位移。

**(二) 测点布设及结构**

(1) 水准基点。水准基点是垂直位移观测的基准点，要求长期稳定且变形值小于观测误差。水准基点要求埋设处的地质条件良好，自身结构合理，一般在大坝下游 1～3km 处布设一组或两岸各布设一组水准基点，每个基点组设有三个或三个以上结构相同的水准点，组成边长 50～100m 的等边三角形，以便检验水准基点的稳定性。

水准基点结构有土基标、岩石标、钢管标和双金属标等多种形式，工程中要选择合适的标志并设置在基岩上或深埋于原状土中，如图 2-1-28 所示。

(2) 起测基点。起测基点又称工作基点，是测定垂直位移标点的起点或终点，通常在坝体两侧附近选择坚实可靠的地方埋设。起测基点高程与所测定的垂直位移标点不宜相差过大，而且最好每排位移标点的延长线上都布置起测基点，如坝顶廊道或坝基两岸的山坡上，对于土坝可在每一纵排标点两端岸坡上各布设一个。起测基点的土基标和岩基标两种结构型式，如图 2-1-29 所示。

(3) 位移标点。垂直位移标点的设置应以适当数量的观测点较全面地反映大坝变形为原则，对于重要的部位可适当增加标点。一般将大坝的垂直位移标点和水平位移标点综合布置在一起，即在水平位移标点顶部的观测盘上加设一个圆顶的金属标点头，称为综合标，如图 2-1-30 所示。如水平位移标点的柱身露出坝面较高，水准测量时不便立尺，可将金属标点头埋设于柱身侧面。

**(三) 水准观测方法**

垂直位移观测是通过测量坝体测点的高程，由高程的变化量得出坝体的垂直位移，即

$$\Delta Z_i = Z_0 - Z_i \qquad (2-1-2)$$

式中 $\Delta Z_i$——第 $i$ 次测得测点的累计垂直位移；

$Z_0$、$Z_i$——测点的始测高程、第 $i$ 次测得的高程。

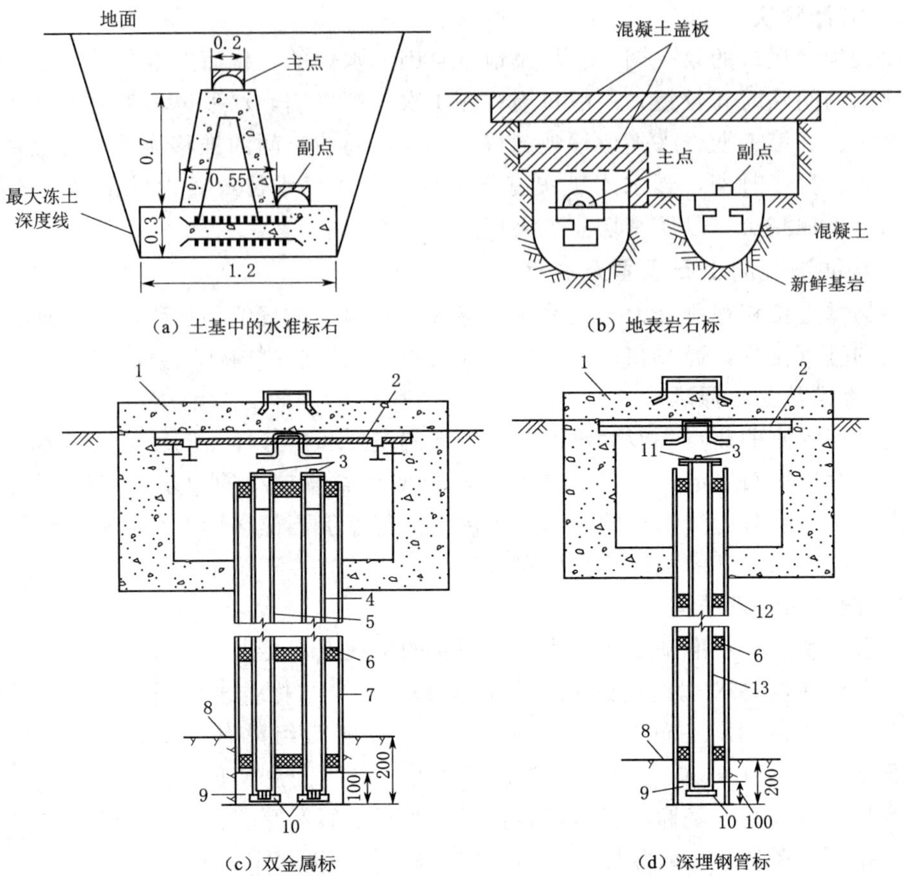


图 2-1-28 水准基点标石埋设示意图（单位：cm）

1—钢筋混凝土标盖；2—钢板标盖；3—标心；4—钢心管；5—铝心管；6—橡胶环；7—钻孔保护管；8—新鲜基岩；9—M20 水泥砂浆；10—心管底板和根络；11—测温孔；12—钻孔保护管（钢管）；13—心管（钢管）

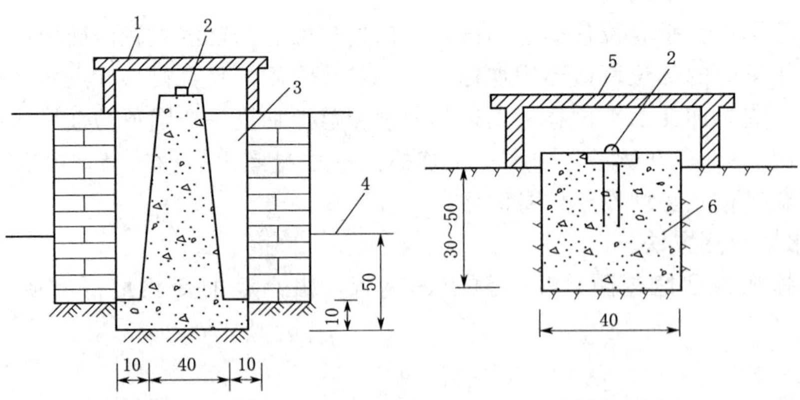


图 2-1-29 起测基点标石埋设示意图（单位：cm）

1—盖板；2—标点；3—填砂；4—冰冻线；5—保护板；6—混凝土

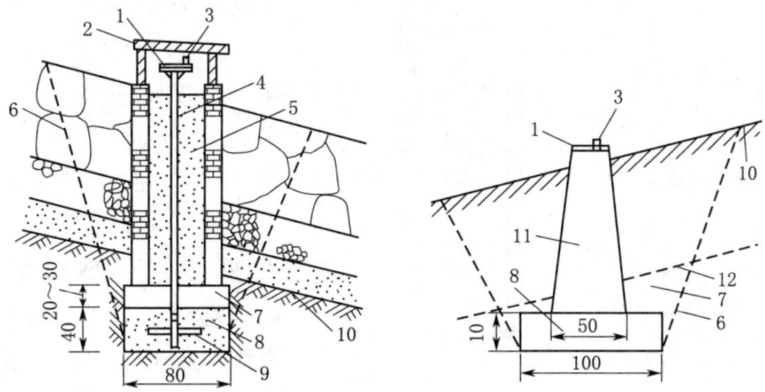


(a) 有块石护坡土石坝的位移标点　　(b) 无护坡土石坝的位移标点

图 2-1-30　土石坝位移标石埋设点结构示意图（单位：cm）

1—观测盘；2—保护盖；3—垂直位移标点；4—$\phi$50 铁管；5—填砂；6—开挖线；7—回填土；8—混凝土底座；9—铁销；10—坝体；11—柱身；12—最深冰冻线

测点的间隔垂直位移由下式计算

$$\Delta Z_{ji}=\Delta Z_i-\Delta Z_{i-1}=Z_{i-1}-Z_i \tag{2-1-3}$$

式中　$\Delta Z_{ji}$——第 $i$ 次测得的间隔垂直位移；

其余符号意义同式（2-1-2）。

水准仪按其精度可以分为普通水准仪和精密水准仪两大类，一般情况下，中小型土坝或一般大型土石坝工程，可使用普通水准仪测量。重要的土坝及混凝土坝，观测精度要求较高，需采用精密水准测量。

首先校核起测基点的高程。将起测基点与水准基点构成闭合环线，按国家一等、二等水准的要求进行联测来校核起测基点是否位移，根据需要每年或者几年校核一次。

垂直位移的观测，一般从坝一端的起测基点开始，测定若干个垂直位移标点后，到坝另一端的起测基点结束，构成闭合水准路线，常需按三等、四等水准测量的要求进行。

坝体各垂直位移标点的高程是由起测基点算起的。当起测基点校测有沉降时，应计算出起测基点的沉降量，并在计算出坝体各标点的垂直位移后，对各标点的垂直位移进行改正，从而得到以首次观测值为参考的垂直位移。对垂直位移的改正工作，可放在年度资料整理分析时进行。

## 三、水管式沉降观测

水管式沉降仪是利用连通管原理来测定坝体内测点垂直位移的观测装置。为了解土石坝在施工和运行期间坝体内的固结和沉降情况，许多面板堆石坝都采用了水管式沉降仪进行观测。

### （一）水管式沉降仪的构造

水管式沉降仪的结构，如图 2-1-31 所示，主要由沉降测头（由沉降箱、水杯等组成）、测量管路（通水管、通气管、溢水管等组成）、测量保护管、补水装置、阀门、

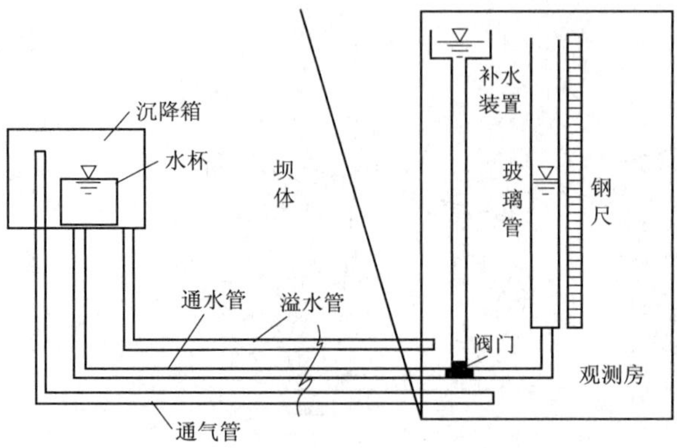

图 2-1-31 水管式沉降仪结构示意图

测量装置等组成。图中表示的是只有一个测点的情况，一般同一高程同一断面上从上游到下游会有多个测点。

**（二）水管式沉降仪观测原理**

水管式沉降仪测量采用连通管原理，即用水管将坝内测点的溢水杯与坝外观测房中的玻璃测量管相连接，使坝内水杯与坝外测量两端都处于同一大气压中，当水杯充满水并溢流后，根据连通管原理，观测房内玻璃管中液面高程即为水杯杯口高程，这样，测得的水杯杯口高程的变化量就是坝内测点的相对于观测房的垂直位移量。通过水准测量等方法测量观测房的绝对沉降后，就可以计算出测点的绝对沉降。

**（三）测点布置**

水管式沉降仪一般用来测量土石坝坝体内的垂直位移。水管式沉降仪的测点，一般沿坝高横向水平布置 3 排，分别在 1/3，1/2，2/3 坝高处或 1/6～5/6 坝高处（超高坝）。对软基及深厚覆盖层的坝基表面，还应布设一排测点。一般每排设测点 3～12 个（依据坝高增加或更多），测点横向排成一字形。为了同时观测坝体内部水平位移，水管式沉降仪一般和引张线联合布设。图 2-1-32 为某面板堆石坝在最大坝高断面的不同高程埋设的水管式沉降仪示意图。

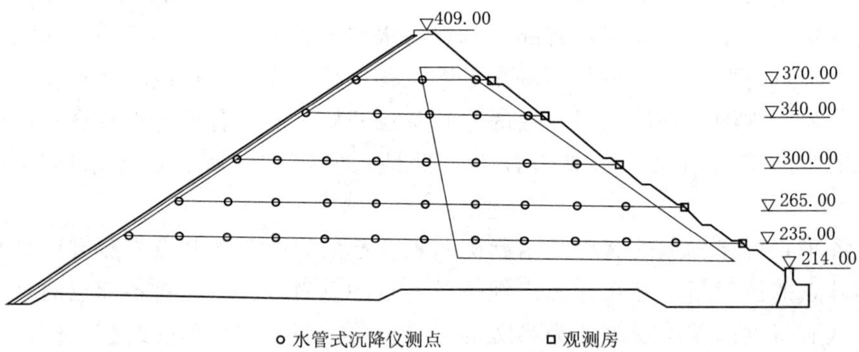

图 2-1-32 水管式沉降仪布置示意图（单位：m）

**（四）水管式沉降仪观测方法**

水管式沉降仪观测的是测点相对于观测房的垂直位移。在观测房建好后应立即进行观测，首次观测一般观测两次，取平均值作为初始值。同时，应用几何水准等方法观测房的垂直位移，两者相加即为测点的绝对沉降。可以采用如下公式计算位移量：

测点累计相对沉降＝观测时观测柜上某测点玻璃管水位－观测系统形成时观测柜上该测点玻璃管初始水位

观测房的绝对沉降＝观测时观测房内(上)某固定点高程－观测房与观测系统形成时观测房内(上)该固定点的初始高程

测点累计绝对沉降＝测点累计相对沉降＋观测房的绝对沉降

水管式沉降仪的观测在建立初期可以采用人工观测方法，当条件许可后，应尽量采用自动化观测方法。观测前先读取补水前玻璃管读数，再打开补水装置的阀门对水杯和玻璃管进行充水，直到玻璃管内水位不再上升或相对稳定或排水管有水排除为止（是指排水管引入观测房内的方式），此时说明水杯内已经充满了水，并且玻璃管中水位与水杯水位同高，关闭补水阀，稳定约 10min 后开始度数，读数一般进行两次，两次读数差不能超过 2mm。表 2－1－9 为水管式沉降仪观测记录表示例。

**表 2－1－9　水管式沉降仪观测记录表示例**

测点纵断面号：0＋212　　测点横断面号：0－040　　测点高程：300m

| 日　期 | 观测房累计沉降/mm | 加水后水位读数/m | | 平均值/m | 首次读数/m | 本次相对沉降量/mm | 累计相对沉降/mm | 累计绝对沉降/mm |
|---|---|---|---|---|---|---|---|---|
| | | 第一次 | 第二次 | | | | | |
| 2004－11－05 | 2.4 | 2.283 | 2.284 | 2.284 | 2.290 | 6 | 6 | 8.4 |
| 2004－11－12 | 4.5 | 2.242 | 2.242 | 2.262 | 2.290 | 22 | 28 | 32.5 |
| 2004－11－19 | 6.9 | 2.228 | 2.229 | 2.228 | 2.290 | 34 | 62 | 68.9 |

## 任务三　土石坝渗流监测

水库建成蓄水后，在上下游水头差的作用下，坝体和坝基会出现渗流。渗流分异常渗流和正常渗流。对于能引起土体渗透破坏或渗流量影响到蓄水兴利的，称为异常渗流；反之，渗水从原有防渗排水设施渗出，其逸出坡降不大于允许值，不会引起土体发生渗透破坏的，则称为正常渗流。异常渗流往往会逐渐发展并对建筑物造成破坏。对于正常渗流，水利工程中是允许的。但是在一定外界条件下，正常渗流有可能转化为异常渗流。所以，对水库中的渗流现象，必须要有足够的重视，并进行认真的检查观测，从渗流的现象、部位、程度来分析并判断工程建筑物的运行状态，保证水库安全运用。

### 一、测压管法测定土石坝浸润线

观测土石坝浸润线最常用的方法是在坝体选择有代表性的横断面作为观测断面，在观测断面上埋设一定数量的测压管，通过测量测压管中的水位来获得浸润线的位置。

#### （一）测压管的布置

1. 坝体监测横断面

坝体浸润线监测横断面宜选在最大坝高处、合龙段、地形地质条件复杂坝段、坝体与穿坝建筑物接触部位、已建大坝渗流异常部位等，不宜少于 3 个监测断面。

2. 监测横断面上的测线布置

监测横断面上的测线布置应根据坝型结构、断面大小和渗流场特征布设，每个监测断面不宜少于 3 条监测线。

(1) 均质坝的上游坝体、下游排水体前缘各1条，其间部位至少1条。

(2) 斜墙（或面板）坝的斜墙下游侧底部、排水体前缘和其间部位各1条。

(3) 宽塑性心墙坝、心墙体内可设1～2条，心墙下游侧和排水体前缘各1条。

(4) 窄塑性、刚性心墙坝或防渗墙、心墙体外上下游侧各1条，排水体前缘1条，必要时可在心墙体轴线处设1条，其间根据具体情况布置。

各种不同坝型的测压管布置如图2-1-33～图2-1-36所示。

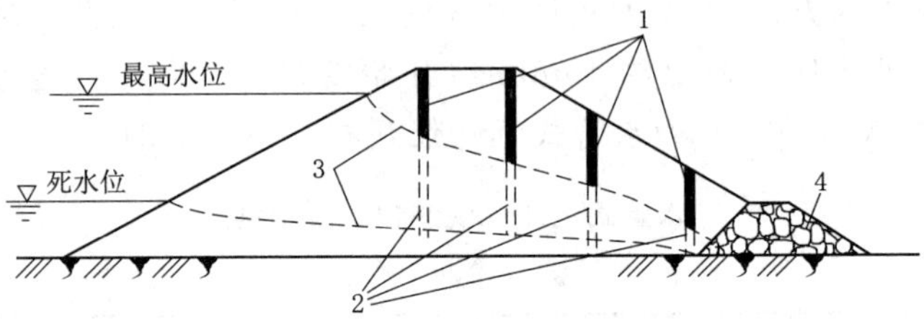


图2-1-33　均质土坝（有反滤坝趾）测压管布置示意图

1—测压管；2—进水管段；3—浸润线；4—反滤坝趾

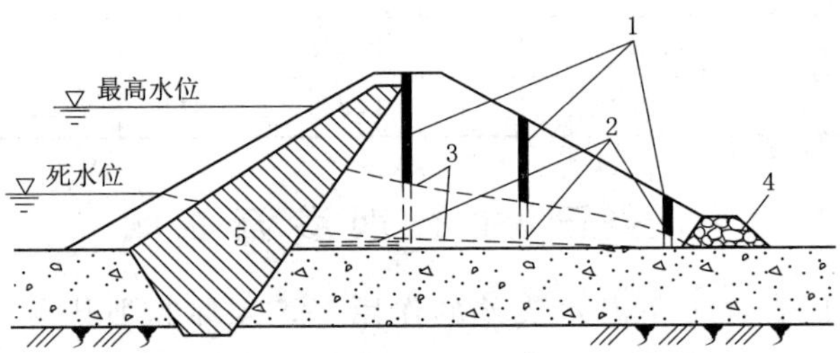


图2-1-34　斜墙坝测压管布置示意图

1—测压管；2—进水管段；3—浸润线；4—反滤坝趾；5—斜墙

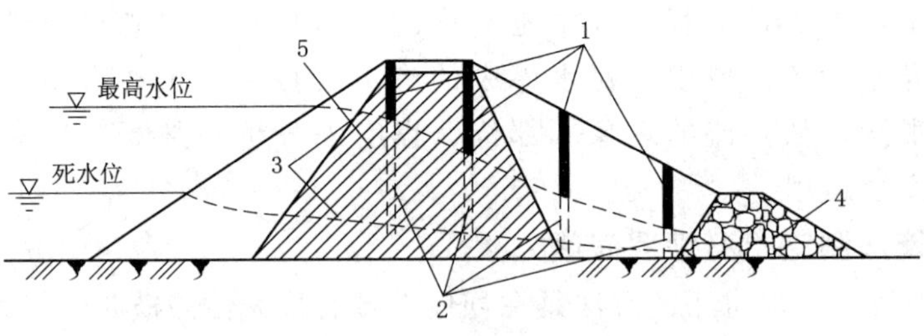


图2-1-35　宽心墙坝测压管布置示意图

1—测压管；2—进水管段；3—浸润线；4—反滤坝趾；5—宽心墙

3. 监测线上的测点布置

监测线上的测点应根据坝高、填筑材料、防渗结构、渗流场特征，并考虑能通过流网分析确定浸润线位置，沿不同高程布点。

(1) 在浸润线缓变区，如均质坝横断面中部，心墙坝和斜墙坝的强透水料区，每条线上可只设1个监测点，高程应在预计最低浸润线之下。

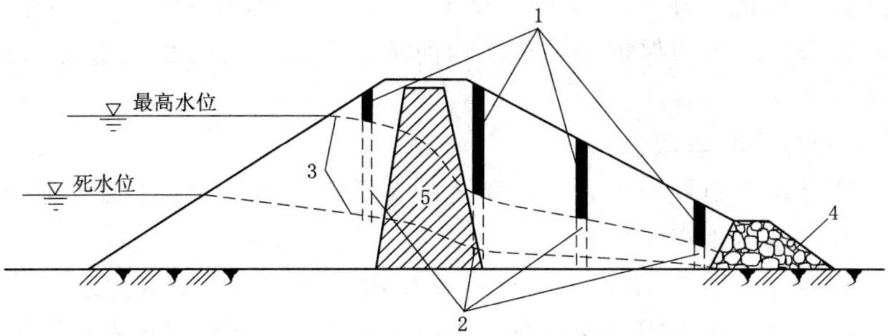


图 2-1-36 窄心墙坝测压管布置示意图

1—测压管；2—进水管段；3—浸润线；4—反滤坝趾；5—心墙

(2) 在渗流进、出口段，渗流各向异性明显的土层中，以及浸润线变幅较大处，应根据预计浸润线的最大变幅沿不同高程布设测点，每条线上的测点数不宜少于2个。

**(二) 测压管的结构**

测压管主要由透水管段、导水管段及管口保护装置组成。测压管宜采用镀锌钢管或硬塑料管，内径宜采用50mm。

1. 透水管段

透水管段又称花管。为了能使坝体中的水较快地渗入测压管中，透水管段管壁上需钻有足够数量的进水孔。孔径一般为6～8mm，孔与孔的纵距为100～120mm，面积开孔率宜为10%～20%，进水孔呈梅花形分布，排列均匀、内壁无毛刺，外部包扎无纺土工织物。

透水管的长度，对于一般土料与粉细砂，应自设计最高浸润线以上0.5m至最低浸润线以下1.0m，以保证在不同库水位时均能反映其所在位置的渗透水头；在粗粒径透水土料中则不应小于3.0m；用于点压力监测时宜长1～2m；管底封闭，不留沉淀管段。

透水管段可用导管管材加工制作，也可采用与导管等直径的多孔聚乙烯过滤管或透水石管作透水段。测压管的结构如图2-1-37所示。

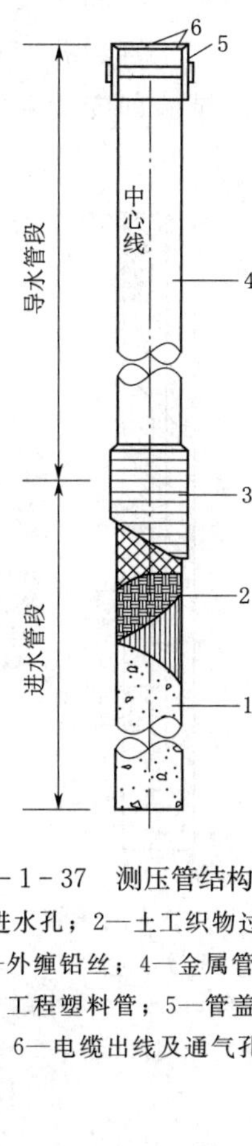


图 2-1-37 测压管结构示意图

1—进水孔；2—土工织物过滤层；3—外缠铅丝；4—金属管或硬工程塑料管；5—管盖；6—电缆出线及通气孔

2. 导水管段

导水管接在透水管的上端，一直引伸出坝面，以测量管中水位。导管的材料和直径应与进水管相同，但管壁不需要钻孔。导管一般为直管，当用于观测斜墙下游或铺盖下的测压管水位时，则采用L形导管。

3. 管口保护装置

一般无压测压管管口保护装置可采用混凝土预制件、

现浇混凝土或砖石砌筑，并宜安装如钢板保护盒盖等，有压测压管应安装压力表。无压、有压测压管管口装置及保护均要求结构简单、牢固，能防止雨水流入和人畜破坏，并能锁闭且开启方便。

**（三）测压管的安装与埋设**

测压管一般是在土石坝竣工后钻孔埋设，水平管段的L形测压管，在施工期埋设。测压管理设应符合以下规定：

（1）钻孔直径宜采用110mm，在50m深度内钻孔倾斜度不应大于3°，严禁泥浆护壁。需要防止塌孔时，可采用套管护壁，如预计难以拔出，应事先在监测部位的套管壁上钻好透水孔。终孔后，宜测量孔斜，以便准确确定测点位置。埋设前，应对钻孔深度、孔底高程、孔内水位、有无塌孔以及测压管加工质量、各管段长度、接头、管盖等进行全面检查并做好记录。

（2）下管前，应先在孔底填约20cm厚的反滤料，然后将测压管逐根对接下入孔内。待测压管全部下入孔内后，应在测压管与孔壁间回填反滤料至设计高程。对黏壤土或砂壤土可用细砂作反滤料；对砂砾石层可用细砂、粗砂的混合料。反滤层以上用膨胀土泥球封孔，泥球应由直径5～10mm的不同粒径组成，应风干，不宜日晒或烘烤。封孔厚度不宜小于4.0m。

（3）在岩体内钻孔埋设测压管，花管周围宜用粗砂或细砾料作反滤料，导管段宜用泥砂浆或水泥膨润土浆封孔回填，反滤料与封孔料之间可用20cm厚细砂过渡。

（4）测压管封孔回填完成后，应向孔内注水进行灵敏度试验，应在地下水位较为稳时进行。试验前先测定管中水位，然后向管内注水。若透水段周围为壤土料，注水量相当于每米测压管容积的3～5倍；若为砂砾料，则为5～10倍。注入后不断观测水位，直至恢复到或接近注水前的水位。对于黏壤土，注入水位在120h内降至原水位为合格；对于砂壤土，24h内降至原水位为合格；对于砂砾料，1～2h降至原水位或注水后水位升高不到3～5m为合格。检验合格后，安设管口保护装置，如图2-1-38所示。

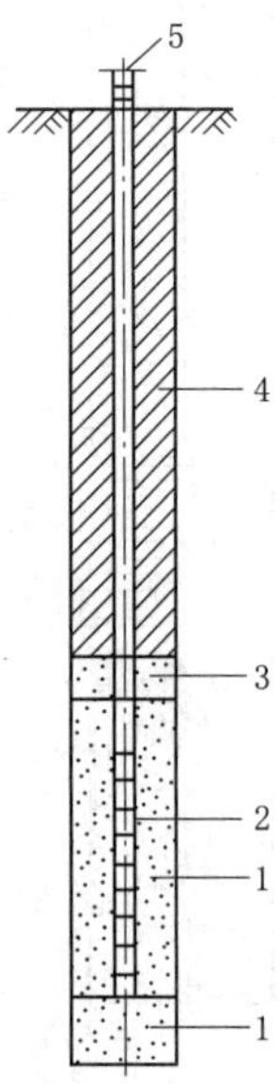

图2-1-38 测压管安装埋设示意图

1—中粗砂反滤；2—测压管；3—细砂；4—封孔料；5—管盖

**（四）测压管水位的观测**

1. 观测要求

测压管中水位观测，通常是利用观测仪器先测量出管中水面到测压管管口的距离，则测压管水位等于管口高程与管口至管中水面距离的差。

测压管水位的观测，宜采用电测水位计。有条件的可采用自记水位计或水压力计等。

测压管水位，每次应平行测读2次，其读数差不应大于1cm；电测水位计的长度标记，应每隔3～6个月用钢尺校正；测压管的管口高程，在施工期和初蓄期应每隔3～6个月校测1次，在运行期每两年至少校测1次，疑有变化时随时校测。

2. 观测设备

(1) 测深钟。测深钟构造最为简单，中小型水库都可进行自制。最简单的形式为上端封闭、下端开敞的一段金属管，长度为30～50mm，好像一个倒置的杯子，上端系以吊索，如图2-1-39所示。吊索最好采用皮尺或测绳，其零点应置于测深钟的下口。

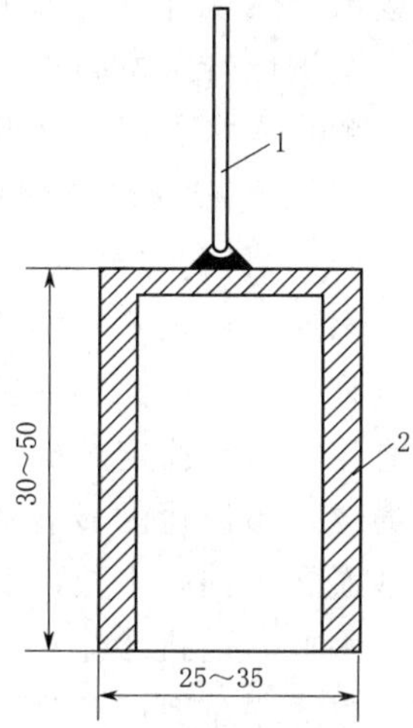


图2-1-39 测深钟示意图（单位：mm）
1—吊索；2—测深钟

观测时，用吊索将测深钟慢慢放入测压管中，当测深钟下口接触管中水面时，将发出空筒击水的“嘭”声，即应停止下送。再将吊索稍为提上放下，使测深钟脱离水面又接触水面，发出“嘭、嘭”的声音。即可根据管口所在的吊索读数分划，测读出管口至水面的高度，计算出管内水位高程。

测压管水位高程＝管口高程－管口至水面高度

用测深钟观测，一般要求测读两次，其差值应不大于2cm。

(2) 电测水位计。电测水位计是利用水能导电或者利用水的浮力将导电的浮子托起接通电路的原理制成的。电测水位计形式很多，一般由测头、指示器和吊尺组成，也可不用吊尺，将导线改用带有刻度的水工专用电缆，如图2-1-40所示。测头、指示器和导线可安装在木制的测量箱内。测头可用钢质或铁质的圆柱筒，中间安装电极。利用水导电的测头安装有两个电极，如图2-1-41（a）所示，也可只安装一个电极，而利用金属测压管作为一个电极，如图2-1-41（b）所示。

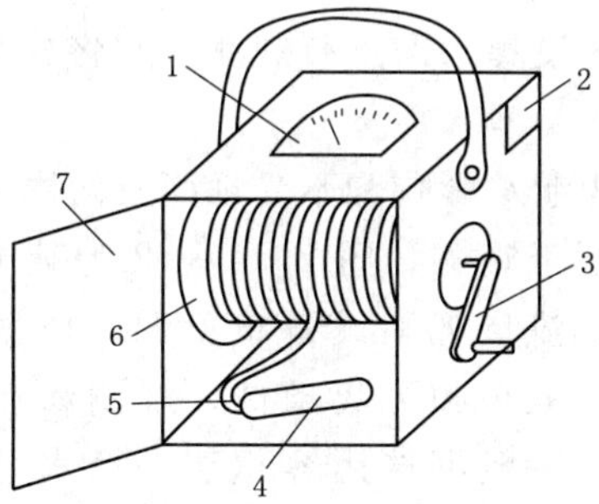


图2-1-40 电测水位箱
1—指示器；2—电池盒；3—手摇柄；4—测头；5—导线；6—滚筒；7—木门

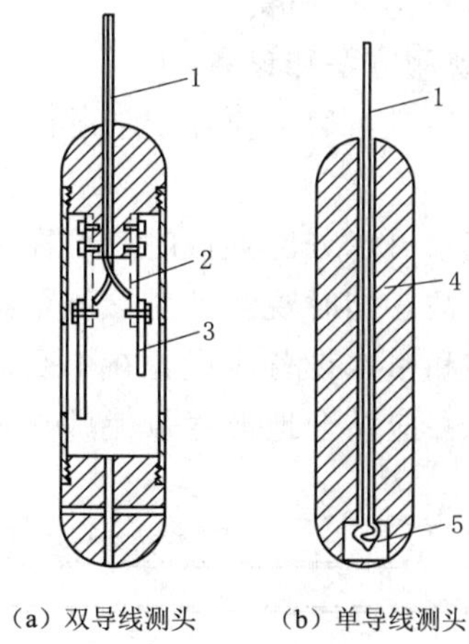


图2-1-41 测头构造示意图
1—电线；2—隔电板；3—电极；4—金属短棒；5—电线头

电测水位计的指示器可采用电表、灯泡、蜂鸣器等。指示器与测头电极用导线连接。测头挂接在吊尺上，吊尺可用钢尺。连接时应使钢尺零点正好在电极入水沟通电路处，或者用厚钢尺挂接，再加自钢尺零点至电极头的修正值。

观测时，用钢尺将测头慢慢放入测压管内，至指示器得到反映后，测读测压管管口的读数，然后计算管内水面高程。

测压管水位高程＝管口高程－管口至水面距离－测头入水引起水面升高值

测头入水引起水面升高值可事先试验求得。

## 二、土石坝渗流量的观测

### （一）目的与要求

水库的挡水建筑物蓄水运用后，必然产生渗流现象。在渗流处于稳定状态时，其渗流量将与水头的大小保持稳定的相应变化，渗流量在同样水头情况下的显著增加和减少都意味着渗流稳定的破坏。渗流量的显著增加，有可能在坝体或坝基发生管涌或集中渗流通道；渗流量的显著减少，则可能是在排水体堵塞的反映。在正常条件下，随着坝前泥沙淤积，同一水位情况下的渗流量将会逐年缓降。

因此，进行渗流量观测，对于判断渗流是否稳定，掌握防渗和排水设施工作是否正常，具有很重要的意义，是保证水库安全运用的重要观测项目之一。

根据坝型和水库具体条件不同，渗流量观测方法也不一样。对土石坝来说，通常是将坝体排水设备的渗水集中引出，量测其单位时间的水量。对有坝基排水设备，如排水沟、减压井等的水库，也应将坝基排水设备的排水量进行观测。有的水库土石坝坝体和坝基渗流量很难分清，可在坝下游设集水沟，观测总的渗流量变化，也能据以判断渗流稳定是否遭受破坏。

渗流量观测必须与上游、下游水位以及其他渗透观测项目配合进行。土石坝渗流量观测要与浸润线观测、坝基渗水压力观测同时进行。根据需要，还应定期对渗流水进行透明度观测和化学分析。

### （二）观测方法和设备

观测总渗流量通常应在坝下游能汇集渗流水的地方，设置集水沟，在集水沟出口处观测。

当渗流水可以分区拦截时，可在坝下游分区设集水沟进行观测，并将分区集水沟汇集至总集水沟，同时观测其总渗流量。

集水沟和量水设备应设置在不受泄水建筑物泄水影响和不受坝面及两岸排泄雨水影响的地方，并应结合地形尽量使其平直整齐，便于观测。图2-1-42为某土坝水库渗流量观测设备布置图。根据渗流量的大小和汇集条件，观测渗流量的方法一般可选用容积法、量水堰法和测流速法。

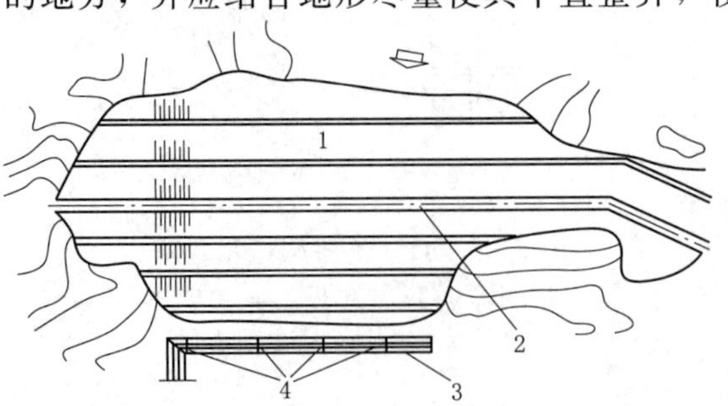


图2-1-42 某土坝水库渗流量观测设备布置图

1—坝体；2—坝顶；3—集水沟；4—量水堰

#### 1. 容积法

容积法适用于渗流量小于1L/s或渗流水无法长期汇集排泄的地方。观测时需进行计时，当计时开始时，将渗流水全部引入容器内，计时结束时停止。量出容器内的水量，已知记取的时间，即可计算渗流量。

2. 量水堰法

量水堰法适用于渗流量为1～300L/s范围内的情况。量水堰法就是在集水沟或排水沟的直线段上安装量水堰，用水尺量测堰前水位，根据堰顶高程计算出堰上水头 $H$，再由 $H$ 按量水堰流量公式计算渗流量。安装量水堰时，使堰壁直立且与水流方向垂直。堰板采用钢板或钢筋混凝土板，堰口做成向下游倾斜45°的薄片状。堰口水流形态为自由式，测读堰上水头的水尺应设在堰板上游3倍以上堰口水头处。

量水堰按过水断面形状分为三角堰、梯形堰和矩形堰三种形式。

(1) 三角堰。三角堰缺口为一等腰三角形，一般采用底角为直角，如图2-1-43所示。三角堰适用于渗流量小于100L/s的情况，堰上水深一般不超过0.35m，最小不宜小于0.05m。直角三角堰标准尺寸见表2-1-10。

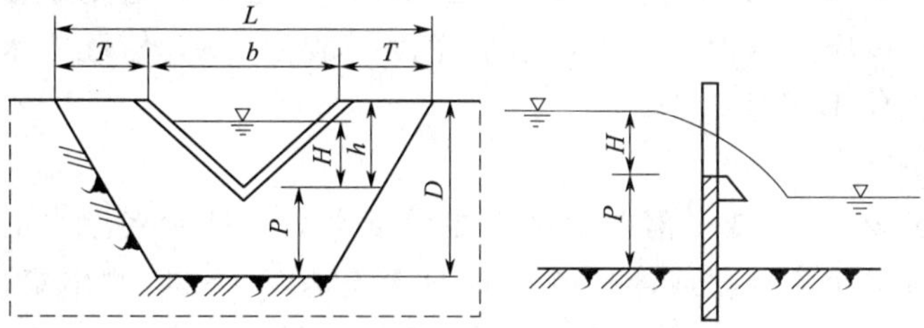


图2-1-43 三角堰示意图

表2-1-10 直角三角堰标准尺寸表

| 最大水深 $H$ /cm | 堰口深 $h$ /cm | 堰槛高 $P$ /cm | 堰板高 $D$ /cm | 堰肩宽 $T$ /cm | 堰口宽 $b$ /cm | 堰板宽 $L$ /cm | 测流范围 /(L/s) |
|---|---|---|---|---|---|---|---|
| 22 | 27 | 22 | 49 | 22 | 54 | 98 | 0.8～32 |
| 27 | 32 | 27 | 59 | 27 | 64 | 118 | 0.8～53 |
| 29 | 34 | 29 | 63 | 29 | 68 | 126 | 0.8～64 |
| 35 | 40 | 35 | 75 | 35 | 80 | 150 | 0.8～100 |

直角三角堰自由出流的流量计算式为

$$Q=1.4H^{5/2} \tag{2-1-4}$$

(2) 梯形堰。梯形堰过水断面为一梯形，边坡常用1∶0.25，如图2-1-44所示。堰口应严格保持水平，底宽 $b$ 不宜大于3倍堰上水头，最大过水深一般不宜超过0.3m。适用于渗流量在10～300L/s的情况，其标准尺寸见表2-1-11。

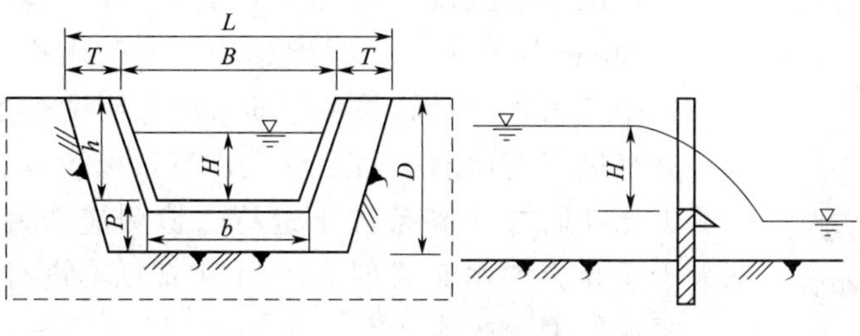


图2-1-44 梯形堰示意图

梯形堰流量计算式为：

$$Q=1.86bH^{3/2} \tag{2-1-5}$$

表 2-1-11 梯形堰标准尺寸表（边坡 1∶0.25）

| 堰槛宽 $b$ /cm | 堰口宽 $B$ /cm | 最大水深 $H$ /cm | 堰口深 $h$ /cm | 堰槛高 $P$ /cm | 堰板高 $D$ /cm | 堰肩宽 $T$ /cm | 堰板宽 $L$ /cm | 测流范围 /(L/s) |
|---|---|---|---|---|---|---|---|---|
| 25 | 31.6 | 8.3 | 13.3 | 8.3 | 21.6 | 8.3 | 48.2 | 0.5～11.5 |
| 50 | 60.8 | 16.6 | 21.6 | 16.6 | 33.2 | 16.6 | 94.0 | 0.9～65.2 |
| 75 | 90.0 | 25.0 | 30.0 | 25.0 | 55.0 | 25.0 | 140.0 | 1.4～174.4 |
| 100 | 119.1 | 33.3 | 38.3 | 33.3 | 71.6 | 33.3 | 185.7 | 1.9～360.8 |

（3）矩形堰。矩形堰分为有侧收缩和无侧收缩。矩形堰适用于渗流量大于 50L/s 的情况。矩形堰堰口应严格保持水平，堰口宽度一般为 2～5 倍堰上水头，最小水头应大于 0.25m，最大应不超过 2.0m。

3. 测流速法

当渗流量大于 300L/s 或受落差限制不能设量水堰，且能将渗水汇集到比较规则平直的集水沟时，可采用流速仪或浮标等观测渗水流速 $V$，然后测出集水沟水深和宽度，求得过水断面面积 $A$，按公式 $Q=VA$ 即可计算渗流量。

## 三、渗水透明度检测

坝体、坝基渗出的水如果清澈透明，一般应认为是正常渗流。如果渗流水中带有泥沙颗粒或渗水浑浊不清，或渗水中含有某种可溶盐成分，则反映坝体或坝基土料中的细粒料被渗流水带出，或者是土料受到溶滤，这些现象通常是管涌、内部冲刷或化学管涌等渗流破坏的先兆。因此，应对渗流水进行透明度检测，并结合其他渗流观测分析判断是否会发生渗透破坏。

检测渗水透明度用透明度管进行。透明度管为高 35cm、直径 3cm 的平底玻璃管。管壁刻有厘米刻度，零点在管底处。管底有一放水阀门，如图 2-1-45 所示。其观测方法如下：

（1）在渗水出口处取水样摇匀后注入透明度管内。

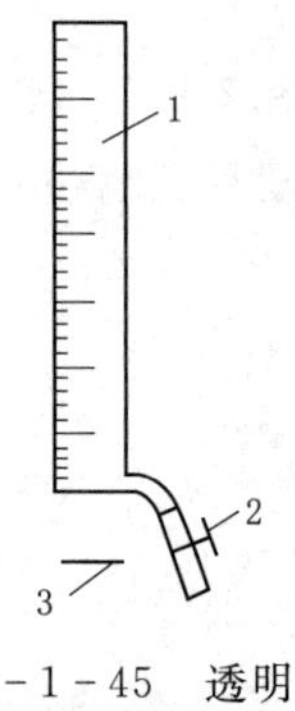


图 2-1-45 透明度管

1—透明度管；2—阀门；3—5 号字符

（2）用一块 5 号汉语拼音铅印字体置于管底下 4cm 处。从管口通过水样看铅印字体。如看不清字样，则打开阀门放水，降低管中水柱，直至看清字样为止。

（3）从管壁刻度上读出水柱高度 $t$ 即为渗水透明度。透明度大于 30cm 为清水。透明度越小，说明水样中含泥沙量越大。若事先率定出含沙量的关系，即可由透明度查出含沙量。

渗水透明度检测应固定专人进行，以免视力差异引起误差。检测工作在同样光亮条件下进行。检测应作两次，两次读数差不大于 1cm。渗水正常时，可每月或每季进行一次，渗水浑浊时，每天检测一次或几次。

# 项目二 混凝土坝运行监测

## 任务一 混凝土坝巡视检查

为了及时发现混凝土坝运行的异常现象，应对混凝土坝、泄洪建筑物及闸门结构等进行巡视检查。巡视检查的制度与土石坝类似，分为日常巡视检查、年度检查和特别检查。各种检查的组织形成和工作开展的要求也与土石坝基本相似，但还应结合混凝土建筑物的特点进行。

### 一、巡视检查基本要求

混凝土坝巡视检查的内容应根据大坝的具体情况，经充分分析后确定，依据《混凝土坝养护修理规程》（SL 230—2015），巡视检查应分为日常巡视检查、年度检查和特别检查。

（1）日常巡视检查。每月不宜少于1次，汛期应视汛情相应增加次数。库水位首次达到设计洪水位前后或出现历史最高水位时，每天不应少于1次。如遇特殊情况和工程出现异常时，应增加次数。

（2）年度检查。宜在每年的汛前、汛后、高水位、死水位、低气温及冰冻较严重地区的冰冻和融冰期进行，每年不宜少于2次。

（3）特别检查。应在坝区遇到大洪水、有感地震、库水位骤升骤降，以及其他影响大坝安全的特殊情况时进行。

### 二、巡视检查内容

混凝土坝现场检查的范围包括坝体、坝基、坝肩、各类泄洪、输水设施及其闸门、金属结构以及对大坝安全有重大影响的近坝区岸坡和其他与大坝安全有直接关系的建筑物和设施。巡查的重点是大坝上游水面附近，上下游坝面、坝脚（含镇压层范围）、涵洞进出口部位、溢洪道两侧岩体、监测系统以及病险水库的隐患部位等，根据《混凝土坝安全监测技术规范》（SL 601—2013）主要的巡视检查项目和内容如下：

#### （一）坝体检查项目

坝体检查项目应包括下列内容：

（1）坝顶：坝面及防浪墙有无裂缝、错动、沉陷；相邻坝段之间有无错动；伸缩缝开合状况、止水设施工作状况；排水设施工作状况。

（2）上游面：上游面有无裂缝、错动、沉陷、剥蚀、冻融破坏；伸缩缝开合状况；止水设施工作状况。

（3）下游面：下游面有无裂缝、错动、沉陷、剥蚀、冻融破坏、钙质离析、渗水；伸缩缝开合状况。

（4）廊道：廊道有无裂缝、位移、漏水、溶蚀、剥落；伸缩缝开合状况、止水设施工作状况；照明通风状况。

（5）排水系统：排水孔工作状况；排水量、水体颜色及浑浊度。

**（二）坝基及坝肩检查项目**

坝基及坝肩检查项目应包括下列内容：

（1）基础岩体有无挤压、错动、松动和鼓出。

（2）坝体与基岩（或岸坡）接合处有无错动、开裂、脱离及渗水等情况；两岸坝肩区有无裂缝、滑坡、沉陷、溶蚀及绕渗等情况。

（3）坝趾：下游坝趾有无冲刷、淘刷、管涌、塌陷；渗漏水量、颜色、浑浊度及其变化状况。

（4）廊道：廊道有无裂缝、位移、漏水、溶蚀、剥落；伸缩缝开合状况；止水设施工作状况；照明通风设施工作状况。

（5）排水系统：排水孔工作状况；排水量、水体颜色及浑浊度。

**（三）输、泄水设施检查项目**

输、泄水设施检查项目应包括下列内容：

（1）进水口和引水渠道有无淤堵、裂缝及损坏；进水口边坡有无裂缝及滑移。

（2）进水塔（竖井）有无裂缝、渗水、空蚀或其他损坏现象；塔体有无倾斜或不均匀沉降。

（3）洞（管）身有无裂缝、坍塌、鼓起、渗水、空蚀等现象；放水时洞内声音是否正常。

（4）放水期出口水流形态、流量是否正常，有无冲刷、磨损、淘刷；停水期是否有水渗漏；出口有无淤堵、裂缝及损坏；出水口边坡有无裂缝及滑移。

（5）下游渠道及岸坡有无异常冲刷、淤积和波浪冲击破坏等情况。

（6）工作桥有无不均匀沉降、裂缝、断裂等现象。

**（四）溢洪道检查项目**

溢洪道检查项目应包括下列内容：

（1）进水段有无堵塞，上游拦污设施是否正常，两侧有无滑坡或坍塌迹象；护坡有无裂缝、沉陷、渗水；流态是否正常。

（2）堰顶或闸室、闸墩、胸墙、边墙、溢流面、底板等处有无裂缝、渗水、剥落、冲刷、磨损和损伤；排水孔及伸缩缝是否完好。

（3）泄水槽有无气蚀、冲蚀、裂缝和损伤。

（4）消能设施有无磨损、冲蚀、裂缝、变形和淤积。

（5）下游河床及岸坡有无冲刷、淤积。

（6）工作桥有无不均匀沉陷、裂缝、断裂等现象。

**（五）闸门及金属结构检查项目**

闸门及金属结构检查项目应包括下列内容：

（1）闸门有无变形、裂纹、螺（铆）钉松动、焊缝开裂；门槽有无卡堵、气蚀等；钢丝绳有无锈蚀、磨损、断裂；止水设施有无损坏、老化、漏水；闸门是否发生振动、气蚀现象。

（2）启闭机是否正常工作；制动、限位设备是否准确有效；电源、传动、润滑等系统是否正常；启闭是否灵活；备用电源及手动启闭是否可靠。

(3) 金属结构防腐及锈蚀状况。

(4) 电气控制设备、动力和备用电源工作状况。

(5) 闸门顶是否溢流。

**(六) 近坝库岸检查项目**

近坝库岸检查项目应包括下列内容：

(1) 库区水面有无漩涡、冒泡现象、严冬不封冻。

(2) 岸坡冲刷、塌陷、裂缝、滑移、冻融迹象；是否存在高边坡和滑坡体；岸坡地下水出露及渗漏情况；表面排水设施或排水孔工作是否正常。

## 三、巡视检查路线

混凝土坝巡视检查路线可参考土石坝巡视路线方法制定，巡视线路一般应包括：①对坝脚排水、导水设施及坝趾区排水沟或渗水坑地巡视检查；②对下游坝坡和下游岸坡进行巡查；③从右侧沿坝体巡查至左侧坝体尽头；④从左侧上游坝面巡查至尽头，同时观察水面情况；⑤对其他部位进行巡查，如输水涵洞（管）、溢洪道、闸门以及对大坝安全有重大影响的近坝区岸坡和其他对大坝安全有直接关系的建筑物与设施。对混凝土坝上下坝有困难时，需要借助一些设备，如船只、梯子、绳索等。

## 四、巡视检查主要方法

混凝土坝巡视检查方法与土石巡视检查方法类似，常规检查可采用目视、耳听、手摸、鼻嗅、脚踩等直观方法，或辅以锤、钎、钢卷尺、放大镜、石蕊试纸等简单工具器材。特殊检查可采用开挖探坑（或槽）、探井、钻孔取样或孔内电视、向孔内注水试验、投放化学试剂、潜水员探摸或水下电视、水下摄影或录像、超声波、雷达探测等方法，对工程内部、水下部位或坝基进行检查。具备条件时，可采用水下多波束等设备对库底淤积、边坡崩塌堆积体等进行检查。

另外检查应符合下列要求：检查人员应为熟悉工程情况的专业技术人员；日常检查人员应相对稳定，检查时应带好必要的辅助工具和记录笔、簿以及照相机、录像机等影像设备；年度检查和特别检查总负责人应为运行管理单位行政负责人或主管部门行政负责人；年度检查和特别检查应成立检查工作组，组长应由经验丰富且熟悉本工程情况的水工专业工程师担任，成员应由相关专业技术人员和高级技术工人组成；年度检查和特别检查应制定详细的检查计划并做好准备工作。

## 五、混凝土坝常见问题检查与判别

根据混凝土坝的特性，混凝土坝易发生的主要问题包括混凝土坝裂缝、渗漏、剥蚀、碳化等。

**(一) 混凝土坝裂缝**

1. 裂缝类型

混凝土坝裂缝按成因可分为塑性收缩裂缝、干缩裂缝、温度裂缝、沉降裂缝、应力裂缝、化学反应引起的裂缝、冻涨裂缝、钢筋锈蚀裂缝等；按深度可分为表层裂缝、深层裂缝和贯穿裂缝；按裂缝开度变化可分为死缝、活缝和增长缝等。

裂缝种类根据裂缝的性状和特征来判断。

2. 裂缝特征

(1) 塑性收缩裂缝：在混凝土在凝结之前，表面因失水较快而收缩产生的裂缝。其特征：裂缝较细小（微裂缝），多呈中间宽、两端细且长短不一，互不连贯状态，大都长度不大，较短的裂缝一般长20～30cm，较长的裂缝可达2～3m，宽1～5mm，走向不定，布满整个表面。

(2) 干缩裂缝：裂缝宽度在0.05～0.20mm之间，深度不大，主要在混凝土表面，裂缝无规律，纵横交错，形似龟纹。

(3) 温度裂缝：走向不定，缝宽较小，深度随温度变化（气温高，裂缝变窄，气温低，裂缝变宽）。

(4) 沉降裂缝：走向与主拉应力方向垂直，缝宽较大，不随温度变化。通常自底部向上发展贯穿至坝顶，坝体有错动。

(5) 锈蚀裂缝：沿筋裂缝，使混凝土剥落。

(6) 碱骨料反应裂缝：混凝土受碱骨料反应膨胀开裂，在少钢筋约束的部位为网状裂缝，在受钢筋约束的部位多沿主筋方向开裂，在很多情况下可以看到从裂缝溢出白色或透明胶体的痕迹。

3. 裂缝检查与判别

裂缝检查的主要目的是查明裂缝的分布特征、宽度、长度、深度以及发展情况等，为裂缝的成因分析和处理提供基础资料。大坝裂缝的检查主要是用肉眼观察，距离较远看不清楚时，可用望远镜观察，上游坝面可坐船观察；发现裂缝时应测出裂缝所在的坝段、高程、宽度、长度、深度、走向等，并详细记载。裂缝检查记录表，见表2-2-1。

(1) 检查主要内容。裂缝检查主要包括以下几方面：

1) 首先查明裂缝的分布位置和走向，并对需要进一步观察的裂缝统一编号。如裂缝为发展状态，则每次检查时要明确记录检查时间，便于分析趋势。

2) 宽度：裂缝宽度沿其长度方向一般是不均匀的，一条裂缝的宽度测量位置至少两处以上，本处所讲的裂缝宽度是指裂缝最大宽度。可用读数显微镜、塞尺（最薄的为0.02mm；最厚的为3mm）和应变计测量。

3) 长度：在裂缝两端做标记，量测长度，并绘图。

4) 深度：裂缝深度沿其长度方向一般是不均匀的，检查一般只针对裂缝宽度最大处。可选用凿开法和超声波法检测。

5) 观察混凝土建筑物的两个对应表面裂缝的位置是否对称，廊道内是否漏水，判断裂缝是否贯穿。

6) 观察裂缝形态有无规律性。

7) 检查裂缝开裂部位有无钢筋锈蚀和盐类析出。

8) 检查裂缝附近混凝土表面的干、湿状态，污物和剥蚀情况。

9) 检查裂缝及其端部附近有无细微裂缝等。

(2) 裂缝是否修补判别。裂缝是否修补主要从以下4个方面考虑：

1) 对钢筋混凝土结构，从耐久性或防水性的要求判断是否需要修补时，要将调查测得裂缝宽度与表2-2-2对照判断。

表 2-2-1 裂缝检查记录表

日期： 年 月 日 气温： ℃ 相对湿度： %

| 序号 | 裂缝编号 | 位置 | 走向 | | | | 宽度/mm | 长度/m | 深度/m | 渗漏 | 溶蚀 | 备注 |
|---|---|---|---|---|---|---|---|---|---|---|---|---|
| | | | 垂直 | 水平 | 倾斜 | 环向 | | | | | | |
| | | | | | | | | | | | | |
| | | | | | | | | | | | | |
| | | | | | | | | | | | | |
| | | | | | | | | | | | | |
| | | | | | | | | | | | | |
| | | | | | | | | | | | | |

量测工具： 量测人： 记录人：

2）对大坝上游面、廊道和大坝下游面渗水裂缝应判断为需要修补或加固，对坝顶和大坝下游面不渗水裂缝，经研究后判断是否需要修补。

3）裂缝开裂处混凝土局部脱落、剥离、松动已威胁人和物的安全，应判断为需要修补。

4）根据裂缝开裂原因分析构件的承载能力可能下降时，必须通过计算确定构件开裂后的承载能力，判断是否需要补强加固。

表 2-2-2 钢筋混凝土结构需要修补的裂缝宽度表 单位：mm

| 环境条件类别 | 按耐久性要求 | | 按防水性要求 |
|---|---|---|---|
| | 短期荷载组合 | 长期荷载组合 | |
| 一类 | >0.40 | >0.35 | >0.10 |
| 二类 | >0.30 | >0.25 | >0.10 |
| 三类 | >0.25 | >0.20 | >0.10 |
| 四类 | >0.15 | >0.10 | >0.05 |

注 1. 一类为室内正常环境；二类为露天环境，长期处于地下或水下的环境；三类为水位变动区，或有侵蚀性地下水的地下环境；四类为海水浪溅区及盐雾作用区，潮湿并有严重侵蚀性介质作用的环境。

2. 大气区与浪溅区的分界线为设计最高水位加 1～5m；浪溅区与水位变动区的分界线为设计最高水位减 1.0m；水位变动区与水下区的分界线为设计最低水位减 1.0m，盐雾作用区为离海岸线 500m 范围内的地区。

3. 冻融比较严重的三类环境条件下的建筑物，可将其环境类别提高为四类。

### （二）混凝土坝渗漏

1. 渗漏种类

混凝土坝渗漏，按发生部位可分为坝体渗漏、坝基渗漏、绕坝渗漏、伸缩缝渗漏，其中坝体渗漏又分为集中渗漏、裂缝渗漏和散渗。

2. 渗漏检查

大坝渗漏的检查一般用肉眼可观察到，除记录渗漏的地点、特征外，还要测定渗流量。对于集中渗漏，可用导管将渗水引入量杯或量筒内，直接量取单位时间内的渗流量；对于散浸渗漏，可用纱布包上棉花，并称出干重量，再铺在渗漏面上吸水，经一定时间后，记下时间，再称出湿棉花的重量，前后重量相减，即得出单位时间内的渗漏量；对于坝基渗漏，可采用量水堰的方法测定渗漏流量。渗漏情况检查后应填写渗漏情况统计表，见表 2-2-3，检查的主要内容包括以下两方面：①渗漏状况：渗漏类型、部位和范围，渗漏水来源、途径、是否与水库相通、渗漏量、压力和流速、浑浊度等；②溶蚀状况：部位、渗析物的颜色、形状、数量。

**表 2-2-3　　渗漏情况统计表**

| 序号 | 渗水点编号 | 渗漏部位 | 高程 | 桩号 | 渗漏情况 | 渗漏性质 |
|---|---|---|---|---|---|---|
| | | | | | | |
| | | | | | | |
| | | | | | | |
| | | | | | | |
| | | | | | | |

3. 渗漏是否处理的基本判别

根据检查结果，有下列情况之一的应判断为需要处理：①作用（荷载）、变形、扬压力值超过设计允许范围；②影响大坝耐久性、防水性；③基础出现管涌、流土及溶蚀等渗透破坏；④伸缩缝止水结构、基础帐幕、排水等设施损坏；⑤基础渗漏量突变或超过设计允许值。

**（三）混凝土坝剥蚀和碳化**

1. 剥蚀

混凝土坝表面剥蚀现象有钢筋锈蚀、冻融和磨损、空蚀引起的剥蚀等类型。当混凝土出现剥蚀、磨损、空蚀、碳化等现象时应及时进行检查，并根据检查结果进行评估，需要时进行修补。剥蚀检查主要包括：

（1）冻融剥蚀基本调查。

1）剥蚀的部位特征：朝向、过水情况、是否属水位变化区或易被水所饱和的部位等。

2）气温特性：气温年变化、历年最低气温、最冷月平均气温、气温正负交替次数、冻融循环次数、混凝土最大冻深等。

3）剥蚀区特征：破坏形态、区域大小、深度、钢筋外露情况等。

4）设计资料：设计依据的规范、设计说明书、设计图、混凝土的设计指标等。

5）施工情况：材料、配合比、浇筑与养护、试验数据、质量控制、环境条件、竣工资料。

6）管理状况：冻融剥蚀发展过程、养护修理记录，是否有冲磨剥蚀、钢筋锈蚀、水质侵蚀等病害发生或联合作用。

7）影响运行情况：安全性、耐久性、美观等。

（2）钢筋锈蚀剥蚀基本调查。

1）混凝土剥蚀情况：剥蚀区的部位、范围、顺筋裂缝、疏松剥落等。

2）钢筋状况：钢筋的位置、直径、保护层厚度、钢筋锈迹和露筋等。

3）运行及环境条件：作用（荷载）及其变化、冻融、磨损、空蚀、化学侵蚀及水位、温度、湿度、风向等。

4）设计资料：计算书、设计图、混凝土强度等级、耐久性指标、配筋及保护层厚度等。

5）施工情况：材料、配合比、浇筑与养护、质量控制、施工环境及竣工资料等。

6）管理情况：剥蚀发展过程、养护修理记录，碳化深度、氯离子含量等监测资料。

（3）磨损和空蚀基本调查。

1）磨损和空蚀状况：部位、形状、长度、宽度、深度，钢筋的弯曲、断裂情况。

2）过水情况：流量、流速、流态、过水历时等。

3）泥沙特性：多年平均输沙量、含沙量、年最大含沙量、颗粒组成、矿物成分、硬度等。

4）过水面不平整度：部位、形状、高度或深度等。

5）磨损和空蚀的发展过程。

6）设计资料：设计依据的规范、水工模型试验资料、水力计算书、结构设计书、设计图等。

7）施工情况：材料、配合比、浇筑与养护、质量控制、施工环境、竣工资料等。

8）管理状况：运行和养护修理记录等。

（4）剥蚀原因分析。引起混凝土剥蚀的原因包括环境条件、混凝土原材料、设计、施工及运行管理等，现场检查中结合工程具体运行情况，综合分析确定，并及时采取相应措施进行修补处理，常见剥蚀问题原因详见表2-2-4～表2-2-6。

**表2-2-4　　冻融剥蚀的主要原因**

| 分类 | | 原因 |
|---|---|---|
| 环境条件 | 气温 | 环境气温的正负变化使混凝土遭受反复的冻融 |
| | 饱水条件 | 处于水位变化区<br>天然降水或渗漏水积存 |
| 混凝土原材料 | 水泥 | 水泥品种选用不适当 |
| | 掺合料 | 掺用不适当 |
| | 骨料 | 品质低劣 |
| | 外加剂 | 未掺引气剂或引气效果差 |
| 设计 | 抗冻等级 | 抗冰等级偏低，水灰比过高 |
| 施工 | 拌和 | 混凝土配合比现场控制不严<br>拌和时间短、不均匀，含气量不足 |
| | 运输浇筑 | 运输、浇筑过程改变了混凝土配合比<br>运输、浇筑过程中含气量损失过多<br>浇筑振捣不密实<br>施工工艺不当 |
| | 养护 | 初期养护时急骤干燥失水<br>早期受冻 |
| 其他 | | 运行管理不善等 |

表 2-2-5　　混凝土产生钢筋锈蚀剥蚀的主要原因

| 分类 | | 原因 |
|---|---|---|
| 环境条件 | 有害介质 | 钢筋保护层碳化或中性化<br>钢筋保护层被氯离子侵入<br>水中的有害介质侵蚀 |
| | 温度 | 冻融 |
| | 湿度 | 干湿循环 |
| | 水流 | 冲刷磨损 |
| 混凝土原材料 | 水泥 | 水泥品种选用不当 |
| | 掺合料 | 掺用不适当 |
| | 骨料 | 砂石料中含泥土杂质<br>砂石料的氯盐含量超标 |
| | 外加剂 | 所用外加剂引入了过多的氯盐 |
| | 水 | 水质不符合规范要求 |
| 设计 | 构件 | 构件的几何形状不佳，保护层厚度不足<br>混凝土耐久性设计指标偏低 |
| 施工 | 拌和 | 混凝土配合比现场控制不严<br>混凝土拌和时间短，不均匀 |
| | 运输、浇筑 | 运输、浇筑过程改变了混凝土配合比<br>浇筑振捣不密实<br>钢筋错位，保护层厚度不足 |
| | 养护 | 早期养护不充分 |
| 运行条件 | 运行条件改变 | 超载、温度应力、地基不均匀沉降引起的裂缝<br>应力疲劳作用使微裂纹扩展 |

表 2-2-6　　混凝土产生磨损和空蚀的主要原因

| 分类 | | 原因 |
|---|---|---|
| 建筑物的设计轮廓曲线（体型） | 体型 | 建筑物几何形状不合理<br>建筑形式复杂（弯道、跌坎、变坡、收缩、扩散渐变段等） |
| | 进水口 | 进口曲线不合理 |
| | 门槽 | 矩形门槽宽深比不合理 |
| | 岔洞 | 主支洞夹角、出口收缩比、岔尖形式不合理 |
| | 出口 | 出口断面收缩不合理 |
| | 消能工 | 消能工布置不合理<br>池内设消力坎、消力墩、趾墩等不合理<br>挑流鼻坎体形不合理 |
| | 护面 | 设计护面材料的抗磨损、空蚀能力低，抗磨损、空蚀材料与基底混凝土温度变形不一致 |
| 含沙水流 | 悬移质 | 悬移质冲刷磨损 |
| | 推移质 | 推移质冲击磨损、空蚀 |
| | 杂物 | 杂物磨损 |

续表

| 分类 | | 原因 |
|---|---|---|
| 施工 | 施工质量 | 过水面施工质量差<br>护面与基面的粘结不牢固<br>模板变形<br>泄水建筑物进口、消力池或水跃区内的石渣、施工残余物未消除 |
| | 不平整度 | 施工表面与设计不符<br>过水面有升坎、跌坎、凹陷、凸起<br>过水面上有钢筋头或预埋件露头 |
| 运行管理 | 水流 | 闸门开启方式不合理<br>泄流流速偏高 |
| | 维护 | 表面破损未及时修补 |

2. 碳化

混凝土碳化是指混凝土本身含有大量的毛细孔，空气中二氧化碳与混凝土内部的游离氢氧化钠反应生成碳酸钙，造成混凝土疏松、脱落。碳化后使混凝土的碱度降低，当碳化超过混凝土的保护层时，在水与空气存在的条件下，就会使混凝土失去对钢筋的保护作用，钢筋开始生锈。混凝土碳化情况一般需要经过专门的机构检测才能够得出结论。

碳化深度调查应采用下列方法：①选用适当的工具在混凝土表面形成直径约 15mm 的孔洞（深度应大于混凝土的碳化深度且大于 10mm）；②向孔洞内滴或者喷 1%的酚酞酒精溶液；③用游标卡尺或碳化深度测定仪测定没有变色的混凝土的深度。

## 六、检查记录和报告

### （一）检查记录

每次巡视检查后均应将检查的情况记录在相应表格上，记录表格式见表 2-2-7。必要时应附简图、照片或影像记录。同时应及时整理现场记录，并将本次检查结果与上次或历次检查结果对比分析，同时结合相关仪器监测资料进行综合分析，如发现异常，应立即在现场对该检查项目进行复查。重点缺陷部位和重要设备应设立专项记录，检查记录应形成电子文档。

**表 2-2-7　　混凝土坝现场检查表**

日期：　　库水位：　　当日降雨量：　　下游水位：　　天气：

| 项目（部位） | | 检查情况 | 检查人员 | 备注 |
|---|---|---|---|---|
| 坝体 | 坝顶 | | | |
| | 上游面 | | | |
| | 下游面 | | | |
| | 廊道 | | | |
| | 排水系统 | | | |
| 坝基及坝肩 | 坝基 | | | |
| | 两岸坝段 | | | |

续表

| 项目（部位） | | 检查情况 | 检查人员 | 备注 |
|---|---|---|---|---|
| 坝基及坝肩 | 坝趾 | | | |
| | 廊道 | | | |
| | 排水系统 | | | |
| 输、泄水洞（管） | 进水塔（竖井） | | | |
| | 洞（管）身 | | | |
| | 出口 | | | |
| | 下游渠道 | | | |
| | 工作桥 | | | |
| 溢洪道 | 进水段 | | | |
| | 控制段 | | | |
| | 泄水槽 | | | |
| | 消能设施 | | | |
| | 下游河床及岸坡 | | | |
| | 工作桥 | | | |
| 闸门及金属结构 | 闸门 | | | |
| | 启闭设施 | | | |
| | 其他金属结构 | | | |
| | 电气设备 | | | |
| 监测设施 | 监测仪器设备 | | | |
| | 传输线缆 | | | |
| | 通信设施 | | | |
| | 防雷设施 | | | |
| | 供电设施 | | | |
| | 保护设施 | | | |
| 近坝库岸 | 库区水面 | | | |
| | 岸坡 | | | |
| | 高边坡 | | | |
| | 滑坡体 | | | |
| 电站 | | | | |
| 管理与保障设施 | 预警设施 | | | |
| | 备用电源 | | | |
| | 照明与应急照明设施 | | | |
| | 对外通信与应急通信设施 | | | |
| | 对外交通与应急交通工具 | | | |
| 其他 | | | | |

### （二）检查报告

日常检查中发现异常情况，应立即提交检查报告。年度检查和定期检查工作结束后，应及时提交检查报告。如发现异常，应立即提交检查报告，并分析原因。应急检查结束后，应立即提交检查报告。现场检查报告及其电子文档应存档备查，日常检查报告内容应简明、扼要地说明问题，必要时附上影像资料，报告内容及格式要求主要包括：①检查日期；②本次检查的目的和任务；③检查组参加人员名单及其职务；④检查环境条件及结果（包括文字记录、略图、影像资料）；⑤历次检查结果的对比、分析和判断；⑥异常情况发现、分析及判断；⑦应加以说明的特殊问题；⑧检查结论（包括对某些检查结论的不一致意见）；⑨检查组的建议；⑩检查组成员的签名。

## 任务二　混凝土坝变形监测

混凝土坝建成蓄水后，在自重、水压力、扬压力和气温变化影响下，坝体必然产生变形，变形观测主要有水平位移、垂直位移、挠度和伸缩缝等项目，此外因温度和地基不均匀沉陷等影响，坝体还可能产生裂缝，裂缝对混凝土的整体性有很大影响，且直接引起坝的渗漏，故也应对坝体裂缝进行观测。坝体变形与影响因素之间的因果关系有一定的规律和相关变化，如果坝体的变形数值在正常范围内，则属于正常现象；否则，变形会影响建筑物正常运用，甚至危及建筑物的安全。因此，在大坝整个运行期间进行系统全面的观测，掌握大坝变形的特点，寻找变形与影响因素之间的规律，用以指导工程运行，对保证工程安全是十分重要的。

### 一、引张线水平位移观测

引张线法是高精度观测建筑物水平位移的一种重要方法，在我国已经得到广泛的应用，具有观测精度高、投资小、外界影响小、速度快、重复性好、对观测条件要求较低、操作简便，可遥测、自记、数字显示等，适合大坝不同高程的水平位移观测。端点和正、倒垂线相结合，可观测各坝段的绝对位移。尤其在廊道中设置引张线，因不受气候影响，具有明显的有利条件，因此在重力坝水平位移观测中应优先采用。

#### （一）引张线观测原理

引张线法是利用在两个固定的基准点之间张紧一根高强度不锈钢丝作为基准线，用布设在建筑物的各个观测点上的引张线仪或人工光学测量装置，对各测点进行偏离基准线的变化量的测定，从而求得各观测点的水平位移量。

如图 2-2-1 所示，由于水库大坝长度一般在数十米以上，如果仅靠坝两端的基点来支承钢丝，因其跨度较长，钢丝在本身重力作用下将下垂成悬链状，不便观测，为了解决垂径过大问题，需在引张线两端加上重锤，使钢丝张紧，并在钢丝中间设立若干个浮托装置，将引张线托起，将钢丝托起近似成一条水平线，在拉力的作用下，引张线将始终保持在两端点连线上，当线长不足 200m 时，可采用无浮托式。

#### （二）引张线的布置及设计要求

引张线一般布置在坝顶或水平廊道内。设置在廊道内的引张线，最好置于上下游侧墙上的混凝土预留槽内，这有利于减少防风保护设施及不占廊道空间。对于大坝表面或已建成的无预留槽廊道，应架设保护管。此外，对于非直线形大坝，或引张线很长时，

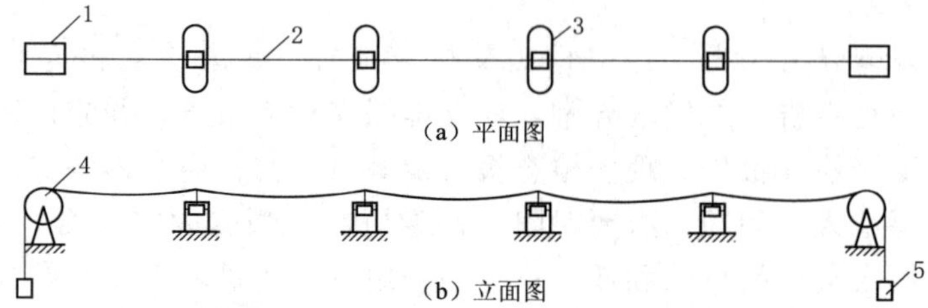


图 2-2-1 引张线示意图

1—端点；2—引张线；3—位移测点及浮托装置；4—定滑轮；5—重锤

可以将引张线串联起来组成连续引张线。图 2-2-2 为某混凝土大坝上的分段引张线。

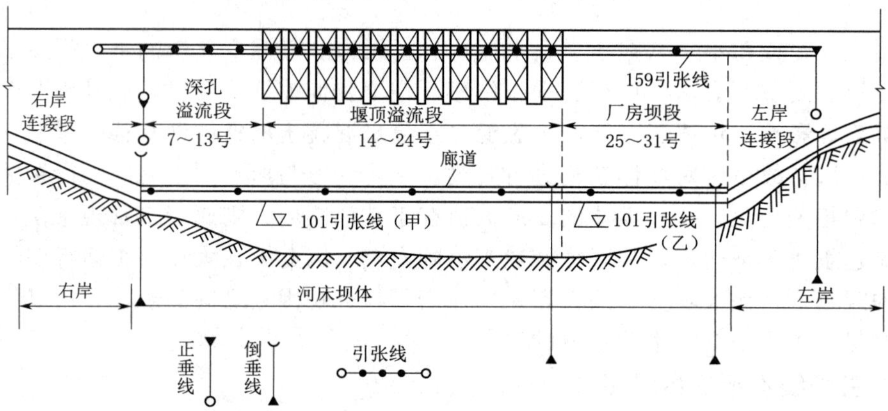


图 2-2-2 某大坝引张线布置示意图

设计应符合下列要求：

(1) 引张线的设备应包括端点装置、测点装置、测线及其保护管。

(2) 端点装置可采用一端固定、一端加力的办法，或采用两端加力的办法；当实施自动化监测时，也可采用两端固定的方法，但应确保测线的张力大于设计张力。

(3) 加力端装置包括定位卡、滑轮和重锤（或其他加力器），固定端装置仅有定位卡、固定栓。定位卡应保证换线前后位置不变。测线愈长引张线所需的拉力愈大。长度为 200～400m 的引张线，宜采用 40～60kg 的重锤张拉。

(4) 有浮托的引张线的测点装置包括水箱、浮船、读数尺或仪器底盘、测点保护箱。无浮托的引张线则无水箱及浮船。浮船的体积通常为其承载重量与其自重之和的排水量的 1.5 倍。水箱的长、宽、高为浮船的 1.5～2 倍。读数尺长度应大于位移量变幅，不宜小于 50mm。

(5) 测线钢丝直径的选择宜使其极限拉力为所受拉力的 2 倍，宜采用直径为 0.8～1.2mm 的不锈钢丝。

**(三) 引张线设备及安装要求**

引张线可分为端点装置、测点装置和测线三个部分。

1. 端点装置

端点装置由混凝土墩座、夹线装置、滑轮、线锤连接装置以及重锤等组成，如图 2-2-3所示。墩座应根据现场情况设计，用混凝土浇筑或用钢材焊制，并保证墩座与坝体或基岩紧密结合。

夹线装置的作用是使测线能固定在同一位置上。其构造是在钢质基板上嵌入一个铜质V形夹槽，将钢丝放入V形槽中，盖上压板，旋紧压板螺丝，测线即被固定在这个位置上，如图 2-2-3 所示。

滑轮一般用铝合金做成，轮周的中间有宽 1.5mm 的V形槽，便于不锈钢丝在槽内滑动。

线锤连接装置的作用是卷紧钢丝并调节钢丝长度，同时也解决了钢丝不便直接挂重锤的问题。线锤悬挂装置上有卷线轴和插销，以便卷紧钢丝，悬挂重锤并张紧钢丝。

重锤的质量视钢丝的强度而定。重锤质量越大，钢丝所受拉力越大，引张线的灵敏度越高，观测精度也越高。

2. 测点装置

测点装置设置在坝体测点上，由水箱、浮船、量测标尺和保护箱等构成，如图 2-2-4 所示。浮船支撑钢丝，在钢丝张紧时，浮船不能接触水箱，以保证钢丝在通过两端点V形夹线槽中心的直线上。量测标尺为150mm长的不锈钢尺，固定在槽钢上，槽钢埋入坝体测点。安装时应尽可能使各测点钢尺在一水平面上，误差不超过±5mm。测点也可不设量测标尺而采用光学遥测仪器。测点装置一般 20～30m 设置一个，保护管固定在保护箱上。

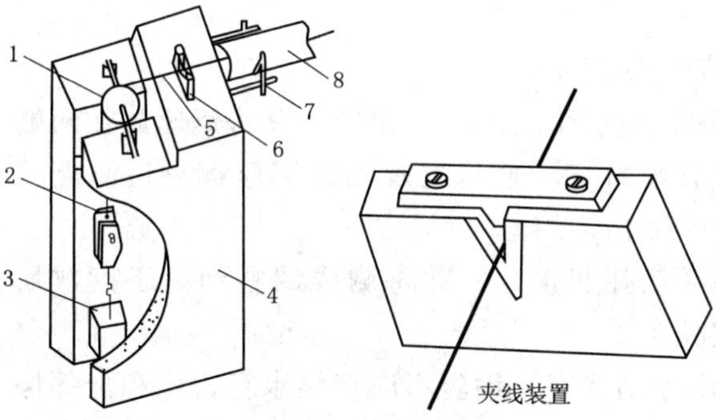


图 2-2-3　引张线端点装置

1—滑轮；2—线锤连接装置；3—重锤；4—混凝土墩座；5—测线；6—夹线装置；7—钢筋支架；8—保护管

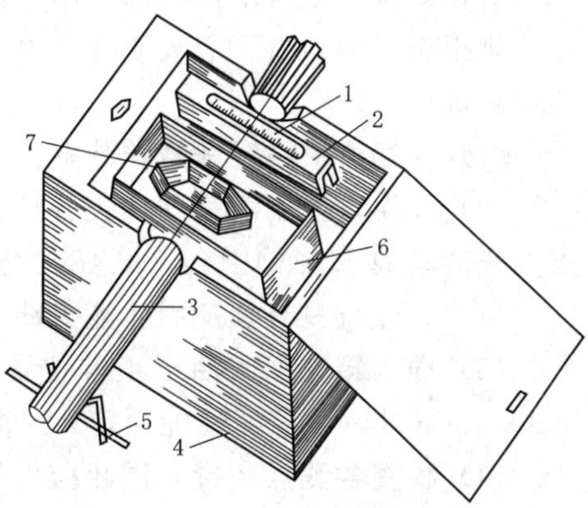


图 2-2-4　引张线测点装置

1—量测标尺；2—槽钢；3—保护管；4—保护箱；5—保护管支架；6—水箱；7—浮船

3. 测线

测线一般采用 $\phi 0.8$～1.2mm 的不锈钢丝，要求钢丝极限拉力不小于所受拉力的2倍，其强度要求不小于 $1.5\times10^3$MPa。为了防止风的影响和外界干扰，全部测线需用直径不小于10cm 的钢管或塑料管保护，如果测点间距离较长，不易将测线穿过保护管时，则可采用敞口加盖或夹口式保护管。

4. 安装应符合下列要求

(1) 定位卡、读数尺（或仪器底盘）的安装通常宜在张拉测线之后进行。对气温年变幅较大的部位，测线张拉宜选择在气温适中的时间进行。

(2) 定位卡的 V 形槽槽底应水平，方向与测线应一致。

(3) 安装滑轮时，应使滑轮槽的方向及高度与定位卡的 V 形槽一致，并落在滑轮槽中心的平面上，但要注意，当测线通过滑轮拉紧后，测线与 V 形槽中心线应重合，并且钢丝高出槽底 2mm 左右。

(4) 同一条引张线的读数尺零方向必须统一，宜将零点安装在下游侧。尺面应保持水平；分划线应平行于测线；尺的位置应根据尺的量程和位移量的变化范围而定。

(5) 仪器底盘应水平，位置及方向应依据所采用的仪器而定。

(6) 水箱水面应有足够的调节余地，以便调整测线高度满足量测工作的需要。寒冷地区应采用防冻液。

(7) 保护管安装时，宜使测线位于保护管中心，至少应保证测线在管内有足够的活动范围。保护管和测点保护箱应封闭防风。

(8) 金属材料应作防锈处理。

**(四) 引张线观测步骤**

引张线的钢丝张紧后固定在两端的端点装置上，水平投影为一条直线，这条直线是观测的基准线。测点埋设在坝体上，随坝体变形而位移。观测时只要测出钢丝在测点标尺上的读数，与上次测值比较，即可得出该测点在垂直引张线方向的水平位移。

引张线观测随所用仪器的不同方法亦不同，各测点与两端点间距应在首次观测前测定，测距相对中误差不应大于 1/1000，无论采用哪一种仪器和方法观测，都应按以下的步骤进行。

(1) 在端点上用线锤悬挂装置挂上重锤，使钢丝张紧。

(2) 在端点上用线锤悬挂装置挂上重锤，使引张线的钢丝拉紧，并将钢丝放在两端点夹线装置的 V 形槽中心。最好在钢丝上作出标记，使每次观测时钢丝都靠近测点的同一位置，注意只有挂锤后才能夹线，松夹后才能放锤。

(3) 向水箱充水或油至正常位置，使浮船托起钢丝，并将测线调整到高于读数尺 0.3～3mm 处（依仪器性能而定），固定定位卡。

(4) 检查各测点装置，浮船应处于自由浮动状态，钢丝不应接触水箱边缘和全部保护管。特别对于用读数显微镜测读时，钢丝与尺面垂距不能过大，否则将使照准不清晰，影响读数精度；如果垂距过小，则由于水箱内水被蒸发，极易造成钢丝与尺面接触摩擦，从而引起观测误差。

(5) 端点和测点检查正常后，待钢丝稳定，即可安置仪器进行测读。一测次应观测两测回（从一端观测到另一端为一测回）。测回间应在若干部位轻微拨动测线，待其静止后再测下一测回。

(6) 观测时，先调整仪器，分别照准钢丝两边缘读数，取平均值，作为该测回的观测值。左右边缘读数差和钢丝直径之差不应超过 0.15mm，两测回观测值之差不应超过

0.15mm（当使用两用仪、两线仪或放大镜观测时，不应超过 0.3mm）。

（7）全部观测完后，将端点夹线松开，取下重锤。

（8）若引张线设在廊道内，观测时应将通风洞暂时封闭。对于坝面的引张线，应选择无风天观测，并在观测一点时，将其他测点的观测箱盖好。

**（五）引张线观测方法**

1. 读数显微法

读数显微镜法是将一个具有测微分画线的读数显微镜置于量测标尺上方，测读毫米以下的数，而毫米整数直接用肉眼读出，如图 2-2-5 所示。

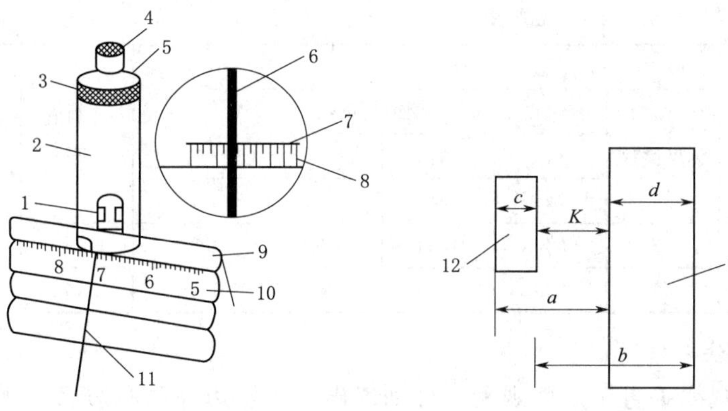


（a）读数方法示意图　　（b）计算说明示意图

图 2-2-5　读数显微镜观测示意图

1—进光口；2—外套筒；3—调节螺圈；4—目镜；5—内测管；6—钢丝；7—测微分画线；8—标尺；9—槽钢；10—标尺；11—钢丝；12—标尺刻画线；13—钢丝

利用读数显微镜读数的目的是精确得到钢丝中心在标尺上的读数。先在标尺上读取毫米及以上读数，然后将读数显微镜置于引张线通过的标尺上方，测读毫米以下的读数，如图 2-2-5 所示。调焦至成像清晰时，然后使测微分画线与钢丝平行，读数时首先使显微镜视场上某一整分画线与标尺刻画线的左边缘重合，读取该整分画线至钢丝左边缘的间距 $a$，如表 2-2-8 中为 0.36mm；然后将显微镜某整分画线与标尺画线的右边缘重合，读取钢丝右边缘至该整分画之间的距离 $b$，如表 2-2-8 中为 1.34mm，由此可得钢丝中心在标尺上的读数算式为 $a+b=2K+d+c$，即

$$\frac{a+b}{2}=K+\frac{d+c}{2}$$

于是得钢丝中心在量测标尺上的读数为

$$L=r+\frac{a+b}{2} \qquad (2-2-1)$$

式中　$(a+b)/2$——标尺刻画线中心至钢丝中心的距离；

$c$——标尺刻画线宽度；

$d$——钢丝直径；

$K$——标尺刻画线边缘与钢丝边缘之距离；

$a$、$b$——分两步观测时，显微镜读数值；

$r$——从标尺上读取的毫米整数。

由图 2-2-5（b）可知，$a=c+K$，$b=d+K$，所以

$$b-a=d-c$$

上式说明每次观测的显微镜两次读数之差应等于钢丝直径与标尺刻画线宽度之差，后者应为常数，该值可作为检查读数正确性和精度的标准，同时在记录表中计算（$b-a$）一项，目的是校核有无错误和检定观测精度。

**表 2-2-8　　读数显微镜观测引张线记录表**

日期：　　　　　　　　观测者：　　　　　　　　记录者：

| 测点编号（坝段编号） | 测回数 | 仪器读数/mm | | | | | 观测值/mm | 各测回平均值/mm | 备注 |
|---|---|---|---|---|---|---|---|---|---|
| | | 标尺读数 | 测微尺读数 | | | | | | |
| | | | 左 | 右 | 右－左 | (右＋左)/2 | | | |
| | | | $a$ | $b$ | $b-a$ | $(b+a)/2$ | | | |
| 8 | 1 | 69 | 0.36 | 1.34 | 0.98 | 0.85 | 69.85 | 69.80 | |
| | 2 | 69 | 0.28 | 1.24 | 0.96 | 0.76 | 69.76 | | |

2. 直接目视法

用肉眼并使视线垂直于尺面观测，分别读出钢丝左边缘和右边缘在测量标尺上投影的读数 $a$ 和 $b$，估读至 0.1mm，得出钢丝中心在量测标尺上读数为 $L=(a+b)/2$。显然 $|a-b|$ 应为钢丝的直径，该值可作为检查读数的正确性和精度的标准。

3. 挂线目视法

将量测标尺设在水箱的侧面，在靠近标尺的钢丝上系上很细的丝线，下挂小锤，如图 2-2-6 所示。用肉眼正视量测标尺直接读数。

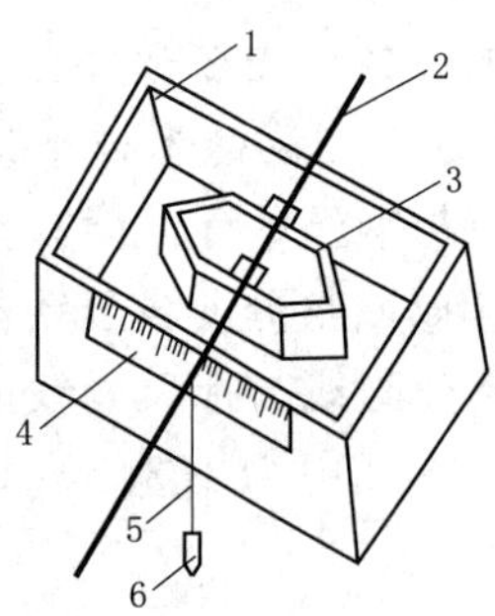


图 2-2-6　挂线目视法观测法示意图

1—水箱；2—钢丝；3—浮船；4—标尺；5—细丝绳；6—小锤

## 二、坝体挠度观测

### （一）挠度观测原理与方法

混凝土坝水平位移在坝体不同高程处是不一样的，一般是坝顶水平位移最大，近坝基处最小，测出坝体水平位移沿高程的分布并绘制分布图，即为坝体的挠度。因此，挠度观测是利用仪器测定坝体内铅直线方向不同高程点相对于基准点水平位移的观测方法。

挠度观测方法主要是利用铅垂线进行的，将垂线的一端固定在坝顶附近或基岩深处，另一端悬挂重锤或安装浮子，以保持垂线始终处于铅直状态。先沿铅垂线不同高程设置测点，然后借助于垂线仪测量出测点与铅垂线之间的距离，最后计算该点的水平位移。

由于挠度观测借用了铅垂线，因此也称为垂线观测。当垂线的顶端固定在坝顶或坝体内时称为正垂线，而当垂线的底端固定在基岩深处时则称为倒垂线。

图 2-2-7 为多点观测站法正垂线示意图，铅垂线自坝体固定位置挂下，在各测点

上安置仪器进行观测，所得观测值为各测点与悬挂点之间的水平距离，如图 2－2－7 所示的 $S_0$、$S$，则任一点 $N$ 相对于 $O$ 点的挠度 $S_N$ 可按下式计算：

$$S_N = S_0 - S \tag{2-2-2}$$

式中 $S_0$——垂线最低点 $O$ 与悬挂点 $N_0$ 之间的距离；

$S$——测点 $N$ 与悬挂点 $N_0$ 之间的距离。

由于点 $O$ 会发生位移，所以上述挠度为相对于点 $O$ 的挠度。

图 2－2－8 为多点观测站法倒垂线示意图，将铅垂线底端固定在不受大坝位移影响的基岩深处，依靠另一端施加的浮力将垂线引至坝顶或某一高程处保持铅直不动。在各测点上设置观测站，安置仪器进行观测，所得观测值即为各测点相对于基岩深处点的绝对挠度，如图 2－2－8 所示的 $S_0$、$S_1$、$S_2$。

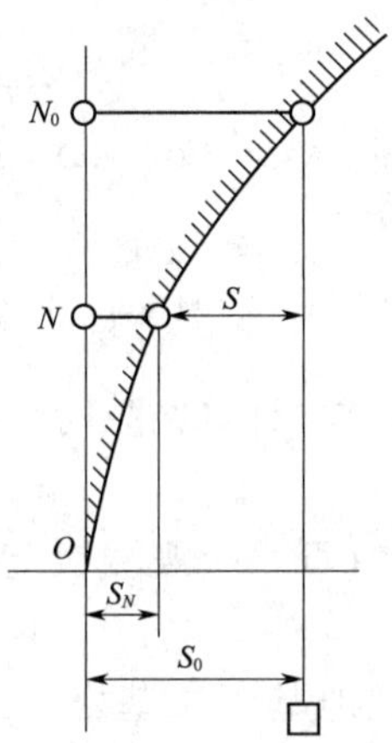


图 2－2－7 正垂线观测

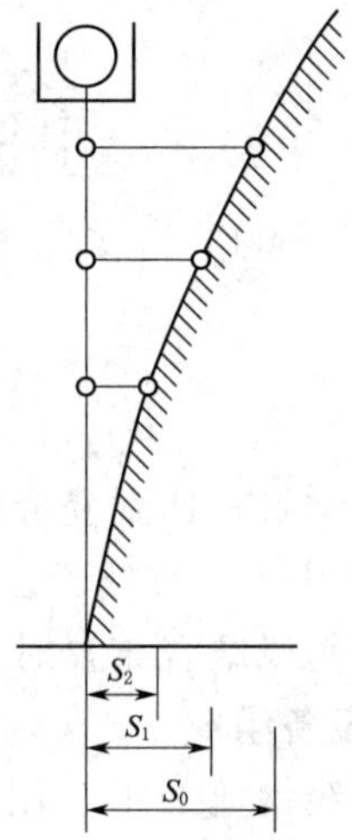


图 2－2－8 倒垂线观测

正垂线观测中，若在坝体不同高程处设置夹线装置作为测点，从上到下顺次夹紧钢丝上端，即可在坝基观测站测得测点相对坝基的水平位移，从而求得坝体的挠度，这种形式称为多点支承一点观测的正垂线，如图 2－2－9（a）、（b）所示。如果只在坝顶悬挂钢丝，在坝体不同高程处设置观测点，测量坝顶与各测点的相对水平位移，从而求得坝体挠度，这种形式为一点支承多点观测的正垂线，如图 2－2－9（c）、（d）所示。

**（二）垂线法布置及设计要求**

用垂线法观测坝体挠度时，通常把垂线布设在地质和结构复杂的坝段、最高坝段、代表性的坝段及工作基点等处，并注意与其他各观测项目的配合。对于拱坝，一般设置在拱冠和拱端处，较长的拱坝还可以在 1/4 拱处布设垂线。重力坝可根据工程规模、坝体结构及观测要求决定，一般大型坝不少于 3 条，中型坝不少于 2 条。垂线宜按下列要求进行布置设计：

（1）正垂线可采用“一线多测站式”，线体设在预留的专用竖井或管道内，也可利用其他竖井或宽缝设置。单段正垂线体长度不宜大于 50m。

（2）倒垂线宜采用“一线一测站式”，不宜穿越廊道。倒垂钻孔深入基岩的深度应

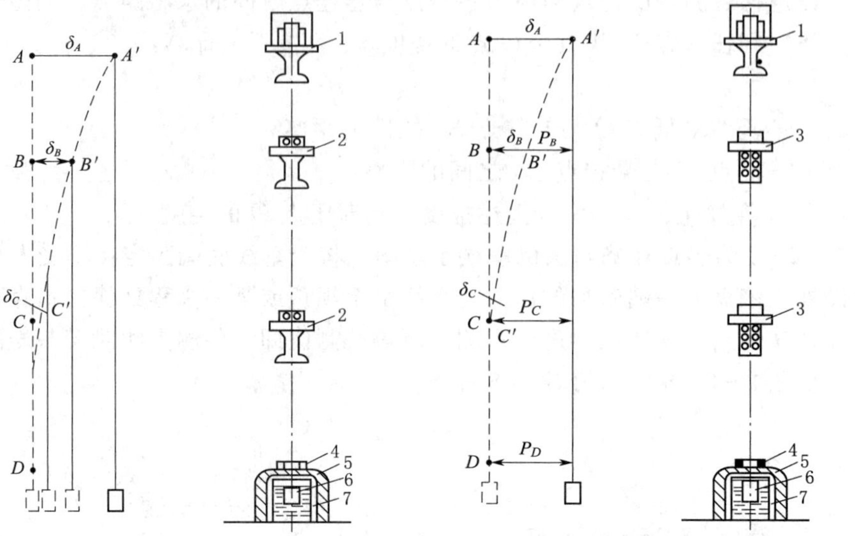


（a）多点支承关系示意图 （b）多点支承结构示意图 （c）一点支承关系示意图 （d）一点支承结构示意图

图 2-2-9 正垂线多点支承与一点支承示意图

1—悬挂装置；2—夹线装置；3—坝体观测点；4—坝底观测点；5—观测墩；6—重锤；7—油箱

参照坝工设计计算结果，达到变形可忽略处；缺少该项计算结果时，钻孔深度可取坝高的 1/4～1/2；钻孔孔底不宜低于建基面以下 10m。

(3) 当正、倒垂线结合布置时，正、倒垂线宜在同一个观测墩上衔接。

**(三) 倒垂线设备组成**

倒垂线是将垂线钢丝的根部用锚块锚固在大坝地基深层基岩上，顶端根据浮体原理，采用浮箱支承特制的浮体将钢丝拉紧，使成为一条顶端自由的铅垂线。由于浮力始终铅直向上，故浮体静止的时候，必然与连接浮体的钢丝向下的拉力大小相等，方向相反，亦即钢丝与浮力同在一条铅垂线上。由于钢丝下端埋于不变形的基岩中，因此钢丝就成为空间位置不变的基准线。只要测出坝体测点到钢丝距离的变化量，即为坝体的水平位移。倒垂线装置由浮体组、垂线、观测台和锚固点构成。

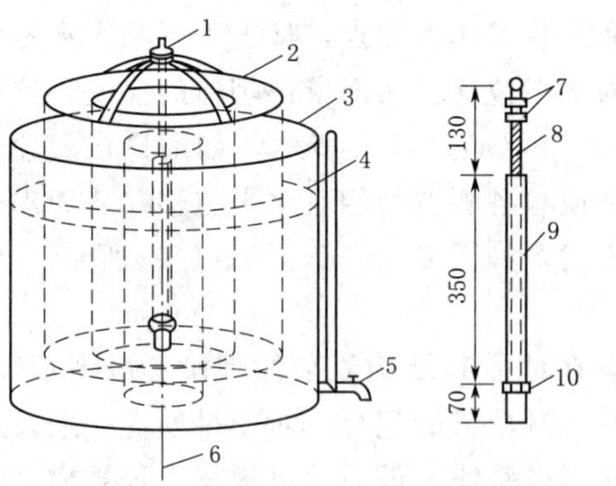


(a) 浮体组示意图 (b) 浮子连杆示意图

图 2-2-10 倒垂线浮体组构成示意图（单位：cm）

1—连杆；2—浮筒；3—油箱；4—油位指示；5—水嘴；6—钢丝；7—螺母；8—丝扣；9—钢套管；10—夹头螺母

1. 浮体组

浮体组由油箱、浮筒和连杆组成，如图 2-2-10 所示。

(1) 油箱。为一环形铁筒，外径为 60cm，内径 15cm，高 45cm。内环中心空洞部分是浮筒连杆穿过的活动部位。

(2) 浮筒。形状与油箱相同，尺寸为外

径 50cm，内径 25cm，高 33cm。这种结构和尺寸能保证浮筒在油箱内有一定的活动范围。浮筒上口有连接支架，以安装连杆。

（3）连杆。为一空心金属管，长 50cm。上与浮筒支架连接，下端连接钢丝。

2. 垂线

垂线宜采用强度较高的不锈钢丝或不锈铟瓦钢丝，其直径的选择应保证极限拉力大于浮子浮力的 3 倍。宜选用 $\phi 1.0 \sim 1.2$mm 的钢丝，不宜大于 $\phi 1.6$mm。

3. 观测台

观测台是用来安放观测仪器的平台，一般用混凝土或金属支架建造，台上设一定大小的圆孔或方孔，以便通过垂线。台面要水平，可用水平尺或水准仪检查，台上安装有垂线仪底座或其他观测及照明设备。

4. 锚固点

锚固点为倒垂线的底部固定点，要求将锚块埋设在基本稳定不动的基岩钻孔深处新鲜岩石内。锚块可由一圆钢制成，长约 50cm，顶部安装连接螺丝用以连接不锈钢丝，中部加工成台阶状以阻止其在水泥砂浆中滑动，如图 2-2-11 所示。

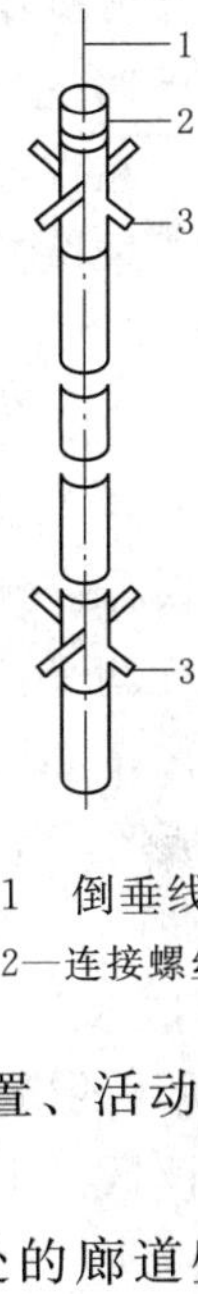


图 2-2-11 倒垂线锚块示意图

1—钢丝；2—连接螺丝；3—支撑

5. 浮体浮力

浮子的浮力宜按式（2-2-3）确定

$$P > 250(1 + 0.01L) \quad (2-2-3)$$

式中 $P$——浮子浮力，N；

$L$——测线长度，m。

**（四）正垂线设备组成**

正垂线是在坝体某一位置（坝顶或某一高程廊道处）从上而下悬挂钢丝，钢丝底部连接接放置在油桶内的重锤，受地球引力作用，钢丝始终处于铅直状态，铅直状态的钢丝提供了一条基准线，以此来测量坝体的水平位移。正垂线一般包括支点装置、固定夹线装置、活动夹线装置、垂线、观测台、重锤、阻尼箱等。

（1）悬挂装置。供吊挂垂线之用，常固定支撑在靠近坝顶处的廊道壁上或观测井壁上。

（2）固定夹线装置。固定夹线装置是悬挂垂线的支点，在垂线使用期间，应保持不变。即使在垂线受损折断后，支点亦能保证所换垂线位置不变。活动夹线装置是多点支承一点观测时的支点，观测时自上而下依次夹线。当采用一点支承多点观测形式时，取消活动夹线装置，而在不同高程观测台观测。

（3）不锈钢丝。采用强度较高的不锈钢丝或不锈铟瓦钢丝，其直径应保证极限拉力大于重锤重量的 2 倍。宜选用 $\phi 1.0 \sim 1.2$mm 的钢丝，垂线直径不宜大于 $\phi 1.6$mm。

（4）重锤。为金属或混凝土块，其上设有阻尼叶片，重量一般不超过垂线极限拉应力的 30%。但对接触式垂线仪，重锤需达 200～500kg。重锤重量宜按式（2-2-4）确定：

$$W>20(1+0.02L) \tag{2-2-4}$$

式中 $W$——重锤重量，kg；

$L$——测线长度，m。

(5) 阻尼箱。阻尼箱内径和高度应比重锤直径和高度大150～200mm，箱内灌装黏性小、不易蒸发、防锈（严寒地区应防冻）的阻尼液，重锤应全部没入阻尼液内，使之起阻尼作用，促使重锤很快静止。

(6) 观测台。构造与倒垂线观测台相似。也可从墙壁上埋设型钢安装仪器底座，特别是一点支承多点观测，是在观测井壁的测点位置埋设型钢安装仪器底座。观测墩上应设置强制对中底盘，底盘对中误差不应大于0.1mm。

### （五）光学垂线仪观测及要求

1. 结构与原理

仪器上部是光学瞄准部分，由照明系统、转象系统和瞄准系统所组成，目标通过光学放大，与仪器分划中心重合，在瞄准系统中复现铅垂线（钢丝）在水平面上相对位置的变化。仪器下部是量测部分，由纵向和横向导轨、精密螺杆、读数测微器、水准器和脚螺旋所组成。在仪器整平后，移动纵、横向导轨，瞄准垂线后，直接读取读数。经多次瞄准与读数，求取测点的坐标值。

2. 使用方法

(1) 仪器检查。每次观测前需在专用的检查墩对垂线仪进行检定，以检查水准器置平位置有否变动，若有变动，需先校正水准器，同时要对仪器的零位进行标定。

(2) 安置仪器。观测时将仪器安放在测站的观测底板上，用三个V形槽将仪器定位，并用脚螺旋调平仪器；然后插上照明系统，接通电源，此时可在目镜中看到带有十字丝的分划板像，如图2-2-12 (a) 所示。

(3) 调整成像。先旋转横向导轨手轮，此时能在视场中看到竖线像，如图2-2-12 (b) 所示。慢慢转动手轮，直至垂线的竖线像正确夹在十字丝纵线中央，如图2-2-12 (c) 所示。再旋转纵向导轨手轮，此时能在视场中看到横线像，如图2-2-12 (d) 所示。慢慢转动手轮，直至垂线的横线像正确夹于十字丝横线中央，如图2-2-12 (e) 所示。

(4) 观测读数。上述垂线坐标仪为数显坐标仪，直接在上面读取读数即可。

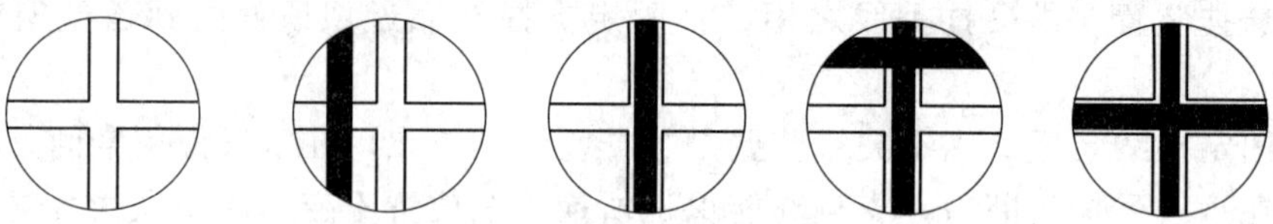

(a) (b) (c) (d) (e)

图2-2-12 读数成像系统示意图

### （六）垂线法观测步骤及要求

1. 倒垂线观测步骤

(1) 观测前，应检查钢丝的张紧程度，使钢丝的拉力每次基本一致。达到这一要求的做法，是在钢丝长度不变的情况下，观测油箱的油位指示，使油位每次保持一致，浮力即一致，钢丝的拉力也就一致了。

（2）检查浮筒是否能在油箱中自由移动，做到静止时浮筒不能接触油箱。浮筒重心不能偏移，人为拨动浮筒后应回复到原来位置。

（3）检查防风措施，避免气流对浮筒和钢丝的影响。检查完毕后，应待钢丝稳定一段时间才进行观测。

（4）观测时，将仪器安放在底座上，置中调平，照准测线，各条垂线上各个测点的观测，应自上而下或者自下而上，依次在尽量短的时间内完成。每一个点的观测，分别读取 $x$、$y$ 轴（即左右岸与上下游）方向读数各两次，取平均值作为测回值。每测点测两个测回，两测回间需要重新安置仪器。观测中照明灯光的位置应固定，不得随意移动。

（5）计算坝体测点的水平位移要根据规定的方向、垂线仪纵横尺上刻划的方向和观测员面向方向 3 个因素决定。一般规定位移向下游和左岸为正，反之为负；上下游方向为纵轴 $y$，左右岸方向为横轴 $x$。垂线仪安置的坐标方向应与大坝坐标方向一致。

2. 正垂线观测步骤

（1）观测步骤首先是挂上重锤，安好仪器，待钢丝稳定后才进行观测。

（2）观测顺序是自上而下逐点观测为第一测回，再自下而上观测为第二测回。每测回测点要照准两次，读数两次。

（3）由于正垂线是悬挂于本身产生位移的坝体上，只能观测与最低测点之间的相对位移。为了观测坝体的绝对位移，可将正垂线与倒垂线联合使用，即将倒垂线观测台与正垂线最低测点设在一起，测出最低点正垂线至倒垂线的距离，即可推算出正垂线各测点的绝对位移。

3. 垂线观测要求

根据规范要求，将仪器置于底盘上，调平仪器，照准测线中心两次（或左右边沿各一次），读记观测值，构成一个测回。取两次读数的均值作为该测回之观测值。两次照准读数差（或左右沿读数差与钢丝直径之差）不应超过 0.15mm。每测次应观测两测回（测回间应重新整置仪器），两测回观测值之差不应大于 0.15mm。倒垂线（正垂线）的观测记录表格示例见表 2－2－9。

**表 2－2－9　　倒垂线（正垂线）观测记录表**

日期：　　观测者：　　记录者：　　单位：mm

<table>
<tr><th rowspan="3">测点编号</th><th colspan="4">横　尺</th><th colspan="4">纵　尺</th><th colspan="2">改正后观测值</th></tr>
<tr><th rowspan="2">观测值</th><th rowspan="2">测回值</th><th rowspan="2">平均值</th><th rowspan="2">V</th><th rowspan="2">观测值</th><th rowspan="2">测回值</th><th rowspan="2">平均值</th><th rowspan="2">V</th><th>零点差 Δ</th><th>零点差 Δ</th></tr>
<tr><th>横尺</th><th>纵尺</th></tr>
<tr><td rowspan="4">5</td><td>45.78</td><td rowspan="2">45.73</td><td rowspan="4">45.70</td><td rowspan="2">−0.03</td><td>37.85</td><td rowspan="2">37.82</td><td rowspan="4">37.81</td><td rowspan="2">−0.01</td><td rowspan="2">0.17</td><td rowspan="2">0.21</td></tr>
<tr><td>45.68</td><td>37.78</td></tr>
<tr><td>45.64</td><td rowspan="2">45.67</td><td rowspan="2">+0.03</td><td>37.82</td><td rowspan="2">37.80</td><td rowspan="2">0.01</td><td rowspan="2">45.87</td><td rowspan="2">38.02</td></tr>
<tr><td>45.70</td><td>37.77</td></tr>
</table>

通过本次观测值与上次观测值比较，就能得到观测点在相邻两测次间的水平位移值。本次观测值与首次观测值比较，就能得出测点累计水平位移。

## 三、坝体裂缝与伸缩缝观测

### （一）观测目的

接缝是为了施工或其他目的而形成的。对于拱坝，在施工完成后一般要进行接缝灌浆，接缝的灌浆层能否胶合大坝传递荷载，以及大坝运行后坝段间能否永久密合，这些都是在施工和运行期间要特别关注的问题。通过布设的测缝计能观测接缝开合度和坝体温度，其监测结果对大坝施工、接缝灌浆、了解大坝的整体性都起着非常重要的作用。

裂缝是由于荷载、变形、施工或碱骨料反应等原因产生的，裂缝的存在和扩展会使相应部位构件的承载力受到一定程度的削弱；同时结构物裂缝还会引起渗漏、保护层剥落、钢筋腐蚀、混凝土碳化、持久强度降低等，甚至会危害建筑物的正常运行或缩短建筑物的使用寿命。另外，结构物的破坏往往是从裂缝开始的，所以人们常常把裂缝的存在视作结构物濒临破坏的危险征兆。对裂缝的监测是为了监测其是否发展，对工程处理措施是否成功起着非常重要的评判作用。

### （二）混凝土坝伸缩缝观测

重力坝为适应温度变化和地基不均匀沉陷，一般都设有永久性伸缩缝。随着外界影响因素的改变，伸缩缝的开合和错动会相应变化，甚至会影响到缝的渗漏。因此，为了综合分析坝的运行状态，应进行伸缩缝观测。

伸缩缝观测点通常布置在最大坝高、地质复杂、基础变化较大、施工质量较差或进行应力应变观测的坝段上。测点可设在坝顶、下游坝面或廊道内，一条缝上的观测点不少于两个。

伸缩缝观测分测量缝的单向开合和三向位移，分述如下。

（1）单向测缝标。是在伸缩缝两侧各埋设一段角钢，角钢与缝平行，一翼用螺栓固定在坝体上，另一翼内侧焊一半圆球形或三棱柱形标点头，如图 2-2-13 所示。测量时，用外径游标卡尺测读两标点头间的距离，各测次距离的变化量即为伸缩缝开合的变化。

（2）型板式三向测缝标。是在伸缩缝两侧坝体上埋设宽约 30mm、厚 5～7mm 的型板式三向测缝标，型板上焊三对不锈钢或铜质的三棱柱，如图 2-2-14 所示。测量时，用游标卡尺测读每对三棱柱间距离，从而推求坝体三个方向的相对位移。

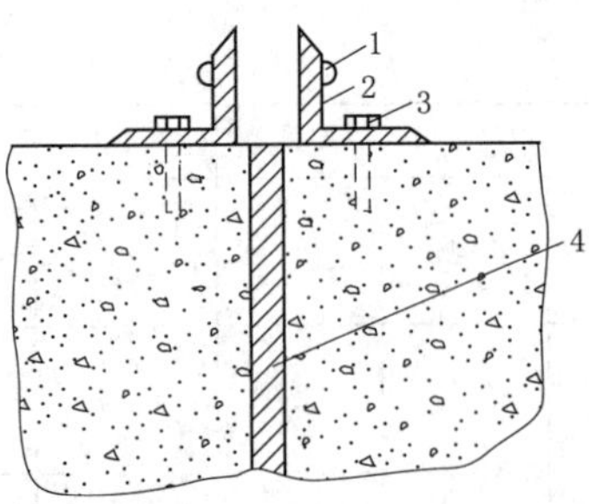


图 2-2-13 单向测缝标

1—标点头；2—角钢；3—螺栓；4—伸缩缝

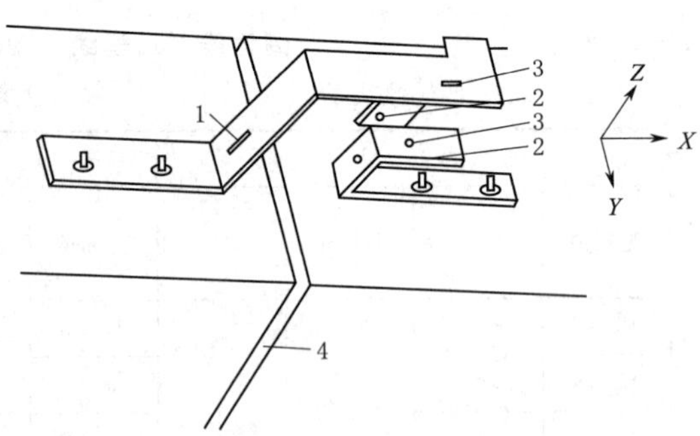


图 2-2-14 立面弯板式测缝标点结构图

1—观测 $X$ 方向的标点；2—观测 $Y$ 方向的标点；3—观测 $Z$ 方向的标点；4—伸缩缝

(3) 平面三点式测缝标点。平面三点式测缝标点样式如图 2-2-15 所示，宜用专用游标卡尺量测。

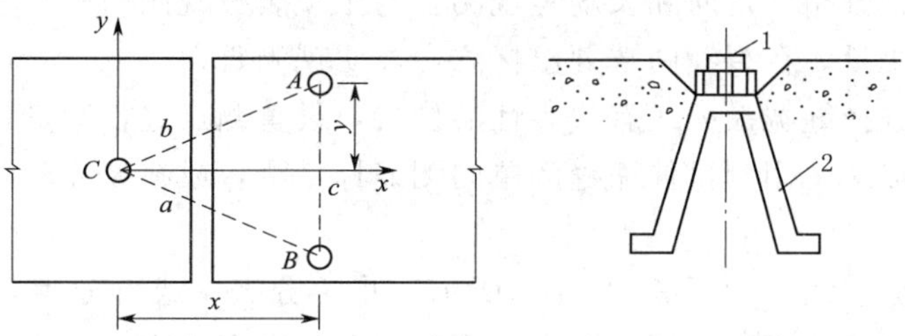


(a) 平面图　　(b) 标点剖面

图 2-2-15　平面三点式测缝标点结构图

1—卡尺测针卡着的小坑；2—钢筋

(4) 测缝计。测缝计通常埋设在混凝土内部，用于遥测建筑物接缝的开合度；也可加工一些专门的夹具，安装在混凝土的表面，用来监测大体积混凝土表面裂缝的发展。测缝计按工作原理可分为差动电阻式测缝计、电位器式测缝计、钢弦式测缝计、旋转电位器式测缝计等。以下仅介绍差动电阻式测缝计。

差动电阻式测缝计由上接座、钢管、波纹管、接线座和接座套筒等组成仪器外壳。电阻感应组件由两根方铁杆、吊拉弹簧、高频瓷绝缘子和弹性电阻钢丝组成，如图 2-2-16 所示。两根方铁杆分别固定于上接座和接线座上，弹性电阻钢丝绕过高频瓷绝缘子张紧，并交错地固定在方铁杆上。差动电阻式测缝计的工作原理与其他差动电阻式仪器相同，当测缝计承受外部变形时，大部分变形由外壳波纹管和传感部件中的吊拉弹簧承担，小部分由弹性电阻钢丝承担。钢丝的变形引起电阻值的变化，而且两组钢丝电阻值的变化是差动的，电阻的变化与变形成正比，测出电阻比即可以算出测缝计承受的变形量，同时可兼测温度。

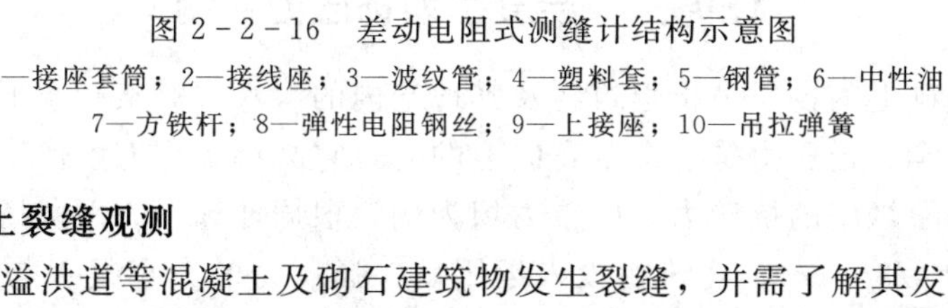


图 2-2-16　差动电阻式测缝计结构示意图

1—接座套筒；2—接线座；3—波纹管；4—塑料套；5—钢管；6—中性油；7—方铁杆；8—弹性电阻钢丝；9—上接座；10—吊拉弹簧

### (三) 混凝土裂缝观测

当拦河坝、溢洪道等混凝土及砌石建筑物发生裂缝，并需了解其发展情况，分析产生原因和对建筑物安全的影响时，应对裂缝进行定期观测。在发生裂缝的初期，至少每日观测 1 次；当裂缝发展减缓后，可适当减少测次。在出现最高和最低气温、上下游最高水位或裂缝有显著发展时，应增加测次。经相当时期的观测，裂缝确无发展时，可以停测，但仍应经常进行巡视检查。

裂缝的位置、分布、走向和长度等观测，与土坝裂缝观测一样，在建筑物表面用油漆绘出方格进行丈量。在裂缝两端划出标志，注明观测日期。

裂缝宽度需选择缝宽最大或有代表性的位置，设置测点进行测量，常用方法如下。

（1）金属标点法。用测量伸缩缝的单向测缝标量测，或在裂缝两侧埋设粗钢筋作为标点量测。

（2）固定千分表法。如图 2－2－17 所示。将千分表（或百分表）安装在焊于底板上的固定支架上，底板用预埋螺丝固定在裂缝一侧的混凝土表面，裂缝另一侧也埋设一块底板以安装测杆。安装时测杆正对千分表测针，并稍微压紧，使千分表有较小的初始读数。

此外，也可以用差动电阻式测缝计测量伸缩缝和裂缝宽度。

（3）超声波测缝深。裂缝深度的探测一般采用金属丝探测，有条件的可以采用超声波探伤仪或者钻孔取样等方法。

超声波观测裂缝深度的原理是：当声波通过混凝土的裂缝时，绕过裂缝的顶端而改变方向，使传播路程增加，即经历的时间加长，由此可通过比较声波绕过裂缝的最短时间和直接通过良好混凝土的时间来确定裂缝的深度，如图 2－2－18 所示。

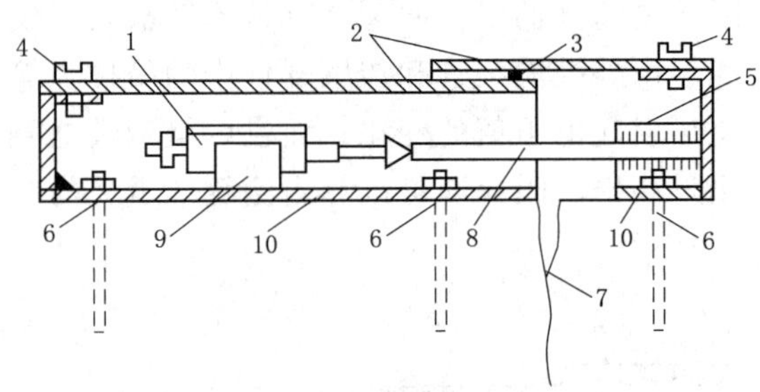


图 2－2－17　固定千分表安装示意图

1—千分表；2—保护盖；3—密封胶垫；4—连接螺栓；5—测杆座；6—固定螺栓；7—裂缝；8—测杆；9—固定支架；10—底板

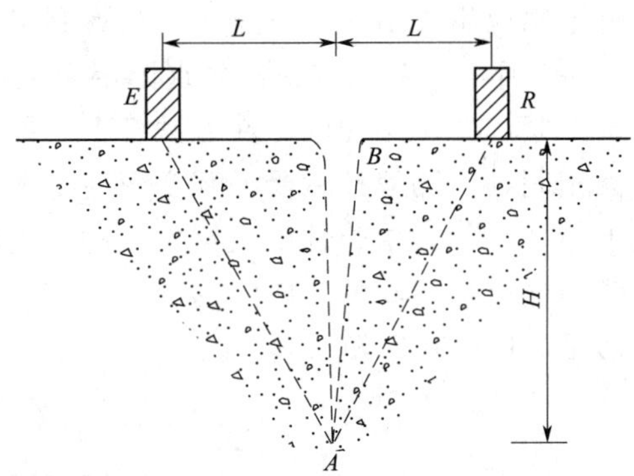


图 2－2－18　超声波观测裂缝深度

$E$—发射探头；$R$—接收探头；$B$—裂缝；$A$—裂缝终点；$H$—裂缝深度

## 任务三　混凝土坝扬压力监测

混凝土坝基础上的扬压力指建筑物及其地基内的渗水，对某一水平计算截面的浮托力与渗透压力之和。扬压力是一个铅直向上的力，它减小了重力坝作用在地基上的有效压力，从而降低了坝底的抗滑力。以重力坝为例，根据计算，为平衡扬压力需增大的体积为坝体体积的 1/3～1/4。建筑物投入运用后，扬压力的大小是否与设计相符，对于建筑物的安全稳定关系十分重要。为此，必须进行扬压力观测，以掌握扬压力的分布和变化，判断建筑物的稳定安全程度，指导水库的运行和管理。

## 一、坝基扬压力测点布设

坝基扬压力监测应根据建筑物的类型、工程规模、坝基地质条件、渗流控制措施等进行布置，一般可选择若干垂直于建筑物轴线的具有代表性的横断面作为测压断面，如图 2-2-19 所示。具体要求如下：

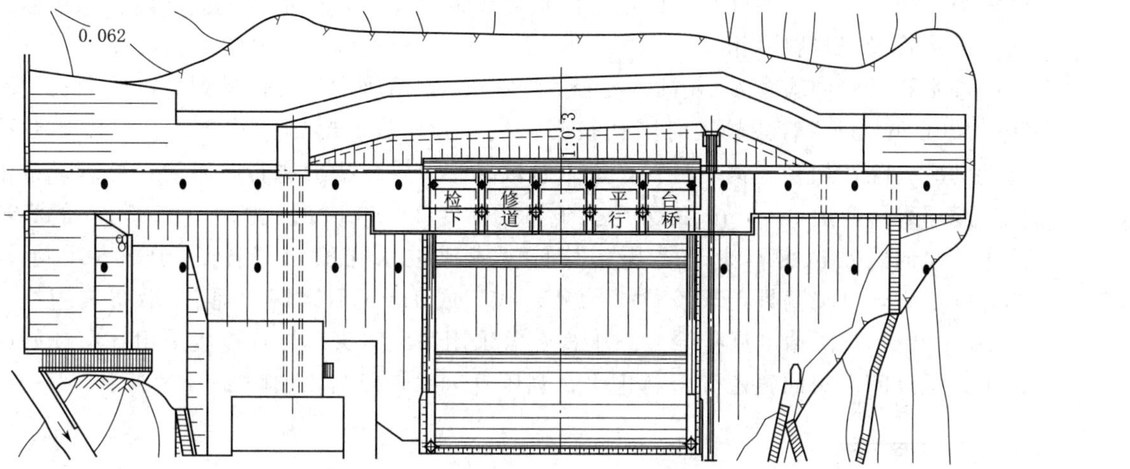


图 2-2-19　混凝土坝扬压力观测测压管布置

(1) 纵向和横向断面应结合布置，宜设纵向监测断面 1～2 个，横向监测断面不少于 3 个。

(2) 纵向监测断面宜布置在第一道排水幕线上，每个坝段应至少设 1 个测点，重点监测部位测点数量应适当加密。坝基有大断层或强透水带的，灌浆帷幕和第一道排水幕之间宜加设测点。

(3) 横向监测断面应选择最大坝高坝段、岸坡坝段、地质构造复杂坝段和灌浆帷幕折转坝段。横断面间距宜为 50～100m，如坝体较长，坝体结构与地质条件大致相同，则可加大横断面间距。对支墩坝，横断面可设在支墩底部。

(4) 每个断面设置 3～4 个测点，测点宜布置在各道排水幕线上。若地质条件复杂，可适当加密测点。在防渗墙或板桩后宜设测点。有下游帷幕时，应在其上游侧布置测点。

(5) 扬压力监测孔在建基面以下深度不宜大于 1m，与排水孔不应互换或代用。

(6) 坝基若有影响大坝稳定的浅层软弱带，应增设测点，一个钻孔宜设一个测点，浅层软弱带多于一层时，渗压计或测压管宜分孔安设。渗压计的集水砂砾段或测压管的进水管段应埋设在软弱带以下 0.5～1.0m 的基岩内。应做好软弱带处导水管外围的止水，防止下层潜水向上层的渗透。

(7) 坝基扬压力可埋设渗压计监测，也可埋设测压管监测，如图 2-2-20 所示。

## 二、测压管构造

扬压力测压管由进水管、导管和装有保护装置的管口组成。测压管可选用双面热镀锌无缝钢管或硬工程塑料管，有条件的也可选用无缝不锈钢管。测压管内径宜为

50mm，壁厚不小于 3.5mm。测压管进水管段长度应根据监测目的和设计确定。

**(一) 进水管**

用于建基面上的渗透压力监测以及其他点式孔隙水压力监测的测压管，进水管段长度宜为 0.5m 左右；用于绕坝渗流、地下水位监测的测压管，进水管段长应与渗水层层厚相当；而用于地质条件复杂的层状渗流监测的测压管，进水管段应准确埋入被监测层位，进水管段长与层厚相当。

进水孔沿管周均布 4～8 排，孔径 $\phi$4～6mm，沿轴向可交错排列。沿轴向孔间距为 50～120mm，进水管段较短时则孔较密，进水管段较长时则孔较疏。管壁内的钻孔孔周毛刺应去除。如管为钢质材料，进水管段及接（端）头应进行防腐防锈处理。进水管段过滤层采用厚度 2～3mm 的无纺土工布或厚度 2～3mm 的孔隙小于 100$\mu$m 的涤纶过滤布，纵向紧密包裹不少于 2 层，其长度应比进水孔段两端各长 100mm 以上，用 $\phi$1mm 的铜丝［或高性能聚乙烯（钓鱼）线，或 1mm 不锈钢丝绳］，沿布表缠绕，节距 10～20mm，两端可靠扎结。测压管底盖采用适配闷头，导管连接采用导向性好的外接头，螺纹间以聚四氟乙烯密封止水，测压管进水管段结构如图 2-2-21 所示。

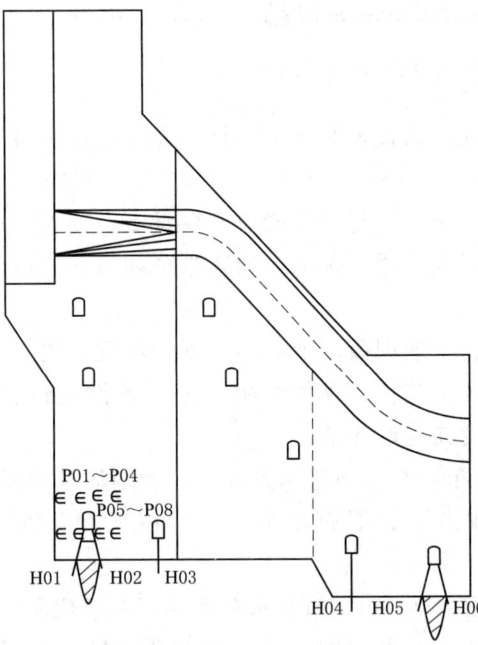


图 2-2-20　坝基扬压力和坝体渗流观测示意图

P—渗压计；H—测压管

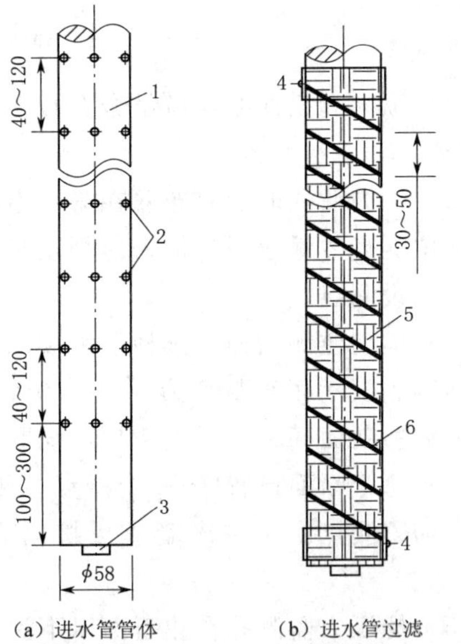


(a) 进水管管体结构示意图　(b) 进水管过滤层示意图

图 2-2-21　测压管进水管段结构示意图（单位：mm）

1—金属或塑管；2—进水孔（6 个 $\phi$6 孔沿圆周均布）；3—闷头；4—箍带式卡箍；5—土工布或涤纶过滤布；6—不锈钢丝绳或铜丝

**(二) 导管**

导管用与进水管直径相同的管材连接而成。导管口一直连接到观测站，并保证不被水淹，渗水和雨水不能进入管内。导管埋设应尽量保持垂直，当铅直导管不能直通建筑物表面（含内部表面和外部表面）的情况，可采用L形测压管，即用水平的导管引至设计管口位置的铅垂投影点上，然后从该点将导管垂直向上引至管口位置。L形测压管水平导管段应低于可能产生的最低扬压力水位高程，其与铅直导管连接处宜采用三通连接，铅直向下的一端作为沉淀管段，长约0.5m，如图2-2-22（a）所示。当L形测压管的水平管段穿过伸缩缝时，在伸缩缝部位应采用适当长度的能够适应缝间错动、开合的波纹管段或铅管段，如图2-2-22（b）所示。

**（三）管口**

测压管管口装置依据有压、无压特性以及人工观测、自动化观测方式确定，以可靠和操作简便为原则。有压测压管管口装置如图2-2-23所示；无压测压管管口保护装置结构应简单、牢固，能防止客水流入及人畜破坏，并可锁闭以及便于开启。

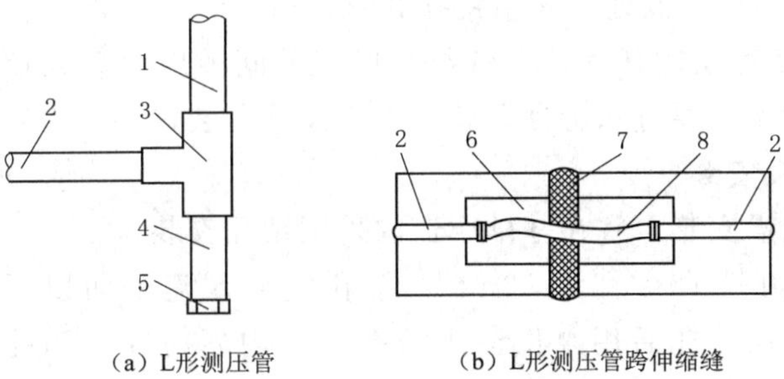


图2-2-22　L形测压管安装埋设示意图

1—铅直导管；2—水平导管；3—三通；4—沉淀管；5—底盖（闷头）；6—泡沫软塑料填充物；7—伸缩缝；8—铅管接头或波纹管接头

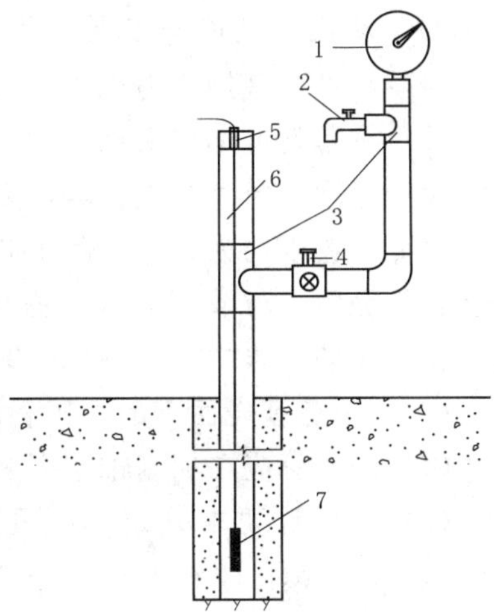


图2-2-23　有压测压管管口装置示意图

1—压力表；2—水龙头；3—三通；4—阀门；5—渗压计电缆密封头；6—电缆；7—渗压计

## 三、渗压计类型

渗压计主要用于监测岩土工程和其他建筑物的渗透水压力，适用于长期埋设在水工建筑物或其他建筑物内部及其基础，测量建筑物内部及基础的渗透水压力，水库水位或边坡地下水位的测量。选用渗压计时其量程应与测点的实际压力相适应，渗压计在使用时不会干扰渗流流态，埋设后只需将电缆牵引至指定位置，可以人工读数，也可以接入自动化设备，以便遥测和自动化观测。

目前国内常用的渗压计为钢弦式渗压计和差阻式渗压计。图2-2-24为差阻式渗压计实物图，图2-2-25为振弦式渗压计实物图。渗压计监测时应读取稳定读数，2次读数差不应大于2个读数单位。测值物理量需要转换为渗流压力水位。

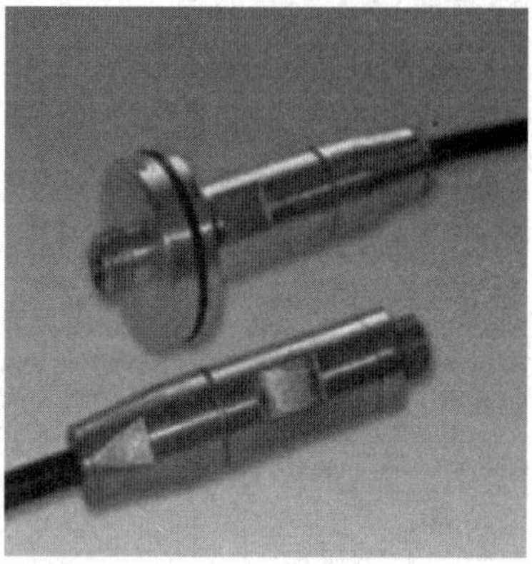

图 2-2-24 差阻式渗压计实物图

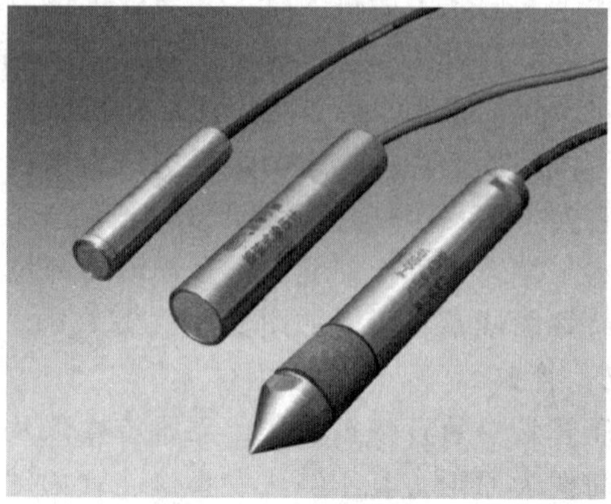

图 2-2-25 振弦式渗压计实物图

## 四、测压管埋设与安装

混凝土坝坝基扬压力观测一般采用安装测压管方式。单管式测压管有预埋式和钻孔式两种，帷幕附近不宜采用预埋式测压管。安装单管式测压管时，应尽量使导管段和进水管段处于同一铅垂线上。若需要埋设水平管段时，水平管段应略有倾斜，靠近进水管端应略低，坡度约为 5%。管口应引到不被淹没处。采用钻孔式测压管时，应对混凝土与基岩接触段进行灌浆处理，亦可下套管至建基面，套管与孔壁间的间隙应以砂浆填封。在完整的基岩中安装测压管时，则不需要进水管和导管，仅安设管口装置。

### （一）坝底基岩面下的测压管埋设及安装

（1）测压管应在坝基帷幕灌浆后埋设安装，宜在基础廊道内采用钻孔安装。

（2）按设计要求确定钻孔孔位，开孔直径宜为 90mm；钻孔应伸入建基面以下 0.5～1.0m；钻孔倾斜度应小于 1/100；终孔后用泵供清水清孔至孔内岩粉冲出钻孔为止。

（3）测压管进水管段长度宜为 0.5m。测压管就位后，管与孔壁间回填中粗砂至基础廊道地面以下 1.0～2.0m，其余孔段回填水泥砂浆后，安装孔口装置，如图 2-2-26 所示。

### （二）深孔单管式测压管埋设及安装

（1）在设计定位处钻孔，孔径不小于 110mm，孔深以达到设计监测层位为准，钻孔倾斜度应小于 1/100。

（2）终孔后用泵供清水清孔至孔内岩粉冲出钻孔为止，宜将孔中剩水泵出，按孔深和设计的进水管段长度制备测压管。

（3）实测孔深和孔口高程，并在测深器具的控制下，在孔底回填 20～30cm 的粒径小于 5mm 的砾石。

（4）按序装配或将预先装配好的测压管顺入钻孔中，并置于孔中心，缓慢向钻孔中填入粒径为 2～3mm 的粗砂，砂层厚度控制在比进水管段长约 20cm，测量确认后，向孔内注入能够淹没砂层的适量的清水，再向孔内缓慢注入水泥砂浆，直至填满为止，如图 2-2-27 所示。

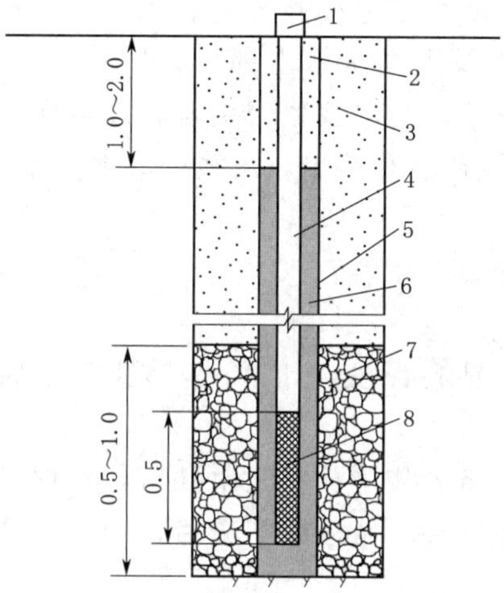


图 2-2-26　基础廊道基岩测压管钻孔安装埋设示意图（单位：m）

1—管口装置；2—水泥砂浆；3—混凝土体；4—测压管；5—钻孔；6—砂砾；7—基岩体；8—进水管

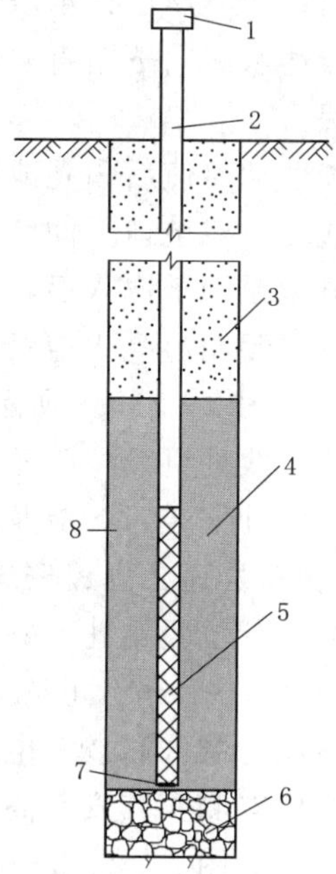


图 2-2-27　深孔单管式测压管安装埋设示意图

1—管口盖；2—测压管导管段；3—水泥砂浆；4—净粗砂；5—测压管进水管段；6—砾石；7—测压管底盖；8—钻孔

## 五、渗压计埋设与安装

采用渗压计观测坝体渗透压力时，渗压计量程应与测点实有压力相适应，必要时宜选用能消除气压的渗压计。钻孔埋设的渗压计埋设高程的允许偏差为±5cm；坑、洞、平孔式埋设的，渗压计埋设高程允许偏差为±10cm，渗压计的起始值应在安装现场确定。

### （一）渗压计安装埋设前的准备工作

（1）备好足够的干净中粗砂、粒径小于 5mm 的砾石、回填材料及其他埋设辅材和专用工具等。

（2）对渗压计及其电缆进行外观检查，并用适配仪表检测其有关参数，应满足安装要求。当渗压计自带电缆长小于孔深需接长电缆时，宜提前在室内接线。

（3）安装前先将渗压计透水石（滤头）取下，渗压计和透水石同置于饱和清水中浸泡 2h 以上；透水石（滤头）的安装应在饱和水中进行，并将渗压计留置饱和水中待用。

### （二）混凝土浇筑层面埋设安装渗压计方法

（1）在设计定位处预留，或待混凝土初凝后终凝前人工制备一方圆约 30cm、深约 30cm 的浅坑或孔。

（2）在孔或坑底铺一层约 10cm 的干净中粗砂后，将渗压计透水石（滤头）朝向上游或来水方向平卧，轻轻压入砂层至约半径处，使之水平；撒少许清水湿砂，使砂和渗压计较稳固；实测渗压计承压膜处上圆周面高程，扣除渗压计半径值作为其安装高程；或将渗压计透水石向下铅直安设，渗压计顶平面高程扣除其至承压膜的长度值即为渗压计安装高程。

（3）读取初始值后向孔或坑内回填中细净砂至与孔口或坑口平齐。

（4）在孔口或坑口平面向电缆走线方向制备一略大于电缆直径的长约 50cm 的 S 形细沟槽，电缆沿沟槽嵌入后，在孔口或坑口周围以及电缆沟槽上铺设一层约 3cm 的水泥砂浆，并将预制混凝土盖板盖于孔、坑口，旋压使之与砂浆紧密接触后，再浇筑下一序混凝土，如图 2-2-28 所示。如电缆由预制盖板预留孔穿出，出线处应加防水保护，必要时电缆出线处可设橡胶截水环。

（5）渗压计安装时，应及时填写渗压计埋设安装考证表。

**（三）在基岩面上埋设安装渗压计方法**

（1）在设计位置钻孔，钻孔直径 50～90mm，钻孔深度约 1.0m。钻孔完成后，在孔内回填粒径 5～10mm 的砾石至与孔口平。

（2）渗压计装入砂袋，电缆引出袋口扎紧后，将砂袋平放在集水孔口，根据渗压计在砂袋中的位置测算其安装高程；之后用砂浆糊住砂袋，待砂浆初凝后，即可在砂袋上浇筑混凝土，如图 2-2-29 所示。

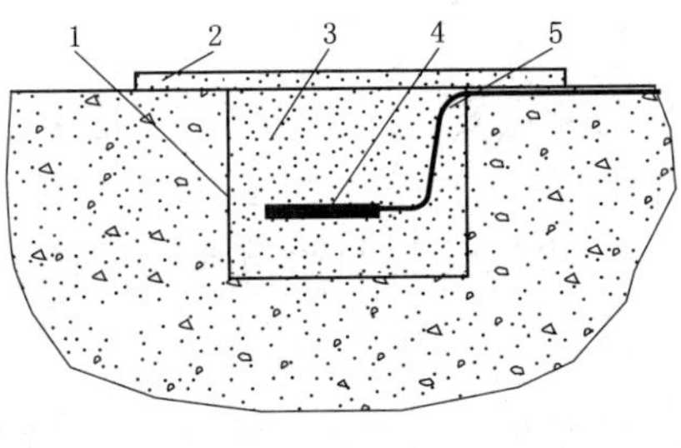


图 2-2-28 混凝土浇筑层面渗压计埋设安装示意图

1—预留孔或制备坑；2—混凝土盖板；3—干净中细砂；4—渗压计；5—电缆

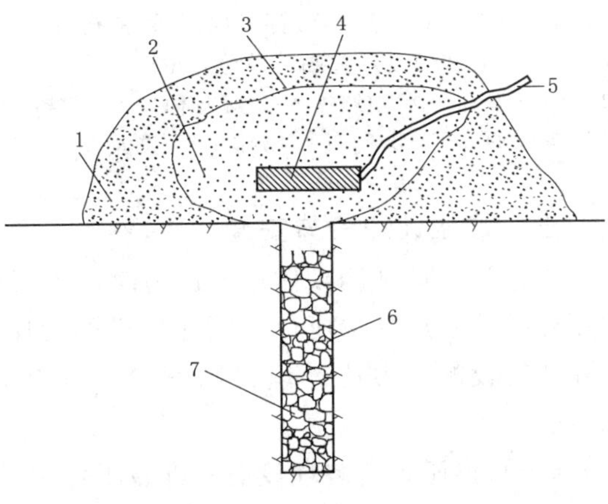


图 2-2-29 基岩面上渗压计埋设安装示意图

1—水泥砂浆；2—中粗净砂；3—麻袋；4—渗压计；5—电缆；6—钻孔；7—砂砾

渗压计埋设完后，按设计要求走向敷设电缆，电缆尽可能向高处引，通过露天处需进行保护。

## 六、扬压力观测

### （一）测压管法

测压管埋设好后，应编号并绘制竣工图，测量管口高程，进行注水或放水试验，检查测压管的灵敏度。对于管中水位低于管口的进行注水试验，方法同土坝浸润线测压管灵敏度检验。管中水位高于管口的进行放水试验，放水后关闭阀门，根据压力表计算压力上升的时间过程，绘制压力过程线。如恢复到原来压力的时间超过 2h，认为灵敏度不合格，应分析原因，并采取补救措施。

当测压管中的扬压水位低于管口时，其水位观测方法和设备与土坝浸润线观测一样，先测出管口高程，再测出管口至管内水面的高度，然后计算得出管内水位高程。对于管中水位高于管口的，一般用压力表或水银压差计进行观测。压力表适用于测压管水位高于管口 3m 以上，压差计适用于测压管水位高于管口 5m 以下。

用压力表观测时，需在测压管顶部开一岔管安装压力表，图 2-2-30 为常用连接方法示意图。压力表可以固定安装在测压管上，也可观测时临时安装。若观测时临时安装，需待压力表指针稳定后才能进行读数。压力表宜采用水管或蒸汽管上应用的压力表，其规格根据管口可能产生的最大压力值进行选用，一般应使压力值在压力表最大读数的 1/3～2/3 量程范围内较为适宜。观测时应读到最小估读单位，测读两次。两次读数差不得大于压力表最小刻度单位。测压管水位 $Z$ 的计算方法为

$$Z=Z_b+0.102p \tag{2-2-5}$$

式中 $Z_b$——压力表座中心高程，m；

$p$——压力表读数，kPa。

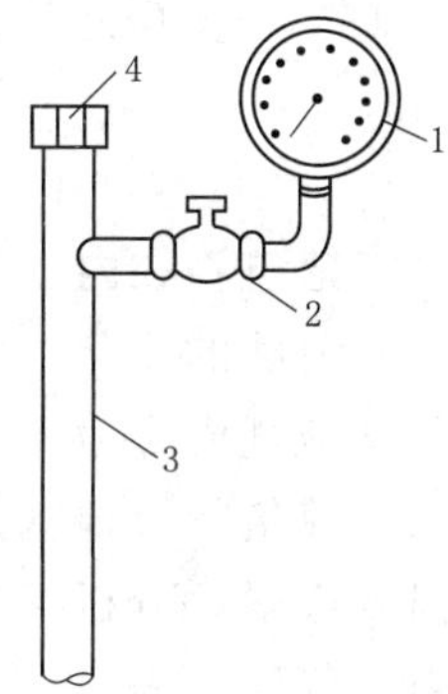


图 2-2-30 压力表与测压管连接示意图

1—压力表；2—阀门；3—测压管；4—管帽

**（二）渗压计法**

无论是测压管内水位高于还是低于管口，均可采用渗压计（孔隙水压力计）进行测读，渗压计所在高程加上其所测水压（水头），即为该处水位。观测坝体水平施工缝上的渗透压力，宜采用渗压计。

（1）差阻式渗压计计算水压力 $P$ 的公式为

$$P=f\Delta Z+b\Delta t \tag{2-2-6}$$

式中 $P$——渗水压力，MPa；

$f$——渗压计最小读数，MPa/0.01%，由厂家给出；

$b$——渗压计的温度修正系数，MPa/℃，由厂家给出；

$\Delta Z$——电阻比相对于基准值的变化量，0.01%；

$\Delta t$——温度相对于基准值的变化量，℃。

（2）振弦式渗压计计算水压力 $P$ 的公式为

频率模数：

$$F_i=\frac{f_i^2}{1000} \tag{2-2-7}$$

渗透压力的线性公式：

$$P=G\times(F_0-F_i)+K\times(T_i-T_0) \tag{2-2-8}$$

渗透压力的多项式公式：

$$P=(A\times F_i^2+B\times F_i+C)+K\times(T_i-T_0) \tag{2-2-9}$$

式中 $F_i$——当前时刻测得频率模数值；

$f_i$——当前时刻测得频率值；

$P$——测点水压力，MPa；

$G$——线性计算系数，由厂家给出；

$K$——温度修正系数，由厂家给出；

$T_i$——当前时刻测得温度值；

$T_0$——基准时刻测得温度值；

$A$、$B$、$C$——多项式计算系数，由厂家给出。

## 任务四 混凝土坝应力温度监测

水工建筑物在内、外荷载和各种因素作用下，建筑物本身及地基内部都将产生应力，随着荷载的变化，应力也将产生相应的变化。所以，应通过监测仪器和设备，对建筑物及其地基内应力的大小、分布和变化进行观测。应力观测的主要目的，一个是通过观测水工建筑物及地基内部实际应力的大小、方向和分布，检验应力是否超过材料或地基的强度极限，分析判断建筑物和地基产生裂缝并扩展甚至破坏的可能性，以便及时采取措施，保证工程安全；另一个是将实测成果与设计假定数据进行对比，以检验设计、施工的合理性，为以后设计、施工正确取用数据和方法提供资料。

水工建筑物的温度观测一般只对混凝土建筑物进行，连续或定期测量混凝土建筑物的温度分布及其变化过程，在施工期其目的主要是为防止混凝土产生裂缝和采取温度控制措施提供科学依据，在运行期则是为分析变形、应力和渗流提供重要的基础资料。

混凝土应力观测是一个十分复杂的技术难题，目前只有能直接观测压应力的仪器，尚未研制出既能直接观测压应力又能直接观测拉应力的仪器。所以，除了压应力方向比较明确的部位，可以利用压应力计直接测量混凝土内部的压应力外，一般都需要利用应变计观测混凝土的应变，再通过力学计算，间接求得混凝土应力分布。

观测混凝土内部应力常用的应变计有埋入式应变计和无应力式应变计（又称为无应力计），两者配合使用。从传感器的工作原理分，又有差动电阻式、钢弦式等。下面主要介绍国内多采用的差动电阻式应变计。

### 一、差动电阻式传感器的原理

由物理学知道，当钢丝受到拉力作用而产生弹性变形，如图 2－2－31 所示，其变形与电阻变化之间有如下关系式：

$$\frac{\Delta R}{R}=\frac{\lambda\Delta L}{L} \tag{2-2-10}$$

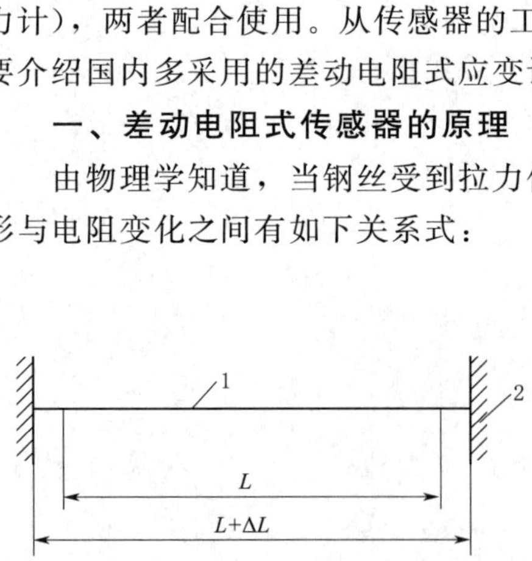

图 2－2－31 钢丝变形示意图

1—钢丝；2—钢丝固定点

式中 $\Delta R$——钢丝电阻变化量；

$R$——钢丝电阻；

$\lambda$——钢丝电阻应变灵敏系数；

$\Delta L$——钢丝变形增量；

$L$——钢丝长度。

由式（2－2－10）可知，仪器钢丝长度的变化与钢丝的电阻变化是线性关系，测得电阻变化即可利用式（2－2－10）求得仪器承受的变形。钢丝还有一个特性，当钢丝感受不太大的温度改变时，钢丝电阻随其温度变化之间有如下近似的线性关系：

$$R_T=R_0(1+\alpha T) \tag{2-2-11}$$

式中 $R_T$——温度为 $T$ 时的钢丝电阻；

$R_0$——温度为 0℃时的钢丝电阻；

$\alpha$——电阻温度系数，在一定范围内为常数；

$T$——钢丝温度。

只要测得仪器内部钢丝的电阻值，用式（2－2－11）即可计算出仪器所在环境的温度。

差动电阻式传感器基于上述两个原理，利用弹性钢丝在力的作用和温度变化下的特性设计而成。把经过预拉、长度相等的两根钢丝用特定方式固定在两根方形断面的铁杆上，钢丝电阻分别为 $R_1$，$R_2$，因为钢丝设计长度相等，$R_1$ 与 $R_2$ 近似相等，如图 2－2－32 所示。

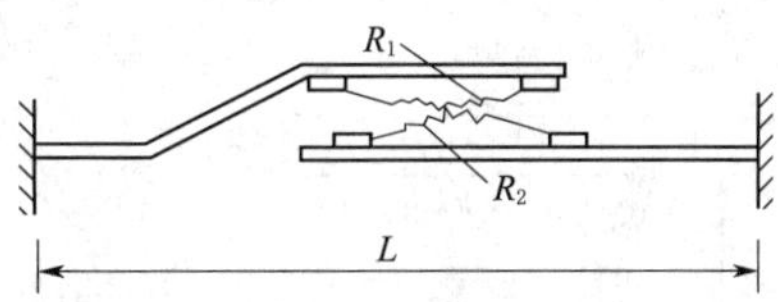

图 2－2－32 差动电阻式仪器原理

当仪器受到外界的拉压而变形时，两根钢丝的电阻产生差动的变化，一根钢丝受拉，其电阻增加，另一根钢丝受压，其电阻减小，两根钢丝的串联电阻不变而电阻比 $R_1/R_2$ 发生变化，测量两根钢丝电阻的比值，即可求得仪器的变形。

当温度改变时，引起两根钢丝的电阻变化是同方向、同温度升高时，两根钢丝的电阻都减少，测定两根钢丝的串联电阻，即可求得仪器测点位置的温度。

差动电阻式传感器的读数装置是电阻比电桥（惠斯通型），电桥内有一可以调节的可变电阻 $R$，还有两个串联在一起的 50Ω 固定电阻 $M/2$，其测量原理如图 2－2－33 所示，将仪器接入电桥，仪器钢丝电阻 $R_1$，$R_2$ 就与电桥中可变电阻 $R$ 以及固定电阻 $M$ 构成电桥电路。

图 2－2－33（a）所示为测量仪器电阻比的电路，调节 $R$ 使电桥平衡，则

$$\frac{R}{M}=\frac{R_1}{R_2} \tag{2-2-12}$$

因为 $M=100\Omega$，故由电桥测出的 $R$ 值是 $R_1$ 与 $R_2$ 之比的 100 倍，$R/100$ 即为电阻比。电桥上电阻比最小读数为 0.01%。图 2－2－33（b）所示为测量串联电阻时，利用上述电桥接成的另一电路，调节 $R$ 达到平衡则

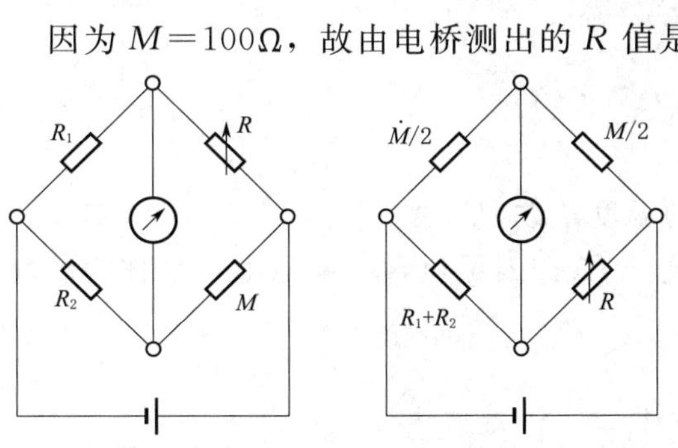

（a）电阻比测量电路　（b）电阻测量电路

图 2－2－33 电桥测量原理

$$\frac{\frac{M}{2}}{R}=\frac{\frac{M}{2}}{R_1+R_2} \tag{2-2-13}$$

简化式（2－2－13），得

$$R=R_1+R_2 \tag{2-2-14}$$

这时，从可变电阻 $R$ 读出的电阻值就是仪器的钢丝总电阻，从而可求得仪器所在测点的温度。

综上所述，差动电阻式仪器以一组差动的电阻 $R_1$、$R_2$，与电阻比电桥形成桥路，测得电阻比和电阻值两个参数，最终计算出仪器所承受的应变和测点的温度。

## 二、应力应变和温度的计算

差动电阻式应变计埋设于坝体混凝土中，可以通过测量电阻和电阻比来计算应变，所测得的混凝土应变均是混凝土在应力、温度、湿度、化学等作用下的总应变，不能据此直接计算混凝土的应力，还必须扣除由温度、湿度、化学等因素引起的非应力应变。为此，需要在应变计附近埋设配套的无应力应变计（简称为无应力计），用以测量并计算混凝土的非应力应变。

无应力计采用锥形双层套筒，内、外筒之间存在空隙，使坝体混凝土因荷载引起的变形无法传递到内筒里的混凝土，但内筒的筒口又与筒外坝体混凝土连成一体，使筒内和筒外保持相同的温度、湿度。这样，埋设在内筒混凝土中的应变计，所测出的应变就是由温度、湿度、化学因素引起的非应力应变。无应力计筒如图 2-2-34 所示。

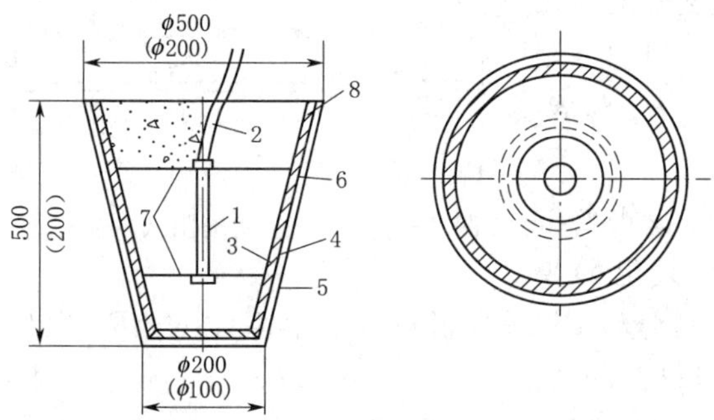


图 2-2-34 无应力计筒（单位：mm）

1—应变计；2—电缆；3—5cm 厚沥青层；4—内筒；5—外筒；6—空隙（可填木屑或橡皮）；7—16 号铅丝拉线；8—周边焊接

总应变减去非应力应变，得到应力应变（即由应力引起的应变），再通过坝体混凝土的应力应变关系，并考虑混凝土并非完全弹性体的徐变影响，即可算出测点的应力。至于测点温度，可直接由差动电阻式应变计测得的电阻值计算。

### （一）单只应变计所测温度的计算

单只应变计所测温度由下式计算

当 $T\geqslant 0$℃时

$$T=\alpha'(R_T-R'_0) \tag{2-2-15}$$

当 $T<0$℃时

$$T=\alpha''(R_T-R'_0) \tag{2-2-16}$$

式中 $T$——应变计所测温度，℃；

$\alpha'$，$\alpha''$——应变计 0℃以上、0℃以下时的温度常数，℃/Ω；

$R_T$——应变计测得的电阻值，$R_T=R_1+R_2$，因不包含电缆电阻，常称为温度电阻，Ω；

$R'_0$——应变计 0℃时的电阻值，Ω。

### （二）应变计实测应变计算

计算出应变计的温度后，再计算应变计实测应变。为了消除电缆电阻引起的电阻比测值误差对计算成果的影响，通常用应变计的修正灵敏度 $f'$ 代替应变计灵敏度 $f$，由

下式计算实测应变

$$\varepsilon_m = f'\Delta Z + b\Delta T$$
$$f' = f(1+2r/R_r) \tag{2-2-17}$$

式中 $f'$——应变计修正灵敏度；

$r$——电缆电阻；

$R_r$——应变温度电阻。

由式（2-2-17）算出实测应变后，还要扣除非应力因素引起的变形，得出由应力引起的应变，即应力应变 $\varepsilon$。

$$\varepsilon = \varepsilon_m - \varepsilon_0 \tag{2-2-18}$$

式中 $\varepsilon_0$——同一环境无应力计测得的变形值。

**（三）应力的计算**

对于完全弹性体，可由下式计算轴向应力

$$\sigma = \varepsilon' E \tag{2-2-19}$$

式中 $\varepsilon'$——单轴应变；

$E$——材料的弹性模量。

混凝土内应变计测出的单轴应变实际包含了弹性变形和徐变变形，数值上比单纯的弹性变形大得多，直接用式（2-2-19）计算应力，必然会得出偏大的结果。所以，分析计算长期的观测资料，必须具备混凝土的徐变试验资料，才能从单轴应变推出测点的实际应力。计算短期的蓄水放水应变观测资料，因荷载作用时间短，不需要考虑徐变变形，可直接应用式（2-2-19）计算应力，式中弹性模量应采用现场测定的瞬时弹性模量。

## 三、混凝土坝的温度观测

温度变化是引起混凝土坝应力和变形的主要因素之一，温度观测一般采用铜电阻温度计或兼测温度的差动电阻式应力观测仪。铜电阻温度计由铜电阻线圈、引出电缆和密封外壳组成，如图 2-2-35 所示。电阻温度计的计算公式为

$$T = \alpha'(R_T - R_0') \tag{2-2-20}$$

式中 $T$——温度计所测温度,℃；

$\alpha'$——温度常数,℃/Ω。；

$R_T$——温度计所测得的电阻值，Ω；

$R_0'$——应变计 0℃时的电阻值，Ω。

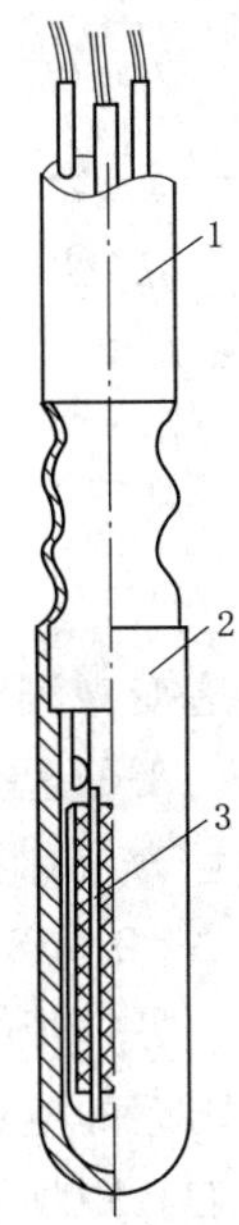


图 2-2-35 铜电阻温度计结构

1—电缆；2—外壳；3—铜电阻线圈

温度观测测点的布置，如图 2-2-36 所示。测点在接近坝体表面处，应适当加密布设。差动电阻式应力观测仪器的测点，可兼做温度测点。在钢管、廊道、宽缝和伸缩缝附近，测点也应适当加密。下游坝面因受日照影响，混凝土温度往往较气温为高，对坝的应力和变形产生影响，故需在坝面布置温度计监测。一般坝面的温度计应平行于坝面布置，溢流坝面的温度计可埋入混凝土5cm。

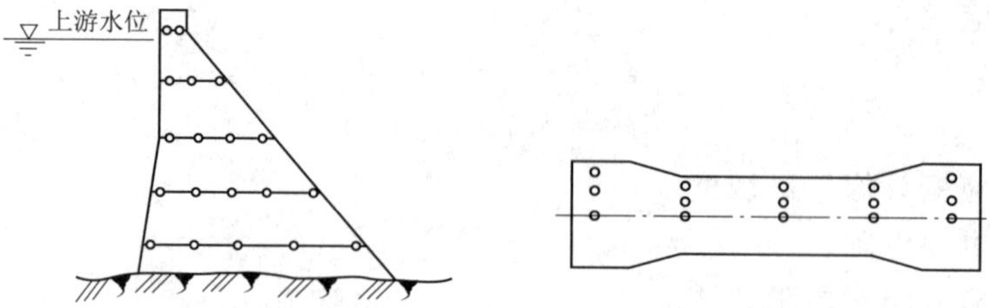


图 2-2-36 混凝土坝温度测点布置示意图

坝体温度观测的同时，还应进行坝体周围的水温、气温、基岩温度等外界因素的观测。测水温的温度计，埋设在混凝土坝面内 5～10cm 处，并注意防水密封。深层地温的监测由地表钻孔，一般可在 0m、1.5m、3m 及 5m 等处埋设温度计进行测量。

## 四、混凝土坝的应力应变观测

通常根据工程的重要性、建筑物的类型、受力情况和地基条件，测点布置选择一些具有代表性的坝段。对于重力坝应分别选择溢流坝段和非溢流坝段作为观测坝段，在观测坝段上根据坝高和结构型式等条件布置若干观测截面，靠近坝基的截面距地基面不小于 5m，每个截面上一般至少布置 5 个测点，如图 2-2-37 所示。对于拱坝可选择拱冠梁和拱座断面作为观测断面。

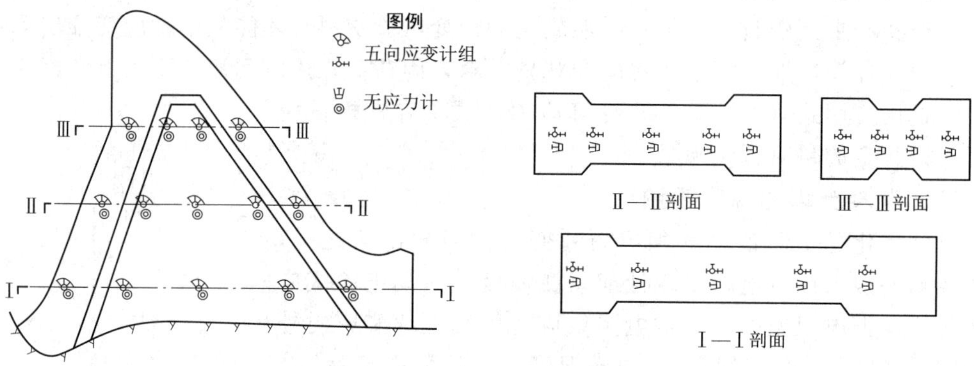


图 2-2-37 重力坝应力观测测点布置示意图

对于应变观测应根据实际应变状态，布置适当的应变计组。一般空间应力状态需 6 支应变计，平面应力状态只需 3 支应变计即可测定一点的应力成分。但是为了检验观测误差，并且为了弥补个别应变计可能损坏造成观测资料的缺损，往往布置较多的应变计，如图 2-2-38 所示。重力坝测点，可埋设 5 向应变计组，其中 4 个方向布置在观测断面上，另一个方向则与观测断面垂直。

坝面附近的应变计应布置在坝面 2～3m 处，以避免混凝土表面裂缝和短周期气温变化的影响。距坝基较近的应变计组应离开基岩表面 5m 以上，以避免基坑开挖不平引起局部应力集中的影响。

无应力计测值是应变资料计算应力必需的数据，直接影响实测应力值的可靠性，因而在每一应变计组附近均应埋设专用的无应力计。

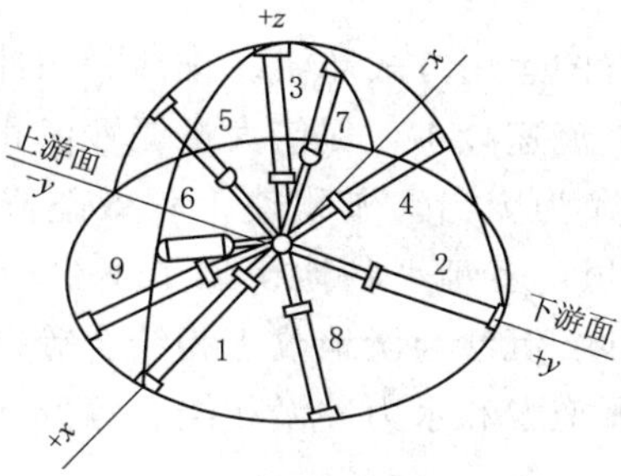


(a) 九向应变计组

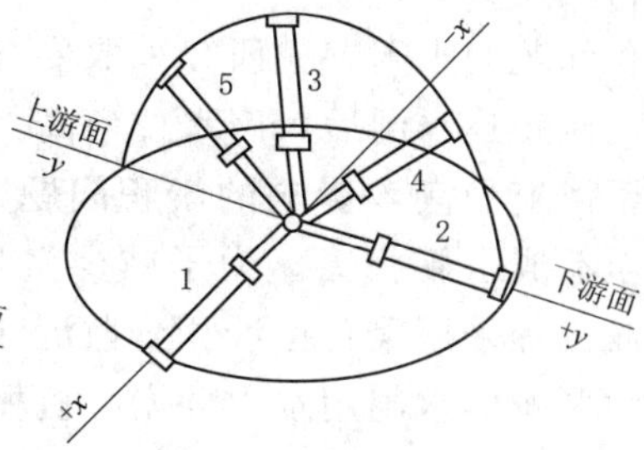


(b) 五向应变计组

图 2-2-38 应变计组布置示意图

# 项目三 水 闸 运 行 监 测

## 任务一 水 闸 运 行 控 制

### 一、水闸控制运用

水闸控制运用，是通过有目的地启闭闸门，从而达到控制流量、调节水位，发挥水闸防洪、灌溉、发电等多种功能的过程，控制运用中必须有计划、按步骤进行，同时应按批准的控制运用计划或上级主管部门的指令进行，不得接受其他任何单位和个人的指令。

水闸管理单位应综合考虑各有关部门的要求，结合工程具体情况，并参照历史水文规律和工程运用经验以及当年水情预报等，按年度或分阶段制订控制运用计划，报上级主管部门批准后执行。有防洪任务的水闸，汛期的控制运用计划应同时报送有管辖权的人民政府防汛指挥部备案，并接受其监督。

#### （一）水闸控制运用原则

水闸控制运用必须符合下列原则：

(1) 必须在保证工程安全的条件下，合理地综合利用水资源，充分发挥工程效益。局部服从全局，全局照顾局部，当兴利与防洪矛盾时，兴利服从防洪，统筹兼顾。

由于我国行政区划多以河流湖泊为界，其上下游及左右岸对水的供需不一致，会导致矛盾冲突和水事纠纷。例如，在防汛期间，为了保障下游河道和重要城市防洪安全，就需要在分洪和滞洪区分洪、泄洪，最大限度地减少洪灾损失。

(2) 按照有关规定和协议合理运用，与上下游和相邻有关工程密切配合运用。

每个水闸工程都是防洪体系的一个组成部分，需要配合才能充分发挥工程效益，例如，行、蓄洪区进、退洪闸配合使用，才能避开洪峰，降低河道水位，减小下游堤防防洪压力；节制闸和船闸配合使用，才能确保水运通畅；泄洪闸和水坝配合使用，才能充分发挥水利工程综合效益等。

通航河道上的水闸，根据《中华人民共和国航道管理条例实施细则》管理单位应与当地交通主管部门签订通报有关水情的协议。泄流时，应防止船舶和漂浮物影响闸门启闭或危及建筑物安全。

(3) 有淤积问题的水闸，应研究采取妥善的运用方式防淤、排沙和防冲。

我国许多河流修建水闸后，因水位壅高，流速减小，促使大量泥沙淤积，河口兴建挡潮闸后，闸下河道受潮汐影响的淤积问题尤为突出。淤积使工程效益降低、寿命缩短，严重者甚至造成水闸报废。为了减少淤积，多年来各地积累了不少减淤防淤的经验，如引水灌溉工程采用渠首拦沙、分散沉沙、沉沙与淤地改土相结合等办法，防治河渠淤积。受潮汐影响的水闸用水力冲淤、机械拖淤和水力冲淤相结合等办法，减少闸下河道淤积。

(4) 在通航河道上的水闸，应尽量保持上、下游河道水位相对稳定和通航水深。保持通航河道水位相对稳定和最小通航水深。

水运是综合运输体系中的一种重要运输形式，也是水资源综合利用的重要组成部分，通航河道上建闸后，运用中尽量保持河道水位相对稳定和最小通航水深，防止发生船舶搁浅。

(5) 位于鱼类回游河道上的水闸，应尽可能通过控制运用满足鱼类回游的要求。

鱼类回游河道，利用鱼道或采取其他运用方式纳苗，在鱼苗旺发季节，将过鱼效果好的鱼道及时投入运行，能使水产资源得到保护和增殖。除鱼道外，也可因地制宜采用开闸纳苗（又称灌江纳苗）或利用检修叠梁门控制倒灌流量纳苗等方法，但无论采用何种方法，都必须以确保工程安全为前提。

#### (二) 水闸控制运用指标

水闸工程控制运用指标是水闸运用的控制条件，也是实际运用中判别工程是否安全、效益能否发挥的主要依据之一。一般情况下，规划设计所采用的各种水位、流量特征值就是运用指标的限值。

当水闸由于某种原因，如上下游河道未达到标准或安全状况出现较大变化，不能按设计标准运用时，就需要及时论证，重新确定运用指标。各项运用指标之间是互相联系的，当某一指标被重新确定后，其他相应指标应随之修改。

水闸应根据规划设计的工程特征值，结合工程现状确定下列有关指标，作为控制运用的依据：①上下游最高水位、最低水位；②最大过闸流量，相应单宽流量；③最大水位差及相应的上下游水位；④上下游河道的安全水位和流量；⑤兴利水位、流量。

### 二、闸门和启闭机控制操作

#### (一) 闸门的操作

闸门的操作原则应按照设计规定执行，工作闸门和阀门能在动水情况下启闭。船闸为了保证船只进出闸室的安全，使船只在闸室中随水位的变化只作上升与下降运动，因此，船闸廊道闸门是动水开启、静水关闭。作为工作闸门的人字闸门、横拉闸门、三角闸门等都是静水启闭。事故闸门能在动水情况下关闭，一般在静水情况下开启。平压阀门应在动水下开启，静水下关闭。检修闸门在静水中启闭。

1. 工作闸门的操作

(1) 控制开度，安全泄流。在闸门操作过程中，应合理地控制开度，使其过闸流量小于河道的安全泄量时，避免下游河道的冲刷。同时，使过闸流量与下游水位相适，避免远驱式水跃产生，保护消能防冲设施。在初始开启闸门时，应采用多次开启办法，每次泄放的流量应根据闸下安全水位与流量关系曲线确定，使水跃发生的位置在消力池内，待闸下水位升高并稳定后，才能再次增加闸门开启高度。一般初始开启高度宜控制在0.2～0.3m，最大不宜超过0.5m。

(2) 合理操作，减少振动。由于过闸水流在刚开启状态时多为高速水流，闸门产生振动在水闸运用中是较为常见的现象。闸门底缘形式、止水形式及安装方式的不同，都会对闸门震动产生一定影响；下游水位以及回流对闸门有节奏地冲击，也可能引起闸门的震动。微弱的震动一般对安全没有影响，但应注意观察，防止进一步加剧；剧烈的震动，可引起门体疲劳、杆件变形及脱焊，严重的则使闸门破坏，砂基引起液化，降低承载能力。但对某孔闸门而言，在开启过程中存在着震动相对较大的区域，因而在实际运用过程中，应避开震动区域，以减少震动。

(3) 控制泄流，避免不利流态。水闸开启过程中，若控制不当，可能会导致过闸水流紊乱，并可能产生集中水流、折冲水流、回流、漩涡等不良流态。集中水流的产生，会增大单宽流量，引起消能设施及下游河道局部冲刷；折冲水流，多因河道水流流向不正而引起，也常因左右孔出流多少的差异而形成，都会引起下游水流紊乱，严重的将冲刷河道和堤防，影响河势稳定，尤其是沙性土质的河道影响更大；回流及漩涡，会挤压主流，同时也可能引起边坡局部冲刷。运用时都应根据实际情况调整闸门的开度，消除各种不良流态。

(4) 控制水位升降速度。山区供水输水洞或压力管道多为远距离、高水头，在操作此类闸门时，充放水不应使洞或管内的流量增、减过快，要确保通气孔畅通，避免洞内或管内产生负压、气蚀、水锤等现象，以免造成结构破坏。闸下游河道或渠道，在闸门关闭或减小泄量时，不应使下游水位降落过快，避免因降水过快引起边坡崩塌，危及河道、堤防安全。

(5) 全程一次升降闸门。对不允许局部开启的闸门，应一次升降到位，中途不能停留，否则会改变水流的流态，影响工程的安全运行。

2. 事故闸门、检修闸门的操作

(1) 事故闸门。事故闸门也称快速闸门，常用在水电站或压力管道的进口处。在下游或发电机组设备发生事故后，为减轻事故损失，及时排除故障，能在动水中迅速关闭。其常放置在距洞口上方0.3～0.5m处，以减少关闭的时间。

事故闸门在运用中，必须一次关闭到底，不得用以控制流量，并在静水中开启。

(2) 检修闸门。检修闸门是用以建筑物或机械设备的日常检修时使用，在静水中承担水头压力。在运用中，与事故闸门一样，一次关闭到底，不得用以控制流量，并在静水中开启。在运用检修闸门时，还应注意如下几点：

1) 压重防浮。检修闸门，使用率较低，为存放保管方便，常做成分块空腹叠梁式、浮箱式，一般高度为1m左右。运用时，各块应水平放入门槽，不能歪斜卡阻，各块之间不能有其他硬物隔挡。全部装好后，必须在上端加重下压，使止水密实，并进行锁定。否则，当工作闸门拆去后，会引起中间各节漏水，上面的浮箱浮起，引起安全事故。

2）检修门的支护。过去修建的水闸工程，一般考虑闸门的检修，仅在闸室工作闸门前设置检修门槽。实际工作中，闸室底板存在问题则无法处理。当需要时，一般采用做临时检修闸门，即做成与闸孔同宽，两边用螺栓锚固在闸墩上。除其锚固螺栓的数量、质量及锚固深度要达到设计要求外，上下不得错位，左右闸墩边壁螺栓在一个平面上，才能保障整体受力，并均匀地传到每根螺栓上。

3）慢速放水。对输水洞或压力管道的检修闸门关闭后，因洞身或管道较长，内部积水应缓慢放空，过快会产生负压，给工程安全带来危害。

3. 船闸、通航孔的操作

随着国民经济的快速发展，水上运输已成为交通运输业主要的运输方式之一，它具有承载能力大、运输费用低等特点。近年来航运的吞吐量逐年递增，部分地区成倍上升，船闸的使用率也越来越高。因此，船闸的控制运用，时刻涉及人身安全问题，其工作闸门和输水闸门的开关顺序决不允许颠倒。

（1）船闸的操作。船闸的操作过程是：上行船要通过船闸时，首先由下游输水洞闸门局部开启，使闸室水缓慢下泄，待闸室内的水位泄放到与下游水位持平时，静水中开启下游工作闸门，若闸室有船，待船只出闸后，上行船只驶入闸室（注意船只与闸墙之间要保持一定的距离，并将船只牢靠系在闸室岸墙的系船设施上），随即关闭下游工作闸门，同时关闭下游输水洞闸门。开启上游输水洞闸门向闸室内充水，待闸室水位与上游水位持平时，静水中开启上游工作闸门，船只驶离闸室上行。此时，下行船只可自上游停泊处，依次驶入闸室，关闭上游工作闸门，同时关闭上游输水洞闸门，开启下游输水洞闸门，由闸室向外泄水，待闸室水位与下游水位持平后，静水中开启下游工作闸门，船只驶出闸室进入下游航道。

（2）通航孔的操作。在一些支流河道，为方便小型船只的通行，常用水闸的中孔作为通航孔，可通过吨位较小的船只。一般上下游水位差宜控制在0.1m以内。

在未过闸前，所有船只应抛锚牢固，待闸门全部开启、水流平顺后方可过闸通行。外河水位高于内河时，除抗旱引水期间可通航外，一般不通航行船。夜间或遇有恶劣天气情况，应停止通航，以确保安全。

4. 多孔闸门的操作

多孔水闸的控制运用，应按照批准的控制运用办法或模型试验确定的运行方式操作，并按照对称、同步、等高的原则进行。

（1）对称开启。当需要多孔闸门全部开启时，一般为由中间孔先开启0.2～0.3m，依次向两边开启同样高度，待过闸水流平顺后，再逐步提升。多孔闸的开启应严格按批准的控制运行办法执行，以避免因开启不当，造成下游消能工和河床、岸坡的冲刷。对少数水闸，也有先开启边孔，再依次向中间孔开启。

当只需开启部分闸门时，一般只开中孔闸门。如果开边孔闸门，一是可能引起岸坡的坍塌或滑动，影响泄水；二是造成下泄水流的偏流和摆动，影响下游河势的稳定。

（2）同步操作。多孔闸门在启闭运用过程中，对于设有自动化控制的水闸，同步运用较易实现，操作人员在控制室内即可实现对每孔闸门的启闭操作。但对靠人工操作启闭的闸门较难做到。无论何种操作形式，应尽可能做到同步运行，以保持过闸水流的对称，不致形成偏流或折冲水流。

(3) 等高控制。等高控制是指闸门每次开启的高度都应该一致，这样才能保证在相同水位下，各闸孔的过流量相同，才能保持水流的平稳。对于分洪闸，由于泄流流向与主河道水流成一夹角，进闸的水流形态可能引起出闸水流不正、闸前局部漩涡等影响泄流现象，控制时，左右闸门的开度可做小幅度的调整。

(4) 双层闸门。对于双层孔口的闸门或上下双扉布置的闸门，运用时应先开下层或下扉闸门，再开上层或上扉闸门。关闭时顺序相反。双层布置的闸门，多属水头高、压力大，泄流时流速大，如先开上层闸门或上扉闸门时，会使下层泄水孔间产生负压，扰乱下层的水流流态，加速闸门的震动。

**(二) 启闭机操作**

1. 启闭机操作一般程序

启闭机的操作必须严格按照各工程管理单位制定的操作规程操作，下面仅介绍一般操作程序：

(1) 电力启闭，运行人员一般为 2 人，1 人操作，1 人监视；人力启闭，应根据需要备足人员，管理人员必须在操作现场，指导操作或排除可能发生的故障。

(2) 操作人员在运行闸门时，要思想集中，严格认真，非操作人员不得进入机房。

(3) 闸门将近开到顶或关到底时，应及时停机。

(4) 当闸门处于开启状态时，禁止拨动制动设备和拆卸螺栓。

(5) 闸门必须按规定的顺序启闭，每次开启的高度和相邻孔间的高差均不超过 0.5m。

(6) 闸门不得停留在震动位置。

(7) 闭门时，严禁松开制动器使闸门自由下落。

(8) 启闭运行时，应注意监视运行情况，当启闭机、电机、油泵等工作不正常时，应停机检查，分析原因，待问题处理后再行开机。

(9) 启闭完毕后，操作人员应详细记录启闭情况，切断电源，关闭门窗。

(10) 不同形式的启闭机械启闭要求不同。

2. 螺杆启闭机操作程序

(1) 电力启闭方式同固定卷扬式启闭机。

(2) 人力启闭，应先切掉电源，合上离合器，装上摇柄进行启闭操作。

(3) 用力要均匀，不宜时快时慢。

(4) 闸门运行至预定开度，停止摇动。

(5) 闸门启闭到位后明显偏重，不应强行启闭，以免螺杆弯曲。

(6) 启闭完毕，取下摇柄，拨开离合器。

3. 固定卷扬启闭机操作程序

(1) 凡有锁定装置的，应先将其打开。

(2) 合上电源开关，向启闭机供电。

(3) 启动驱动电动机，闸门即启闭。

(4) 闸门运行至预定开度。

（5）拉开电源开关，切断电源。若有锁定装置的，且停留时间长，应将闸门锁定。

4. 液压启闭机操作程序

（1）打开各有关阀门，将换向阀手柄扳至所需位置，并打开锁定装置。

（2）合上电器开关，向油泵机组供电、启动油泵。

（3）自动溢流阀关闭，油系统压力升高至额定压力，开始启闭闸门。

（4）在运行中如需改变闸门运动方向，应先使闸门停止运行，然后扳动换向阀的手柄换向，改变供油方向，使闸门反向运动。

（5）闸门运行至预定位置，油泵机组停机。

（6）停机后，将换向阀手柄扳至停止位置，关闭所有的阀门，锁好锁定。

（7）拉开电器开关，切断电源。

**（三）闸门启闭机运行观测**

启闭机、闸门的正确运行是关系到整个水利工程及人民生命财产安全的大事，运行人员必须具有高度的责任感，在工作中必须严肃认真，一丝不苟，注意设备的运行状况。

1. 监视闸门的运行情况注意事项

（1）注意闸（阀）门是否按要求的方向进行运动，开度指示及各仪表指示的数值是否正确，指针动作是否正常，电器、油压和机械的运行是否良好。

（2）启闭双吊点单独驱动的启闭机，应观察卷筒转速是否一致，闸门歪斜是否超过允许值。当发现启闭机超载或是载荷为零时，不得强拉硬拖或松放太多，应停机检查，以防闸门卡在门槽，使启闭机或是闸门变形损坏。

（3）闸门运行时，应避免停留在容易发生振动的开度上。

（4）人字闸门注意两个门扇的同步运动，启动和停止应平稳，门扇的接合速度不得超过规定值。

（5）在操作深孔闸门时，特别注意闸门在水中下降情况，观察荷载指示器是否正确，闸门歪斜指示器指示是否水平，以免闸门卡住悬空而后又突然跌落。

（6）要注意闸门在运动中是否有外力撞击闸门，如船只、漂浮物、冰块以及特大风力，超标准的反向水头等。

（7）在解冻流冰时期，泄水时应将闸门全部提出水面，或控制小开度放水，以避免流冰撞击闸门。

（8）闸门启闭完毕后，应校核闸门开度。

2. 监视启闭机运行情况注意事项

（1）不论是卷扬式还是液压式启闭机，运行中必须注意是否超载；卷扬式启闭机关闭闸门时，不得在不给电源情况下，单独打开制动器降落闸门；高扬程卷扬式启闭机在运行中，特别是启升时，要注意钢丝绳排列是否整齐，排绳机构运转是否正常。如有问题应立即停机处理。

（2）移动式启闭机应注意：使用抓梁启闭闸门时，要注意各信号是否正确。以防穿销不到位或是抓钩空抓造成闸门歪斜卡阻，使启闭机超载；多台移动式启闭机在同一条轨道上运行时，要注意保持距离，设专人观察防止启闭机碰撞；移动式启闭机在吊运重物时，行走范围内不得有障碍物，以防相撞。

（3）液压启闭机应注意，液压启闭机关闭闸门时，应注意活塞上腔的油压不得造成负值。接近闸门底坎时，闸门速度不得过快以免产生撞击。

（4）闸门长时间开启时，为了保证闸门的开度不变，设有防止油缸渗漏闸门下滑的控制开关，在操作运行时注意此开关是否动作准确、灵活、可靠。

（5）启闭机操作时，换速不能过快，否则造成过电流跳闸。运行中一般情况不得突然操作相反动作，以免造成紧急制动，惯性力骤增，使整机超载振动；如闸门在运行中操作机构失灵、无法控制时，应迅速关闭启闭机的安全开关，使启闭机停止运转；当闸门开度接近最大或零时，应注意开度指示器或标志，掌握及时停机。

3. 操作完毕后注意事项

闸（阀）门、启闭机操作完成以后，为了使闸（阀）门、启闭机在良好的状态下工作或停置，操作人员应注意以下几点：

（1）应将启闭机的吊具起升到一定高度，以便启防机移动时不会碰到轨道之间的堆放物品或是固定设施。如有车辆通过的应超过车辆超高装载极限尺寸的 2.5m 以上。

（2）使启闭机夹轨器或是其他锁定装置处于工作状态并确认夹紧锁牢，以防出现大的事故。

（3）将抓梁存放在库里，并支承牢固。如无仓库应将其放置在启闭机的一侧、以免车辆通过时挂碰而损坏机件。

（4）注意切断启闭机的总电源，认真填写运行记录，其内容应有：操作人员、启闭运行依据、运行时间、闸打开度、运行次序、水流情况、设备运转情况等。做好现场清理工作，保持环境整洁。

4. 泄水期间值班人员注意事项

泄水期间，为防止发生意外情况和及时采取措施，值班人员应注意以下事项：

（1）通气孔的工作情况是否正常。

（2）闸门的振动情况和闸门是否自动下降。

（3）上下游水位变化及水流形态。

（4）有无船只或其他漂浮物临近闸前。

## 任务二 水闸检查监测

### 一、水闸运用前检查

水闸在启闭运用前对闸门、启闭设备、电器等有关部位进行的检查与日常维护的检查内容是不同的，日常维护检查，是按养护修理规程进行维护，使设备处子正常使用状态，而运用前的检查，是为了水闸能够安全及时启闭，着重于安全运行方面的检查。

#### （一）闸门的检查

1. 闸门

闸门周围有无漂浮物卡阻，门槽是否堵塞，有无块石、碎石或其他硬物，门体是否倾斜，闸门是否震动等。

2. 闸门的位置

多次启闭的闸门，应检查闸门是否在原来的位置。特别是液压启闭机，由于油缸或管道漏油，可能导致闸门位置下移，使其不在原来位置，应作为检查重点。

3. 冰冻冻结

北方寒冷地区，在冬季启闭闸门时，要检查闸门门体周边有无冻结情况。对已冻结的，应将闸门周边的冰冻破碎，或用加温方法使冰冻熔化后方可启闭闸门。

**（二）电器检查**

1. 电源

电源或动力装置有无故障或异常。由于水闸工程多地处偏僻，供电时常没有保障，或因恶劣天气因素影响，可能发生主线路断线等异常情况，出现此种情况，必须运用备用电源或备足人力。所以，一般大、中型水闸配有备用电源（即柴油发电机），电源检查主要是查看备用电源设备是否正常，燃料是否充足等。

2. 仪表

电器设备的仪表是否完好或准确，指示电器设备能否正常工作，如电压表、电流表是否在额定工况下工作；自动化装置部分的各种仪表、监控仪显示和指示是否正确等。

**（三）启闭机的检查**

1. 转动部位

启闭机的转动部位是否放置工器具及其他硬物，若有则影响水闸的安全运行。如某水闸养护修理时，将钢丝刷遗忘在开式齿轮上，运用前未作详细检查，运行时，启闭机超载钢丝绳被拉断，闸门摔落受损，造成重大操作事故。

2. 高度指示器

闸门高度指示器起到闸门开启高度的指示作用，在闸门关闭到位时，应归零，运行中指示灵活正确。闸门操作人员应准确理解刻度盘数字代表闸门的开启高度，否则将会出现安全事故。

3. 液压启闭机的部件

主要检查液压启闭机的油泵、各类控制阀件工作是否正常；工作压力能否达到设计要求，管道、油缸是否漏油等。

**（四）其他方面的检查**

1. 闸室或洞身隐患检查

在开闸前，应检查水闸的闸室或洞身有无船只、渔民及其他安全隐患。对开敞式水闸检查较为容易；对涵洞式水闸检查较为困难，若有船民捕鱼，也很难发现，若疏忽大意，就可能引发安全事故。无论何种形式的水闸，开闸前，均应对闸室或洞身进行检查，以确保安全。某涵洞式水闸曾发生过渔民驶船进入洞身靠近闸门捕鱼，因开闸前未被发现，开闸后听到呼救并紧急关闸，但仍造成船翻人亡事故。

2. 上下游障碍物检查

水闸上下游水面的船只，均应驶出水闸警戒区，到安全地带停靠；上游的漂浮物如水草、草垛、树木等均应及时打捞，以免闸门卡阻，无法启闭运用。

3. 水位及水流流态检查

开启的水闸，除正常观察上下游水位，流量外，还应对水流流态进行观察。如水流流向是否偏流、有无折冲水流、闸下水跃位置是否在消力池内等。

4. 通气孔检查

设有通气孔的建筑物，要检查其通气孔是否被堵塞，以避免闸门开启后产生负压，造成闸门或建筑物结构的气蚀破坏。

## 二、水闸水位观测

为了解水闸上下游水位及其变化情况，应设置水位测点，作为水闸控制运用和分析水闸工作状态的依据。同时还应结合进行闸门开度、出流情况、风力、风向、水面起伏度等的观测，作为分析研究水位资料的参考。

### （一）测点布置原则

水位测点应在水闸投入运用以前进行布置。测点布置的一般原则如下：

（1）布置测点时应结合其他观测项目和河道上原有的测站综合考虑。

（2）应设置在能满足工程运用和分析其他观测成果需要的有代表性的地点。

（3）应设置在水流平顺、水面平稳、受风浪或泄流影响较小的地点。

（4）应设置在河床及岸坡比较稳固的地点。有条件的也可将水尺设置在附近的永久性建筑物上。

（5）应设置在便于观测的地点。

各种观测设备的形式、安装方法、零点高程以及填制考证表、零点高程的测量、校测和精度要求，均按水文规范及手册的有关规定执行。水位标尺或自记水位计的水准基面必须和水闸所采用的水准基面一致。有条件的地方可以增设自记水位计或远传水位计，进而实现对水位数据实时采集、存储、查询、水位报表打印、人为设置水位报警信号等。

### （二）水位观测要求

（1）应参照水文规范关于水位观测基本要求执行。

（2）水闸、过水堰坝等过水建筑物上下游的水位测点，在操作运用过程中，闸门开始变动前及全部关闭后，均需加测一次。

（3）受潮汐影响的挡潮闸或引潮闸，如需研究潮汐变化的，则应按潮水河规定在上游或下游进行全潮水位观测，如仅为推算流量的，则只需在开闸后观测潮水位，关闸时不观侧或只观侧最高、最低水位。

### （三）水位观测记录整理

（1）应参照按水文规范有关规定进行记录。

（2）水闸上下游水位观测成果，应分别绘制逐日最高最低水位图表。

（3）按全潮水位观测的，应填绘逐日潮水位图表。

## 三、水闸流量观测

为了解水闸在不同条件下的泄水流量，作为控制运用的依据，必须进行流量观测。水闸的流量观测，是通过经常的水位观测，根据水位、流量关系，推求出相应的流量。为了校核修正水位、流量关系，或为了求得水闸在不同的水位、闸门开度及出流情况等条件下的实际泄水能力，校正设计泄流曲线，以便根据放流需要，确定闸门运用方式，应在各个适宜地段选设侧流断面，用浮标或流速仪等方法进行流量施测。

**（一）测流断面布置原则**

测流断面的选设，除应考虑水流平稳，能取得准确成果和工作方便等条件外，还应符合下列要求：

（1）没有闸门控制或虽有闸门却经常提出水面的建筑物，有条件的一般可设在建筑物上游500m以外的地段。如上游受地形或其他条件限制而不便设置断面时，也可设在下游。

（2）有闸门控制的建筑物，如果下游没有变动的回水影响，应尽可能设在下游，一般可设在闸门以外500～1000m的地段。如下游受潮汐影响或其他条件限制而不便设置断面时，也可以设在上游。

（3）闸门应进行编号，一般应面向下游，从左到右顺序排列，分上下排的闸门，应先下排后上排，连续排列。

（4）其他要求。测流断面和测点的布设、仪器的选用和测读方法、精度要求、测读记录等，均应遵照水文规范及手册的有关规定。在进行流量观测时，应同时观测水位，闸、阀门开度和出流情况等相关因素。

**（二）水闸流量观测要求**

按照水力学中的分类，水闸的出流时的流态，一般可分为孔流及堰流两类。

1. 分级观测要求

应根据不同的出流情况，把水位和闸门开度等相关因素的最大变幅按下列办法分级进行观测：

（1）自由式堰流，可以将上游水位的最大变幅分为6～12级，每级施测2～3次。

（2）淹没式堰流，可以将上游水位的最大变幅分为6～12级，再按每级水位，将上下游水位差或下游水位最大变幅分为6～12级，进行组合，对每个组合各施测1～2次。

（3）自由式孔流，按照闸门最大开度分为6～12级，再按每级开度将上游水位最大变幅分为6～12级，进行组合，对每个组合施测1～2次。

（4）淹没式孔流，按照闸门开度及水位差最大变幅，比照自由式孔流的分级组合，进行施测。

在建筑物运用期，当出现上述各种不同分级组合情况时，应及时进行流量施测，逐步校核修正设计的水位流量关系，在得出比较正确的水位、流量关系以后，在条件不变的情况下，可以停止对泄水建筑物泄流量的经常观测。

2. 观测时间要求

流量观测时间，一般可按水文规范的规定，并考虑以下情况：

（1）当闸、阀门启闭时间较短、水位涨落变化较大时，不宜进行流量观测，必须在流量比较稳定时进行。

（2）受潮汐影响的建筑物，水位的瞬时变幅较大时，可采用多船法施测，要求在上下游水位差的变化不超过0.3m的历时内，完成一次测流的全过程，为满足此要求，可适当精简垂线、测点或改进施测方法，以缩短测流时间。

3. 水闸流量观测记录整理

(1) 在测流过程中，如果水位发生了变化，应通过计算，确定相应水位。如水位变化范围不超过 5cm，或相应的过水断面面积变化不超过 10%，可采用算术平均法。计算测流开始和终了时水位的平均值。

(2) 根据实测的流量成果，应绘制水位、流量与各相关因素关系曲线。

(3) 根据流量观测的成果，应及时填制流量观测成果表，计算逐日平均流量，并绘制流量过程线图。

## 四、流态观测

为了正确控制运用水闸，掌握水闸上下游水流情况及消能设备的工作效能，保证建筑物的安全，避免发生不利的情况发生，应进行水流形态的观测。

水流平面形态观测的范围，应自水闸位置起，分别向上下游至水流正常处为止。水闸的流态观测，通常是指水流平面形态、水跃和水面线的观测。

### (一) 过闸水流平面形态观测

1. 观测内容

水流平面形态观测的内容包括，上下游的流向、漩涡、回流、水花翻涌、折冲水流、水流分布等。一般在记录时用下列符号表示，如图 2-3-1 所示：

图 2-3-1 水流平面形态记录符号

2. 观测方法

(1) 目测法。首先应绘制观测范围内的水闸平面图。观测时，持图立于能清晰看见水流平面形态的固定处，直接将水流平面形态用各种符号描绘在平面图上，并加以文字说明。

(2) 摄影法。选择水流表面有代表性的部位，进行摄影。为显示水流行迹，可先在上游撒布锯屑、稻壳、麦糠等漂浮物，然后进行拍照。

(3) 浮标法。如水面较宽，目测有困难时，可采用此法。用经纬仪或平板仪交会测定浮标位置，定出流向等水流形态出现的位置，点绘在缩绘的平面图上。

### (二) 水跃和水面线观测

一般常用的有方格坐标法、水尺组法和活动测锤法。

1. 方格坐标法

此法适用于过水面较窄，用目测或望远镜能清楚地看清对岸，且边墙大致平行于水流方向的水闸。

(1) 坐标布置：在观测范围内的水闸两岸侧墙上，绘制方格坐标，从消能设备的起点开始，向下游按桩号每米绘一纵线；由消能设备的底板开始，向上（按高程）每米绘一横线，并注明高程，如图 2-3-2 所示。在水面经常变动的范围内纵线画至 0.1m，横线画至 0.5m，线条宽 3～5cm，用耐冲的白色磁漆绘制，也可在施工时用有色混凝土做成。对扩散或倾斜的边墙，可根据扩散角和倾斜角换算后绘制。

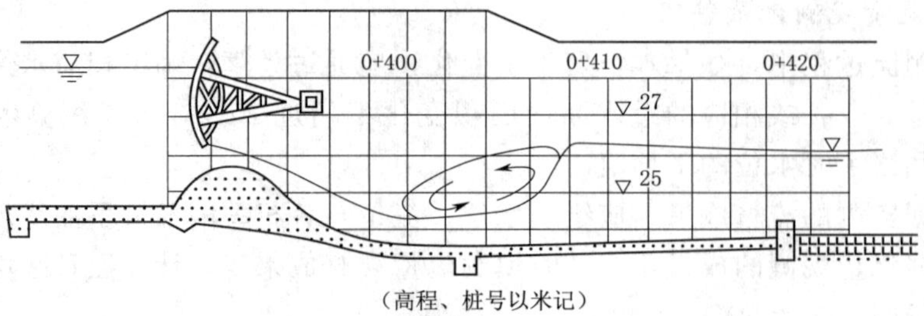


图 2-3-2 观测水跃与水面线的方格坐标示意图

（2）观测前，要首先将方格坐标、水尺和建筑物缩绘成图（比例尺可用 1/100）。观测时，待水流稳定后，持图站在能清楚看到水跃侧面形态的固定位置。按照水面在方格坐标和水尺上的位置，将其描绘在图纸上。为了便于比较，可把两侧墙上观测的成果，用不同颜色绘于同一图上。

2. 水尺组法

（1）在观测范围内，沿水流方向于两岸侧墙上设立一系列水尺，水尺间距和刻划精度应根据可能发生的水跃和水面线形态而定，以能满足测得水跃和水面线形态为原则。水尺的位置和结构，应使其对建筑物安全和水流的影响减少到最低限度。水尺应固定编号，并测定零点高程。

（2）观测时依次读记各水尺的水位高程，点绘在事先缩绘的水尺位置图上，描绘出水面线或水跃形态。

（3）观测水跃终点，可在水跃末端抛撒锯屑等漂浮物，在漂浮物不被卷入旋滚区而开始漂向下游的临界线，即为水跃的终点。

3. 活动测锤法

活动测锤的设备是在水闸消能段上，架设可以上下移动的钢梁或几排固定断面索，钢梁或断面索上挂以能左、右、上、下移动的测锤。观测时，一人站在一岸拉住牵引绳，使测锤自左而右逐点移动，二人站在另一岸，一人拉住测绳，一人记录，当测锤每至一测点后，即将测绳放松，使测锤接触水面，读出测绳长度，再换算出测点高程（钢梁和绳索的高程应事先校测）。此方法适用于在侧墙上无法绘制方格坐标或水尺组的情况。

**（三）其他注意事项**

进行流态观测时，应同时观测上下游水位、流量、闸门开度和风力、风向等相关因素。观测精度，除有特殊需要外，平面尺度准确到 0.5m，水面高程准确到 0.1m。

流态观测是不定期的，主要根据运用方式、泄流量、水头差等组合情况，进行观测。当各种组合情况下的水流形态均已掌握，消能设备工作情况又属正常时，除有科研任务外，即可停测。

若上下游河道遭受冲刷或淤积，引起水流形态的改变，或消能工进行扩建、改建，则需重新进行各种组合情况下的观测。当发生不正常流态时，应随时加测并详细记录上下游水位，闸门开启情况等，分析其产生的原因，立即采取如调整闸门开度等方法予以解决。

## 五、闸前、后冲刷及淤积观测

水闸投入运用后，为了保证建筑物的安全运用，拟定防冲防淤措施，应对其上下游河道冲刷、淤积程度，即对河床变形进行观测。

### （一）观测范围

河道的冲刷一般发生在水闸下游防冲槽后的河段；而河道的淤积则范围较大，上下游均有可能发生，观测范围一般从上游铺盖前端或消力池末端起，分别向上下游延伸约2～3倍河宽的距离。对于冲刷或淤积较严重的工程，可根据具体情况适当延长。

开始观测时，范围可适当大一些，以后可根据实测资料进行调整。

### （二）观测方法

1. 断面测量法

在确定测量的范围内，布置若干个河道横断面，断面间距以能反映河道的冲刷、淤积变化为原则。在河道易冲刷部位，例如防冲槽后、急弯、断面收缩（扩散）或比降有显著变化等河段应适当加密。靠近水闸处宜密些，离闸较远处可适当放宽。断面图的比例尺，铅垂方向一般可采用百分之一，水平方向一般可采用五百分之一或千分之一。当河面较宽，施测河道断面有困难时，可采取散点法测绘水下地形图，然后切取河道横断面。

2. 地形测量法

把地形分为水上和水下两部分；水上部分按一般的地形测量方法施测，其方法、精度要求等按照有关的测量规范进行；水下部分根据水深不同，采用回声测深仪施测，或采用测深杆、测深锤等测深工具施测，同时用经纬仪等测量仪器进行定位。地形图比例尺一般采用五百分之一或千分之一，等高线距离0.1～1.0m。近年来，随着GPS（全球卫星定位系统）技术的推广应用，在河道冲淤观测中，已采用GPS配合测深仪进行，精度达到厘米级，这就极大地提高了工作效率和观测精度。

### （三）观测时间和测次

观测次数一般根据河床变形的发展情况而定，对于比较稳定的河床可每几年观测一次。但当发现泄水期间水流形态不正且河床有显著变形等情况，停水后即应进行观测。

### （四）精度要求

为便于资料的对比分析和确定河床变形的变化情况，断面测量法可在两岸设置固定断面桩，桩顶宜设钢标点并标以断面编号及里程桩号。桩顶高程可以引测水上部分地面高程。断面测量前应对断面桩桩顶高程按四等水准要求进行考证，闭合差限差为$\pm 20\sqrt{k}$mm（$k$为测线长，单位km，不足1km时以1km计）。测点的水平距离要求记至0.5m；测点的高程，要求计算到厘米；测量水深，要求记至5cm。

### （五）注意事项

（1）断面测量时，如水流较急，测船很不稳定，测具难以保持垂直，定位不准，不宜观测，宜在闸门关闭或泄放小流量时进行。

（2）进行河床变形测量时，应同时观测上下游水位等相关因素。

**（六）观测成果**

（1）河床变形观测应填写下列表格：①河床断面桩顶高程考证表；②河床断面观测成果表；③河床断面变化比较表。

（2）河床断面观测应绘制下列图：①河床断面比较图；②河道水下地形图。

# 模块三

# 水利工程监测资料整理分析

## 项目一　土石坝监测资料整理分析

### 任务一　土石坝变形监测资料整理分析

#### 一、土石坝沉陷原因分析

土石坝承受的主要外力是自重压力和渗透水压力，它的压缩变形表现为竖向变形（沉陷）和侧向变形（水平位移），而以竖向变形为主。土石坝沉陷的主要原因是填土在自重压力下的压缩，而压缩过程与时间有直接关系，时间越长，累计压缩量越大。因此，沉陷变化过程的主要影响因素是时间。除此之外，土石坝的沉陷变化还受运用过程中以下因素的影响。

**（一）库水位因素**

由于沉陷与孔隙体积的变化和含水量有关，当蓄水之后，水从上游通过坝身、坝基向下游渗透，这就改变了土体在自重作用下产生压缩的条件，因而影响土坝的沉陷，表现在以下几个方面：

（1）由于水库蓄水，渗透水不断通过浸润线以下的土体，土中孔隙水被挤出的数量相对减小，挤出的速度变慢，因而土石坝蓄水后的总沉陷量将比其在自重压力下的压缩量要小。

（2）库水位的变化将使坝的沉陷量发生相应的变化。库水位的升降相当于土体经受相同荷载重复的加荷、卸荷作用，随着每一次库水位升降循环，坝体必然出现弹性变形和残余变形（永久性变形）。

一般情况是：水位下降幅度大，低水位维持时间长，沉陷量显著增加；库水位上升越高，维持时间越长，沉陷量将减小，甚至出现坝顶“回弹”（即上升）现象。例如，湖南酒埠江水库运用 18 年后，由于抗旱需要，1978 年第一次放空水库，坝顶轴线产生显著沉陷，坝最大断面处沉陷达 140mm，为正常年沉陷量的 11 倍之多。因为库水位大幅度下降后，坝体浸润线以下土体颗粒骨架间有效应力大大增加，孔隙水加快排出，土料的固结过程加快，从而在短时间内产生较大的附加沉陷量。又如，浙江南山坝，1972 年库水位最高，维持时间最长，当年坝体回弹 13mm，这是因为坝内浸润线抬高后压缩荷载相对减小，同时土体受水的浸泡使体积膨胀回弹。

### （二）施工荷载的影响

在坝上进行施工产生的荷载会引起坝体附加沉陷量，是由于维修等原因在坝上进行某些施工，如在坝身钻孔（特别是循环水钻孔）、坝体灌浆、加高加固坝时的施工碾压或某些机械振动，都可能使坝体沉陷量突增。例如，湖北白莲河土坝 1978 年沿坝轴线心墙灌浆，当年坝顶沉陷 184mm，是正常年沉陷量的 12 倍。又如，河南薄山土坝加高时，受施工碾压振动的影响，当年沉陷 64mm，是正常年沉陷量的 5 倍。

## 二、沉陷的一般规律性

### （一）沉陷的平面分布规律

一座已建土坝，在坝基各处地质条件相同时，其表面测点的累计沉陷量在平面上一般可以连成以河谷段为中心的闭合等值线图，如图 3-1-1 所示。从图上可以看出，位于河谷中心最大断面处的沉陷量最大，说明土石坝沉陷量主要取决于可压缩土层的厚度和上覆荷载的大小。此外，在岸坡陡峻的地段等值线较密，这反映坝体与岸坡毗邻处应力应变的剧烈变化。

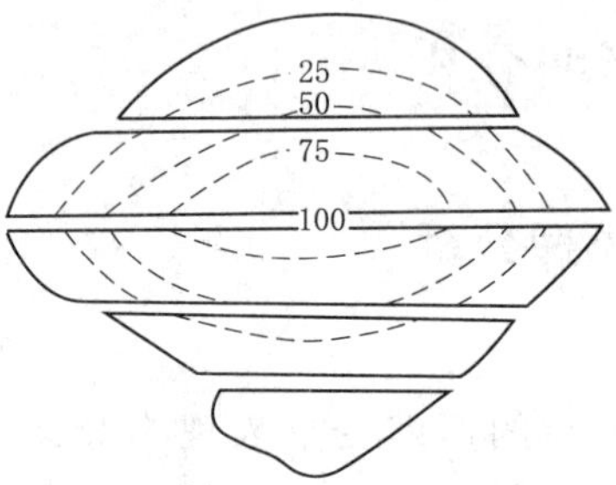


图 3-1-1 沉陷等值线示意图（单位：mm）

### （二）土石坝沉陷量沿高程的分布

土石坝竣工后沉陷量沿高程的分布自坝顶起基本上呈线性递减分布，沉陷量的大小与该点的高程成正比。

## 三、水平位移的原因及一般规律性

### （一）横向水平位移的原因

（1）坝身自重压缩引起的侧向膨胀。坝身自重压缩引起的侧向膨胀相当于图 3-1-2 所示的顶部自由、底部受约束的一个弹性体受到竖直荷载作用下产生侧向变形的情况。由于坝底受基础的约束，其侧向变形为零，而侧向变形量以离顶部 1/2～1/3 坝高处最大。

（2）承受水荷载引起的水平位移。有相当一部分坝，由于受上游面的水荷载作用，坝的上游面及坝基面受力后产生向上游转动的弹性挠曲，这种作用尤其在水库首次蓄水时较为明显，其作用有如悬臂梁受力，如图 3-1-3 所示。但这种变形往往在水库水位降落后又逐渐恢复原状。此后，在长期高库水位下坝体受水平水压力的作用，坝顶逐渐产生向下游侧的位移。

### （二）纵向水平位移的原因

纵向水平位移主要是由于岸坡土柱高度不等而产生的不均匀沉陷所引起的。

如果把岸坡作为一个斜面，沿坝轴方向截取单宽坝体，则坝体可视为斜面上的物体，由自重产生一个平行斜面指向河谷的分力，该分力使坝体产生指向河谷的纵向位移，如图 3-1-4 所示。

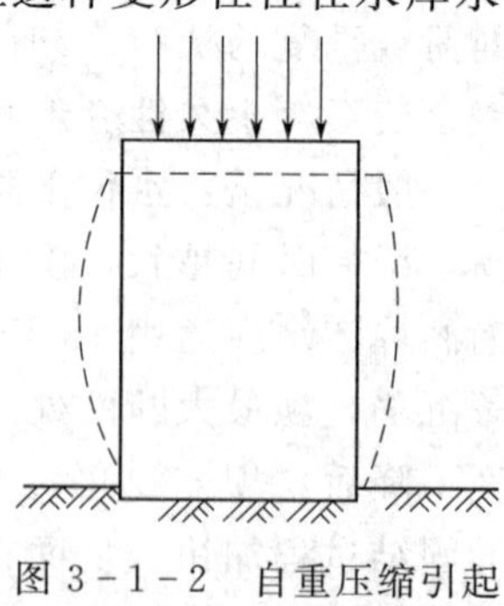

图 3-1-2 自重压缩引起侧向位移示意图

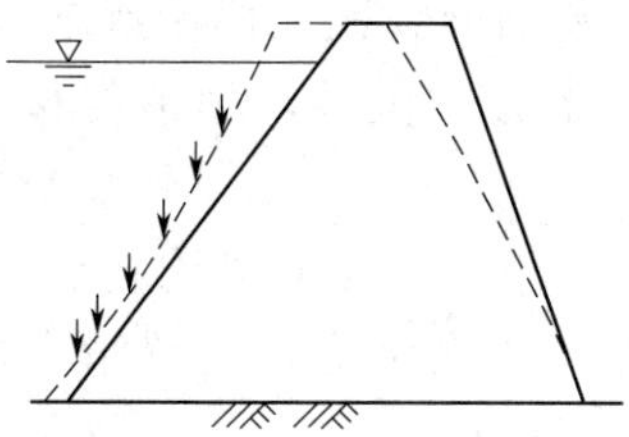

图 3-1-3　土坝弹性挠曲示意图

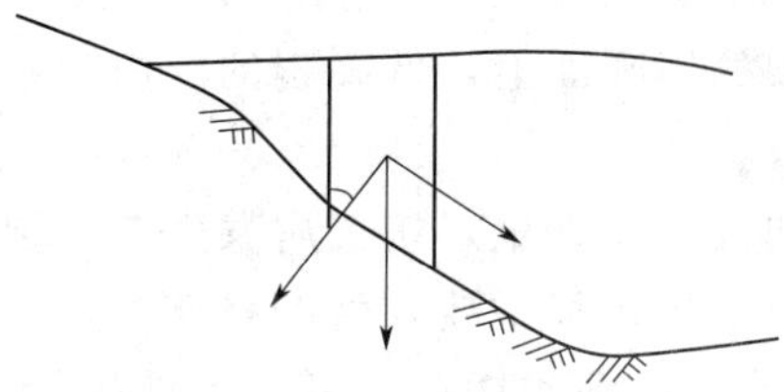

图 3-1-4　岸坡坝段纵向位移示意图

上述的水平位移中，由坝自重压缩引起的横向水平位移是主要的，由于自重压缩量与侧向膨胀量有一定的线性关系，所以坝的某观测点沉陷量与横向水平量有近似的线性关系。纵向水平位移量一般不大，但对坝的安全不利，过大的纵向水平位移可能引起坝头的横向裂缝。

**（三）水平位移的一般规律**

（1）横向水平位移。在一般情况下，坝的上游坝坡向上游位移，下游坝坡向下游位移，如图 3-1-5 所示。

对于坝顶，受库水位的影响比较强烈，有相当一部分坝在蓄水初期坝顶向上游位移，随着蓄水时间的推移，坝顶逐渐向下游位移。

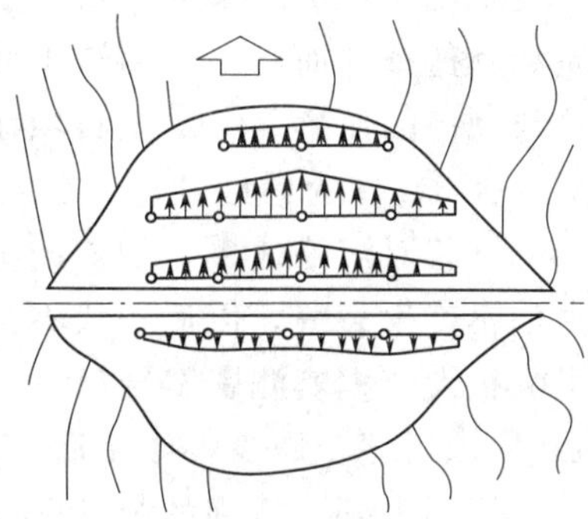

图 3-1-5　土石坝横向水平位移平面分布图

（2）纵向水平位移。一般发生在坝两端岸坡坝段部位，岸坡越陡，纵向位移越大。纵向水平位移与沉陷组合的合向量指向河谷中心。图 3-1-6 反映了纵向位移沿高程分布的规律，施工期在填土厚度约 1/2 处位移量最大，竣工后的水平位移在坝顶处或坝顶下 1/3 坝高处最大，坝底为零。

（3）规律表现形式。综上所述，水平位移的一般规律是各种作用的综合反映，其表现形式如下：

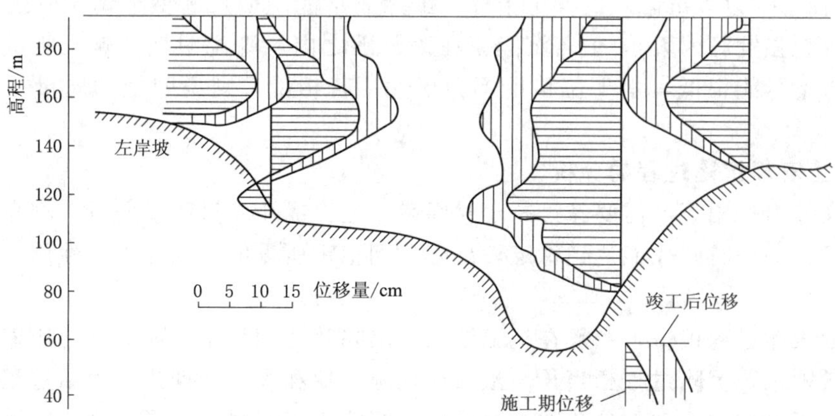


图 3-1-6　内扎华科约特尔坝纵向位移

1）横向水平位移主要发生在河谷中部坝的最大断面处，而向两岸逐渐减少。

2）在坝的横断面上，低高程的坝坡分别向上下游方向位移，坝顶位移方向则视具体条件而定。

3）横向最大位移量，竣工后发生在坝顶或坝顶以下1/3坝高处附近。

4）纵向水平位移主要发生在岸坡坝段，位移方向指向河心，位移量自岸坡坝段向河心逐渐减小，在河谷中心为零，岸坡越陡，纵向位移越大。

## 四、土石坝沉陷量及沉陷过程线分析

### （一）土石坝沉陷量的分析

土石坝坝顶沉陷量的大小，往往可以作为填土密实性和施工质量优劣的一个主要指标，要防止坝的裂缝，主要措施是设法减少不均匀沉陷而各部位沉陷量绝对值小，相对不均匀沉陷也就相应减小。因此，沉陷量也是衡量坝安全运行的基本指标。

（1）竣工后相对沉陷率。根据国内外土石坝的沉陷观测成果和运行情况统计，凡是变形小的，竣工后相对沉陷率小于1%的坝都没有产生裂缝；大于3%的坝多数发生裂缝；竣工后相对沉陷率为1%～3%的坝，有的坝有裂缝，有的坝没有裂缝，要看土料性质和其他条件而定。所谓竣工后相对沉陷率是指竣工后至沉陷稳定这段时间的累计沉陷量与坝高的比率。一般土石坝在竣工后5～7年，沉陷基本稳定。我们把竣工后相对沉陷率为3%作为累计“过大沉陷”指标。

（2）相对沉陷速率。初蓄期沉陷增长较快，以后沉陷速率很快减少，竣工后2～3年内如不产生裂缝，以后一般不会再产生裂缝，因此，竣工初期的沉陷速率对裂缝的产生影响很大。据实测资料统计，一般竣工后第一年内的坝顶沉陷量约占坝高的0.1%～0.4%，以后逐年减少，竣工后10年内累计沉陷量约为第一年内的2～4倍。

根据国内外土石坝的统计资料，可以把竣工后第一年的沉陷速率作为参考指标。如超过这数值，说明可能“过大沉陷”，即起码说明填土质量差，抗裂抗渗性能低，往往有裂缝和渗漏。

综上所述，根据实测资料，用竣工后相对沉陷率为3%和竣工后第一年沉陷速率为0.5%作为衡量“过大沉陷”的参考指标，虽然还不能全面反映变形情况（还有水平位移、土的抗裂强度等因素），但若沉陷率在该范围之内，则说明坝的碾压质量较好，其抗裂强度也不可能很低，水平位移也不会很大。若相反，则说明坝的质量差，安全程度低。

### （二）土石坝沉陷过程的分析

填土在外力作用下，需要经过一定时间后才能完成压缩过程。所以，坝身和坝基的沉陷也要经过一段时间才能达到稳定，沉陷达到稳定所需的时间与土料性质、排水条件有关。

砂土的压缩过程很短，一般在施工结束后沉陷就达到稳定。而黏性土压缩性大，孔隙水排出较困难，沉陷过程相当长。土石坝在施工期和竣工初期排水固结过程很快，以后由于荷载不再增加，大部分孔隙水已排出，沉陷将变缓慢，但是达到沉陷终结，则还需要相当长的时间，故沉陷过程线是一条斜率变化很大的曲线，曲线初期很陡，后期趋于平缓。

如果有较长的观测资料，则可以通过数理统计分析，找出沉陷随时间变化的经验公式，绘制沉陷过程线，从而达到掌握变化规律、预测今后沉陷变化过程的目的。

根据沉陷过程的特点，通常可选择下列四种基本曲线建立经验公式。

（1）对数曲线。

$$S_t = a + b\ln t \tag{3-1-1}$$

（2）双曲线。

$$S_t = \frac{t}{at+b} \tag{3-1-2}$$

（3）幂函数曲线。

$$S_t = at^b \tag{3-1-3}$$

（4）指数函数曲线。

$$S_t = a\mathrm{e}^{bt} \tag{3-1-4}$$

式中　$S_t$——时间 $t$ 的总沉陷量；

$a$，$b$——待定系数。

由于累计沉陷量 $S_t$ 与时间 $t$ 的关系不是线性关系，因此，首先要对上列公式通过变量代换使之线性化。可分别令 $x'=\ln t$，$y'=S_t$，则式（3-1-1）变为

$$y'=a+bx'$$

令 $x'=\frac{1}{t}$，$y'=\frac{1}{S_t}$，则式（3-1-2）变为

$$y'=a+bx'$$

对式（3-1-3）两边取对数后，令 $x'=\ln t$，$y'=\ln S_t$，$a'=\ln a$，则有

$$y'=a'+bx'$$

对式（3-1-4）两边取对数后，$x'=t$，$y'=\ln S_t$，$a'=\ln a$，则有

$$y'=a'+bx'$$

进行了线性化后，即可应用最小二乘法进行计算，求出待定系数 $a$、$b$，从而确定经验公式。在观测资料分析时，两变量间呈曲线关系，这时可通过线性变换方法将非线性关系变为线性关系，然后根据一元线性回归的方法求出线性回归方程，最后再换算为曲线方程。下面通过实例说明解决化曲线为直线回归问题的方法。

例如，某土坝上游 14m 桩号。0+250 测点实测沉陷量见表 3-1-1，要求找出沉陷量与时间的定量关系式。为简化计算起见，时间以年为单位，该测点从 1996 年底始测，至 1997 年 12 月时，$t=1$，依次类推。沉陷量以米为单位计算。

**表 3-1-1　　某土坝沉陷量记录**

| 观测时间 | | 累计沉陷量/m |
|---|---|---|
| 年份 | 月份 | |
| 1996 | 12 | 始测 |
| 1997 | 12 | 0.08 |
| 1998 | 12 | 0.13 |

续表

| 观 测 时 间 | | 累计沉陷量/m |
|---|---|---|
| 年份 | 月份 | |
| 1999 | 12 | 0.18 |
| 2000 | 12 | 0.20 |
| 2001 | 12 | 0.23 |
| 2002 | 12 | 0.27 |
| 2003 | 12 | 0.28 |
| 2004 | 12 | 0.29 |

首先根据表 3-1-1 的观测数据绘制散点图，如图 3-1-7 所示。然后根据散点呈现的图形及数学知识可以认为累计沉陷量 $S$ 与时间 $t$ 之间具有双曲线关系，即

$$\frac{1}{S}=a+\frac{b}{t} \qquad (3-1-5)$$

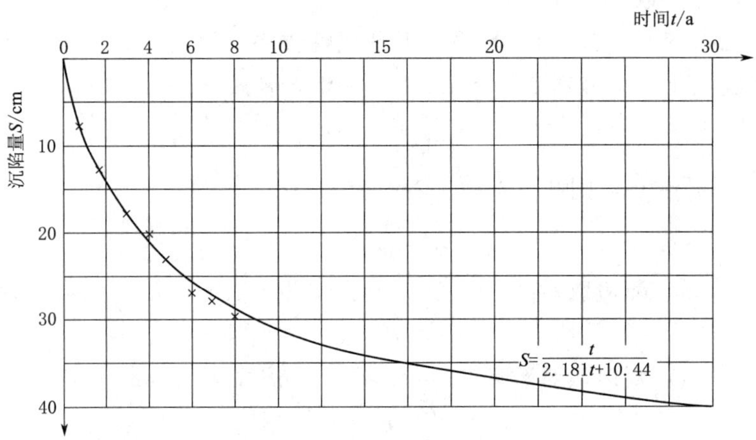


图 3-1-7 累计沉陷量与时间关系

令 $Y=\frac{1}{S}$，$X=\frac{1}{t}$，则式（3-1-5）可以改写为

$$Y=a+bX$$

上式为一般直线函数式，即可用求回归直线方法求得回归系数 $b$ 及常数项 $a$。计算过程见表 3-1-2，得回归方程

$$\hat{Y}=2.181+10.44X \qquad (3-1-6)$$

式中 $\hat{Y}$——回归直线的估计值。

$\sum X=2.7179$；$\sum Y=45.818$；$n=8$；$\overline{X}=\frac{2.7179}{8}=0.3397$；$\overline{Y}=\frac{45.818}{8}=5.727$

$\sum X^2=1.5274$；$\sum Y^2=328.55$；$\sum XY=21.874$

$\frac{(\sum X)^2}{n}=\frac{7.387}{8}=0.9243$；$\frac{(\sum Y)^2}{n}=\frac{2099.289}{8}=262.411$；$\frac{\sum X\sum Y}{n}=\frac{124.5287}{8}=15.566$

表 3-1-2　　　　沉陷量对时间回归的计算

| 序号 | $t$ | $S$ | $X=\frac{1}{t}$ | $Y=\frac{1}{S}$ | $X^2$ | $Y^2$ | $XY$ |
|---|---|---|---|---|---|---|---|
| 1 | 1 | 0.08 | 1.0000 | 12.500 | 1.0000 | 156.25 | 12.500 |
| 2 | 2 | 0.13 | 0.5000 | 7.692 | 0.2500 | 59.17 | 3.846 |
| 3 | 3 | 0.18 | 0.3333 | 5.555 | 0.1111 | 30.86 | 1.851 |
| 4 | 4 | 0.20 | 0.2500 | 5.000 | 0.0625 | 25.00 | 1.250 |
| 5 | 5 | 0.23 | 0.2000 | 4.348 | 0.0400 | 18.91 | 0.869 |
| 6 | 6 | 0.27 | 0.1667 | 3.704 | 0.0278 | 13.72 | 0.617 |
| 7 | 7 | 0.28 | 0.1429 | 3.571 | 0.0204 | 12.75 | 0.510 |
| 8 | 8 | 0.29 | 0.1250 | 3.448 | 0.0156 | 11.89 | 0.431 |
| $\Sigma$ | | | 2.7179 | 45.818 | 1.5274 | 328.55 | 21.874 |

$$l_{xx}=\sum X^2-\frac{(\sum X)^2}{n}=0.604;\ l_{yy}=\sum Y^2-\frac{(\sum Y)^2}{n}=66.139;\ l_{xy}=\sum XY-\frac{\sum X\sum Y}{n}=6.308$$

$$b=\frac{l_{xy}}{l_{xx}}=\frac{6.308}{0.604}=10.44;\ a=\overline{Y}-b\overline{X}=5.727-10.44\times0.3397=2.181$$

$$\hat{Y}=2.181+10.44X;\ r=\frac{l_{xy}}{\sqrt{l_{xx}l_{yy}}}=\frac{6.308}{\sqrt{0.604\times66.139}}=0.998$$

查表 3-1-3 得 $r_{n-2}^{0.01}=0.834$；$r=0.998>0.834$。

表 3-1-3　　　　相关系数检验表

| $n-2$ \ $\alpha$ | 0.05 | 0.01 | $n-2$ \ $\alpha$ | 0.05 | 0.01 | $n-2$ \ $\alpha$ | 0.05 | 0.01 |
|---|---|---|---|---|---|---|---|---|
| 1 | 0.997 | 1.000 | 9 | 0.602 | 0.735 | 17 | 0.456 | 0.575 |
| 2 | 0.950 | 0.990 | 10 | 0.576 | 0.708 | 18 | 0.444 | 0.561 |
| 3 | 0.878 | 0.959 | 11 | 0.553 | 0.684 | 19 | 0.433 | 0.549 |
| 4 | 0.811 | 0.917 | 12 | 0.532 | 0.661 | 20 | 0.423 | 0.537 |
| 5 | 0.754 | 0.874 | 13 | 0.514 | 0.641 | 21 | 0.381 | 0.487 |
| 6 | 0.707 | 0.834 | 14 | 0.497 | 0.623 | 22 | 0.349 | 0.449 |
| 7 | 0.666 | 0.798 | 15 | 0.482 | 0.606 | 23 | 0.325 | 0.418 |
| 8 | 0.632 | 0.765 | 16 | 0.468 | 0.590 | 24 | 0.304 | 0.393 |

于是，$S$ 与 $t$ 之间满足

$$\frac{1}{S}=2.181+10.44\frac{1}{t}$$

即

$$S=\frac{t}{2.181t+10.44} \tag{3-1-7}$$

按式（3-1-7）计算出的双曲线点据见表 3-1-4，回归曲线如图 3-1-7 所示。

表 3-1-4　　双曲线计算成果

| 时间 $t$/a | 2 | 4 | 6 | 8 | 10 | 15 | 20 | 30 | 40 |
|---|---|---|---|---|---|---|---|---|---|
| 累计沉陷量 $S$/m | 0.135 | 0.208 | 0.284 | 0.287 | 0.310 | 0.348 | 0.370 | 0.395 | 0.409 |

这里要指出的是，表 3-1-2 计算的 $r$ 是变换后的线性回归方程的相关系数，$r=0.998>0.834$，说明线性相关关系是显著的。但还应检验曲线方程的有效性，即所配曲线与散点的相关性。我们用相关指数 $R^2$ 来衡量回归方程的有效性，其平方根 $R$ 也可称为相关系数。

$$R^2=1-\frac{\sum(S_i-\hat{S}_i)^2}{\sum(S_i-\overline{S}_i)^2} \tag{3-1-8}$$

式中　$S_i$——沉陷量的观测值；

$\hat{S}_i$——双曲线上的计算值（回归值）。

$R^2$ 可以通过查表 3-1-5 并计算求得

$$R^2=1-\frac{\sum(S_i-\hat{S}_i)^2}{\sum(S_i-\overline{S}_i)^2}=1-\frac{0.000444}{0.039052}=0.989$$

表 3-1-5　　$R^2$ 的计算表

| 序号 | $S_i$ | $\hat{S}_i$ | $S_i-\hat{S}_i$ | $(S_i-\hat{S}_i)^2$ | $S_i-\overline{S}_i$ | $(S_i-\hat{S}_i)^2$ |
|---|---|---|---|---|---|---|
| 1 | 0.08 | 0.079 | 0.001 | 0.000001 | −0.128 | 0.016384 |
| 2 | 0.13 | 0.135 | −0.005 | 0.000025 | −0.078 | 0.006084 |
| 3 | 0.18 | 0.177 | 0.003 | 0.000009 | −0.028 | 0.000784 |
| 4 | 0.20 | 0.208 | −0.008 | 0.000064 | −0.008 | 0.000064 |
| 5 | 0.23 | 0.234 | −0.004 | 0.000016 | 0.022 | 0.000484 |
| 6 | 0.27 | 0.254 | 0.016 | 0.000361 | 0.062 | 0.003344 |
| 7 | 0.28 | 0.272 | 0.008 | 0.000064 | 0.072 | 0.005184 |
| 8 | 0.29 | 0.287 | 0.003 | 0.000009 | 0.082 | 0.006724 |
| Σ | | | | 0.000444 | | 0.039052 |

一元非线性回归方程的精度和线性回归类似，取剩余标准离差 S 作为回归方程的精度指标，在本例中

$$S=\sqrt{\frac{\sum(S_i-\hat{S}_i)^2}{n-2}} \tag{3-1-9}$$

式中　$S_i$——沉陷量的观测值；

$\hat{S}_i$——双曲线上的计算值（回归值）。

故
$$S=\sqrt{\frac{0.000444}{8-2}}=0.0086(\mathrm{m})$$

若在图 3-1-7 上做出两条平行回归曲线

$$S'=\frac{t}{2.181t+10.44}-2\times0.0086$$

$$S''=\frac{t}{2.181t+10.44}+2\times 0.0086$$

由数理分析可知，观测值 $S$ 落在以均值为中心的 $\pm 2S$ 范围内的概率是 95.4%。为了得到尽可能好的拟合曲线，通常是选配几种与其观测数据散点趋势相适应的曲线分别进行回归计算，求出几条不同的回归曲线，经比较，选择 $R^2$ 较大或 $S$ 较小的回归曲线作为最佳拟合曲线。

如果观测资料时段较长且连续，能建立符合坝的变形规律的经验公式，而水库在运行中又没有沉陷突变等其他因素的影响，应用经验公式预报一定时段的沉陷是完全可行的。例如，酒埠江水库主坝用 1962—1967 年的初期沉陷资料，建立了初期沉陷回归方程：$S=17.3+19.11\ln t$。预报 2 年内的沉陷量，结果相对误差仅为 1.3%；预报 5 年内的，相对误差为 3.4%；预报 10 年内，相对误差为 6.6%。这里的相对误差指实测值与预报值的差占实测值的百分数。

## 任务二　土石坝渗流监测资料整理分析

土石坝渗流状态在工程运用过程中是不断变化的。引起渗流变化的原因主要包括库水位变化、坝体固结、坝基沉陷、泥沙产生淤积、土石坝出现病害，前四种原因引起的渗流变化属于正常现象，其变化具有一定的规律性：一是测压管水位和渗流量随库水位的上升而增加，随库水位的下降而减少；二是随着时间的推移，由于坝体固结、坝基沉陷、泥沙淤积等原因，在相同的库水位条件下，渗流观测值趋于减小，最后达到稳定。但是，当土石坝产生坝体裂缝、坝基渗透破坏、防渗排水设施失效、白蚁生物破坏、土中物质被水溶出等病害时，其渗流就不符合正常渗流规律，会出现各种异常渗流现象。掌握渗流变化的正常规律，可以判断渗流是否正常，结合实际渗流情况，可以推算最高库水位时各项渗流预报值，并验证坝体和坝基是否会发生渗流破坏，坝坡是否稳定。

### 一、坝身测压管监测资料整理分析

#### （一）绘制测压管水位过程线

以时间为横坐标，以测压管水位为纵坐标，绘制测压管水位过程线。为便于分析相关因素的影响，在过程线图上还应同时绘出上下游水位过程线、雨量分布线，如图 3-1-8 所示。

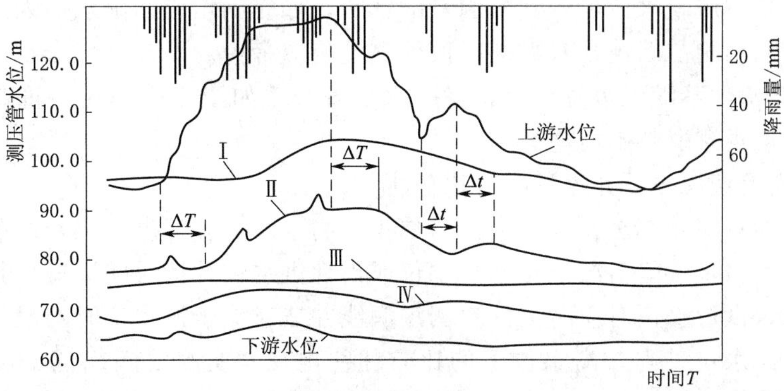


图 3-1-8　测压管水位过程线示意图

从图 3-1-8 可以看出：

(1) 测压管水位与库水位有着相应的关系，即测压管水位过程线的起伏（峰、谷）次数大体上与库水位过程线相同。

(2) 测压管水位变化（上升或下降）的时刻，往往比库水位开始变化（上升或下降）的时刻来得晚，两者的时间差一般称为测压管的滞后时间（如图 3-1-8 中的 $\Delta T$ 或 $\Delta t$）。

饱和土体中测压管水位的滞后时间主要取决于测压管容积充水及放水时间。管径越大，管内充水或放水时间越长，滞后时间也越长。为了减小滞后时间，宜选用较小直径的测压管。实际上，坝基测压管水位的滞后时间主要取决于其自身充放水时间。

非饱和土体内测压管水位的滞后时间主要是由非饱和土体孔隙充水时间所引起的，远较饱和土体中测压管容积充水时间长。实际上，坝身测压管水位的滞后时间的绝大部分是由非饱和土体充水时间或饱和土体放水时间所引起的。

由于坝身测压管有较明显的滞后时间，因此就不能用同一时刻的上下游水位和管水位进行比较，这就给资料分析带来麻烦，为此，需首先估计“滞后时间”，用以消除对测压管水位的影响。其次，滞后时间的长短也可作为分析坝的渗流状态的一项参考指标。一般来说，密实、透水性弱的坝体滞后时间长，而较松散、土料透水性强的坝体则滞后时间较短。滞后时间的估算方法常采用以下两种：

方法 1：当水库水位和测压管水位处于一个水文年中，各有一段较长的相对稳定时间的，可在它们的过程线上选取由稳定状态开始变化（上升或下降均可）时两转折点的时差，或者选取由变化状态达到稳定时两转折点的时差，作为滞后时间，如图 3-1-8 中Ⅰ线的 $\Delta T$。

方法 2：取测压管水位过程线和库水位过程线峰（谷）值的时差作为滞后时间，如图 3-1-8 中Ⅱ线的 $\Delta t$。

方法 1 优于方法 2，因为方法 2 仍处于不稳定过程，可能出现 $\Delta T \neq \Delta t$。

(3) 可能出现的特殊情况有如下几种。

1) 在库水位降低时，出现测压管水位高于库水位，如图 3-1-8 中Ⅰ线。其原因有两种可能：一是土体的透水性小，管内水体不易排出，这属于正常现象；二是测压管进水管段被淤堵而失灵，可作注水试验予以验证。

2) 测压管水位过程线与库水位过程线有时起伏不一致，如图 3-1-8 中Ⅱ线的凸起处。其原因是测压管水位受到其他因素的影响，如受到坝表面雨水渗入或者受到土坡地下水位上升的影响。因此，对局部时段的测定值应舍去。

3) 测压管水位不随库水位变化，呈一水平直线，如图 3-1-8 中Ⅲ线，其原因为测压管失灵。该观测资料不能用。

**(二) 实测浸润线与设计浸润线对比分析**

土坝设计的浸润线都是在固定水位（如正常高水位，设计洪水位）的前提下计算出来的，而在运用中，一般情况下正常高水位或设计洪水位维持时间极短，其他水位也变化频繁。因此，设计水位对应时刻的实测浸润线并非对应于该水位时的浸润线，如果库水位上升达到高水位，则在高水位下的比较往往出现“实测浸润线低于设计浸润线”；相反，用低水位的观测值比较，又会出现“实测浸润线高于设计浸润线”，如图 3-1-9

所示。事实上，只有库水位达到设计库水位并维持才可能直接比较，或者设法消除滞后时间的影响，否则很难说明问题。

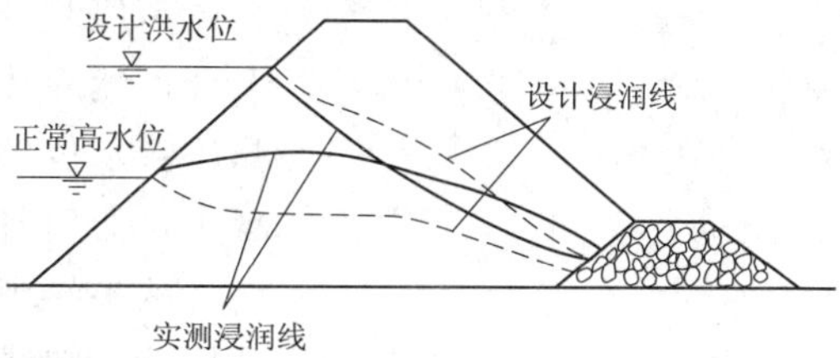


图 3-1-9　实测浸润线与设计浸润线比较图

**（三）特定水位下测压管水位的对比分析**

当测压管水位与上游水位相关性良好时（下游无水，或下游水位变化的影响可以忽略不计），直接采用测压管水位对比分析更简单明了。

一般可选择大多数年份都可达到的高、中、低三个库水位，且在选定的库水位上运行时间比较长（如超过测压管滞后时间），作为特定的上游水位，绘制历年同一特定水位下的测压管水位过程线，如图 3-1-10 所示。

从图 3-1-10 中可以看出，2008 年以前测压管水位逐年下降，说明渗流情况不断改善；2008 年以后测压管水位逐年上升，则说明渗流条件可能变坏，应引起注意。

**（四）测压管水位与库水位相关分析**

对于一座已建成的坝，测压管水位只与上下游水位有关，当下游水位基本不变时，可以时间为参数，绘制测压管水位与库水位相关曲线，相关曲线形状有下列几种。

(1) 测压管水位与库水位曲线相关。坝身土料渗透系数较大，滞后时间较短时一般是曲线相关，如图 3-1-11 所示。图中相关曲线逐年向左移动，说明测压管水位逐年下降，渗流条件改善；反之，相关曲线向右移动，则说明渗流条件恶化。

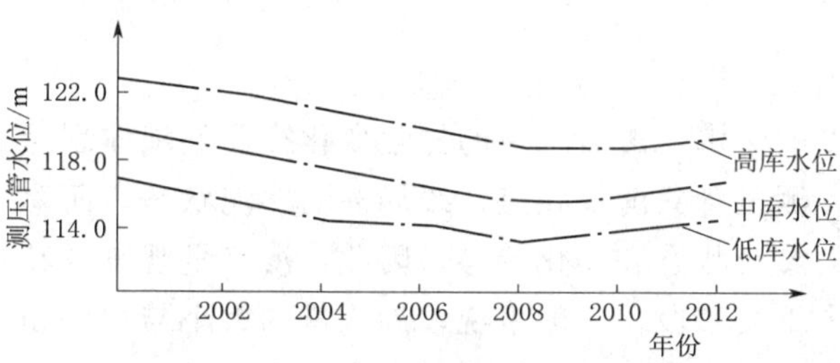


图 3-1-10　测压管特定水位过程线

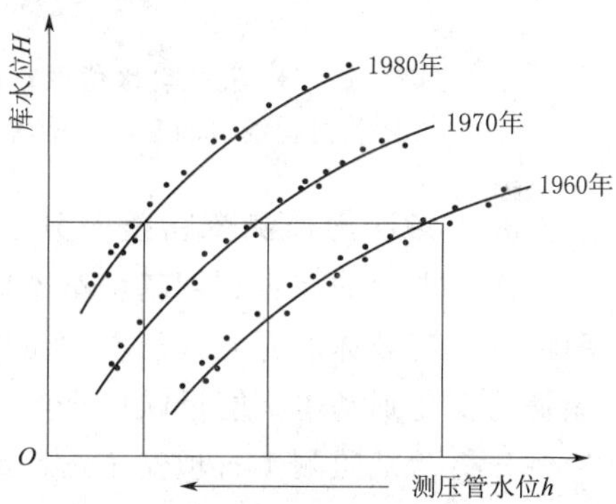


图 3-1-11　测压管水位与库水位曲线相关图

(2) 测压管水位与库水位呈圈套曲线。当坝身土料渗透系数较小时，相关曲线往往呈圈套状，这是由于滞后时间所造成的，如图 3-1-12 所示。按时间顺序点绘某一次库水位升降过程（例如在一年内）的库水位与测压管水位关系曲线，经过整理就可得出一条顺时针旋转的单圈套曲线。这时对应于相同的库水位就有不同的测压管水位，库水位上升过程对应的测压管水位低，库水位下降过程对于测压管的水位高，这属于正常现象。若出现反时针方向旋转的情况，属于不正常，其资料不能用。

该曲线反映了滞后时间的影响：库水位上升时，测压管水位相应上升，库水位上升

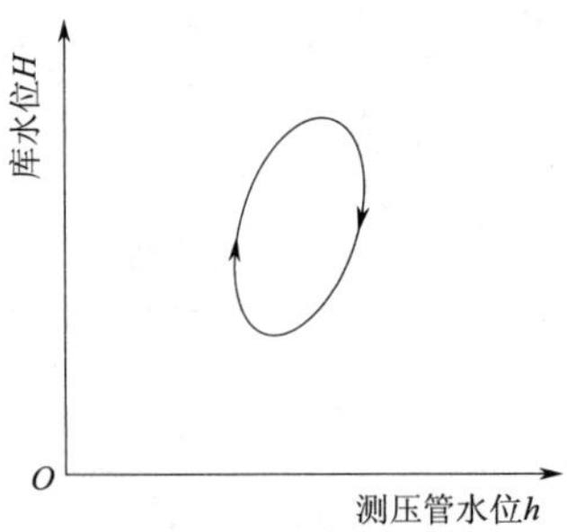


图 3-1-12 测压管水位与库水位相关过程线（单圈套）

至最高值时开始下降，测压管水位由于时间滞后而继续上升，然后才下降。库水位下降至某高程又开始上升，测压管水位继续下降一段时间后才上升。坝的渗透系数越小，滞后时间越长，圈套的横向幅度越大。

从多年观测系列资料或多年观测资料中选择几个典型年点绘曲线，则曲线往往呈不闭合的圈套曲线，若该曲线旋转方向向左，说明在相同的库水位下测压管水位逐年降低，渗流情况改善，如图 3-1-13 所示；反之，圈套曲线旋转方向向右，如图 3-1-14 所示，说明在相同库水位下，测压管水位逐年增高，渗流朝不利的方向变化，需再作进一步的分析。若连续观测资料点绘的曲线呈重复的圈套，说明相同的库水位下测压管水位变化相同，渗流情况稳定正常。

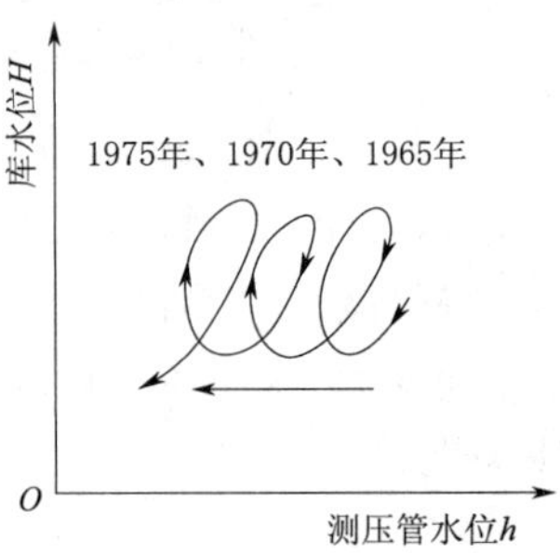


图 3-1-13 测压管水位与库水位相关过程线（圈套向左旋转）

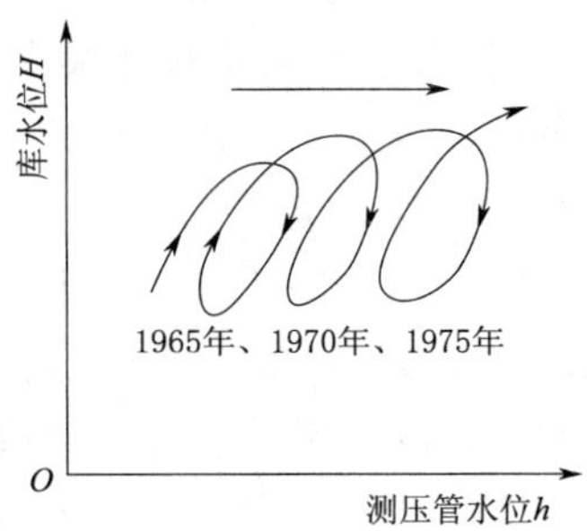


图 3-1-14 测压管水位与库水位相关过程线（圈套向右旋转）

## 二、渗流量监测资料整理分析

任何坝型的坝身和坝基都有不同程度的渗水，渗流水量的异常变化往往是坝体裂缝和坝基渗流破坏的先兆。从空间位置看，测压管只能反映点、线局部的渗流状态，而渗流量的变化则基本上能反映整个渗流场的渗流状态和变化趋势。因此，渗流量观测及其资料分析乃是监测土石坝安全运行的一个重要手段。一般来说，渗流量的大小与坝体和坝基渗透系数的绝对值有关，渗透系数大，渗流量也大；渗透系数小，渗流量也小。渗流量还与防渗、排水效果有关。防渗设施将减少渗流量，而排水设施则增大渗流量。水库建成运行后，在这些结构因素基本不变的正常渗流情况下，渗流量和浸润线、坝基渗透压力一样，主要取决于上下游水位。

当渗流场的边界条件（如上下游水位、流场内介质）固定，渗流量应为常数，它的增大或减小主要受坝前泥沙淤积、防渗或排水设施失效、坝基渗流破坏、坝体裂缝、化学溶蚀等因素的影响。

因此，除了渗流量资料分析外，还要进行渗水透明度观测和水质分析，以及结合测压管资料分析，才能对渗流异常作出准确的判断，找出渗流异常的原因，以便采取正确的维修措施。

**(一)渗流量观测资料分析的准备工作**

通过坝的总渗流量由以下四部分组成：坝基渗出地表的渗流量、通过坝身的渗流量、通过坝头的渗流量、通过坝基的潜流量。前三部分的渗流量大部分可用量水堰收集和观测，坝基的潜流量则在透水地基的深层漏失，表面无法测量。但在透水地基中，该部分渗流量所占比重较大，不容忽视，因此在分析资料前首先估算潜流量的大小。

此外，水的黏滞性随温度而变化，即使在相同的渗流条件下，仅因温度变化引起的渗流量变化也相当可观。例如，在相同的水位条件下，冬季的渗流量可能比盛夏季节的渗流量大大减小。为了消除这一影响，需在整理资料时进行温度校正。

(1)坝基潜流量的估算。当为较深的透水地基时，地表排水沟往往只能观测到坝身、绕坝及坝基渗出地表的那部分渗流量，地基较深层处的渗流量则无法观测。由于地下水坡度变化不大，坝基潜流量基本上是个常数，因此，可用下列方法近似求出。

以上下游水位差 $H$ 为纵坐标、观测渗流量为横坐标点绘曲线图，两者近似呈线性关系，因有潜流量，直线不通过坐标原点，将直线延伸交于 $x$ 轴，其交点的绝对值即为潜流量，如图 3-1-15 所示。该图是安徽龙河口土坝用 1983 年实测渗流量求得的潜流量，由图 3-1-15 可知，潜流量为 80L/s。

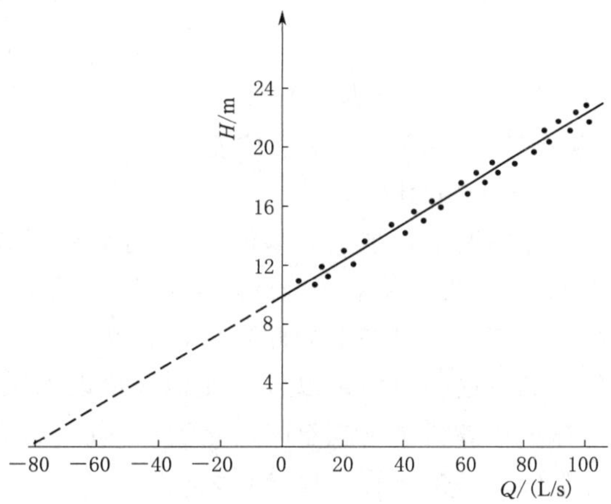


图 3-1-15 安徽龙口土坝上下游水位差与观测渗流量关系

(2)温度校正。水的黏滞性随其温度而变，为使不同季节的观测渗流量能直接进行对比分析，应首先把不同温度的渗流量换算成某一标准温度下的渗流量，例如，换算成水温为 10℃时的渗流量，换算式如下：

$$Q_{10}=Q_T\tau \qquad (3-1-10)$$

式中 $Q_{10}$——水温为 10℃时的渗流量，L/s；

$Q_T$——天然水温为 $T$ 时的渗流量，L/s；

$\tau$——温度校正系数，$\tau=1.359/(1+0.0337T+0.00022T^2)$。

此外，也可以用下式换算：

$$Q_T=\frac{\mu_t}{\mu_T}Q_t\approx\frac{1+0.034T}{1+0.034t}Q_t \qquad (3-1-11)$$

式中 $t$——实测水温，℃；

$T$——标准水温，可取当地地下水平均温度，℃；

$\mu_t$、$\mu_T$——相应实测水温为 $t$、标准水温 $T$ 下的黏滞系数；

$Q_t$、$Q_T$——实测水温 $t$、标准水温 $T$ 下的渗流量，L/s。

**(二)渗流量观测资料的整理和分析**

(1)绘制渗流量过程线。如图 3-1-16 所示，渗流量过程线图中同时绘制上下游

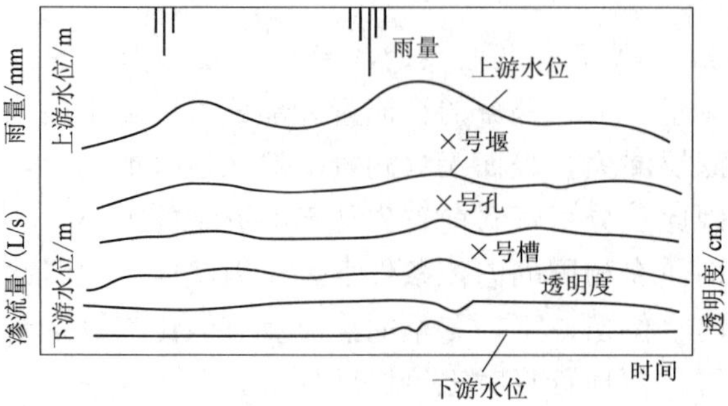


图 3-1-16 渗流量过程图

水位过程线、雨量分布及透明度过程线。在没有降雨和地面径流影响的条件下，渗流量过程线与上游水位过程线相似。如果渗流量以坝基有压渗流为主，则渗流量无滞后时间；如果以坝体无压渗流为主，则渗流量要考虑滞后时间的影响。其估算方法与坝体测压管相同。

(2) 化引流量分析法。“化引流量”是指单位水头作用下的总渗流量，用式 (3-1-12) 表示

$$q_f = \frac{Q}{H} \tag{3-1-12}$$

式中 $Q$——总渗流量，L/s；

$H$——相应上下游水位差，m；

$q_f$——化引流量。

一般情况下，坝基的渗流量 $Q$ 与水头 $H$ 有近似的线性关系，而坝身的渗流量 $Q$ 与水头 $H$ 为非线性关系。因此，当坝基以承压渗流为主，而坝身渗流量又较小（土石坝防渗体工作正常时多是如此）可以忽略时，化引流量是个常数，即它不随时间和水位而变化。利用这一特性可以较方便地评价以承压渗流为主的坝基渗流的稳定性。

在坝体渗流量不能忽略的情况下，$q_f$ 不是常数，而是随水头 $H$ 变化，这时应选取特定水位作参数进行对比分析。

(3) 对比分析。同一库水位（或同一水头）渗流量随时间变化的对比，以特定水位为参数绘制渗流量过程线，如图 3-1-17 所示。从曲线图分析渗流量的变化及发展趋势，若过程线逐步降低，说明渗流量逐年减少；若过程线逐步上升，则反映渗流量逐年增加，应引起注意。

(4) 相关分析法。建立渗流量 $Q$ 与上下游水头差 $H$ 的相关线，可以鉴别渗流量资料的可靠性，判别其渗流特征。以上下游水位差为纵坐标，渗流量为横坐标，点上测点后，过其重心作连线即得其相关线，如图 3-1-18 所示。

当渗流量与作用水头的相关线为直线时，表明渗流量与作用水头呈线性关系，亦即以坝基有压渗流为主。坝体、坝肩与坝基相比渗透系数甚小者多为如此。对这种相关线又分下列三种情况。

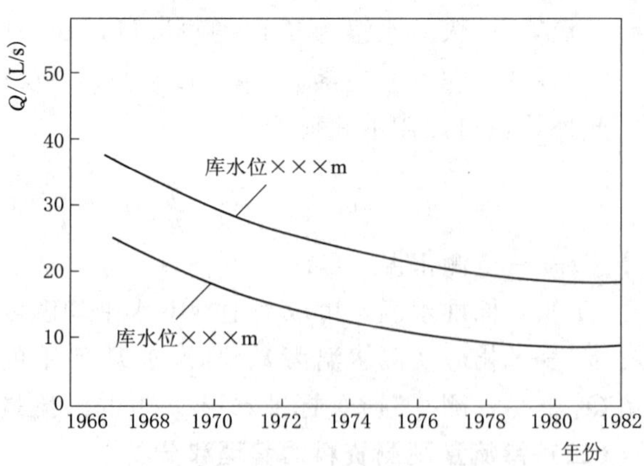


图 3-1-17 特定水位渗流量过程线

1）相关线通过坐标原点，如图3-1-18中的Ⅱ线，说明全部渗流量都被量测到。

2）相关线在作用水头坐标轴上有正截距，如图3-1-18中的Ⅰ线，则表明还有潜流未被量测到。

3）相关线与渗流量坐标轴相交，如图3-1-18中的Ⅲ线，表明渗流量中包含有其他水源，如雨水。此时，相关线只能用作相对比较时参考。

当渗流量与作用水头的相关线为抛物线时，如图3-1-19所示，则表明坝体的无压渗流量不可忽略。一般不透水地基上的均质土坝，或坝体、坝肩与坝基相比渗透系数相近的其他类型的土坝多为如此。

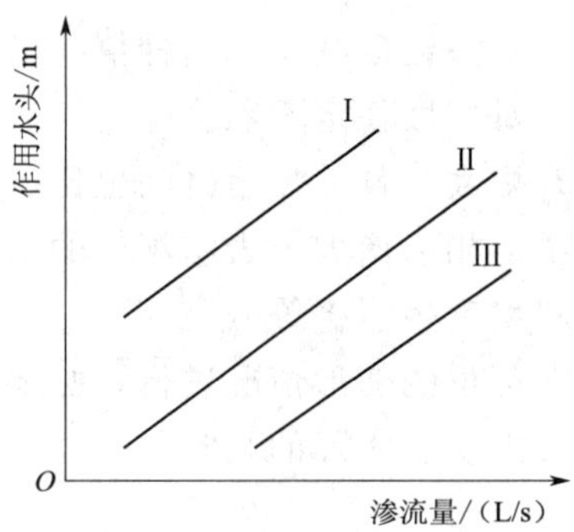


图3-1-18 作用水头与渗流量相关线

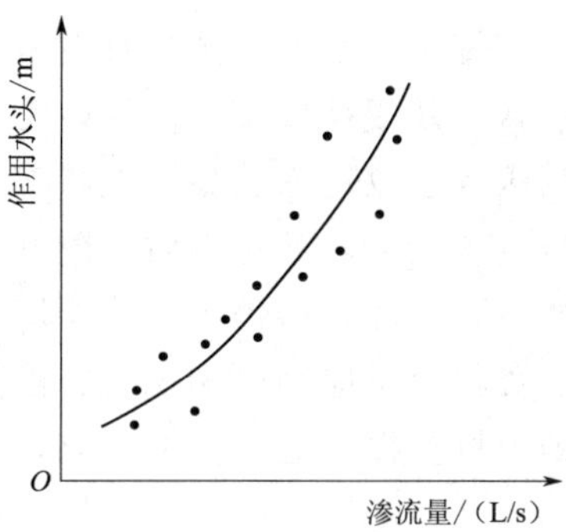


图3-1-19 渗流量与作用水头相关线

## 三、渗流观测资料的综合分析

从渗流观测资料综合分析土石坝的安全，一般有以下几种情况：

（1）测压管水位、渗流量和化引流量逐年降低，且靠上游处测压管水位的下降幅度大于其上游部分，测压管滞后时间增长，说明渗流条件改善，有利于安全。

例如，山西省汾河土坝横断面示意图如图3-1-20所示，坝高60m。表3-1-6表明，1973年测压管水位与渗流量均比1976年降低，且上游降低较多，下游降低幅度小，说明上游渗水入口被淤堵，坝前淤积层厚达4m，已起到良好的防渗作用，渗流量逐年减小。

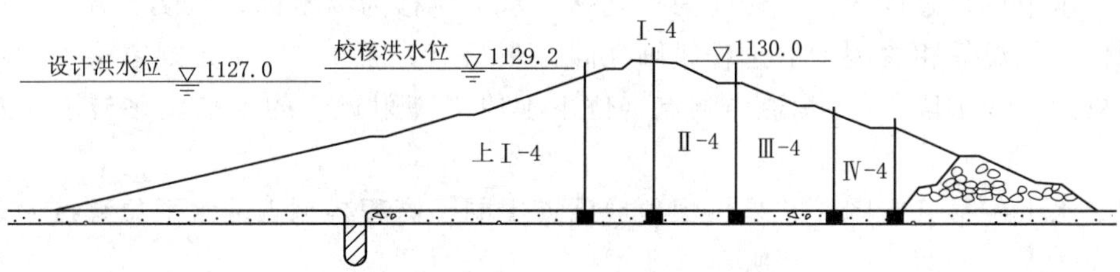


图3-1-20 汾河土坝横断面示意图

**表3-1-6 汾河主坝测压管与渗流量综合分析表**

| 年-月-日 | 水库水位/m | 主河槽0+370 | | | | | 坝基渗流量/(L/s) | 坝前淤积高程/m |
|---|---|---|---|---|---|---|---|---|
| | | 上Ⅰ-4 | Ⅰ-4 | Ⅱ-4新 | Ⅲ-4 | Ⅳ-4 | | |
| 1967-11-07 | 1124.09 | 1105.21 | 1098.58 | 1083.11 | 干 | 1077.37 | 21.36 | 1092.00 |
| 1973-11-19 | 1124.02 | 1100.55 | 1097.93 | 1081.41 | 干 | 1076.45 | 10.23 | 1096.00 |
| 较差/m | −0.07 | −4.66 | −0.65 | −1.7 | | −0.92 | −11.13 | +4.00 |

(2) 靠下游部位的测压管水位逐渐下降，同时，渗流量、化引流量增大。这种情况很可能是渗流出口处产生了渗透变形，需查明原因。

例如，汾河水库左副坝位于左岸黄土台地，其下为3m厚砂卵石层，渗透系数 $K$ 为1.59～4m/d，该处埋设了一组3根浸润线测压管及一组3根坝基渗水压力测压管。对观测资料分析发现，测压管水位逐渐降低，且下游降低较多，尾部的测压管在1973年已成干孔，而渗流量逐渐增大，初步分析判断下游坝脚有可能产生渗流冲刷。因此，对该部位进行了昼夜监视。果然于1973年10月发生了管涌，由于有所准备，立刻采取了措施，使工程转危为安。

(3) 测压管水位逐渐抬高，且下游部位升幅大，渗流量减小。这种情况可能是由于排水反滤设施失效或被堵塞，使坝体浸润线抬高，对坝坡稳定不利。

(4) 测压管水位逐渐抬高，上游部位管水位升幅大，且其滞后时间也比下游的先缩短，渗流量相应较大，甚至坝体上游部位的沉陷量也相应增大，表明坝体的上游部位或防渗体可能遭到破坏，如铺盖、防渗墙、心墙或斜墙产生裂缝等。

总之，资料分析应结合测压管、渗流量及所在部位的变形情况进行，必要时还应进行针对性的现场查探及进一步的观测，才有可能做出切合实际的判断。

# 项目二　混凝土坝监测资料整理分析

## 任务一　混凝土变形监测资料整理与分析

### 一、水平位移观测资料整理分析

#### （一）资料整理

水平位移观测资料的整理，通常需绘制水平位移过程线、水平位移分布图和挠度曲线等图表，现分述如下。

(1) 水平位移过程线。以时间为横坐标、水平位移为纵坐标，为便于分析，还常将上游水位、气温等相关因素的过程线画在同一张图上。图3-2-1是刘家峡重力坝位于河床中央的第6坝段1660廊道内测点（位于坝体半高附近）的水平位移与水库水位过程线。

(2) 水平位移分布图。它是将坝顶或廊道中同一高程各测点的水平位移按一定比例画在平面图上，如图3-2-2所示。

(3) 挠度曲线。它以高程为纵坐标、水平位移为横坐标，点绘出垂线上各测点的水平位移，用直线或曲线连接而成。挠度曲线能清楚地显示出坝体挠曲的情况，为分析挠度和水库水位的关系，将挠度曲线和水库水位画在同一张图上，并标注各测次的日期和水库水位高程。图3-2-3为方坦那重力坝挠度曲线。

#### （二）水平位移观测资料分析

根据实测水平位移过程线、分布图和相关图，可以分析影响水平位移的主要因素和一般变化规律。

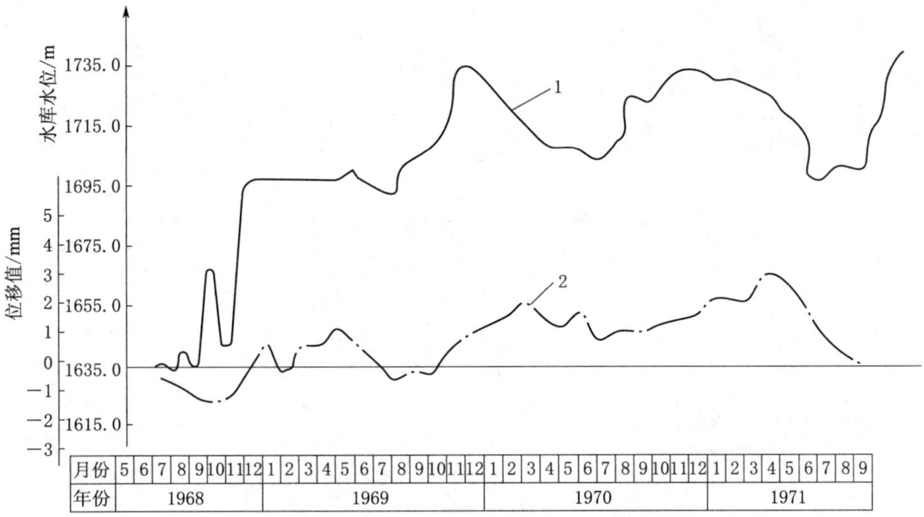


图 3-2-1 刘家峡重力坝实测水平位移与水库水位过程线

1—水库水位；2—第 6 坝段 1660 廊道测点水平位移

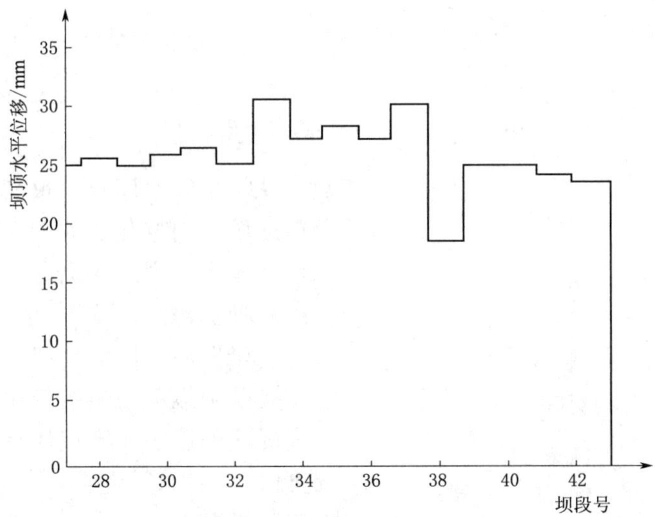


图 3-2-2 丰满大坝坝顶水平位移分布图

（1）水平位移受水荷载的影响，随着上游水位升高，位移向下游增加，从图 3-2-1 中可以看出，水平位移增减大体与库水位升降相对应。

（2）水平位移与坝体温度变化状况有关，并具有明显的年周期性。对重力坝和支墩坝，在低温季节，大坝下游面因暴露在空气中而温降幅大，大坝上游面因浸在水中而温度降幅小，由此产生了温度梯度，并因温度梯度的影响，下游面的收缩较上游面大，使坝体向下游挠曲；在高温季节则相反，下游面的温度升幅要比上游面大，膨胀也大，使坝体向上游挠曲，如图 3-2-4 所示。所以，位于坝顶的测点一般在高温季节向上游位移，低温季节向下游位移。这种温度的影响往往要大于水压力的影响，有不少大坝在

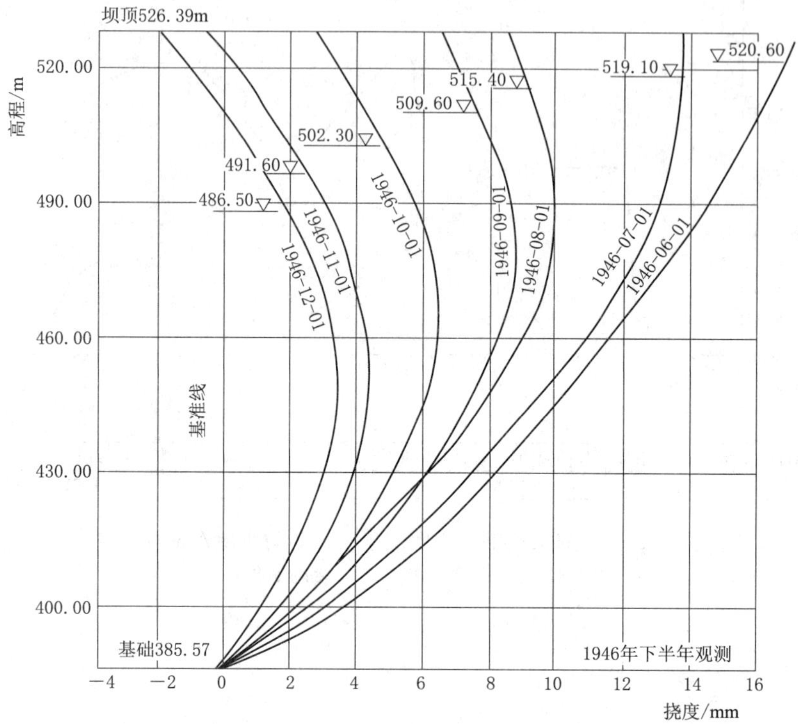


图 3-2-3 方坦那重力坝挠度曲线

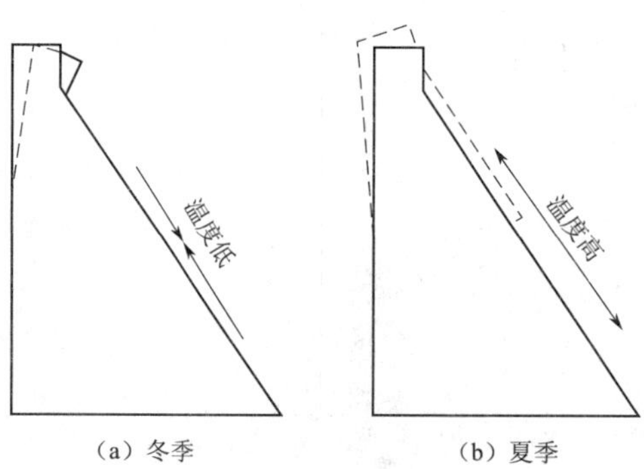


图 3-2-4 重力坝温度变形示意图

夏、秋季尽管水库水位很高，但坝顶总位移仍向上游方向变化。如图 3-2-5 所示的丹江口宽缝重力坝永久测点的水平位移就显示出了这种变化的规律。

对于拱坝，因为是超静定结构，水平位移主要受坝体平均温度变化控制，其次才是温度梯度的影响。当坝体平均温度高于封拱温度时，拱轴线则伸长，坝体向上游位移；低于封拱温度时，拱轴线则缩短，坝体向下游位移，如图 3-2-6 所示。

(3) 水平位移存在时效变化，即在水位和温度条件基本不变的前提下，位移可能向某一方向不断发展。这种水平位移的时效变化是一种不可逆的变形，是因混凝土体积收缩、徐变和地基变化等原因引起的，一般在初蓄期比较明显，以后随着时间增加而渐趋稳定。

水平位移变化除了上述三个主要因素外，位移量还与坝体结构型式及地基条件有密切的关系。

(4) 水平位移变化幅度与坝高有关，在相同结构下，坝高较大者，位移变幅也较大。通常河床段中央坝高度较大，坝段位移变幅大，而向两岸位移变幅逐渐减小。表 3-

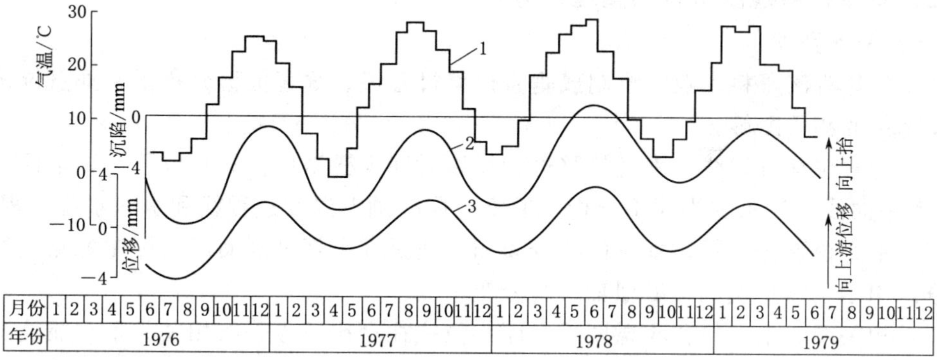


图 3-2-5　丹江口宽缝重力坝实测水平位移及沉陷过程线
1—气温；2—第 21 坝段坝顶沉陷；3—第 10 坝段坝顶水平位移

2-1 所列的新丰江坝坝顶水平位移情况，就是一个例证，表 3-2-1 中 8～12 号坝段位于河床中部，位移变幅明显比两岸坝段要大。

(5) 同一坝段上水平位移与测点高程有关。对重力坝、支墩坝而言，测点越靠上部，位移变幅越大。对拱坝而言，水平位移最大变幅的测点可能位于坝顶，也可能位于坝体中部。

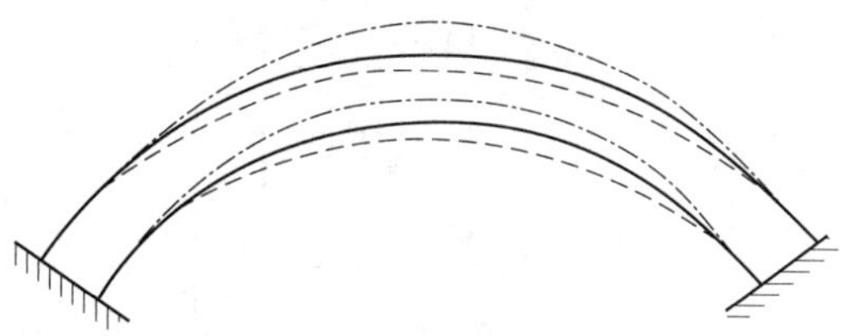


图 3-2-6　拱坝温度变形示意图

**表 3-2-1　　新丰江坝坝顶水平位移年变幅数**

| 坝　段　号 | 2 | 5 | 6 | 8 | 10 | 12 | 14 | 16 | 18 |
|---|---|---|---|---|---|---|---|---|---|
| 位移年变幅/mm | 6 | 8 | 9 | 12.5 | 14 | 14.2 | 9.5 | 6.1 | 7.8 |

(6) 地基较弱的坝段比地基坚实坝段的水平位移要大，如图 3-2-2 丰满大坝在第 34～38 坝段存在一个较深的断层破碎带，这几个坝段的水平位移就比相邻的其他坝段要大一些。

(7) 坝顶结构状况及混凝土质量对位移的影响。同样高度的坝，结构单薄的比厚实的位移量大；同类结构的坝，混凝土质量低的位移量大。

例如，坝高 147m 的刘家峡实体重力坝，坝顶水平位移年变幅仅 5mm，而坝高为 90～105m 的丹江口、新安江、安砂等宽缝重力坝，坝顶水平位移年变幅 6～7mm，比刘家峡坝还要大。坝体混凝土质量差、纵缝连接不良的丰满实体重力坝，坝高与丹江口等坝相近，而坝顶水平位移年变幅竟达 20mm，这除了与年温差较大有关外，主要是坝体混凝土弹性模量低、整体性差所造成的。

根据定性分析的结果，必要时还需建立数学模型进行定量分析，以求出水平位移与各相关因素之间的定量关系。

## 二、垂直位移观测资料的整理和分析

### （一）资料整理

垂直位移观测资料一般需绘制成垂直位移过程线、垂直位移分布图、垂直位移与温度或库水位的相关图等。

（1）垂直位移过程线。垂直位移过程线以时间为横坐标，垂直位移为纵坐标，如图3-2-5中曲线2所示。为便于分析，通常还同时画上温度过程线和水库水位过程线。

（2）垂直位移分布图。垂直位移分布图一般是在大坝纵剖面图上标注各测点的垂直位移量，用于了解垂直位移沿坝轴线的分布情况。

（3）相关图。垂直位移与温度或水库水位往往有比较显著的相关关系，能绘出关系良好的相关图，图3-2-7为桓仁大坝沉陷与水位的关系图。

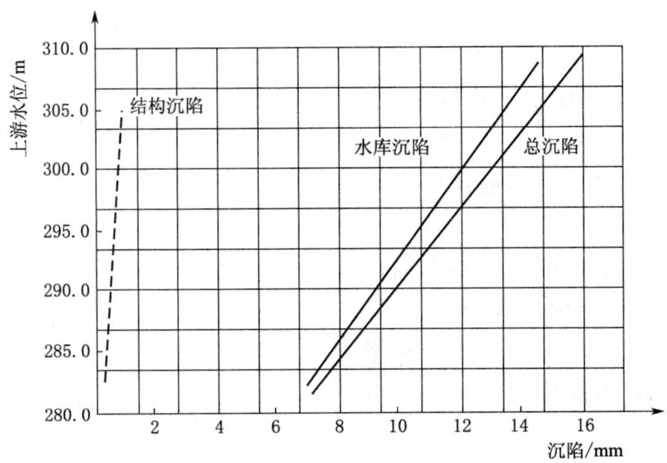


图3-2-7 桓仁大坝沉陷与水位关系线

### （二）资料分析

垂直位移通常有如下变化规律。

（1）坝顶测点的垂直位移主要受温度和水库水位影响。一般表现为高温季节因坝体热胀而测点上抬，低温季节因坝体冷缩而测点下降。水库水位上升时因基础沉陷而引起坝体下沉，还因坝体浸水降温，减小了热胀上抬的幅度，故水位上升将使坝顶测点下降。我国南方高温季节往往是汛期，水库水位也较高，这时高温引起的热胀上抬有可能超过高水位引起的下降，坝顶测点仍表现为向上位移。图3-2-5中的第21坝段就属这种情况，该沉过程线与气温过程线呈良好的对应关系，气温升高，坝顶上抬。

（2）坝基测点垂直位移主要受水位影响，水位上升时坝基下沉，图3-2-7即呈现了这个规律。在坝基垂直位移变化中，除受水位升降引起的周期性变化外，尚有随时间积累的不可逆过程，向下的沉陷总量逐年增加，但增加速度慢，到一定时候趋于停止。如刘家峡大坝坝基沉陷有时效变化，但较缓慢，1969—1977年近9年内积累沉陷约3mm。

（3）坝基沉陷与地质情况有很大关系，地基软弱者沉陷就大。水库蓄水后，因库底承受了巨大的水荷载，坝区附近将发生大面积的不均匀沉陷，距坝址越近沉陷越大。图 3-2-8 为丰满大坝下游坝区沉陷分布情况，上游坝区沉陷分布也与此类似。

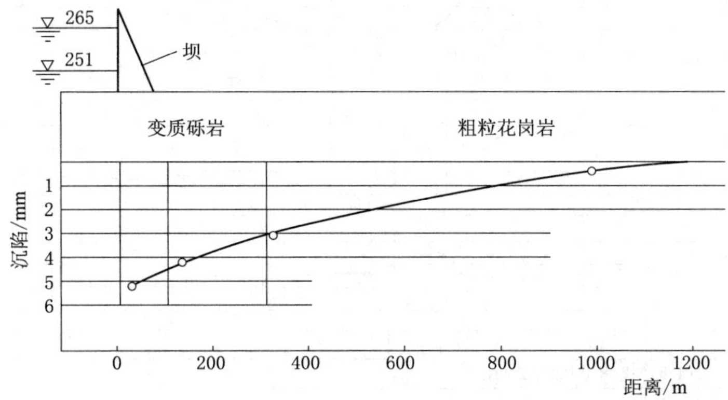


图 3-2-8 丰满大坝下游坝区沉陷分布图

(4) 坝体的倾斜主要取决于温度，一般是夏季向上游倾斜，冬季向下游倾斜。坝基的倾斜主要取决于水库水位，水库水位上升，坝基向下游倾斜，水库水位下降，坝基向上游倾斜。

## 三、接缝和裂缝观测资料的整理和分析

接缝和裂缝有开度和错动变化，沿垂直于坝轴线方向的水平错动实际上就是缝两侧坝体的相对水平位移，而沿上下方向的错动实际上就是相对垂直位移。它们的变化规律已在前面作了叙述，所以一般只需绘出缝的开度过程线和相关图。

(1) 接缝和裂缝的开度主要决定于温度，一般温度升高缝变小，温度降低缝张大，如图 3-2-9 所示。

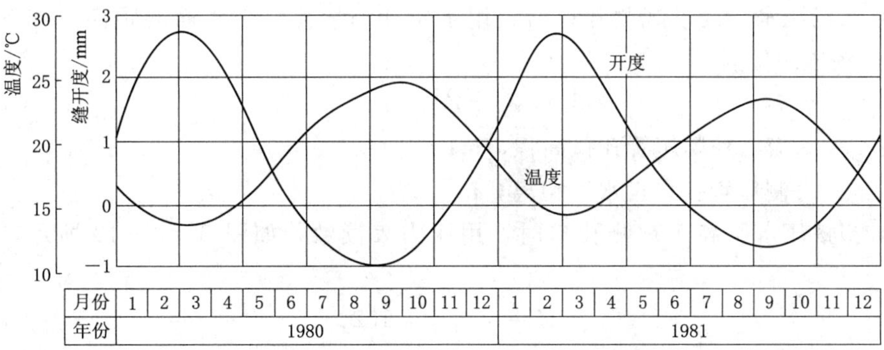


图 3-2-9 葛洲坝二江泄水闸 6 闸段护坦与闸室伸缩缝开度过程线

(2) 水库水位的升降对重力坝横缝的开度没有明显影响，但对拱坝的径向缝和支墩坝的横缝有影响，图 3-2-10 中所示的两条坝缝在封拱灌浆后开度仍有变化，在 1975 年冬季遇低温时缝明显张开，蓄水时缝在水压力作用下重新闭合。

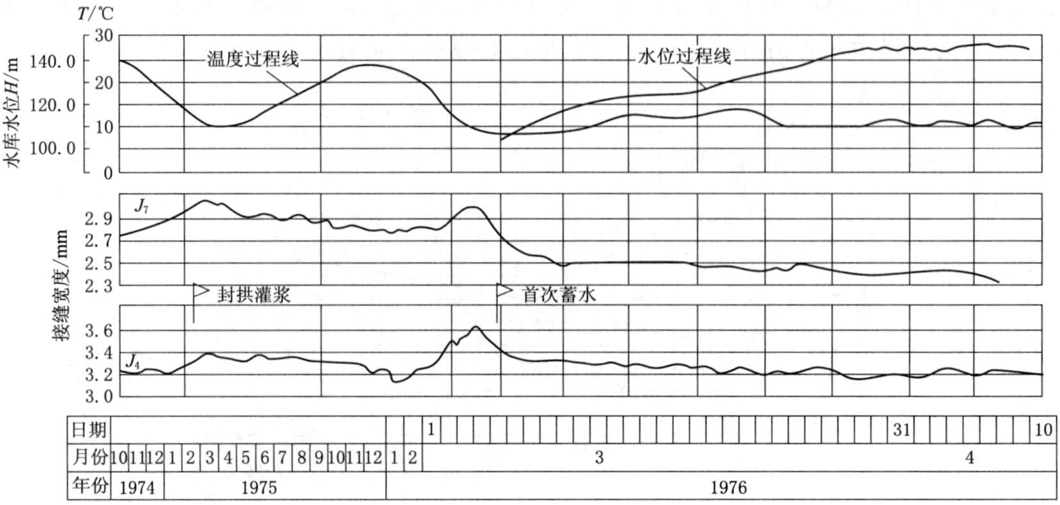


图 3-2-10 泉水拱坝接缝开度变化过程线

## 任务二 混凝土坝渗流监测资料整理分析

坝基扬压力是作用在重力坝或重力拱坝坝底面上的重要荷载，它对坝的稳定、应力和变形都有明显的影响。一座高百米左右的重力坝，每米宽的坝底上可能有 $1.0\times10^4$ kN 以上的扬压力向上作用，其值相当于坝体重量的 20%左右。整理分析扬压力资料，对于验算大坝稳定，监视坝基渗透情况，了解坝基帷幕防渗和排水系统的工作效能，都有着重大的意义。

### 一、扬压力实测成果计算

#### （一）扬压水位 $Z_i$ 的计算

（1）当扬压水位低于观测孔口时，用水位计测量孔口至水面的距离，如图 3-2-11 所示，扬压水位为

$$Z_i = Z_{孔i} - a_i \tag{3-2-1}$$

式中 $Z_{孔i}$——第 $i$ 号测压管孔口高程，m；

$a_i$——测压管孔口至水面距离，m。

（2）当扬压水位高于观测孔口时，用压力表读数，如图 3-2-12 所示，扬压水位为

$$Z_i = Z_{表i} + 0.102p \tag{3-2-2}$$

式中 $Z_i$——扬压水位，m；

$Z_{表i}$——第 $i$ 号测压管压力表表座高程，m；

$p$——压力表观测读数，kPa。

#### （二）扬压水头 $h_i$ 和渗压水头 $h_i'$

设上游水位为 $Z_上$，下游水位为 $Z_下$，坝底高程为 $Z_0$。

扬压水头是坝底高程以上的测压水柱，即

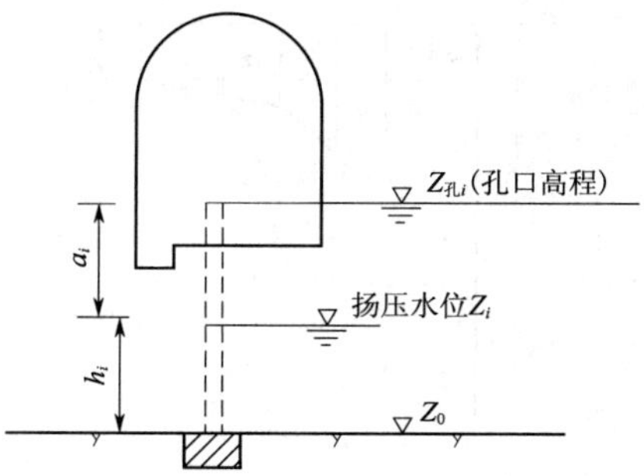


图 3-2-11 扬压水位低于孔口的观测示意图

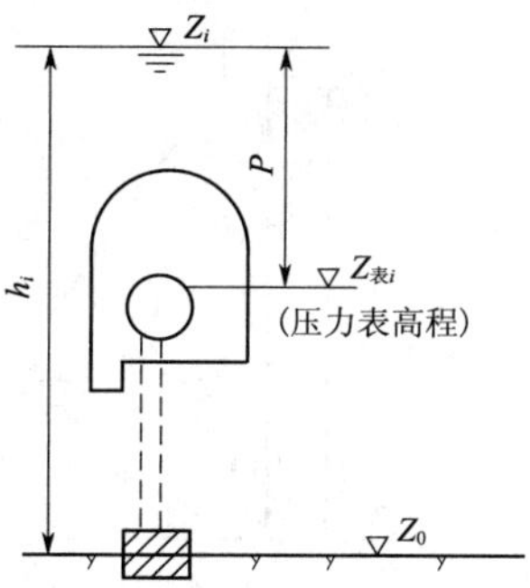


图 3-2-12 扬压水位高于孔口的观测示意图

$$h_i = Z_i - Z_0 \tag{3-2-3}$$

渗压水头 $h_i'$ 是下游水位以上的测压水柱，即

$$h_i' = Z_i - Z_{下} \tag{3-2-4}$$

两者的关系为

$$h_i' = h_i - H_{下}$$

**（三）扬压系数和渗压系数**

设上下游水柱 $H_{上}$、$H_{下}$ 为上下游水位与坝底高程的差值。

扬压系数为扬压水头与上游水柱的比值，以 $\alpha_i$ 表示，即

$$\alpha_i = \frac{h_i}{H_{上}} \tag{3-2-5}$$

渗压系数为渗压水头与上下游水柱差的比值，以 $\alpha_i'$ 表示，即

$$\alpha_i' = \frac{h_i'}{H_{上} - H_{下}} = \frac{h_i - H_{下}}{H_{上} - H_{下}} \tag{3-2-6}$$

受下游水位作用的河床坝段，通常只计算渗压系数而不计算扬压系数，不受下游水位作用时岸坡坝段，通常只计算扬压系数，有的坝也把下游地下水位作为下游水位计算渗压系数。

**（四）坝基扬压力**

通过坝基岩石裂隙形成垂直向上的扬压力，目前常用的方法是将它视为作用在坝底的外力。坝基扬压力大小可用坝基扬压水头分布图［图 3-2-13（b）］的总面积来表示，该面积等于坝底每相邻两测点间距离乘以该两测点扬压水头平均值之和，单宽坝基上扬压力的计算式为

$$U = \left[\sum_{i=0}^{n} \frac{b_i}{2}(h_i + h_{i+1})\right]\gamma \times 1 \tag{3-2-7}$$

式中 $U$——单宽 1m 的坝底扬压力，kN；

$\gamma$——水的容重，9.8kN/m$^3$；

$b_i$——两测点间距离，m；

$h_i$——第 $i$ 测压管扬压水头。

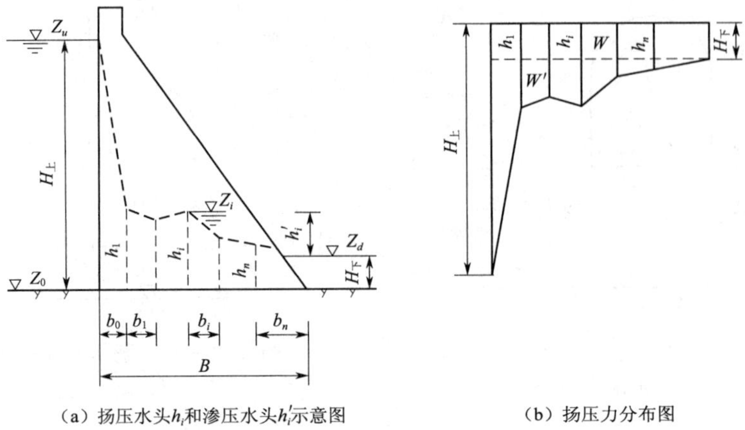


图 3-2-13 坝基扬压力计算示意图

图 3-2-13（b）中虚线以上部分为浮托力，用 $W$ 表示，其分布图形为高度等于 $H_下$ 的矩形。虚线以下部分为渗透压力，用 $W'$ 表示。扬压力 $U$ 为 $W$、$W'$ 两者之和，即

$$U=W+W' \tag{3-2-8}$$

上述扬压水位、扬压水头、渗压水头、扬压系数、渗压系数是衡量单孔（坝底一个点）渗透情况的参数，其值越低对坝的安全越有利；扬压力则是衡量一块面积上渗透情况的参数；单位面积上的扬压力等于扬压水头（m）与水容重（$kN/m^3$）的乘积。扬压力的数值也是越小对坝安全越有利。

## 二、扬压力观测资料的整理和分析

### （一）资料整理

资料整理一般应绘制扬压力过程线、扬压分布图和扬压力相关图，通过图表可直观地了解扬压力状况及其分布规律。

（1）扬压过程线。扬压过程线是以时间为横坐标、扬压值（扬压水位、扬压水头、扬压系数或扬压力等）为纵坐标绘出的扬压值随时间变化的过程线。通常可把几个互有联系的扬压过程线画在同一张图上，并把水库水位和下游水位过程线一起画上，以便分析。图 3-2-14 为刘家峡大坝一个横断面上各孔的扬压水位过程线，图 3-2-15 为桓仁大头坝两个坝段内纵向各孔的扬压系数过程线。

（2）扬压分布图。扬压分布图有纵向分布图和横向分布图两种。纵向分布图以扬压力观测孔沿坝轴线方向的纵向距离为横坐标，标上观测孔号或坝段号，并画出坝底开挖形状，纵坐标为扬压水头或扬压水位等扬压参数。图 3-2-16 为新丰江大头坝坝基纵向扬压力分布图。横向分布图的横坐标为观测孔顺河向的横向距离，标上观测孔号，并画出防渗帷幕及排水孔的位置，纵坐标与扬压纵向分布图相同。为便于分析比较，还常将设计和实测的扬压值画在同一张图上，图 3-2-17 为乌江渡大坝坝基扬压力分布图。

（3）扬压相关图。扬压相关图用来表示扬压值与影响因素之间的关系，较常见的是扬压值与水库水位的相关图，通常以水库水位为纵坐标、扬压水位或其他扬压系数为横坐标。如果下游水位变幅较大，最好将上下游水位差作为纵坐标。如果相关线左移，

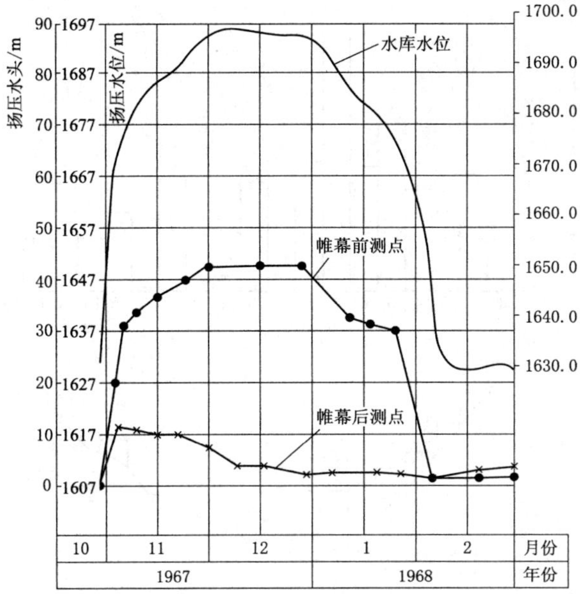


图 3-2-14　刘家峡大坝一个横断面上各孔的扬压水位过程线

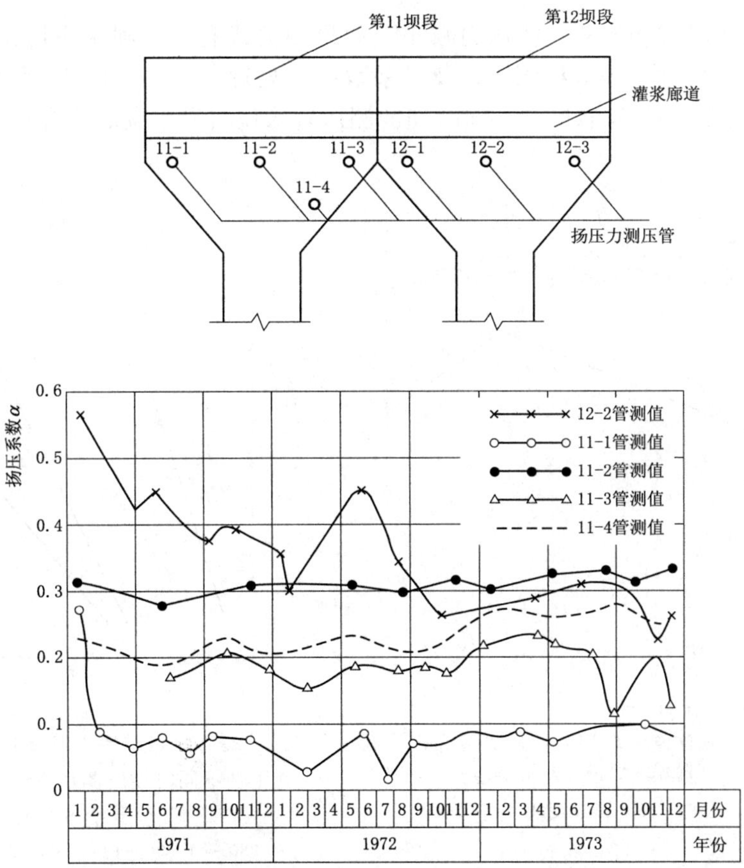


图 3-2-15　桓仁大头坝两个坝段内纵向各孔的扬压系数过程线

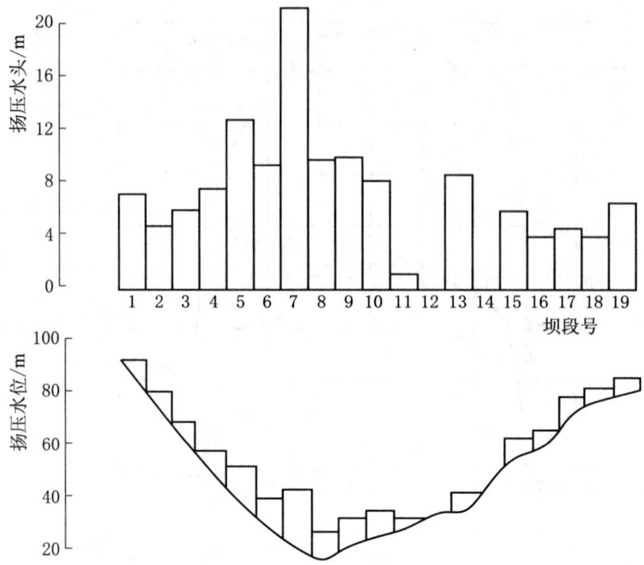


图 3-2-16 新丰江大头坝坝基纵向扬压力分布图

（1972-06-21 的实测值，水库水位 94.01m）

说明坝的防渗条件逐年改善，扬压力减小，如果相关线右移，则说明扬压力逐年增大，防渗条件恶化，应进一步分析原因，及时采取措施处理。图 3-2-18 为浙江皎口重力坝第 19 号坝段 U-19′号测压管不同时期的测压管水位与库水位的综合相关图。

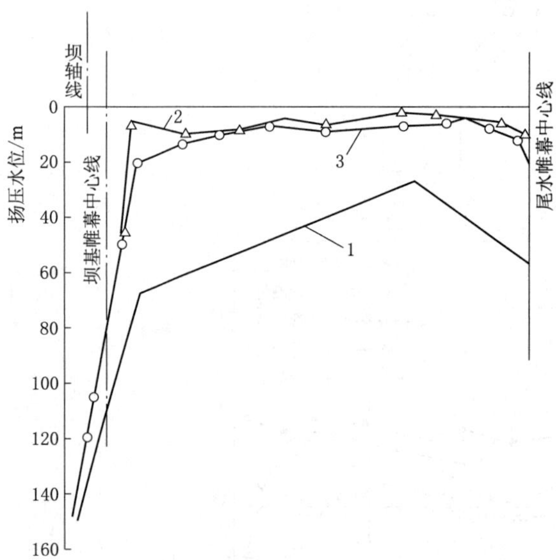


图 3-2-17 乌江渡大坝坝基扬压力分布图

1—设计线；2—1982-08-20 实测线；

3—1985-08-15 实测线

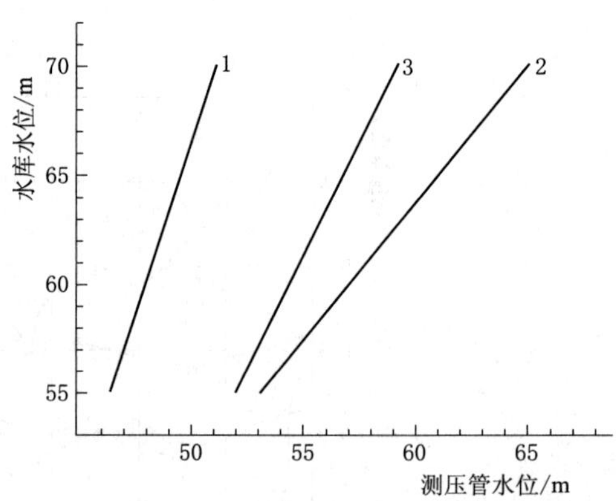


图 3-2-18 皎口重力坝第 19 号坝段 U-19′号测压管不同时期的测压管水位与水库水位的综合相关图

1—1980-01-06—1982-06-25 丙凝灌浆补强后；

2—1979-04-05—1979-08-20 水泥灌浆补强后；

3—1976-01-15—1976-07-25

## （二）资料分析

1. 扬压力变化规律

通过对一些工程实测资料的分析，可知扬压值的分布及变化有以下一些主要特点和变化规律。

（1）扬压值随上下游水位的涨落而升降。对于水头较高且上游水位变幅远比下游水位变幅大的坝，扬压值主要受上游水位的影响。越靠近上游的测点所受的影响越明显。当水库水位有年周期变化时，扬压过程线也呈周期变化。

如图 3-2-14 所示，刘家峡重力坝 1967 年 10 月开始蓄水，水库水位从 1630m 很快上升到 1694m 点。位于帷幕前的测点扬压水位也相应上升，由 1607m 上升到 1650m，1968 年 1 月水库水位下降，扬压水位也下降。2 月水库水位持平，扬压水位也持平。位于帷幕及排水孔下游的测点，其扬压水位虽也有变化但变幅就小得多。

扬压水位的变幅，在坝底上游边缘处等于水库水位变幅（当坝前淤积严重时，可小于水库水位变幅），在坝的下游边缘处等于下游水位变幅。中间各点的扬压水位变幅一般均小于水库水位变幅，且越靠下游越小。

（2）扬压力观测同样存在"时间滞后"问题，只有当坝基渗透系数 $K>10^{-1}\sim10^{-3}$cm/s 时，才可认为比较透水而忽略滞后时间的影响；否则，就需考虑消除滞后时间的影响。

（3）纵向扬压水头与坝的高度大体相应（亦即与坝底高程起伏大体相适应）。坝高越大，扬压水头越大，如图 3-2-16 所示，大致是河床部分扬压水头大，两端较小。而扬压水位是两端高，河床部分低。

纵向扬压系数 $a$（或渗压系数 $a'$）的分布取决于坝基防渗条件（地质、帷幕、排水情况）。条件好的 $a$ 小，条件差的 $a$ 大。即使是同一坝段，位于同一纵断面的几个测点的扬压系数也可能因测点处防渗条件的不同而有差异，如图 3-2-15 所示。

（4）横向扬压力分布，通常是上游侧高，下游侧低，中间呈折线变化，在坝基帷幕和排水孔处，分别因渗流受阻和排水孔的排水作用而下降。如在坝基设置了强迫排水设施，不仅能有效地降低渗透压力，甚至还能削减一部分浮托力，坝基中部的扬压水头将小于下游水头。

2. 分析扬压力观测资料常用的方法

（1）对比法。

1）用实测的横向扬压力图形与设计采用的扬压力图形进行比较，如图 3-2-17 所示。如果实测值小于设计值，说明坝稳定安全；反之，则说明坝达不到设计的稳定安全条件，需采取适当的工程措施。

2）用实测资料计算帷幕及排水孔前后的渗压系数并与设计值进行对比，判断帷幕和排水孔的减压效果。

3）分年绘出单孔扬压相关图分析扬压力发展趋势，如相关线左移，说明坝的防渗条件逐年改善，扬压力减小。如相关线右移，则说明扬压力逐年增大，防渗条件恶化，应进一步分析原因。如图 3-2-18 中的皎口大坝坝基测压管水位偏高，怀疑是防渗帷幕质量不良所致 1979 年水泥灌浆补强，未见效果，扬压力反而增大，在图中表现为相关线右移；1980 年又进行丙凝灌浆补强，才有效地降低了扬压力，在图中表现为相关线左移。

（2）统计分析法。相关图的相关线可用回归分析方法求出的回归方程来绘制，并可根据所求的回归方程，预报最高水库水位下的扬压力，以验算大坝稳定，或随时根据水库水位预报扬压力，与实测值比较。

以丰满大坝第 27 坝段为例，实测扬压力资料见表 3-2-2，求得回归方程为

$$W=1440+8.456(H-240)$$

**表 3-2-2　　丰满大坝第 27 坝段实测扬压力成果表**

| 序号 | 观测日期 | | | 库水位/m | 扬压力/kN |
|---|---|---|---|---|---|
| | 年 | 月 | 日 | | |
| 1 | 1973 | 3 | 1 | 247.87 | 15160 |
| 2 | | 5 | 8 | 253.70 | 15260 |
| 3 | | 7 | 5 | 255.97 | 15510 |
| 4 | | 7 | 18 | 254.60 | 15800 |
| 5 | | 9 | 10 | 262.33 | 16130 |
| 6 | | 10 | 12 | 261.51 | 16250 |
| 7 | 1974 | 3 | 28 | 238.93 | 14430 |
| 8 | | 4 | 13 | 239.32 | 14450 |
| 9 | | 7 | 10 | 252.38 | 15500 |
| 10 | | 10 | 7 | 255.57 | 15780 |
| 11 | 1975 | 4 | 3 | 239.04 | 14140 |
| 12 | | 8 | 5 | 262.92 | 16440 |
| 13 | | 8 | 16 | 262.43 | 15630 |
| 14 | | 9 | 17 | 261.73 | 16160 |
| 15 | | 10 | 7 | 261.12 | 16190 |

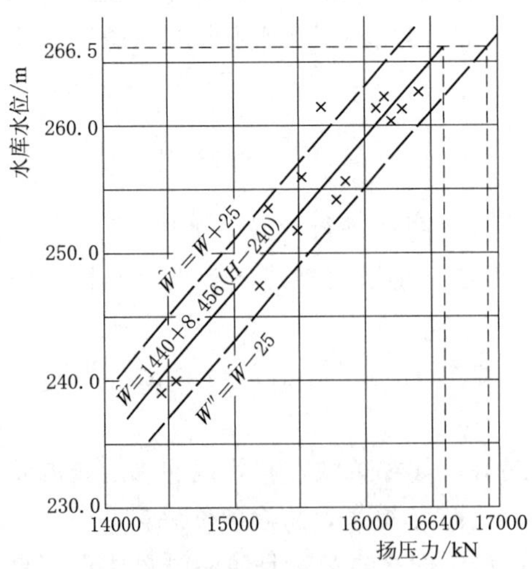


图 3-2-19　丰满大坝第 27 坝段扬压力回归线

散点图及回归直线如图 3-2-19 所示。根据回归方程可预报当最高水库水位为 266.5m 时，扬压力可能值为 16640kN。为安全计可用回归分析方法求剩余标准离差 $S$，若预报宽度取 $\pm 2S$，推算最高水库水位下的可能最大值为预报值，则水库水位达 266.5m 时扬压力可能值为 16980kN。

（3）压系数法。分析渗压系数在运行过程中的变化，判断坝基渗流发展变化趋势。渗压系数为

$$\alpha_i'=\frac{h_i-H_{下}}{H_{上}-H_{下}} \tag{3-2-9}$$

渗压系数是一个不随水位而变化的常数。

若 $\alpha_i'$ 在运行过程中逐年增大，则反映了坝基渗流条件变坏，可能是帷幕逐渐溶蚀削弱或排水孔被渗水溶出的物质堵塞或孔壁坍塌造成排水不畅，减压作用降低；若 $\alpha_i'$ 逐年减小或在运行过程中不变，说明坝基渗流条件变好或稳定。可以用运行过程中的渗压系数 $\alpha_i'$ 预测出今后高水位下的扬压力：

$$Z_{i\max}=\alpha_i'(Z_{上\max}-Z_{下})+Z_{下} \tag{3-2-10}$$

式中 $Z_{i\max}$——最高扬压水位，m；

$\alpha_i'$——$i$ 点的渗压系数；

$Z_{上\max}$——坝前最高运行水位，m；

$Z_{下}$——相应下游水位，m。

## 任务三　混凝土坝温度和应力监测资料整理分析

### 一、混凝土坝温度监测资料整理分析

气温和水温都是影响坝体温度场的重要因素，坝体温度场的变化则会引起温度变形和温度应力。所以，坝体温度观测资料是分析大坝变形、应力、接缝开合等问题必需的基本资料。

#### （一）坝体温度监测资料整理

(1) 在施工期即开始绘制每个温度测点的温度过程线，并将入仓温度、最高温度、灌浆时坝体温度等资料及时反馈给施工、设计、监理等单位，用以指导混凝土浇筑和接缝灌浆施工作业。坝体温度过程线经常把多个测点的过程线画在一张图上，有时还同时画上气温、水温或地温过程线，以反映边界条件变化对坝体温度的影响，如图 3-2-20 所示。

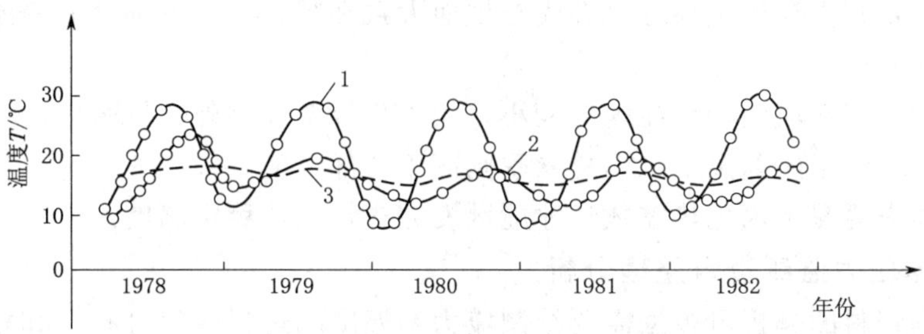


图 3-2-20　里石门拱冠断面平均温度过程线

1—173m 高程；2—145m 高程；3—116m 高程

(2) 坝体温度分布图一般以上下游坝面间的水平距离为横坐标，温度为纵坐标，绘制不同时间的多条温度分布线，如图 3-2-21 所示。

(3) 当大坝形成后，应绘制坝体温度场分布图（即等温线），可选取气温较高日或较低日，在坝体横剖面、纵剖面或水平剖面上绘制等温线，如图 3-2-22 所示。

(4) 将实测最高温度与设计最高温度比较，了解大坝温控情况。

#### （二）坝体温度变化和分布规律分析

(1) 随时间以年为周期变化。表层和浅层混凝土受大气环流影响，最表层混凝土受

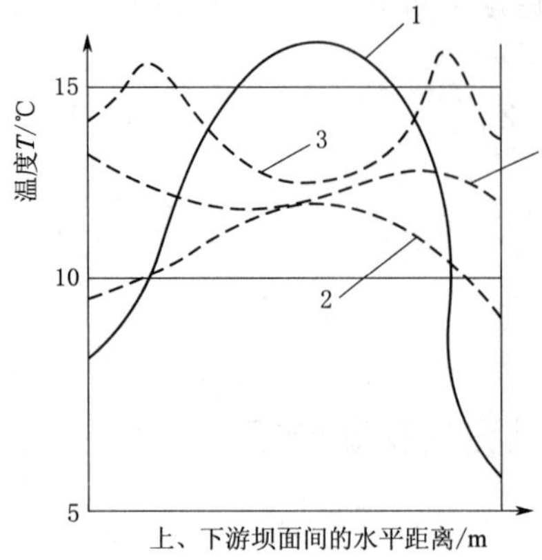


图 3-2-21 泉水拱坝高程 440m 断面温度分布图

1—封拱温度；2—蓄水前温度（1976-02-29）；
3—428.00m 水位时温度（1976-03-18）；
4—447.09m 水位时温度（1976-04-09）

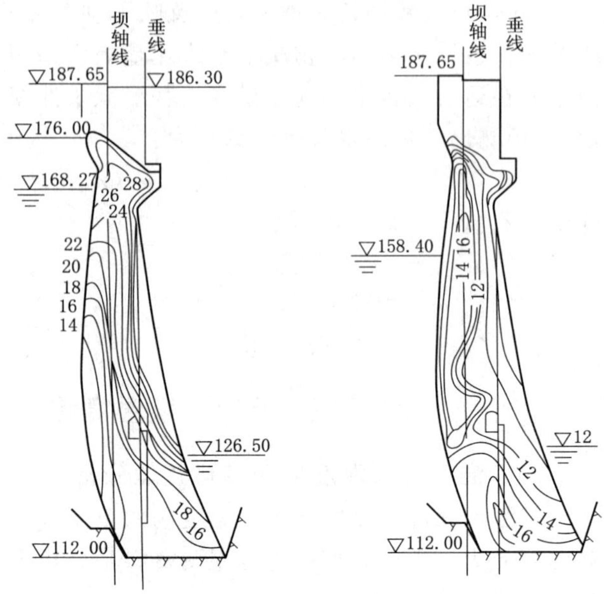


（a）1979-08-14 （b）1979-01-16

图 3-2-22 里石门拱坝拱冠梁断面等温线图

昼夜温差影响，还有日周期变化。

（2）坝体温度变化滞后于气温和水温变化，水下越深处及内部越深处滞后时间越长。温度变幅越往坝体深处越小。

（3）大坝暴露于空气中部分等温线与坝面大致平行，坝水下部分的等温线除个别月份外，均与坝面相交。

（4）温度梯度在坝面较大而内部较小，表现为等温线靠外表较密而内部较疏。冬春季坝体表层温度低于内部温度，而夏秋季则高于内部温度。

（5）坝体内混凝土水化热需数年才能散发完毕，到达稳定温度。

## 二、坝体应力监测资料整理分析

应力观测资料的分析可根据需要绘制应力和温度的过程线、分布图和相关图。影响大坝应力的因素很多，例如，水位、温度、坝型与结构、测点位置、施工方法等，所以应力分布和变化都比较复杂。根据对一些大坝实测资料的分析，有以下基本规律：

### （一）库水位变化的影响

水库水位变化是影响坝体应力的主要因素之一。通常表现为高水位时应力状态比较不利，但空库或低水位时坝体某些部位的应力也可能出现不利情况。例如，国内某拱坝，因低水位时恰遇高温，拱圈急剧向上游变位，致使坝面产生了很大的拉应力并引起了水平裂缝。对于重力坝，水平截面上的垂直正应力 $\sigma_y$ 是主要的设计控制指标。随着水库水位升高，一般靠上游测点的 $\sigma_y$ 向拉应力发展，如图 3-2-23 所示。

对于拱坝，拱应力一般是随水位升高向加大压应力发展；梁应力的变化与拱坝体型、测点位置等因素有关。如图 3-2-24 所示的泉水双曲薄拱坝 420m 高程（位于坝

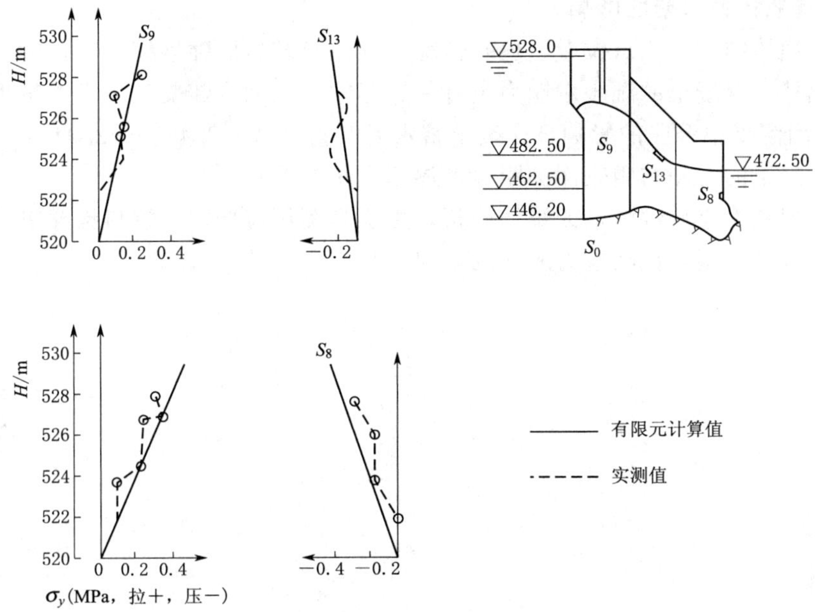


图 3-2-23 龚嘴重力坝高限蓄水期垂直正应力与水位关系线

体中上部）处的梁应力表现为在上游侧随水位升高向加大压应力发展，在下游侧则向加大拉应力发展。

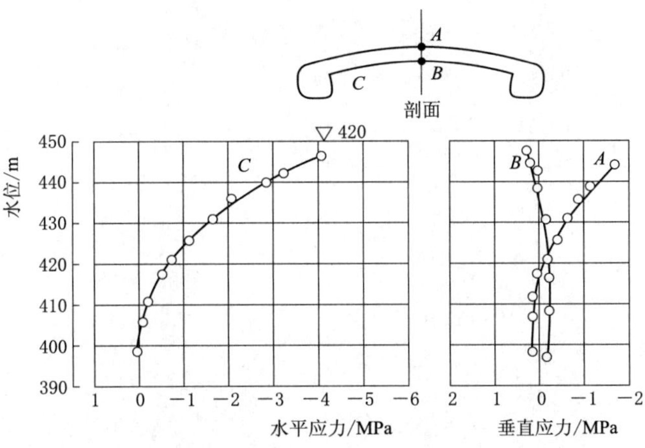


图 3-2-24 泉水拱坝实测应力与水位关系图

（拉为正、压为负）

### （二）温度变化的影响

温度变化是影响坝体应力的另一主要因素。很多大坝的实测应力资料都表明，温度变化对应力的影响比水位的影响更为显著，例如，恒山、里石门拱坝运行期应力一般随气温呈年周期变化，通常表现为温升时压应力增大或拉应力减小，温降时相反，并且坝表面处应力的变幅较内部大。

### （三）其他相关因素的影响

拱坝、坝体结构、测点位置、地基情况、坝体及基岩的弹性模量等，对坝体应力都有影响。此外，混凝土的湿胀对应力也有一定影响，例如，新安江大坝上游坝踵附近的3支应变计因混凝土湿胀的影响，在竣工蓄水后一直维持－2.45～－2.94MPa的高压应力状态，混凝土的湿胀与距表面的距离及渗压大小有关。

混凝土坝应力应变观测量的统计分析，主要是利用应变观测资料推导出的实际应力建立有关的数学模型，反映应力应变的规律。

模块四

# 水利工程养护维修

## 项目一　土石坝养护维修

### 任务一　土石坝养护

#### 一、土石坝日常安全防护

养护工作应做到及时消除土石坝枢纽的表面缺陷和局部工程问题，随时防护可能发生的损坏，保持土石坝枢纽的安全、完整、正常运行。

(1) 坝面上不得种植树木和农作物，不得挖坑、放牧、铲草皮以及搬动护坡和导渗设施的砂石材料等。

(2) 严禁在坝顶、坝坡、平台（马道）上堆放杂物、大量物料和晾晒粮草等，以免引起不均匀沉陷或局部塌滑；坝坡不得修建或作为码头停靠船只和装卸货物，船只在坝坡附近不得高速行驶，以免船行波对坝坡造成破坏；不得在坝坡和坝顶上修建渠道，以免因大量渗漏而造成滑坡；坝前如有较大的漂浮物和树木应及时打捞，以免坝坡受到冲撞和损坏。

(3) 严禁在工程管理和保护范围内进行爆破、打井、采石、采矿、挖沙、取土、修坟等危害大坝安全的活动；库区内禁止炸鱼等活动。

(4) 在建筑物的管理和保护范围内修建码头、鱼塘，必须经大坝主管部门批准，与坝脚和泄水、输水建筑物保持一定距离，不得影响大坝安全、工程管理和抢险工作。

(5) 大坝坝顶严禁各类机动车辆行驶。若大坝坝顶确需兼做公路，须经科学论证和上级主管部门批准，并应采取相应的安全维护措施。

(6) 作为饮水水源地的小型水库，应禁止网箱养鱼、限制开发旅游等项目。

(7) 在工程管理和保护范围内一切违反大坝安全管理的行为和事件，要立即制止和纠正。

#### 二、土石坝日常养护

日常养护工作就是对大坝各部位的损坏进行小修小补，维护大坝的完整。养护应包括经常性养护、定期养护和专门性养护，并符合下列规定：经常性养护应及时进行；定期养护应在每年汛前、汛后、冬季来临前或易于保证养护工程施工质量的时间段内进行；专门性养护应在极有可能出现问题或发现问题后，制定养护方案并及时进行，若不能及时进行养护施工时，应采取临时性防护措施。

**（一）坝顶和坝端养护**

（1）坝顶、坝端的养护应达到坝顶平整，无积水，无杂草，无弃物；防浪墙、坝肩踏步完整，轮廓鲜明；坝端无裂缝，无坑凹，无堆物。

（2）坝顶出现坑洼和雨淋沟缺，应及时用相同材料填平补齐，并应保持一定的排水坡度；对经主管部门批准通行车辆的坝顶，如有损坏，应按原路面要求及时修复，不能及时修复的，应用土或石料临时填平；坝顶的杂草、弃物应及时清除。

（3）防浪墙、坝肩和踏步出现局部破损，应及时修补或更换。

（4）坝端出现局部裂缝、坑凹，应及时填补，发现堆积物应及时清除。

**（二）坝坡养护**

（1）坝坡养护应达到坡面平整，无雨淋沟缺，无荆棘杂草滋生现象；护坡砌块应完好，砌缝紧密，填料密实，无松动、塌陷、脱落、风化、冻毁或架空现象。

（2）干砌块石护坡的养护：①及时填补、楔紧个别脱落或松动的护坡石料；②及时更换风化或冻毁的块石，并嵌砌紧密；③块石塌陷、垫层被淘刷时，应先翻出块石，恢复坝体和垫层后，再将块石嵌砌紧密。

（3）混凝土或浆砌块石护坡的养护。①及时填补伸缩缝内流失的填料，填补时应将缝内杂物清洗干净；②护坡局部发生侵蚀剥落、裂缝或破碎时，应及时采用水泥砂浆表面抹补、喷浆或填塞处理，处理时表面应清洗干净；如破碎面较大，且垫层被淘刷、砌体有架空现象时应用石料作临时性填塞，岁修时进行彻底整修；③排水孔如有不畅，应及时进行疏通或补设。

（4）对于堆石护坡或碎石护坡，石料如有滚动，造成厚薄不均时，应及时进行平整。

（5）草皮护坡的养护：①应经常修整、清除杂草，保持完整美观；②草皮干枯时，应及时洒水养护；③出现雨淋沟缺时，应及时还原坝坡，补植草皮。

（6）严寒地区护坡的养护。在冰冻期间，应积极防止冰凌对护坡的破坏。可根据具体情况，采用打冰道或在护坡临水处铺放塑薄膜等办法减少冰压力；有条件的，可采用机械破冰法、动水破冰法或水位调节法，破碎坝前冰盖。

**（三）坝区排水、导渗设施的养护**

（1）各种排水、导渗设施应达到无断裂、损坏、堵塞、失效现象，排水畅通，应及时清除排水沟（管）内的淤泥、杂物及冰塞，保持通畅。

（2）排水沟（管）局部出现松动、裂缝和损坏时，应及时用水泥砂浆修补。

（3）排水沟（管）的基础遭受冲刷破坏时，应先恢复基础，后修复排水沟（管）。修复时应使用与基础相同的土料并夯实。排水沟（管）如设有反滤层时，也应按设计标准进行修复。

（4）应随时检查修补滤水坝趾或导渗设施周边山坡的截水沟，防止山坡浑水淤塞坝趾导渗排水设施。

（5）减压井应经常进行清理疏通，必要时洗井，保持排水畅通；周围如有积水渗入井内，应将积水排干，填平坑洼，保持井周无积水。减压井的井口应高出地面，防止地表水倒灌。如减压井已被损坏无法修复，可将该减压井用滤料填实，另建新减压井。

（6）应经常检查并防止土石坝的导渗和排水设施遭受下游浑水倒灌或回流冲刷，必要时可修建导流墙或将排水体上部受回流影响部分的表层石块用砂浆勾缝，排水体下部与排水暗沟相连，保证排水体正常排渗。

**（四）观测设施的养护**

（1）各种观测设施应保持完整，无变形、损坏、堵塞现象。

（2）经常检查各种变形观测设施的保护装置是否完好，标志是否明显，随时清除观测障碍物；观测设施如有损坏，应及时修复，并应重新进行校正。

（3）测压管口及其他保护装置，应随时加盖上锁；如有损坏应修复或更换。

（4）水位观测尺若受到碰撞破坏，应及时修复，并重新校正。

（5）量水堰板上的附着物和量水堰上下游的淤泥或堵塞物，应及时清除。

**（五）坝基和坝区的养护**

（1）对坝基和坝区管理范围内一切违反大坝管理规定的行为和事件，应立即制止并纠正。

（2）设置在坝基和坝区范围内的排水、观测设施和绿化区，应保持完整、美观，无损坏现象。

（3）发现绿化区内的树木、花卉缺损或枯萎时，应及时补植或灌水养护。

（4）发现坝区范围内有白蚁活动迹象时，应按要求进行治理。

（5）发现坝基范围内有新的渗漏逸出点时，不要盲目处理，应设置观测设施进行观测，待弄清原因后再进行处理。

## 任务二　土石坝裂缝处理

土坝坝体出现的各种裂缝均要及时处理。发现裂缝后，要分析裂缝类型、产生的原因，判别裂缝的性质，观察裂缝的发展变化，按照不同情况制定处理方案，采取针对性措施，适时进行加固和处理。

各种裂缝对土石坝都有不同的影响，危害最大的是贯穿坝体的横向裂缝、内部裂缝及滑坡裂缝，一旦发现，应认真监视，及时处理。对缝深小于0.5m、缝宽小于0.5mm的表面干缩裂缝，或缝深不大于1m的纵向裂缝，也可不予处理，但要封闭缝口；有些正在发展中的、暂时不致发生险情的裂缝，可观测一段时间，待裂缝趋于稳定后再进行处理，但要作临时防护措施，防止雨水及冰冻影响。

滑坡裂缝属于滑动性裂缝，其余属于非滑动性裂缝。滑坡性裂缝要结合滑坡体处理进行，非滑坡性裂缝处理方法主要有翻松夯实、灌土封口、开挖回填、充填灌浆和两者相结合4种方法。

### 一、翻松夯实、灌土封口

对于表面细小的龟裂缝，可以只进行表面处理，即将缝口土料翻松并湿润，重新夯压密实，封堵缝口，防止雨水浸入即可。对于纵向裂缝，如纵缝宽度和深度都不大，对坝的整体安全影响不大，可不必开挖回填，只需封闭缝口，以防止雨水渗入即可。

施工工艺和技术要求如下：

(1) 对于表面干缩裂缝、深度小于1.0m的浅层裂缝，采用翻松夯实方法，将缝口土料翻松并湿润，然后夯实，封堵缝口，面层再铺约100mm厚的砂性土保护。

(2) 对于缝宽不超过1～2cm、深度不超过1m的纵横裂缝，经观察不再继续发展，可用干而细的沙壤土从缝口灌入，再用板条或竹片等捣实，然后在缝口用黏土封堵压实。

## 二、开挖回填

开挖回填是处理裂缝比较彻底的方法，适用于处理深度不超过3m，已停止发展的裂缝或允许放空水库进行处理的裂缝。

### (一) 裂缝开挖

1. 开挖注意事项

(1) 开挖前应向裂缝内灌入较稀的石灰水，使开挖沿石灰痕迹进行，以利掌握开挖边界。

(2) 对于较深坑槽应挖成阶梯形，以便出土和安全施工。挖出的土料不要大量堆积坑边，以利安全，不同土料应分开存放，以便使用。

(3) 开挖长度应超过裂缝两端1m以外，开挖深度应超过裂缝0.5m，开挖边坡以不致坍塌并满足土壤稳定性及新旧填土接合的要求为原则，槽底宽至少0.5m。

(4) 坑槽挖好后，应保护坑口，避免雨淋、干裂、冰冻、进水，造成塌垮。

2. 开挖方法

(1) 梯形楔入法。适用于不太深的非防渗部位裂缝。开挖时采用梯形断面，或开挖成台阶形的坑槽。回填时削去台阶，保持梯形断面，便于新老土料紧密结合，如图4-1-1所示。

(2) 梯形加盖法。适用于裂缝不太深的防渗部位及均质坝迎水坡的裂缝。其开挖情形基本与梯形楔入法相同，只是上部因防渗的需要，适当扩大开挖范围，如图4-1-2所示。

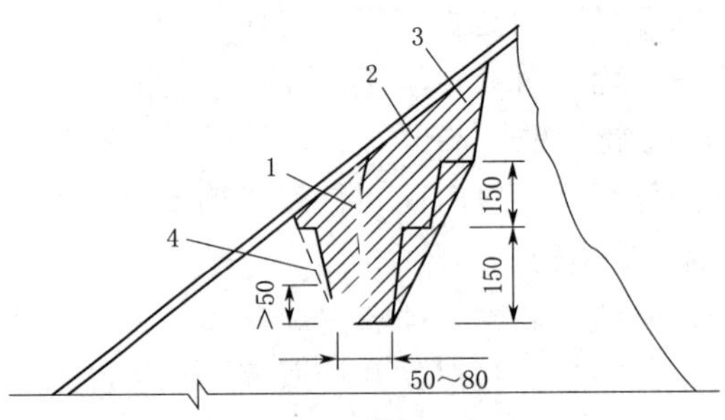


图4-1-1 梯形楔入法（单位：cm）

1—裂缝；2—回填土；3—开挖线；4—回填线

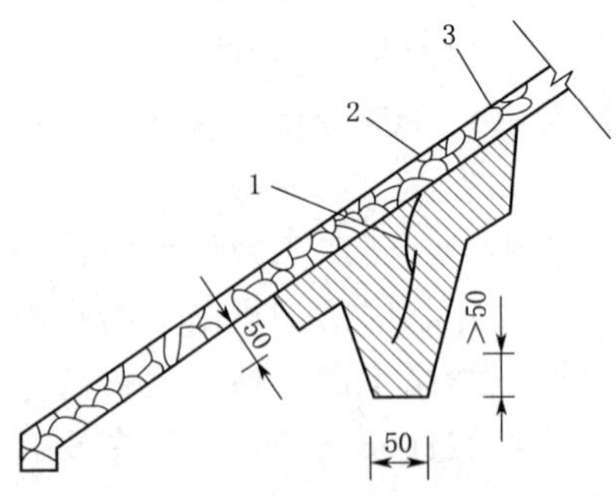


图4-1-2 梯形加盖法（单位：cm）

1—裂缝；2—回填土；3—块石护坡

(3) 梯形十字法。适用于处理坝体和坝端的横向裂缝，开挖时除沿缝开挖直槽外，在垂直裂缝方向每隔一定距离（2～4m），加挖结合槽组成十字，为了施工安全，可在上游做挡水围堰，如图 4－1－3 所示。

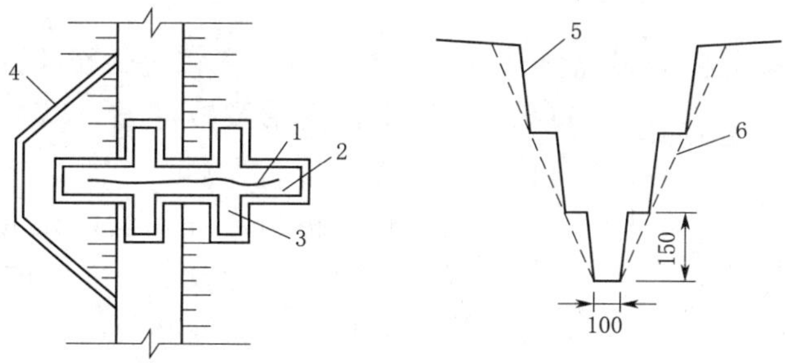


（a）裂缝开挖平面图　　（b）裂缝开挖剖面

图 4－1－3　梯形十字法（单位：cm）

1—裂缝；2—坑槽；3—结合槽；4—挡水围堰；5—开挖线；6—回填线

### （二）土料回填

（1）回填前应检查坑槽周围的含水量，如偏干则应将表面洒水湿润；如土体过湿或冰冻，应清除后，再回填。

（2）回填时，应将坑槽的阶梯逐层削成斜坡，并将结合面刨毛、洒水，要特别注意边脚处的夯实质量。

（3）回填土料应根据坝体土料和裂缝性质选用，并作物理力学性质试验。对沉陷裂缝应选用塑性较大的土料，控制含水量大于最优含水量 1%～2%；对于滑坡、干缩和冰冻裂缝的回填土料的含水量，应等于最优含水量或低于最优含水量 1%～2%。回填土料的干容重，应稍大于原坝体的干容重。对于较小裂缝，可用和原坝体相同的土料回填。

（4）回填的土料应分层夯实，层厚以 10～15cm 为宜，压实厚度为填土厚度的 2/3，夯实工具按工作面大小选用，可采用人工夯实或机械碾压。

## 三、充填灌浆

当裂缝很深或裂缝很多，开挖困难或开挖危及坝坡稳定或工程量过大时，可采用充填式黏土灌浆法处理，特别是内部裂缝，则只适宜用灌浆法处理。

充填灌浆主要有以下两个方面的作用。

（1）充填作用。合适的浆液对坝体中的裂缝、孔隙或洞穴均有良好的充填能力。浆液不仅能严密充填较宽的和形状简单的裂缝，也能充填缝宽 1mm 左右、形状复杂的细小裂缝。试验和坝体灌浆后的开挖检查结果证明，不论裂缝大小，浆液与缝壁土粒均能紧密结合。凝固以后的浆液，无论浆液本身还是浆液与缝壁的结合面，均没有新裂缝产生。

（2）压密作用。浆液在灌浆压力作用下，一方面可以挤开坝内土体，形成浆路，灌入浆液，同时在较高的灌浆压力作用下，可使裂缝两侧的坝内土体和不相连通的缝隙也因土壤的挤压作用而被压密或闭合。这种影响的范围，视灌浆压力的大小和土体性质而定，一般可达 30～100cm。

施工工艺：用充填灌浆处理裂缝的布孔以及施工工艺应参照《土坝灌浆技术规

范》(SL 564—2014)规定的内容，其一般要求如下。

### (一) 布孔

灌浆钻孔的布置可根据裂缝分布情况考虑，对深度较大的裂缝都是沿缝或在缝附近布孔，在裂缝的两端及转弯处，以及裂缝密集处，都应布孔，如图 4-1-4 所示。

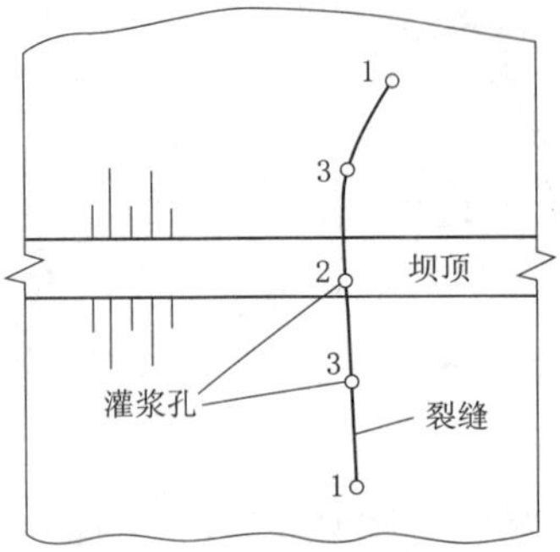


图 4-1-4 裂缝灌浆处理布孔示意图

(1) 孔距应稀密合理，横向裂缝终孔距离一般 3m 左右；纵向裂缝因延伸较长，灌浆的浆液可沿裂缝扩散较远，布孔可稀一些，终孔距离一般的 5m 左右。

(2) 黏土斜墙或心墙堆石坝，防渗体上的裂缝灌浆布孔应与反滤层等保持一定的安全距离，以防止串浆而破坏反滤结构，因此，窄心墙堆石坝内部裂缝不宜采用灌浆法处理，可以采用套井回填黏土防渗心墙办法处理。宽心墙堆石坝存在内部裂缝时，灌浆孔多采用单排布孔。

### (二) 造孔

造孔施工应据布孔的孔位由稀到密按序进行。孔深应超过隐患处 1～2m。造孔力求保持铅直，位置偏差不宜大于 10cm，孔底偏斜率不宜大于孔深的 2%，要求用干法造孔，或套管跟进的方式造孔，孔径宜为 50～76mm，严禁用清水循环钻进。

对于深度不大于 15m 的灌浆孔可用人工造孔，如洛阳铲、无井架冲击钻造孔，利用钢质锥杆人力锥孔等；对造孔较深的灌浆孔可用冲击造孔机械、XJ100-A 型钻机等轻便耐用的机械造孔。

### (三) 制浆

灌浆浆液制作，一般采用人工制浆。如灌浆量大的工程，也可采用机械制浆。常用的浆液有纯黏土浆和黏土、水泥混合浆两种。对浆液要求流动性好，使其能灌入裂缝；要析水性好，使浆液进入裂缝后，能较快的排水固结；同时要收缩性小，使浆液析水后与土坝体结合密实。

(1) 纯泥浆。用黏性土作材料，一般含黏粒为 20%～45%，如含黏粒过多，土料黏性过大，浆液析水慢，凝固时间长影响灌浆效果，灌浆土料性能指标见表 4-1-1。用土料制作泥浆应先去掉土中的石子、杂草，加入清水浸泡 2～3h 后，再捣拌成浆液，过滤后储存备用。制浆用水一般为不含过量杂质的淡水。

浆液的浓度必须保持浆液对裂缝具有足够的充填能力，在此条件下，稠度越大越好。根据试验一般采用水：土(质量比)=1：1～1：2.5。但是实际施工中，采用水土质量比来控制浓度比较麻烦，所以一般用简便比重计法控制，即把比重计放入浆液中直接测定泥浆的相对密度。灌浆浓度相对密度约控制在 1.3～1.6。也可用称重法测定相对密度，如用容积为 1L 的容器，装满浆液，称其质量，其浆液净重的千克数即为该泥浆的相对密度值，灌浆浆液物理力学性能指标见表 4-1-2。

(2) 土、水泥混合浆。用土料和水泥为材料混合搅制而成。在土料中掺入占干土总量 10%左右的水泥比较适宜。这种浆液析水性好，可促使浆液及早凝固发挥效果。适用于黏土心墙或浸润线以下的坝体裂缝处理，若水泥掺量过大，则混合浆液析水凝固后的浆体将因不能适应土石坝的变形而产生裂缝。

制浆应采用专用机械，灌浆前再通过 36 孔/$cm^2$ 过滤筛过滤。制浆过程中浆液密度、输浆量应每小时检测 1 次，浆液的稳定性和自由析水率每 10d 检测 1 次，如浆料发生变化，应随时增加检测频率。

表 4-1-1　　灌浆土料性能指标要求

| 项　目 | 指标 | 项　目 | 指标 |
|---|---|---|---|
| 塑性指数 | 10～25 | 砂粒含量/% | 0～30 |
| 黏粒含量/% | 20～45 | 有机质含量/% | ≤2 |
| 粉粒含量/% | 30～70 | 水溶盐含量/% | ≤3 |

表 4-1-2　　灌浆浆液物理力学性能要求

| 项　目 | 指标 | 项　目 | 指标 |
|---|---|---|---|
| 密度/($g/cm^3$) | 1.3～1.6 | 胶体率/% | ≥70 |
| 黏度/s | 20～100 | 失水量/($cm^3$/30min) | 10～30 |
| 稳定性/($g/cm^3$) | 0～0.15 | | |

### (四) 灌浆工艺

黏土灌浆一般多采用孔内纯压式，在孔口循环，如图 4-1-5 所示。

(1) 灌浆顺序应由外向里，由稀到密，即灌浆时应先灌最外边的两个孔，将裂缝封闭后，再灌中间的孔，先灌孔距较大，然后逐渐缩小孔距。从图 4-1-6 可以看出，沿裂缝布置 9 个孔。第一轮先灌 1 号、9 号孔，孔距为 24m；第二轮灌 5 号孔，孔距 12m；第三轮灌 3 号，7 号孔，孔距为 6m；第四轮灌 2 号、4 号、6 号、8 号孔，孔距（最终孔距）为 3m。这种灌浆顺序的作用是使前轮孔有较长的时间析水固结，后轮孔做补充灌注，使裂缝得到密实充填，并可减少或避免冒浆、串浆现象。对横向裂缝的处理可先灌上游孔，再灌下游孔，后灌中间孔。

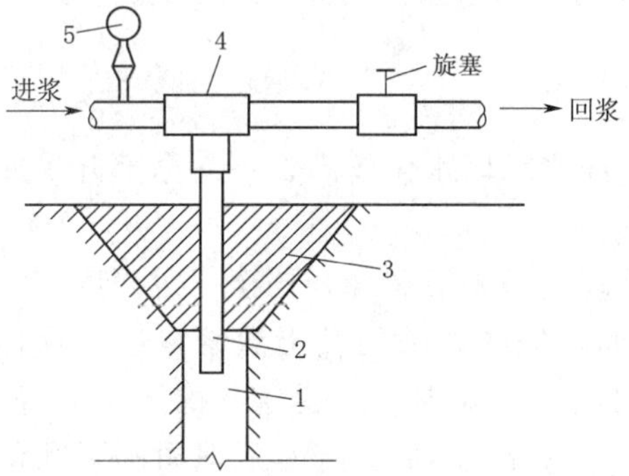


图 4-1-5　黏土灌浆示意图

1—钻孔；2—灌浆管；3—土阻浆塞；4—三通；5—压力表

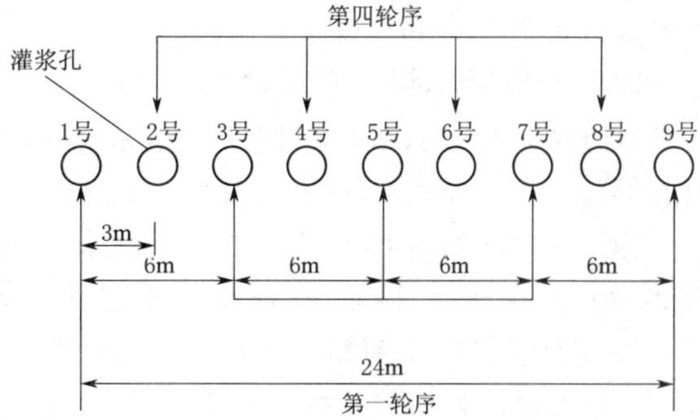


图 4-1-6　灌浆顺序示意图

(2) 灌浆浓度应先稀后浓。首先灌入比重较小的稀浆，应视吃浆量增大而逐渐由稀到浓。

(3) 灌浆压力。应由小到大，即指压力要先小后大，逐渐升高，这样可保证灌浆质量。一般充填灌浆处理土石坝裂缝的灌浆孔口压力控制在0.05～0.30MPa，即能保证灌浆质量，采用充填灌浆方式要尽量避免大的劈裂。因此要严格控制灌浆压力。河南省元坡水库处理土坝裂缝时，曾因压力掌握不严而造成水力劈裂，使坝坡土壤被浆液带走并冲出坝体数十米远，坝坡出现了大空洞及新的裂缝。

(4) 灌浆方法应少灌多复，分段灌注，少灌多复，每孔灌浆次数不得少于5次，每米孔深每次灌浆量应控制在0.3～0.5$m^3$。若已知裂缝、洞穴很大可以适当增加灌浆量和提高浆液浓度。

(5) 出现问题应及时处理。灌浆过程中经常可能发生冒浆、串浆现象，必须根据具体况进行分析，及时处理。

1) 发现冒浆现象应立即降低灌浆压力或停灌，采取开挖回填封闭冒浆口的措施，再慢慢提高灌浆压力，或者采取停—灌—停—灌间歇灌浆等措施。

2) 在进行灌浆处理的裂缝上部，采取开挖回填黏土并夯实，形成阻浆盖。再钻孔灌浆，方能提高灌浆质量。阻浆盖厚一般为0.5～1.0m左右，黑龙江省利用冻土层做阻浆盖以提高灌浆压力，如东方红水库每年5月和6月仍有0.5～1.0m厚的冻土层埋在坝面以下1m深处，形成了冻壳，利用冻壳做阻浆盖，灌浆压力提高到0.15～0.20kPa使灌浆效果良好。

(6) 灌浆结束标准及封孔。当浆液升至孔口，经连续复灌三次不再吃浆时，即可终止灌浆，每孔灌完后待孔周围泥浆不再流动时，将孔内浆液扫孔到底，用直径2～3cm含水量适中的黏土球分层回填捣实，均质坝体的灌浆封孔则可向孔内灌注稠浆或用含水量适中的制浆土料倒入孔中捣实。

(7) 土坝灌浆技术经验。近年来土坝灌浆技术已普遍用于土质堤坝除险加固、处理土质堤坝的裂缝和渗漏，并在实践中总结出“粉黏结合”的浆料选择，“先稀后浓”的浆液浓度变换，“先疏后密”的孔序布置，“有限控制”的灌浆压力，“少灌多复”的灌浆次数等先进技术和经验。

## 四、开挖回填与灌浆结合法

该方法适用于自表层延伸到坝体深处的裂缝，或当水库水位较高、不易全部开挖回填的部位，或全部开挖回填有困难的裂缝。

施工时对上部采用开挖回填，下部采用灌浆处理。即先沿裂缝开挖至一定深度（一般2～4m）即进行回填，在回填时预埋灌浆管，回填完毕，采用黏土灌浆，进行坝体下部裂缝灌浆处理。例如，某水库土石坝裂缝采用该方法处理，沿裂缝开挖深4m、底宽1m的大槽。再沿缝口挖一小槽，深、宽各为15～20cm。在小槽内预埋周围开孔的铁管，端接钢（铁）管伸至原土面以上。然后在槽内回填黏性土，并分层压密夯实。然后用往复式泥浆泵由一端铁管灌浆。另一端的铁管作为排气、回浆之用，如图4-1-7所示。浆液为黄土水泥浆，黄土中0.050～0.005mm粉粒含量为67%，小于0.005mm黏粒含量为15%，灌浆压力控制在300kPa以下，效果很好。

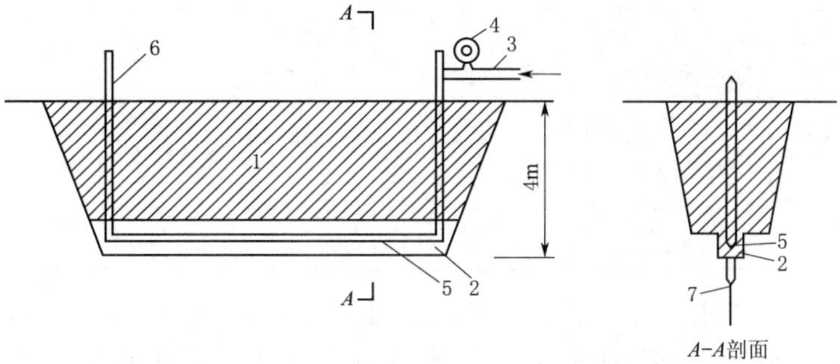


图 4-1-7 灌浆管埋设方法示意图

1—开挖后回填土；2—小槽；3—进浆管；4—压力表；5—花管；6—排气孔；7—裂缝

**【案例 5】** 土石坝裂缝处理案例：湖北白莲河水库土石坝裂缝加固。

1. 工程概况

白莲河水库位于长江中游支流稀水河上，总库容 12.5 亿 $m^3$。大坝为黏土心墙风化砂壳坝，最大坝高 55m，坝顶高程 111.05m。大坝横断面如图 4-1-8 所示。

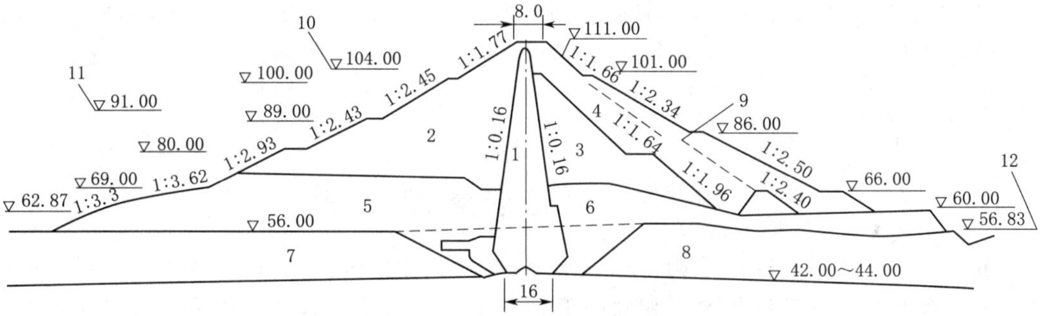


图 4-1-8 白莲河水库大坝横断面（单位：m）

1—黏土心墙；2—碎石；3—砂土含少量块石；4—块石砂土混合；5—砾质粗砂；6—砾质粗砂；7、8—砂砾粗砂；9—原坝坡面；10—正常高水位；11—死水位；12—最低尾水位

1977 年 1 月至 1978 年 2 月开挖了 5 个探井，井口直径 1.6m。从探井中情况看，发现主要裂缝 20 条，裂缝起止高程一般在 90～105m 之间，缝宽为 1～30mm 不等，裂缝大部分为纵向裂缝，也有向上下游倾斜的，倾角在 70°左右。

2. 黏土心墙裂缝处理措施

鉴于黏土灌浆投资少、工期短、见效快，最后决定采用黏土灌浆处理。心墙裂缝黏土灌浆设计布孔 46 个，Ⅰ序孔和Ⅱ序孔各 23 个。Ⅰ序孔间距 10m，Ⅱ序孔间距 5m。河床段孔深 25m，坝两端一般为 7～13m。黏土心墙造孔采用人工和机械相结合，人工造孔采用麻花钻、冲击钻；机械造孔主要采用 100 型钻机，两种造孔都采用干钻，严格控制加水量，保持裂缝的自然状态，而不影响灌浆效果。灌浆用黏土从库内土料场取得，其物理性能见表 4-1-3。

表 4-1-3　　黏土成分及物理力学性质

| 使用部位<br>料场地点 | 砾粒大于<br>2mm | 砂粒<br>2～0.05mm | 粉粒<br>0.05～0.005mm | 黏粒小于<br>0.005mm | 土的分类 | 流限 | 塑限 | 塑性<br>指数 | 比重 |
|---|---|---|---|---|---|---|---|---|---|
| 大坝心墙黏土<br>(长岭料场) | 4 | 37.5 | 28.4 | 30.1 | 含少量砾的<br>砂质黏土 | 33.5 | 20.5 | 13.0 | 2.68 |
| 灌浆用黏土<br>(库内料场) | 1 | 33.0 | 27.0 | 39.0 | 黏土 | 42.7 | 23.8 | 18.9 | 2.69 |

根据试验选用 4 级水土比，即 1.5：1、1.3：1、1：1 和 0.8：1 的级配，先稀后浓进行，浆液的灌注分为Ⅰ序孔Ⅱ序孔，以机械灌浆为主。采用自下而上分段纯压式灌浆，分三段进行，高程 86.00～93.00m 为第三段（下段），孔口压力控制在 $0.5\times10^5$Pa；高程 93.00～101.00m 为第二段（中段），孔口压力控制在 $0.2\times10^5$Pa；高程 101.00～111.00m 为第一段（上段），孔口压力控制为零，即自重灌浆。灌浆结束标准是在设计压力下，停止吸浆或吸浆率不超过 0.5～1.0L/min，延灌 30～60min。

3. 灌浆效果

为检查灌浆效果，在桩号 0＋123（最大断面 0＋130 附近）、桩号 0＋178（灌浆前已挖井断面 0＋130 附近）、桩号 0＋192.5（吸浆最大部位）3 处挖探井。从检查情况来看，3 个井的浆脉基本上沿着心墙轴线或略倾向心墙下游进入井壁或消失，浆路中的泥浆不但充填得饱满，而且和原心墙结合得很好，没有因浆体收缩而重新发生裂缝。原心墙渗透系数为 $7.9\times10^{-6}\sim1.4\times10^{-4}$cm/s，比原设计值大，灌浆后渗透系数为 $9.2\times10^{-8}\sim1.9\times10^{-7}$cm/s。

## 任务三　土石坝渗漏处理

由于土石坝属于散粒体结构，在坝身土料颗粒之间，仍然存在着较大的孔隙，再加之土石坝对地基地质条件的要求相对较低，在土基或较差的岩基上均可筑坝。因此水库蓄水后，在水压力的作用下，渗漏现象是不可避免的。渗漏通常分正常渗漏和异常渗漏。如渗漏从原有导渗排水设施排出，其出逸坡降在允许值内，不引起土体发生渗透破坏的则称为正常渗漏；相反，引起土体渗透破坏的称为异常渗漏。异常渗漏往往渗流量较大，水质浑浊，而正常渗漏的渗流量较小，水质清澈，不含土壤颗粒。

土石坝渗漏危害主要包括损失蓄水量、抬高浸润线和渗透破坏，对于土石坝的异常渗漏，一经发现，必须立即查清原因，及时采取妥善的处理措施。土石坝渗漏处理的具体原则为“上堵下排”。“上堵”即在上游坝身或地基采取措施，堵截渗漏途径，防止入渗，或延长渗径，降低渗透坡降，减少渗透流量；“下排”即在下游做好反滤和导渗设施，将坝内渗水尽可能安全地排出坝外，以达到渗透稳定，保证工程安全运用的目的。

### 一、坝身渗漏处理

坝身渗漏的处理，应按照“上堵下排”的原则，针对渗漏的原因，结合具体情况，采取以下不同的处理措施。

#### （一）斜墙法

斜墙法即在上游坝坡补做或加固原有防渗斜墙，堵截渗流，防止坝身渗漏。此法适用于大坝施工质量差，造成了严重管涌、管涌塌坑、斜墙被击穿、浸润线及其逸出点抬高、坝身普遍漏水等情况。具体按照所用材料的不同，分为黏土防渗斜墙、沥青混凝土斜墙及土工膜防渗斜墙。

1. 黏土防渗斜墙

修筑黏土斜墙时，一般应放空水库，揭开护坡，铲去表土，再挖松 10～15cm，并清除坝身含水量过大的土体，然后填筑与原斜墙相同的黏土，分层夯实，使新旧土层结合良好。斜墙底部应修筑截水槽，深入坝基至相对不透水层。对黏土防渗斜墙的具体要求为：①所用土料的渗透系数应为坝身土料渗透系数的 1%以下；②斜墙顶部厚度（垂直于斜墙坡面）应不小于 1.0m，底部厚度应根据土料容许水力坡降而定，一般不得小于作用水头的 1/10，最小不得少于 2m；③斜墙上游面应铺设保护层，用砂砾或非黏性土料自坝底铺到坝顶。厚度应大于当地冰冻层深度，一般为 1.5～2.0m。下游面通常按反滤要求铺设反滤层。

如果坝身渗漏不太严重，且主要是施工质量较差引起的，则不必另做新斜墙，只需降低水位，使渗漏部分全部露出水面，将原坝上游土料翻筑夯实即可。

当水库不能放空，无法补做新斜墙时，可采用水中抛土法处理，即用船载运黏土至漏水处，从水面均匀抛下，使黏土自由沉积在上游坝坡，从而堵塞渗漏孔道，不过效果没有填筑斜墙好。

2. 沥青混凝土斜墙

在缺乏合适的黏土土料，而有一定数量的合适沥青材料时，可在上游坝坡加筑沥青混凝土斜墙。沥青混凝土几乎不透水，同时能适应坝体变形，不致开裂，抗震性能好，工程量小（因其厚度约为黏土斜墙厚度的 1/40～1/20），投资省，工期短。我国在修筑沥青混凝土斜墙方面已积累了相当丰富的经验，近年来，用沥青混凝土做斜墙处理坝身渗漏已受到广泛的重视。

3. 土工膜防渗斜墙

土工膜是一种新的防渗结构型式，近十几年来，在土石坝防渗处理上得到广泛应用，收到了很好的效果。土工膜防渗具有工期短、用工少、不需机械设备，施工技术简易，造价低，能适应坝体变形，但抗老化性能不如混凝土等材料，规范规定用于抵抗水头一般不超过 50m。

该方法适用于能放空水库的坝体防渗处理，特别是适用于不宜用灌浆处理的黏土斜墙堆石坝、黏土斜墙石渣坝和施工质量差引起渗漏破坏的坝体，但坝体上游坡必须是稳定的。若大坝除坝体渗漏外还存在坝基或绕坝渗漏，因周边边界难定，可与灌浆防渗比较，择优选用。对土工膜斜墙防渗结构要求如下。

（1）塑膜的选择。常用土工膜一般有聚乙烯、聚氯乙烯、复合土工膜等几种，其中选用最多的是质地柔软、耐低温、不易老化、比重较小、抗裂性能好的聚乙烯塑膜，其厚度 0.1～0.2mm，幅宽 2～10m。

（2）铺膜范围。要求从上游坝脚至坝顶全面铺设，坝两端铺到两岸基岩开沟固埋。若铺膜高程不到最高校核洪水位或坝顶，当蓄水位超过铺膜高程时，渗透水流则绕过塑膜而在下游坡面逸出；而铺膜起始高程不从坝基脚起铺，同样也不能获得很好的防渗效果。

(3) 塑膜厚度。塑膜厚度与垫层的平整度有关，已建成的土石坝的坝体防渗处理多是将原坝坡平整后作垫层，若垫层为黏壤土，砂壤土、平整无尖角，根据理论计算和工程实践，水头在 30m 以下用 0.12mm 厚的聚乙烯薄膜 2～3 层即可，承受 30m 以上水头的，宜选用复合土工膜，膜厚度不小于 0.5mm。

(4) 基土垫层的断面形式。已施工的工程基土开挖有的为锯齿式、阶梯式，单坡式等。锯齿式齿高 20～30cm，齿距 120～180cm，如图 4-1-9 所示。锯齿形垫层，由于锯齿完整密实具有一定的抗力，对阻止塑膜以上的土料保护层的顺层滑动有利，对保护层的稳定条件，远远优于其他形式，广为采用。

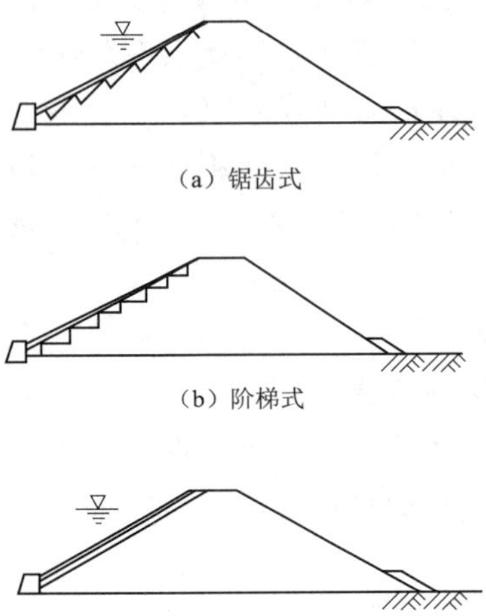

(a) 锯齿式

(b) 阶梯式

(c) 单坡式

图 4-1-9 断面形式示意图

(5) 土料保护层。为使薄膜免受光热照射，防止人畜踩踏和冰冻，延缓老化过程，薄膜以上必须铺设保护层。据调查，薄膜防渗工程的损坏，主要是保护层塌滑，薄膜外露。因此，保护层的稳定是薄膜防渗成功的关键，直接影响薄膜的使用年限和安全运用。薄膜是不透水的，铺膜后的坝体浸润线大幅度降低，甚至基本消失，渗透压力消除，对坝坡稳定有利，保护土层处于饱和状态，加上薄膜表面光滑，膜与土料间摩擦系数较小，当库水位下降时，易引起塌滑，因此设计施工时要充分考虑到影响保护层稳定的因素：如保护层厚度、施工质量（特别是干容重），铺土垫层断面形式，土料性质等。

根据成功的经验，土料保护层垂直坝坡的厚度，均不小于 50cm，坝坡下部稍厚一些，土料保护层上铺透水垫层，后再铺砌一层厚 30cm 的干砌块石或厚 5～10cm 的混凝土预制板以防风浪淘刷。

(6) 施工工艺。从投入运行的工程看，能否安全运用，除正确设计外，必须抓好施工质量。

1) 清理坝面，保证基础垫层平整。先按设计要求削坡，清除一切树根杂草、石子和杂物，再开挖坝踵截流槽、锯齿台和两坝肩固埋沟，并严格平整坡面。

2) 塑膜拼接。薄膜接缝是防渗效果的中心环节，有搭接、黏接、焊接等几种方法，一般以焊接和黏接防渗效果较好。焊接可用衡温电熨斗、电烙铁、手提式热合机热合。黏接可使用沥青加一定量的柴油做黏合剂，或其他胶合剂。黏接方法是将塑膜按规格剪裁后，放在事先准备好的桌子或木板上，并将搭接处（两片）约 30cm 宽内的杂质、泥土、水分擦洗干净，涂胶合剂时将塑膜拉平，涂上胶合剂后马上黏合、用手压平贴紧。黏接宽度一般 15cm 左右，热合宽度可 5cm 左右。黏合剂涂膜时要注意黏结均匀、牢固。

3) 塑膜铺设。一般是自下而上横铺，以配合蓄水。剪裁时预留 3%～5%的褶皱长度。铺膜时不能拉得太紧，以免填压夯实时受压破坏。铺膜速度要与保护层回填速度同步，以免铺膜太快，使薄膜长时间裸露加速老化。

4）保护层填筑土料。保护层填筑是薄膜防渗成败的关键。回填土料不得含杂草树根、干土块、石块等，含水量要适宜。先回填锯齿台三角体用砂质黏土回填拍实，再按设计土料分层填筑。每层铺松土不大于 20cm，并夯实。干容重必须大于 1.5g/cm$^3$。

**（二）充填式灌浆法**

充填式灌浆法的主要优点是水库不需要放空，可在正常运用条件下施工，工程量小，设备简单，技术要求不复杂，造价低，易于就地取材。适用于均质土坝，或者是心墙坝中较深的裂缝处理。具体方法与裂缝灌浆法相同。

如某均质坝，坝高 37m，因坝体压实质量差而造成渗漏，经研究分析，采用坝体灌浆处理。灌纯黏土浆，灌浆孔一排，孔距 2m，采用分段灌注，每段 5m。第一段灌浆压力为 70～100kPa，以后深度每增加 1m，压力提高 10kPa，但控制最高压力不超过 300kPa，灌浆期间水库最大水头为 27.5m。经过处理后渗流量减少 73%～86%，坝体浸润线也明显下降。

**（三）劈裂灌浆法**

所谓劈裂灌浆就是应用河槽段坝轴线附近的小主应力面一般平行于坝轴线的铅垂面的规律，沿坝轴线单排布置相距较远的灌浆孔，利用泥浆压力，沿坝轴线劈开坝体并充填泥浆，从而形成连续的浆体防渗帷幕。

劈裂灌浆具有效果好、投资省、设备简单等优点。对于均质坝及宽心墙坝，当坝体比较松散，渗漏、裂缝众多或很深，开挖回填困难时，可选用劈裂灌浆法处理。下面仅介绍劈裂灌浆与充填灌浆不同的一些特点。

1. 劈裂灌浆的机理

（1）泥浆劈裂过程。当灌浆压力大于土体抗劈力（即灌浆孔段坝体的主动土压力）时，坝体将沿垂直于小主应力的平面发生劈裂，泥浆在压力作用下进入坝体裂隙之中，并充填原有的裂缝和孔隙。

（2）浆压坝过程。即泥浆进入裂隙后，仍有较大压力，压迫土体，使土体之间产生相对位移而被压密。

（3）坝压浆过程。随着泥浆排水固结，压力减小，坝体回弹，反过来压迫浆体，加速浆液排水固结。

经泥浆充填，浆坝互压和坝体湿陷等作用，不仅充填了裂缝，而且使坝体密实，改善了坝体的应力状态，有利于坝体的变形稳定，如图 4-1-10 所示。

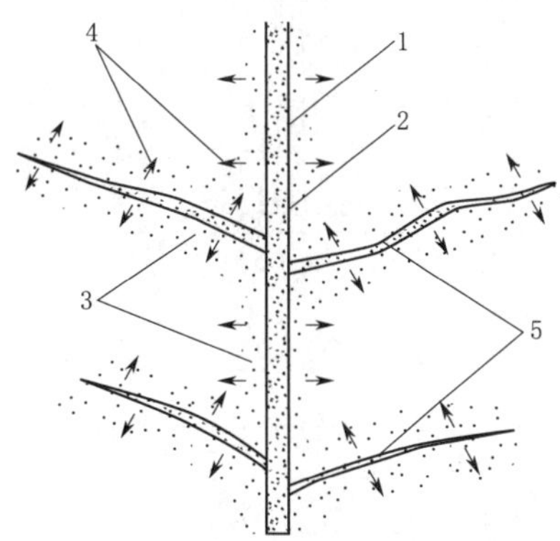

图 4-1-10 劈裂注浆

1—浆液；2—注浆孔；3—渗透渗入的浆液（通过劈裂面和注浆孔边缘）；4—浆液挤压作用；5—劈裂面

2. 灌浆孔的布置

劈裂灌浆沿坝轴线单排布孔，第一序孔间距约为坝高的 2/3，分 2～3 道孔序，一般 30～40m 高的坝最终孔距以 10m 为宜。此外，还应具体将坝体分段，区别对待。因大坝岸坡段和曲线段的小主应力面偏离坝轴线，故在岸坡段应缩小孔距，减小灌浆压力和每次灌注量，使防渗帷幕通过岸坡段。在曲线段应沿坝轴线不分序钻孔，间距 3～5m，反复轮灌，形成连续的防渗帷幕。

3. 灌浆施工

劈裂式灌浆多采用全孔灌注法。全孔灌注法分孔口注浆和孔底注浆两种。实践证明，孔底注浆法在施加较大压力和灌入较多浆料的情况下，外部变形缓慢，容易控制，能基本实现“内劈外不劈”。影响灌浆压力的应因素很复杂，不仅与坝体质量有关，还与灌浆部位、浆液浓度等有关，一般通过现场实验确定。

对一次灌浆而言，泥浆压力不宜超过劈裂压力。如果泥浆压力过大，泥浆将沿着中间主应力面或大主应力面劈裂。前者是贯通上下游面的铅垂面，而后者是贯通上下游的水平面。这些劈裂面的出现将威胁坝身安全。必须指出，经过灌浆，小主应力有所增加。随着复灌次数的增加，小主应力进一步增加，起裂压力也增大，故不能把某孔底部灌浆时的起裂压力作为该孔的控制依据，应随时根据不同的深度、不同复灌次数而有所改变。

**（四）混凝土防渗墙法**

混凝土防渗墙是用专门的造孔机具在坝身打孔，将若干圆孔连成槽型，用泥浆固壁，然后在槽孔内浇筑混凝土，形成一道整体混凝土防渗墙。与其他防渗措施相比，具有施工进度快、节省材料、防渗效果好等优点，但所需机械设备多、技术较复杂、成本较高。适用于坝高 60m 以内，坝身质量差，渗漏范围普通的均质坝和心墙坝。

混凝土防渗墙按施工方法不同可分为槽孔式和连续圆柱式两种。目前多采用槽形防渗墙，即将防渗墙分段，每段槽孔长 5～12m，具体为先打第一期槽孔浇筑混凝土，一周后，再打第二期槽孔。第二期槽孔造孔时需对第一期槽孔两端进行套削，以保证搭接处有足够的墙厚。槽孔施工常用劈打法，即先每隔一定距离打主孔，然后劈打两主孔之间的部位（常称副孔），如图 4-1-11 所示。

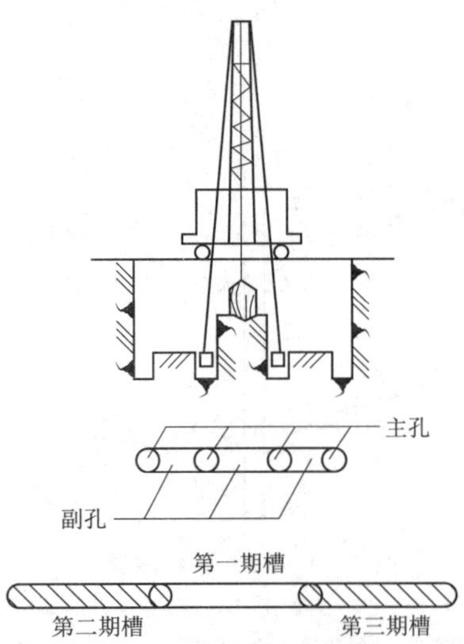

图 4-1-11　槽形防渗墙的造孔方法

造孔过程中，为防孔壁坍塌、冷却钻头、避免悬浮岩屑等的目的，应不断向孔中注入黏土浆液，并保持距槽孔面 0.8～1m。当槽孔达到设计深度后，再更换为混凝土。防渗墙的厚度一般采用 0.6～0.8m。同时为了增加防渗墙和坝体的接触渗径，减小坝顶的应力集中，在墙顶一定范围内用高塑性土料填筑，墙底应嵌入基岩不小于 0.5m 以加强连接，两端与岸坡防渗设施或岸边基岩相连接。

在我国已修建的防渗墙中约 76%用的是黏土混凝土。黏土的掺和率一般为水泥和黏土总质量的 12%～20%。在混凝土中掺加一定量的黏土（这里的黏土包括黏土和膨润土），不仅可以节约水泥，还可降低混凝土的弹性模量，使混凝土具有更好的变形性能，同时也改善了混凝土拌和物的和易性，使浇注时不易堵管。黏土混凝土早期强度较低，特别有利于接头孔的钻凿，给施工带来了很大的方便。

**（五）黏土防渗墙**

利用冲抓式打井机具，在土坝或堤防渗漏范围的防渗体中造孔，用黏性土料分层回填夯实，形成一个连续的黏土防渗墙。同时，在回填夯击时，对井壁土层挤压，使井孔周围土体密实，提高坝体质量，从而达到防渗加固的目的。具体施工是在坝顶布置的防渗墙轴线上，用冲抓钻造孔，开孔直径一般要求 110～120cm，第一个钻孔达到设计深度后，对钻孔进行检查并清除孔底浮土碎石，然后回填符合设计要求的黏土。回填层厚 25～35cm，用铁夯或石夯夯实。而后，再打第二个孔，相邻两孔之间应有一定的搭接宽度，以保证黏土防渗墙的有效厚度，如图 4-1-12 所示。具体厚度可由黏土允许水力坡降确定。

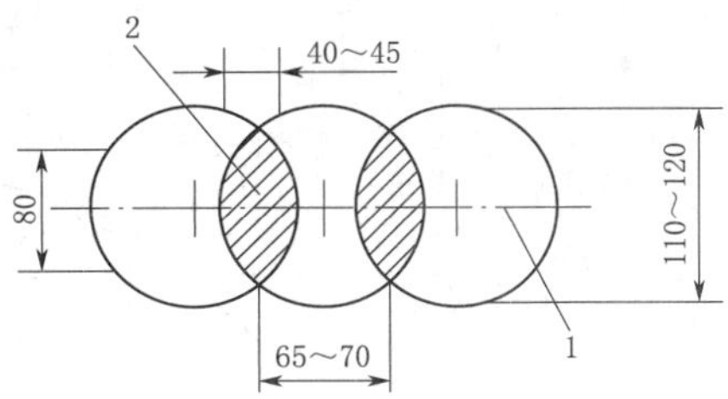


图 4-1-12　黏土防渗墙的有效厚度（单位：cm）

1—防渗曲线；2—搭接厚度

实践证明，黏土防渗墙法具有机械设备简单、施工方便、工艺易掌握、工程量小、工效高、造价低、防渗效果好等特点，特别适合于均质坝和宽心墙坝的渗漏处理。此法的缺点是造孔孔径大，回填方量大。

**（六）导渗法**

上面几种均为坝身渗漏的“上堵”措施，目的是截流减渗，而导渗则为“下排”措施。主要针对已经进入坝体的渗水，通过改善和加强坝体排渗能力，使渗水在不致引起渗透破坏的条件下，安全通畅地排出坝外。按具体不同情况，可采用以下几种形式。

*1. 导渗沟法*

当坝体散浸不严重，不致引起坝坡失稳时，可在下游坝坡上采用导渗沟法处理。导渗沟在平面上可布置成垂直坝轴线的沟或人字形沟（一般 45°角），也可布置成两者结合的 Y 形沟，如图 4-1-13 所示。三种形式相比，渗漏不十分严重的坝体，常用 I 形导渗沟；当坝坡、岸坡散浸面积分布较广，且逸出点较高时，可采有 Y 形导渗沟；而当散浸相对较严重，且面积较大的坝坡及岸坡，则需用 W 形导渗沟。

几种导渗沟的具体做法和要求如下：

（1）导渗沟一般深 0.8～1.0m、宽 0.5～0.8m，沟内应按反滤层要求回填砂砾石料，填筑顺序按粒径由小到大、由周边到内部，填成封闭的棱柱体，不同粒径的反滤料应严格分层填筑，导渗沟的顶面应铺砌块石或回填黏土保护层，厚度 0.2～0.3m。

（2）导渗沟的间距可视渗漏的严重程度，以能保持坝坡干燥为准，一般为 3～5m，导渗沟的顶部高程应高于渗水出逸点。

（3）严格控制滤料质量，不得含有泥土或杂质，不同粒径的滤料要严格分层填筑。

（4）为避免造成坝坡崩塌，不应采用平行坝轴线的纵向或类似纵向（如门形、T 形等）导渗沟。

（5）为使坝坡保持整齐美观，免受冲刷，导渗沟可做成暗沟。

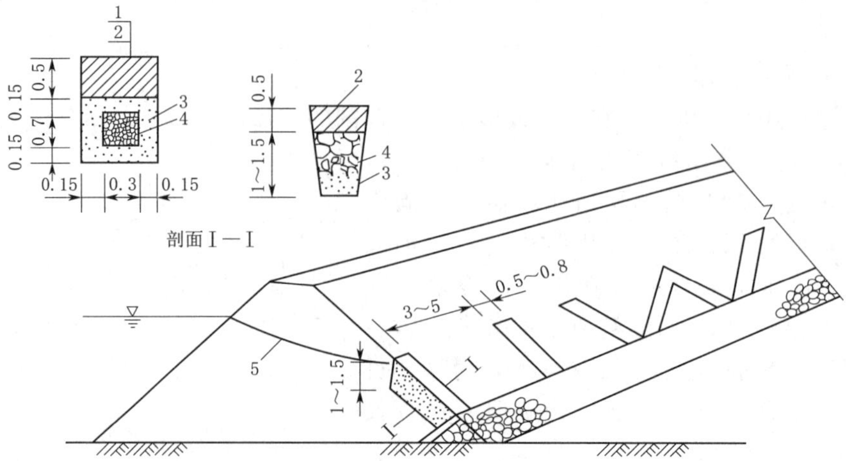


图 4-1-13 导渗沟修筑示意图（单位：m）
1—草皮；2—回填土；3—粗砂；4—碎石；5—浸润线

2. 导渗砂槽法

对局部浸润线逸出点较高和坝坡渗漏较严重，而坝坡又较缓，且具有褥垫式滤水设施的坝段，可用导渗砂槽处理。它具有较好的导渗性能，对降低坝体浸润线效果亦比较明显。其形状如图 4-1-14 所示。

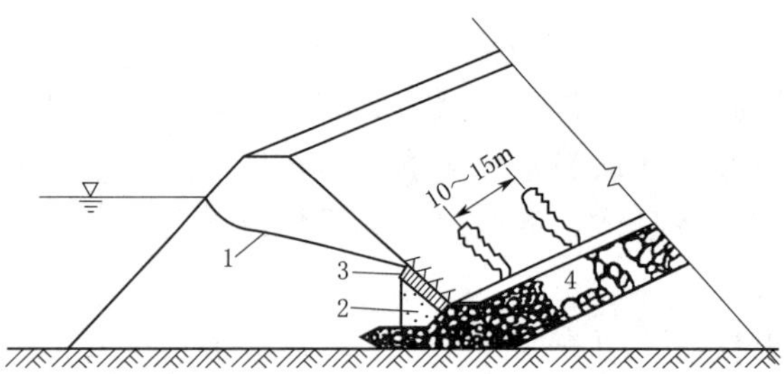


图 4-1-14 导渗砂槽示意图
1—浸润线；2—砂；3—回填土；4—滤水体

3. 导渗培厚法

当坝体散浸严重，出现大面积渗漏，渗水又在排水设施以上出逸，坝身单薄，坝坡较陡，且要求在处理坝面渗水的同时增加下游坝坡稳定性时，可采用导渗培厚法。

导渗培厚即在下游坝坡贴一层砂壳，再培厚坝身断面，如图 4-1-15 所示。这样，一是可导渗排水，二是可增加坝坡稳定。不过，需要注意新老排水设施的连接，确保排水设备有效和畅通，达到导渗培厚的目的，也可以用土工织物代替砂石做反滤层导渗。

此外对于土石坝坝身渗水问题的处理措施还可参照模块五项目二中堤身渗水险情的处理方法。

## 二、坝基渗漏处理

坝基渗漏处理的原则与坝身渗漏处理原则一样，即“上堵下排”。一般在上游采取水平防渗（如黏土铺盖）和垂直防渗（如截水槽、防渗墙等）两种措施，阻止或减少渗流通过坝基。在下游用导渗措施（如排水沟、减压井等）把已经进入坝基的渗流安全排走，不致引起渗透破坏。

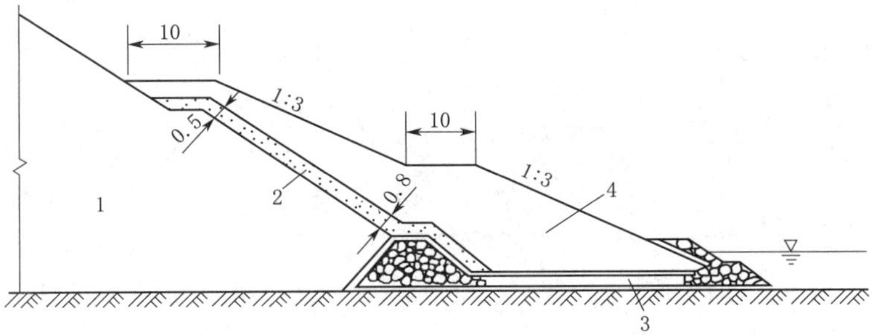


图 4-1-15　导渗培厚法示意图（单位：m）
1—原坝体；2—砂壳；3—排水设施；4—培厚坝体

**（一）黏土截水槽**

黏土截水槽，是在透水地基中沿坝轴线方向开挖一条槽形断面的沟槽，槽内填以黏土夯实而成，是坝基防渗的可靠措施之一，如图 4-1-16 所示。尤其对于均质坝或斜墙坝，当不透水层埋置较浅（10～15m 以内）、坝身质量较好时，应优先考虑这一方案。不过当不透水层埋置较深，而施工时又不便放空水库时，切忌采用，因施工排水困难，投资增大，不经济。

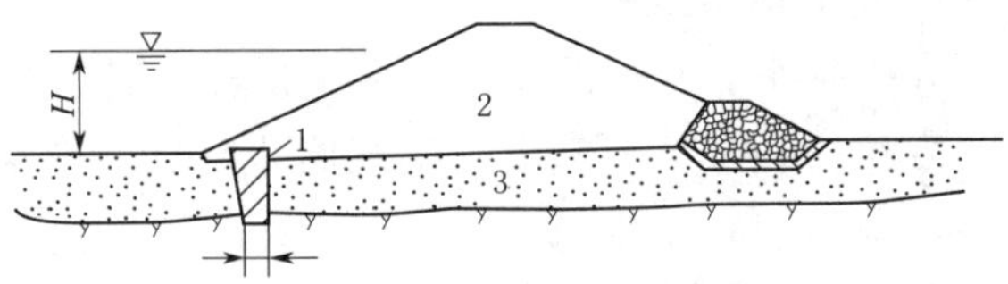


图 4-1-16　黏土截水槽
1—黏土截水槽；2—坝体；3—透水层

截水槽的设计、施工要求如下：

（1）底宽。当回填土为黏土或重壤土时底宽 $\delta=(1/10\sim1/5)H$（$H$ 为作用水头）；当回填土为壤土或砂壤土时 $\delta=(1/5\sim1/3)H$；最小底宽为 3m。

（2）回填。在回填黏土前，应做好基坑底面的渗水处理与泉眼堵塞工作。回填的土料应选择渗透系数不大于原坝体防渗土料的黏土，并按照施工规范要求分层填筑分层夯实，其压实密度应不小于原坝体同类填土。截水槽的底部必须做到不透水层或基岩上，并深入岩基 0.5～1.0m 以防结合面集中渗流。

**（二）混凝土防渗墙**

如果覆盖层较厚，地基透水层较深，修建黏土截水槽困难大，可考虑采用混凝土防渗墙进行坝基防渗，它是在松散透水地基中造孔或挖槽，以泥浆固壁，达到设计深度后，往孔内灌注混凝土、塑性混凝土或填筑黏土等防渗材料而建成的地下墙形建筑物，其优点是不必放空水库，施工速度快，节省材料，防渗效果好。防渗墙一般分段建造，一个圆形或一个槽形孔浇筑混凝土后构成一个墙段，施工墙段连接成一整道墙。墙的顶部与坝中的防渗体相连接，两端与岸边基岩或防渗设施相连接，底部嵌入基岩或透水地层中一定深度，即可截断透水地基中的渗透水流，大大减少渗透流量，对保证地基的渗透稳定和闸坝安全，充分发挥工程效益有重要作用，如图 4-1-17 所示。

1. 防渗墙类型

（1）按墙体材料分：钢筋混凝土防渗墙、混凝土防渗墙、塑性混凝土防渗墙、黏土防渗墙、自凝灰浆防渗墙、泥砾料防渗墙等。

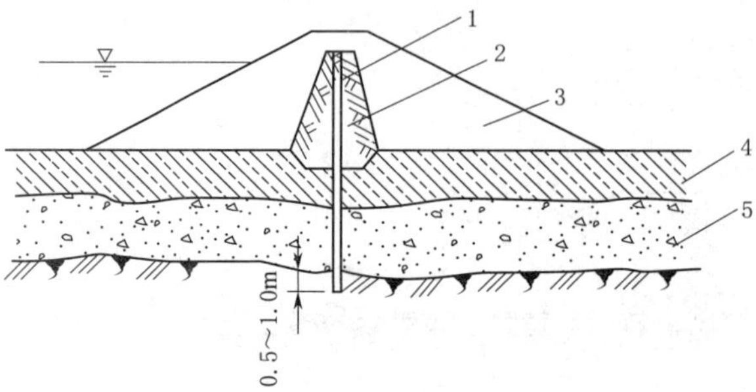


图 4-1-17 混凝土防渗墙示意图

1—防渗墙；2—黏土心墙；3—坝壳；4—覆盖层；5—透水层

（2）按施工特点分：泥浆槽防渗墙、板桩灌注防渗墙、高压旋喷防渗墙等。

（3）按墙的水平截面分：圆桩柱型（圆孔型），如图 4-1-18（a）所示，垂直接缝多，有效厚度小；混合桩柱型（圆孔与双反弧形孔混合型），如图 4-1-18（b）所示；墙板型（槽孔型），如图 4-1-18（c）所示，相邻两块墙板套接，厚度与中间墙厚相同，适用于深度小于 60m 的墙；墙板桩柱混合型（槽形孔与双反弧形孔混合型），如图 4-1-18（d）所示。

*2. 防渗墙施工程序*

造孔前准备工作、造孔、终孔验收、清孔换浆、清孔验收、预埋基岩帷幕灌浆管和埋入各种观测仪器、灌注或填筑墙体材料、全墙质量检查及验收、与坝体中防渗体的连接。

造孔施工使用冲击式、回转式、冲击回转式、钻铣式钻机，液压或钢丝绳抓斗，索铲或反铲挖掘机等。造孔施工累计工期约占防渗墙总工期的 60%以上，因此，根据地基的水文地质与工程地质条件、墙的厚度和深度，合理选用造孔机械，优质快速地进行造孔施工，是缩短防渗墙施工总工期的关键。

选用膨润土或优质黏土以及碳酸钠等处理剂，制成优质泥浆，用以护固孔壁、悬浮和携带岩屑、冷却和润滑钻头。泥浆质量也直接影响着造孔的进度、质量与安全。

清孔换浆是将孔内含有大量砂粒与岩屑的泥浆，更换成为质量合格的泥浆，以保证墙体、墙体与基岩的接触质量；还要把槽孔两端已浇混凝土表面附着的岩屑和泥皮刷洗干净，以保证相邻两墙段间竖直接缝的连接质量。清孔换浆常用的机具有压缩空气吸泥器、砂石泵、钢丝刷子钻头等。

泥浆下灌注墙体材料采用直升导管法，能有效地将墙体材料与泥浆隔开。不论采用何种墙型，相邻墙段间的连接工艺是防渗墙施工技术中的难点。工程实践证明，接缝质量不良常会成为坝基中的隐患，因此，防渗墙施工中要严格保证接缝质量。

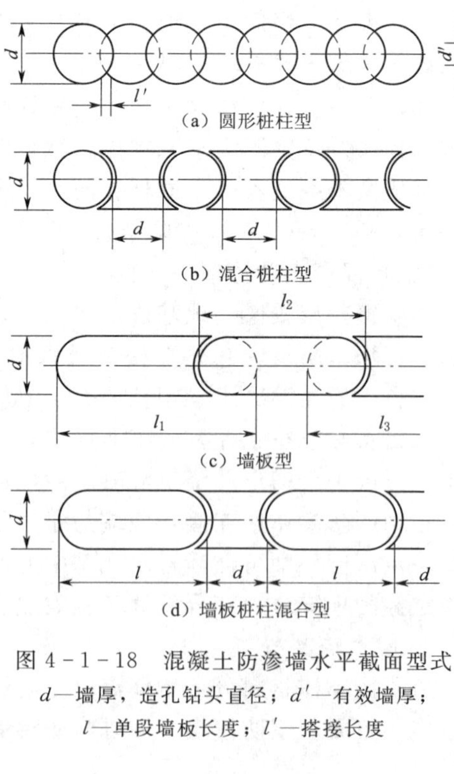


图 4-1-18 混凝土防渗墙水平截面型式

$d$—墙厚，造孔钻头直径；$d'$—有效墙厚；$l$—单段墙板长度；$l'$—搭接长度

### （三）灌浆帷幕

灌浆帷幕是在透水地基中每隔一定距离用钻机钻孔（达基岩下2～5m），然后在钻孔中用一定压力把浆液压入坝基透水层中，使浆液填充地基土中孔隙，使之胶结成不透水的防渗帷幕。当坝基透水层厚度较大，修筑截水槽不经济，或透水层中有较大的漂石、孤石，修建防渗墙较困难时，可优先采用灌浆帷幕。另外当坝基中局部地方进行防渗处理时，利用灌浆帷幕亦较灵活方便。

1. 帷幕灌浆材料

灌注的浆液一般有黏土浆、水泥浆、水泥黏土浆、化学灌浆材料等。在砂砾石地基中，多采用水泥黏土浆，其水泥含量为水泥黏土总质量的10%～30%，浆液浓度范围多为干料：水＝1：1～1：3。最优配比可具体进行试验确定。对于砂土地基，切忌盲目采用黏土浆及水泥浆（因砂的过滤作用，会析出浆料颗粒阻塞浆路），只有当地基土壤的颗粒级配满足可灌性要求时，才能采用。对于中砂、细砂和粉砂层，可酌情采用化学灌浆，但其造价较高。

2. 帷幕灌浆方式

（1）纯压式帷幕灌浆。它是把浆液一次压入钻孔，再扩大到岩层缝隙里。在灌注过程中，浆液只能从灌浆机向钻孔流动。该法施工设备简单，操作方便，但浆液流动速度相对较小，容易产生沉淀，并堵塞岩层缝隙和管路，影响灌浆效果，多用于吸浆量大、并有大裂隙存在和孔深不超过15m的情况。

（2）循环式帷幕灌浆。它是把浆液压入钻孔以后，一部分进入岩层缝隙中，另一部分由回浆管路返回拌浆筒中。该法一方面使浆液始终保持循环流动状态，可以防止泥浆沉淀，灌浆效果好；另一方面又可以根据进浆浆液比重的差值，判断岩层的吸浆情况。工程中多采用循环式帷幕灌浆。

3. 帷幕灌浆方法

主要有自上而下分段灌浆法和自下而上分段灌浆法两种，有时也采用综合灌浆法及孔口封闭灌浆法。进行帷幕灌浆时，坝体混凝土和基岩的接触段应先进行单独灌浆，其在岩石中的长度不得大于2m，以下各灌浆段的长度一般为5～6m，最大不超过10m。帷幕灌浆施工应遵循逐渐加密的原则，三排孔先灌边排孔，再灌中间排孔；双排孔一般先灌下游排孔，再灌上游排孔。每一排与灌浆孔的分序，一般为：单排孔时可分为3序；双排孔时可分为2序或3序；三排孔时可分为2序。

4. 帷幕灌浆施工工序

每一灌浆孔段的施工程序一般为：钻孔→钻孔冲洗→孔内裂隙压力水冲洗→简易压水→灌浆。灌浆压力是控制灌浆质量的重要指标，与孔深、岩层性质和灌浆段上有无压重等因素有关，可根据不同的计算公式得出参考值，也可参考类似工程所用值进行设计，再根据现场灌浆试验确定。

5. 帷幕灌浆升压方法和浆液变换

灌浆开始后常用一次升压法，将灌浆压力尽快升到规定值。但当注入率大时，需采用分级升压法。灌注浆液应遵循由稀到浓，逐级变换的原则，开始灌注水灰比较大的水泥浆，当此浓度的水泥浆累计灌入量达到规定数量而注入率没有改变或改变不显著时，需将灌浆液变浓一级，以后逐级加浓，直至达到规定的结束标准。帷幕灌浆浆液水灰比可采用 5∶1、3∶1、2∶1、1∶1、0.8∶1、0.6∶1 或 0.5∶1 等 6 个比级，遇注入率大时，也可越级变浓。对可灌性差的岩基，在必要时应采用加细水泥或化学材料灌浆。

6. 帷幕灌浆结束标准

帷幕灌浆采用自上而下分段灌浆方法时，在规定的压力下，当注入率不大于 0.4L/min，延续灌注 60min；或不大于 1L/min，延续灌注 90min，灌浆可以结束。采用自下而上分段灌浆法时，延续灌注的时间可相应地减少为 30min 和 60min，灌浆可以结束。全孔灌浆结束后应采用压力灌浆法进行封孔。

7. 帷幕灌浆质量检查

主要方法是钻检查孔，自上而下分段进行压水试验，采用单点法或五点法，求得透水率 $q$ 值。岩基中帷幕灌浆的防渗标准主要根据地质条件、坝型、坝高、水工设计对岩基防渗的要求等而定，一般多为透水率 $q\leqslant1\sim5$Lu[1]。

**(四) 高压定向喷射灌浆**

高压定向喷射灌浆的原理是采用高压射流冲击破坏被灌地层结构，使浆液与被灌地层的土颗粒掺混，形成设计要求的凝结体。即把高压水和压缩空气［压力 (70～80)×$10^4$Pa］输送到直径 2～3mm 的喷嘴，造成流速为 100～200m/s 的射流，切割破坏地层形成缝槽；同时用 100N/$cm^2$ 左右的压力，把水泥浆由另一钢管输送到切割缝的附近充填此缝，并使部分浆液穿透到缝壁砂砾石地层中，一起凝结成薄防渗墙，如图 4-1-19 所示。除沟槽掺搅形成凝结体外，浆液向沟槽两侧土水气射流切割缝槽体孔隙渗透形成凝结过渡层，也有着较强的防渗性。

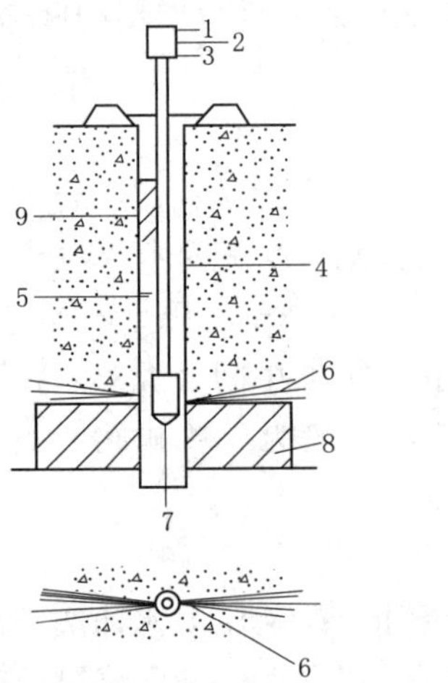

图 4-1-19 高压定向喷射灌浆原理示意图

1、2、3—水、气、浆管；4—钻孔；5—喷射灌浆管；6—水气射流切割缝槽；7—喷浆口；8—形成的防渗墙；9—回浆

进行高压定向喷射施工时，先用普通岩心钻机并以泥浆循环护壁造孔，钻入基岩 1m 左右。喷射灌浆管以 6～60cm/min 的速度逐渐向上提升，要求水泥浆与岩面或土层严密结合，最后完成全孔段防渗墙，如图 4-1-20 所示。

高压定向喷射灌浆技术适用于在各种松散地层（如砂层、淤泥、黏性土、壤土层和砂砾层）中，构筑防渗体。最大工作深度不超过 40m。在卵石、漂石层过厚或含量过多的底层不宜采用。能在狭窄场地、不影响建筑物上部结构条件下施工，与其他基础处理技术相比，具有适用范围广、设备简单、工效高、比较经济等优点。

**(五) 黏土铺盖**

黏土铺盖是常用的一种水平防渗措施，是利用黏土在坝上游地基面分层碾压而成的防渗层。其作用是覆盖渗漏部位，延长渗径，减小坝基渗透坡降，保证

[1] 1Lu=1L/(m·MPa·min)。

坝基稳定。特点是施工简单，造价低廉，易于群众性施工，但需在放空水库的情况下进行，同时，要求坝区附近有足够合乎要求的土料。透水地基较深，且坝体质量尚好、采用其他防渗措施不经济的情况下采用。

（1）铺盖长度。铺盖长度应满足地基中的实际平均水力坡降和坝基下游出口无保护处的水力坡降均小于或等于地基土体允许平均水力坡降［$J_c$］的要求。一般为5～10倍水头。

（2）铺盖厚度。铺盖厚度应保证各处通过的渗透坡降不大于允许值，即铺盖任一点的厚度$\delta_x$（距上游端$x$处的厚度）决定于该点所承受的水头差$\Delta H_x$（铺盖上下的水头差）和土料的允许坡降［$J$］，如图4-1-21所示，即

$$\delta_x = \frac{\Delta H_x}{[J]}$$

［$J$］值一般黏土取5～10；壤土取3～5。

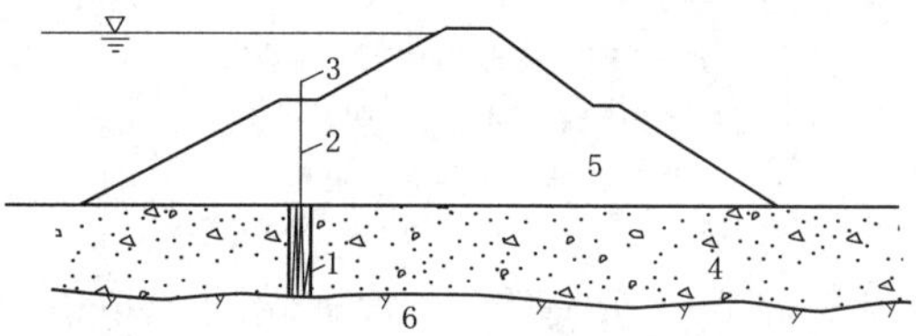


图4-1-20 高压喷射帷幕示意图
1—喷射帷幕；2—施工轴线；3—施工平台；4—透水层；5—坝体；6—不透水层

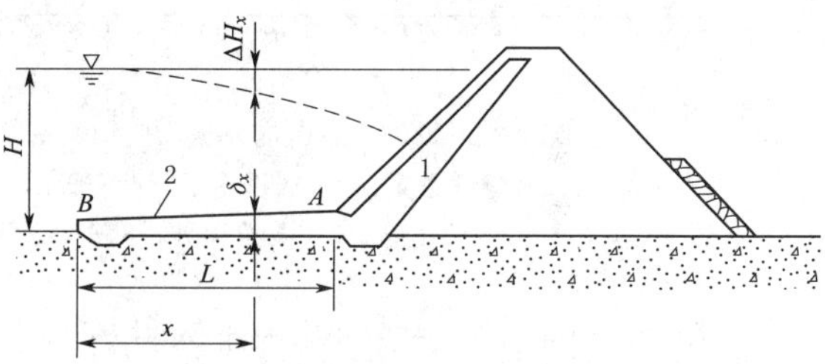


图4-1-21 防渗铺盖示意图
1—斜墙；2—铺盖

铺盖还需满足一定的构造要求，即上游端厚0.5～1.0m，末端厚（1/10～1/6）$H$，与心墙或斜墙连接处适当加厚，一般为3～5m。

（3）填筑要求。

1）铺盖土料的渗透系数一般要求不大于$1\times10^{-5}$cm/s，而且应为地基土渗透系数的1/1000～1/100。

2）铺盖土应分层填筑，每层压实厚度为0.1～0.2m，其干容重一般不小于15.7kN/m$^3$。

3）在砂砾石地基上铺设时，应按反滤要求进行。

4）为防干裂，表面可铺1.0～1.5m厚的保护层。

**（六）排渗沟**

排渗沟是坝基下游排渗的措施之一，常设在坝下游靠近坝趾处，且平行于坝轴线，如图4-1-22所示。其目的是：一方面，有计划地收集坝身和坝基的渗水，排向下游，以免下游坡脚积水；另一方面，当下游有不厚的弱透水层时，尚可利用排水沟排水减压。

对一般均质透水层沟只需深入坝基1.0～1.5m；对双层结构地基，且表层弱透水层不太厚时，应挖穿弱透水层，沟内按反滤材料设保护层；当弱透水层较厚时，不宜考

虑其导渗减压作用。在只起排渗作用时，排渗沟的断面，据渗流量确定，若兼起排水减压作用时，应做专门计算。

为了方便检查，排渗沟一般布置成明沟；但有时为防止地表水流入沟内造成淤塞，亦可做成暗沟，但工程量较大。

**（七）减压井**

减压井是利用造孔机具，在坝址下游坝基内，沿纵向每隔一定距离造孔，并使钻孔穿过弱透水层，深入强透水层一定深度而形成，如图 4-1-23 所示。

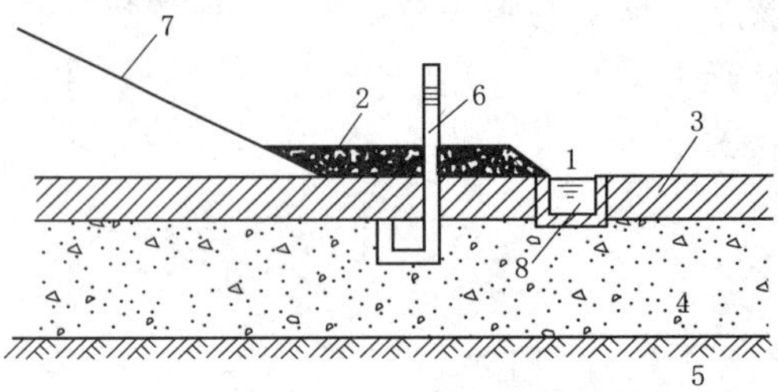

图 4-1-22 排渗沟示意图

1—排渗沟；2—透水盖重；3—弱透水层；4—透水层；5—不透水层；6—测压管；7—下游坝坡；8—反滤层

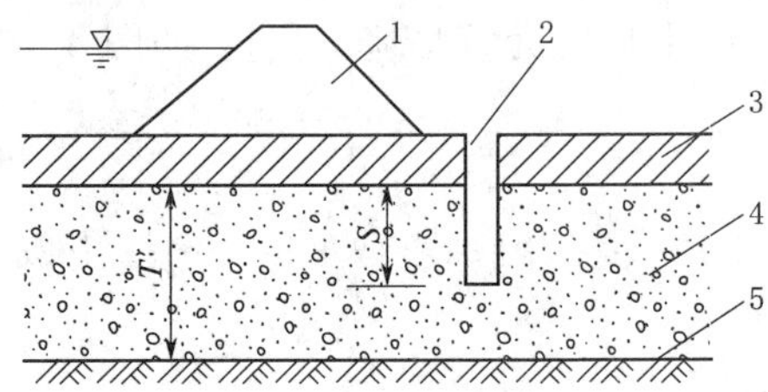

图 4-1-23 减压井位置示意图

1—坝体；2—减压井，3—弱透水层；4—强透水层；5—不透水层

减压井的结构是在钻孔内下入井管（包括导管、花管、沉淀管），管下端周围填以反滤料，上端接横向排水管与排水沟相连，如图 4-1-24 所示。这样可把地基深层的承压水导出地面，以降低浸润线，防止坝基渗透变形，避免下游地区沼泽化。当坝基弱透水层覆盖较厚，开挖排水沟不经济，而且施工也较困难时，可采用减压井。减压井是保证覆盖层较厚的砂砾石地基渗流稳定的重要措施。

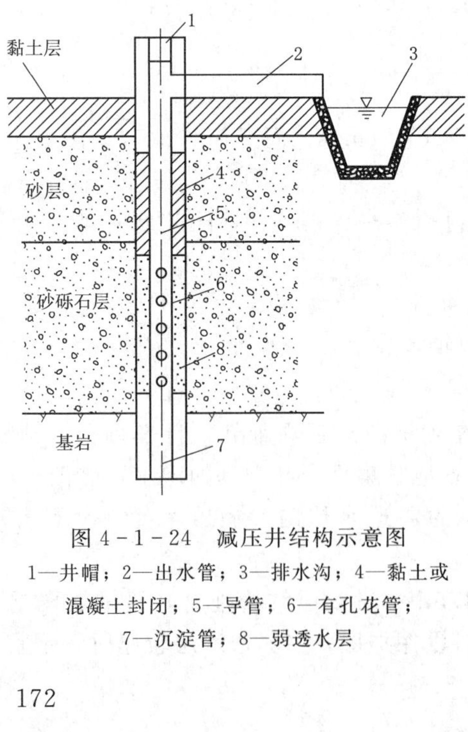


图 4-1-24 减压井结构示意图

1—井帽；2—出水管；3—排水沟；4—黏土或混凝土封闭；5—导管；6—有孔花管；7—沉淀管；8—弱透水层

减压井虽然有良好的排渗降压效果，但施工复杂，管理、养护要求高，并随时间的推移，容易出现淤堵失效的现象，所以，一般仅适用于下列情况：

（1）上游铺盖长度不够或天然铺盖遭破坏，渗透逸出坡降升高，同时坝基为复式透水地基，用一般导渗措施不易施工，或其他措施处理无效。

（2）不能放空水库，采用“上堵”措施有困难，且在运用上允许在安全控制地基渗流条件下，损失部分水量。

（3）原有减压井群中部分失效，或减压井间距过大，致使渗透压力亦过大，需要插补。

（4）在施工、管理运用和技术经济方面，都比其他措施优越。

### （八）透水盖重

透水盖重是在坝体下游渗流出逸地段的适当范围内，先铺设反滤料垫层，然后填以石料或土料盖重，它既能使覆盖层土体中的渗水导出，又能给覆盖层土体一定的压重，抵抗渗压水头，故又称之压渗，如图 4-1-25 所示。

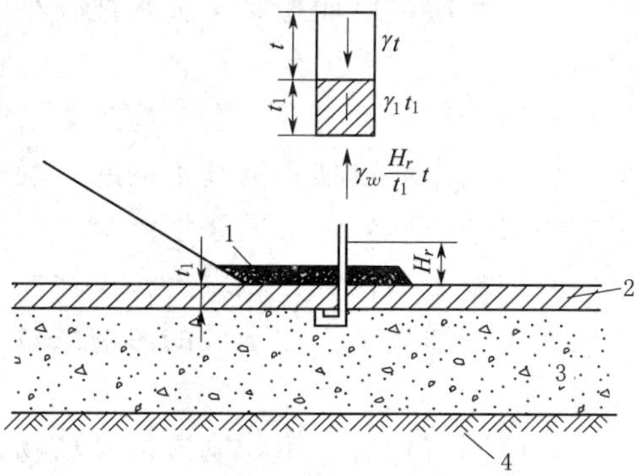


图 4-1-25 透水盖重示意图

1—透水盖重；2—弱透水层；3—透水层；4—不透水层

常见的压渗型式有两种：

（1）石料压渗台。主要适用于石料较多地区的压渗面积不大和局部的临时紧急救护，如图 4-1-26（a）所示。如果坝后有夹带泥沙的水流倒灌，则压渗台上面需用水泥砂浆勾缝。

（2）土料压渗台。适用于缺乏石料、压渗面积较大、要求单位面积压渗重量较大的情况。需注意在滤料垫层中每隔 3～5m 加设一道垂直于坝轴线的排水管，以保证原坝脚滤水体排出通畅，如图 4-1-26（b）所示。

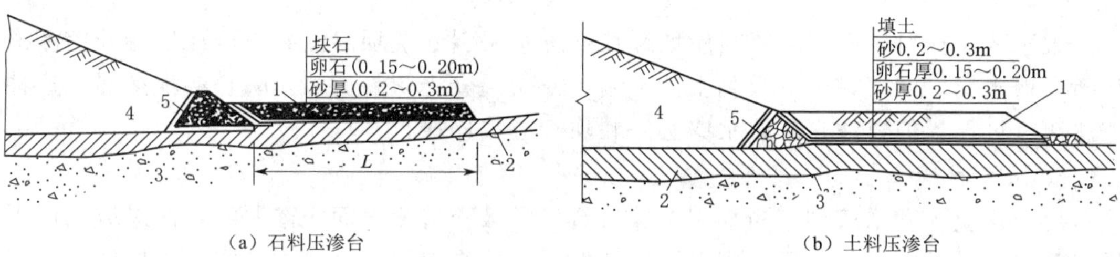


（a）石料压渗台

（b）土料压渗台

图 4-1-26 压渗台示意图

1—压渗台；2—覆盖层；3—透水层；4—坝体；5—滤水体

透水盖重简单易行，是处理坝基渗漏中较常采用的一种下排措施，主要适用于坝基不透水层较薄、渗漏严重、有冒水翻沙现象，或坝后长期渗漏积水、大面积沼泽化，甚至发生管涌和流土破坏的情况。

## 三、绕坝渗漏处理

### （一）绕坝渗漏的原因

水库的蓄水绕过土坝两岸坡或沿坝岸结合面渗向下游的现象，称为绕坝渗漏。

绕坝渗漏将使坝端部分坝体内浸润线抬高，岸坡背后出现阴湿、软化和集中渗漏，甚至引起岸坡塌陷和滑坡，直接危及土坝安全。

产生绕坝渗漏的主要原因如下：

（1）两岸地质条件过差。如两岸岸坡覆盖层单薄，且有砂砾和卵石透水层，坡积层太厚，且为含石块泥土；风化岩层过深，透水性大；岩体破碎，节理裂隙发育以及有断层、岩溶、井泉等不利地质条件，而施工中未能妥善处理，极易造成绕坝渗漏。

（2）坝岸接头防渗措施不当。由于对两岸地质条件缺乏深入的了解，未能提出合理的防渗措施，从而不进行防渗处理，或盲目进行防渗处理。如采用截水槽方案，不但没有切入不透水层，反而挖穿了透水性较小的天然铺盖，暴露出内部强透水层，加剧了绕坝渗漏。

（3）施工质量不符合要求。施工中由于开挖困难或工期紧迫等原因，未按设计要求施工，例如，岸坡段坝基清基不彻底，坝端岸坡开挖过陡，截水槽回填质量较差等，均将影响坝岸结合质量，形成绕坝渗漏。

（4）因施工期任意在坝端上游岸坡取土或蓄水后风浪的不断淘刷，破坏了上游岸坡的天然铺盖，增大了岸坡土层的渗透系数，缩短了渗透途径，增加了渗透坡降，造成绕坝渗漏。

（5）喀斯特地貌、生物洞穴以及植物根茎腐烂后形成的孔洞，亦会造成绕坝渗漏。

**（二）绕坝渗漏的处理措施**

绕坝渗漏的处理原则仍为“上堵下排”。具体处理时应首先观测渗漏现象，查清渗漏部位，分析渗漏原因，研究渗漏与库水位及降雨量的关系；了解水文地质条件，调查施工接头处理措施和质量控制等方面的情况，然后对症下药，以堵为主，结合下排，一般采取的具体措施如下：

1. 截水墙

截水墙是指对于心墙坝，当岸坡存在强透水层引起绕坝渗漏时，可在坝端开挖深槽切断强透水层，回填黏土形成黏土截水墙，或做混凝土防渗齿墙，防止绕坝渗漏。这种方法比较可靠，但要注意，截水墙必须和坝身心墙连接。

2. 防渗斜墙

对于均质坝和斜墙坝，当坝端岸坡岩石异常破碎造成大面积渗漏时，而岸坡地形平缓，且有大量黏土可供使用，则可沿岸坡做黏土防渗斜墙防止绕坝渗漏。具体要求斜墙下端做截水槽嵌入不透水层，若开挖工程量大无法达到不透水层，亦可做铺盖与斜墙连接。如水库放空困难，水下部分也可采用水中抛土或浑水放淤的办法处理。另外，在斜墙顶上应沿山腰开挖排水沟，把雨水截住，以免冲刷斜墙。

3. 黏土铺盖

黏土铺盖即在坝肩上游的岸坡上用黏土进行铺盖以延长渗径，防止绕渗的措施。具体适用于坝肩岩石节理裂隙细小、风化较微，且山坡单薄、透水性大的情况。而对于较陡的山坡，在水位变化较少的部位，可采用砂浆抹面；在水位变化较频繁的部位，或者裂缝较大的地段，可用混凝土、钢筋混凝土或浆砌石材料，结合护坡，在渗漏岩层段的上游面作衬砌防渗。

4. 灌浆帷幕

当坝端岩石裂隙发育、绕渗严重时，可采用灌浆帷幕进行绕渗处理。具体方法与坝基的灌浆帷幕处理相同。注意坝肩两岸的灌浆帷幕应与坝基的灌浆帷幕形成一道完整的防渗帷幕。

5. 堵塞回填

对于动物洞穴和根茎腐烂的孔洞所引起的绕渗，开挖后可以将洞穴回填黏土并夯实，或向洞穴灌注水泥砂浆或用混凝土堵塞洞穴。

6. 下游导渗排水

下游导渗排水即在下游岸坡绕渗出逸处，铺设排水反滤层，保护土料不致流失，防止渗透破坏。当下游岸坡岩石渗流较小，可沿渗水坡面以及下游坝坡与山坡接触处铺设反滤层，导出渗水，当下游岸坡岩石地下水位较高、渗水严重时，可沿岸边山坡或坡脚处打基岩排水孔，引出渗水；当下游岸坡岩石裂隙发育密集，可在坝脚山坡岩石中打排水平铜，切穿裂缝，集中排出渗水。

**【案例6】** 劈裂灌浆。

山东岳庄水库大坝为重粉质壤土均质坝，最大坝高 33m，坝长 857m，顶宽 6m。由于坝体填筑碾压不实，干密度仅为 1.32～1.48g/cm$^3$。最大坝高处的沉降量为 860mm，为坝高的 2.6%（即沉降率）。坝顶先后 3 次出现纵向裂缝。第一次出现在上游坝肩（1969 年）；第二次在坝轴线附近（1971—1972 年），坝面缝宽 50～150mm，长 500～600m；第三次出现在下游坝肩（1973 年），缝宽 200～400mm，且上下错动 150mm，缝长 250m。同时发现，上游护坡块石隆起架空，下游坝坡多处有水渗出。

经研究，决定采取劈裂灌浆加固方案。大坝劈裂灌浆加固共布置了 3 排钻孔。第一排孔位于坝轴线上为主灌浆孔，其他两排孔位于上下游肩为副孔。最终孔距为 5m。孔径为 127mm，孔深为 17～23m。用三脚架人力旋转麻花钻造孔。制浆土料选用与筑坝土料相同的重粉质壤土。

灌浆方法：在灌浆前，先用 $\phi$128 套管打入 3～5m，以防孔口坍塌。采用自下而上的灌注方法，开始用密度为 1.2～1.3g/cm$^3$ 的稀浆，后用最大密度达 1.7g/cm$^3$ 的浓浆。开始灌浆时，采用的孔口压力大于 0.1MPa 时，孔口、坝顶和坝坡经常发生冒浆现象，故在以后的施工中，控制孔口压力不超过 0.1MPa。

采用三种处理冒浆的办法：①间歇灌注法，即停、灌交替进行；②开挖、回填和夯实；③降低孔口压力。

灌浆期坝的变形和裂缝：灌浆历时 8 个月的沉降观测表明，沉降量一般为 300～500mm，最大为 940mm，都大于坝竣工后 6 年的沉降量。这说明在灌浆的过程中，坝体发生了显著的湿陷。这种湿陷对坝体内的应力重分布和稳定是有利的。另外，沉降速率是递减的，不会对坝的稳定造成威胁。

由于在灌浆过程中河槽段的坝体发生较大的沉降，导致在左右岸坡段产生新的横向裂缝，左岸 1 条，右岸 2 条。对此裂缝作了开挖回填夯实和灌浆处理。另外，还在下游坝肩附近产生了一组 5 条纵向裂缝，最短的长 20m，最长的 220m，后都进行了灌浆处理。

灌浆效果检查：灌浆结束后，整个下游坝坡都处于干燥状态。

**【案例7】** 斜墙坝土工膜防渗。

浙江长堰水库黏土斜墙坝土工膜防渗加固。长堰水库主坝高 37m，为黏土斜墙坝坝型，总库容 1172 万 m$^3$。由于大坝防渗体土质和施工质量差，坝顶出现纵向裂缝，致使坝体浸润线高，大坝渗流不安全，必须进行防渗加固处理。

经论证，决定采用复合土工膜斜墙黏土联合防渗加固方案。基础处理采用柱列式混凝土防渗墙，周边防渗用混凝土齿槽，整个坝面形成联合防渗结构体。复合土工膜选择300g/0.5mm/300g 型，即两层 300g/m$^2$ 无纺布和 0.5mm PE 膜的复合体。长堰水库主坝土工膜防渗加固的典型剖面如图 4-1-27 所示。坝坡土工膜铺设结构，与基础混凝土防渗脚连接以及与周边混凝土齿墙的连接如图 4-1-28～图 4-1-30 所示。

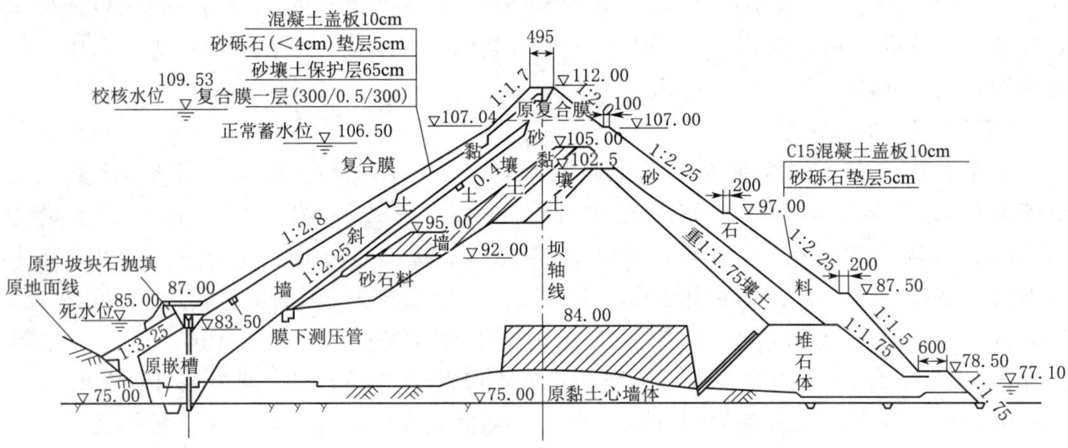


图 4-1-27 长堰水库主坝土工膜防渗加固典型剖面图（单位：尺寸为 cm，高程为 m）

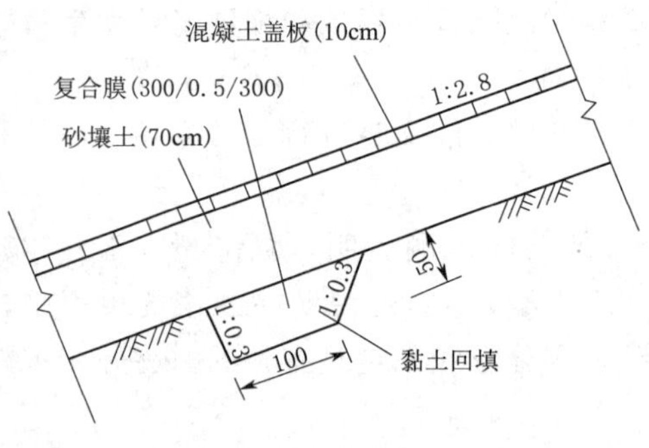


图 4-1-28 坝坡铺土工膜结构图（单位：cm）

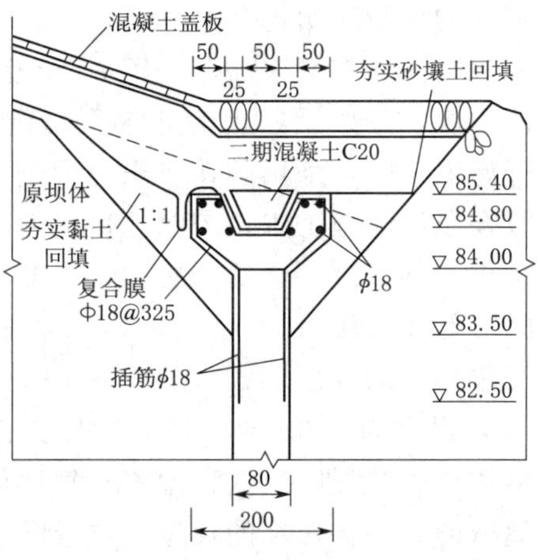


图 4-1-29 混凝土防渗墙顶与土工膜连接图（单位：尺寸为 cm，高程为 m）

复合土工膜直接铺设在原黏土斜墙表面，即在原黏土斜墙防渗基础上增加一道土工膜防渗。土工膜铺设自下而上，先中间后两边，以垂直于坝轴线方向通幅焊接翻铺方式进行施工。为适应大坝变形，铺设过程中应保证一定的松弛度，并采取以下施工控制措施。

(1) 支持层黏土斜墙表面干燥，含水率控制在 15%以下，并剔除表面坚硬物。

(2) 部分大变形凹陷（孔隙）区域用黏土找平夯实，减少因主膜受压而造成孔隙内发生大的拉伸变形。

(3) 全断面铺设平整并一次定型，尽可能减少重复调整引起主膜变形甚至撕裂。

(4) 复合土工膜与周边混凝土墙的连接，内侧混凝土墙面平整圆滑，预留土工膜伸缩量或伸缩节，并自然松弛与斜墙黏土面贴实，禁止折褶、悬空。

(5) 复合土工膜铺设、焊接、砂壤土保护层覆盖连续进行，避免阳光直接照射而老化发硬。

(6) 减少人为因素的破损，进行严格的管理与考核。

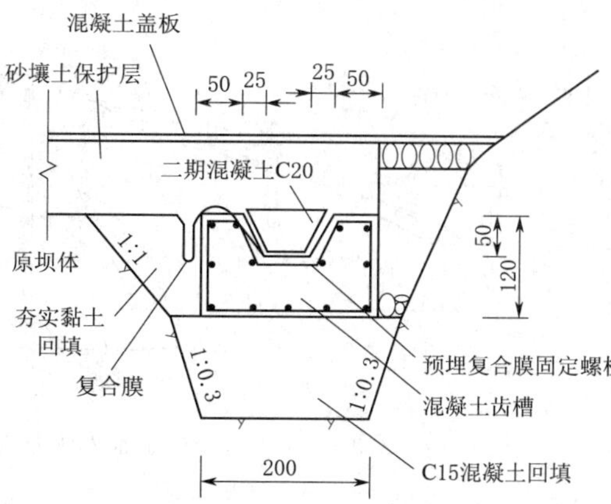


图 4-1-30　土工膜与周边的连接图（单位：cm）

长堰水库采取土工膜防渗加固后，通过观测，坝体浸润线有明显降低；漏水量由除险加固前的 0.29L/s 减小到 0.13L/s，减少 55%，且水质由浑浊转为清澈，加固效果明显。

**【案例 8】** 高压喷射灌浆加固。

广西壮族自治区百色市平果县布见水库，总库容 4095 万 $m^3$，是一座以灌溉为主，兼顾防洪、发电、供水等综合利用的中型水库。水库大坝为黏土心墙坝，坝顶高程 236.27m，最大坝高 28.97m，坝顶长 160m，坝顶宽 5m。由于大坝坝体填筑质量较差，坝体、坝基及坝下输水涵管存在渗漏问题，大坝渗流达不到安全要求，致使水库一直降低水位运行，工程效益也达不到设计要求。

经研究，决定采用“高压喷射灌浆防渗墙＋基岩帷幕灌浆”的防渗加固方案，如图 4-1-31、图 4-1-32 所示。高压喷射灌浆沿坝轴线布孔，位于坝轴线上游 1m，喷射孔穿过坝基覆盖层，覆盖层下接基岩帷幕灌浆。高压喷射灌浆轴线长 160m，最大孔深 30.60m，采用单排布孔，孔距 0.75m，墙体有效厚度 0.40m，要求允许比降 $[J]>60$。坝下输水涵管周围加设一排高压旋喷灌浆。坝基强风化岩层及两岸坝肩岩体采用帷幕灌浆加固，帷幕灌浆采用单排孔，孔距 1.5m，深入基岩以下 5m，帷幕线总长 280m，最大孔深 27.5m，坝体部分施工时高压喷射灌浆和帷幕灌浆一次钻孔，先施工下部基岩帷幕灌浆，然后施工上部高压旋喷灌浆。

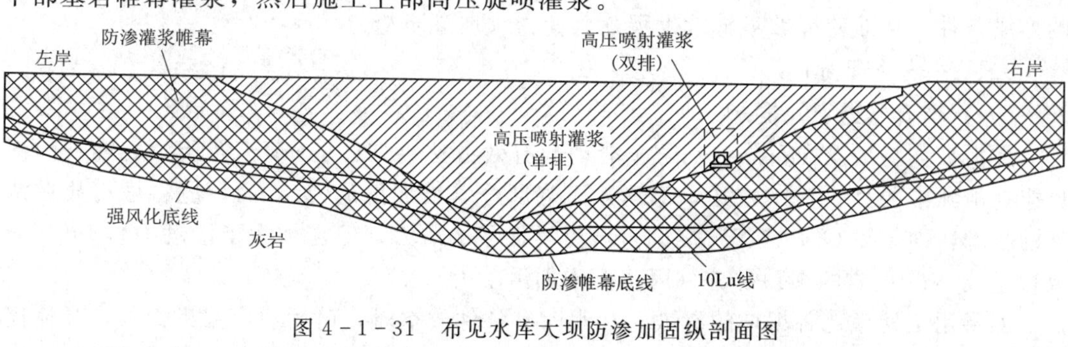


图 4-1-31　布见水库大坝防渗加固纵剖面图

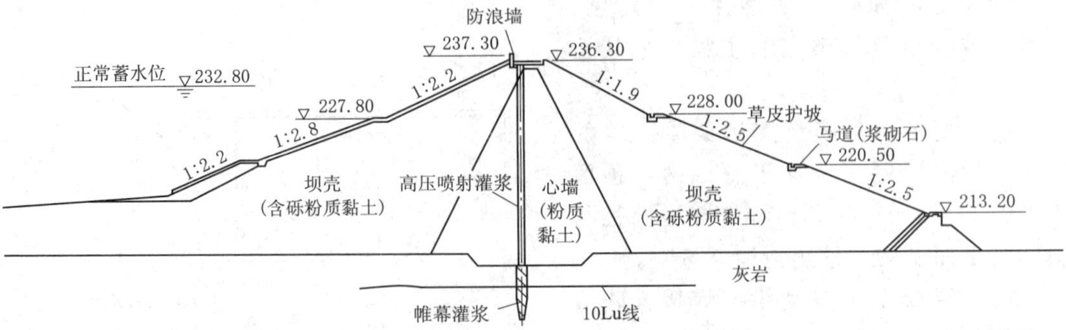


图 4-1-32 布见水库大坝防渗加固剖面图(单位:m)

大坝增加高压喷射灌浆和帷幕灌浆加固后,下游坝体浸润线降低,大坝下游坝坡抗滑稳定性提高;同时大坝单宽渗漏量由加固前的 2.151~2.652$m^3$/(d·m)降到 0.796~0.887$m^3$/(d·m)。

布见水库大坝防渗加固于2009年上半年完工,经过近1年的运行和观测,大坝坝脚渗漏消失。

## 任务四 土石坝滑坡处理

土石坝在施工或竣工以后的运行中,由于边坡陡库水位骤降、剧烈震动等各种内、外因素综合影响,坝体的一部分(有的还包括部分坝基)失去平衡,脱离原来的位置,发生滑坡。这是目前土石坝常见的一种病害现象,若不及时处理,将会影响水库效益的发挥,大面积严重滑坡可能造成溃坝事故发生。

### 一、滑坡处理原则

造成滑坡的原因是滑动力大于抗滑力,所以应该设法减少滑动力与增加抗滑力。对于发展迅速的滑坡,应采取快速、有效的临时措施,按照"上部削坡减载,下部固脚阻滑"的原则及时抢修,阻止滑坡的发展。对发生在迎水面的滑坡,可在滑动体坡脚部位抛砂石料或砂(土)袋压重固脚,在滑动体上部削坡减载,减少滑动力。对发生在背水坡的滑坡,常采用压重固脚法、滤水土撑法、放缓坝坡、开沟导渗滤水还坡和以沟代撑等方法进行抢修。

当发现滑坡征兆后,应根据情况进行判断,采取临时性的局部紧急措施,排除滑坡的形成条件,从而使滑坡不继续发展,并使得坝坡逐步稳定。

### 二、滑坡处理方法

#### (一)堆石(抛石)固脚

在滑坡坡脚增设堆石体,是防止滑动的有效方法。如图 4-1-33 所示,堆石的部位应在滑弧中的垂线 *OM* 左边,靠滑弧下端部分(增加抗滑力),而不应将堆石放在滑弧的腰部,即垂线 *OM* 与 *ND* 之间(虽然增加了抗滑力,但也加大了滑动力),更不能放在垂线 *ND* 以右的坝顶部分(因主要增加滑动力)。

如果用于处理上游坝坡的滑坡,在水库有条件放空时,可用块石浆砌而成,具体尺寸应根据稳定计算确定。当水库不能放空时,可在库岸上用经纬仪定位,用船向水中抛石固脚。同时应注意，上游坝坡滑坡时，原护坡的块石常大量散堆于滑坡体上，可结合清理工作，把这部分石料作为堆石固脚的一部分。如果用于处理下游的滑坡，则可用块石堆筑或干砌，以利排水。

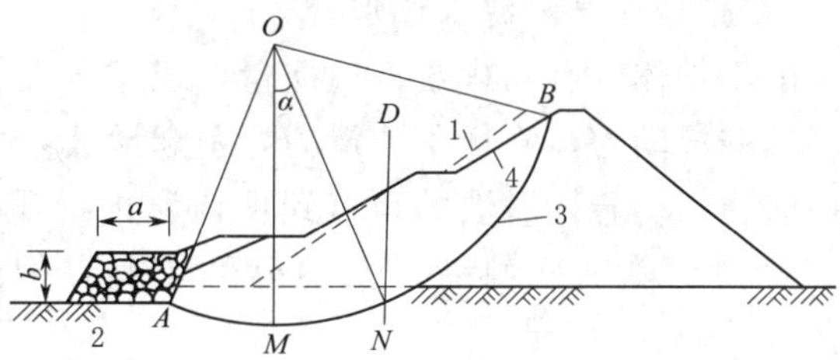


图 4-1-33　堆石固脚示意图
$a$、$b$—按稳定设计确定
1—原坝坡；2—堆石固脚；3—滑动圆弧；4—放缓后坝坡

堆石固脚的石料应具有足够的强度，一般不低于 40MPa，并具有耐水、耐风化的特性。

### (二) 滤水土撑法

该法主要适用于背水坡排水不畅，坝区缺乏石料，滑动范围较大，滑动裂缝达到坝脚的滑坡。具体做法，如图 4-1-34 所示。

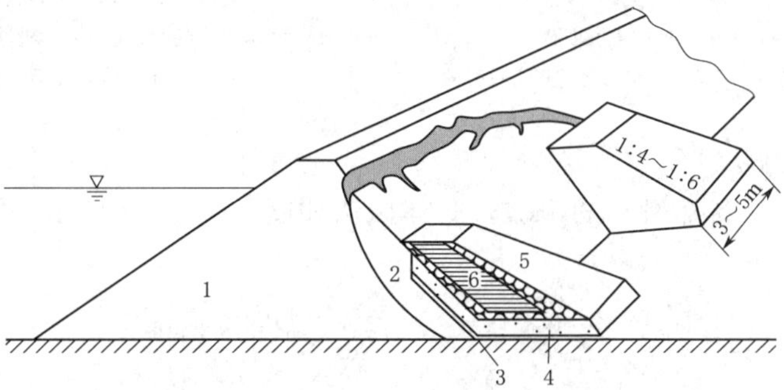


图 4-1-34　滤水土撑治理滑坡示意图
1—坝体；2—滑动体；3 —砂层；4—碎石；5—土袋；6—填土

(1) 先做导渗沟。先将滑坡体的松土清理，然后在滑坡体上顺坡挖沟（间距一般为 3～5m，沟深一般不小于 0.5m）至坡脚处拟筑土撑的部位，沟内按反滤要求铺设土工织物滤层或分层铺填砂石等，并在其上部做好覆盖保护，在滤沟末端挖纵向明沟，以利渗水排出。

(2) 再做土撑。土撑应在导渗沟完成后抢筑。土撑布置应根据滑坡范围大小，沿坝脚布置多个土撑；裂缝两端各布置一个土撑，中间土撑视滑坡严重程度布置，一般间距 5～10m；单个土撑的底宽一般 3～5m，土撑高度约为滑动体的 1/2～2/3，土撑顶宽 1～2m，后边坡 1∶4～1∶6；视阻滑效果可加密加大土撑。

(3) 土撑结构。铺筑土撑前，应沿底层铺设一层 0.10～0.15m 厚的砂砾石（或碎砖、或芦柴）起滤水导渗作用；再在其上铺砌一层土袋；土袋上沿坝坡分层填土压实。

### (三) 放缓坝坡

当滑坡是由边坡过陡所造成时，放缓坝坡才是彻底的处理措施。即先将滑动土体挖除，并将坡面切成阶梯状，然后按放缓的加大断面，用原坝体土料分层填筑，夯压密实。必须注意，在放缓坝坡时，应做好坝脚排水设施，如图 4-1-35 所示。

**(四) 开沟导渗滤水还坡**

由于坝体原有的排水设施质量差或排水失效导致浸润线抬高、坝体饱和，从而增加了坝坡的滑动力，降低了阻滑力，引起滑坡，可采用开沟导渗滤水还坡法进行处理。具体做法为：从开始脱坡的顶点到坝脚为止，开挖导渗沟，沟中填导渗材料，然后将陡坎以上的土体削成斜坡，换填砂性土料，使其与未脱坡前的坡度相同，夯填密实，如图 4-1-36 所示。

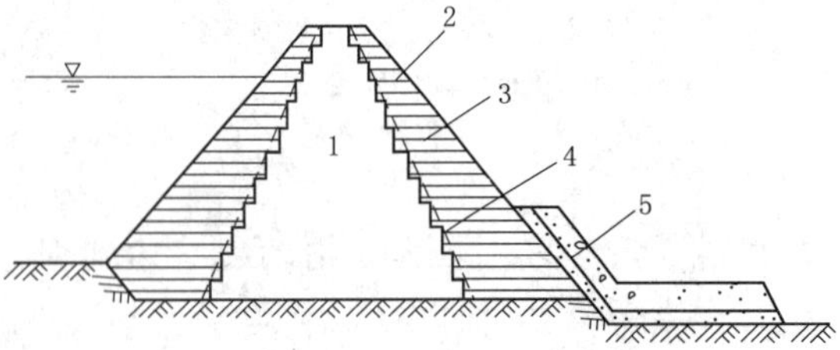


图 4-1-35 放缓坝坡示意图

1—原坝体；2—新坝坡；3—培厚坝体；4—原坝坡；5—坝脚排水

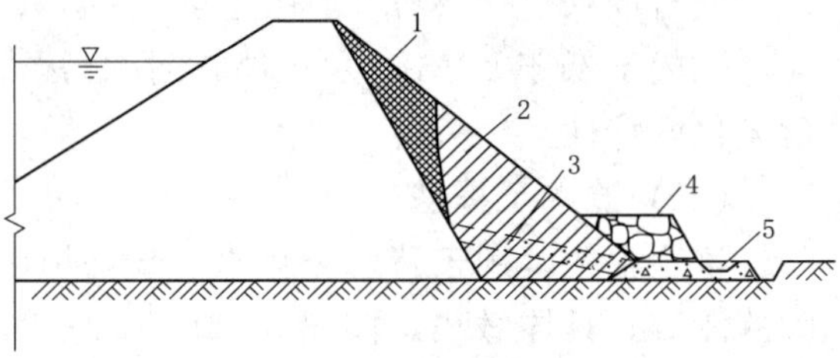


图 4-1-36 滤水还坡示意图

1—削坡换填砂性土；2—还坡部分；3—导渗沟；4—堆石固脚；5—排水暗沟

**(五) 以沟代撑法**

此法适用于坝身局部滑动的滑坡。具体做法如图 4-1-37 所示。

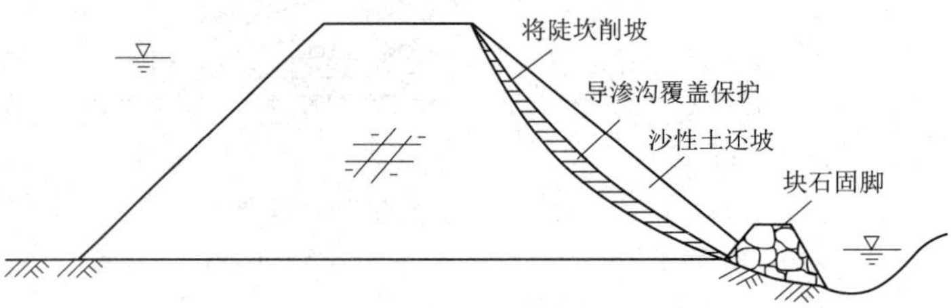


图 4-1-37 背水坡以沟代撑示意图

(1) 撑沟布置。应根据滑坡范围布置多条沿坝坡自上而下的 I 形导渗沟，以导渗沟作为支撑阻滑体，上端伸至滑动体的裂缝部位，下端伸入未滑动的坝坡 1～2m，撑沟的间距视滑坡严重程度而定，一般 3～5m。

(2) 构造要求。撑沟的深度一般为 0.8～1.0m，宽度为 0.5～0.8m，沟内按滤层要求回填砂砾石料，填筑顺序按粒径由小到大、由周边到内部，也可用无纺布包裹砾石或砂卵石料，填成封闭的棱柱体，撑沟顶面应铺砌块石或回填料土保护层，厚度为 0.2～0.3m。

(3) 在沟底部砌筑块石固脚。

**(六) 清淤排水**

对于地基存在淤泥层、湿陷性黄土层或液化的均匀细砂层，施工时没有清除或清除不彻底而引起的滑坡，处理时应彻底清除这些淤泥、黄土和砂层。同时，也可采用开导渗沟等排水措施，也可在坝脚外一定距离修筑固脚齿槽，并用砂石料压重固脚，增加阻滑力。

**(七) 裂缝处理**

对于土坝伴随滑坡而产生的裂缝必须进行认真处理。因为土体产生滑动以后，对土体的结构和抗剪强度都发生了变化，加上裂缝后雨水或渗透水流的侵入，使土体进一步软化，将使与滑动体接触面处的抗剪强度迅速减小，稳定性降低。处理滑坡裂缝时应将裂缝挖开，把其中稀软土体挖除，再用与原坝体相同土料回填夯实，达到原设计干容重要求。

### 三、滑坡处理注意事项

(1) 滑坡体的开挖与填筑，应符合上部减载、下部压重的原则，切忌在上部压重。开挖填筑应分段进行，保持允许的边坡，以利施工安全。开挖中对松土稀泥、稻田土、湿陷性黄土等，应彻底清除，不得重新上坝。对新填土应严格掌握施工质量，填土的含水量和干容重必须符合要求。新旧土体的结合面应刨毛，以利接合。

(2) 对于滑坡主裂缝，原则上不应采用灌浆方法。因为浆液中的水将渗入土体，降低滑坡体之间的抗剪强度，对滑坡体的稳定不利，灌浆压力更会增加滑坡体的下滑力。

(3) 滑坡处理前，应严格防止雨水、地面水渗入缝内，可采用塑料薄膜、油毡、油布等加以覆盖。同时，还应在裂缝上方修截水沟，拦截或引走坝面雨水。

(4) 不宜采用打桩固脚的方法处理滑坡。因为桩的阻滑作用很小，土体松散，不能抵挡滑坡体的推力，而且因打桩连续的震动，反而促使滑坡体滑动。

(5) 对于水中填土坝，水力冲填坝，在处理滑坡阶段进行填土时，最好不要采用碾压法施工，以免因原坝体固结沉陷而开裂。

**【案例 9】** 安徽省广德县卢村水库上游坝坡加固。

卢村水库位于长江流域水阳江水系郎川河支流无量溪上游，坝址位于安徽省广德县卢村乡境内，是一座以防洪、灌溉为主，兼有供水、发电、养鱼及旅游等综合效益的重要中型水库。大坝为黏土心墙砂壳坝，最大坝高 32m，坝顶长 952m。大坝存在的主要问题是坝体填筑质量差，坝壳砂砾石料填筑取样有 29％的密实度未达到设计要求，坝坡及坝顶多次发生凹陷、开裂、防浪墙倾斜。大坝上游坝坡抗滑稳定安全系数不满足规范要求，黏土心墙出现纵、横裂缝。

经研究，决定对大坝上游坝坡采取培厚放缓加固措施。即在高程 68.00m 以下进行抛石护脚，高程 68.00m 以上采用砂砾料培坡，高程 82.00m 马道以下采用干砌块石护坡，高程 82.00m 马道以上采用 15cm 厚的混凝土预制块护坡。大坝上游坡加固布置如图 4－1－38 所示。

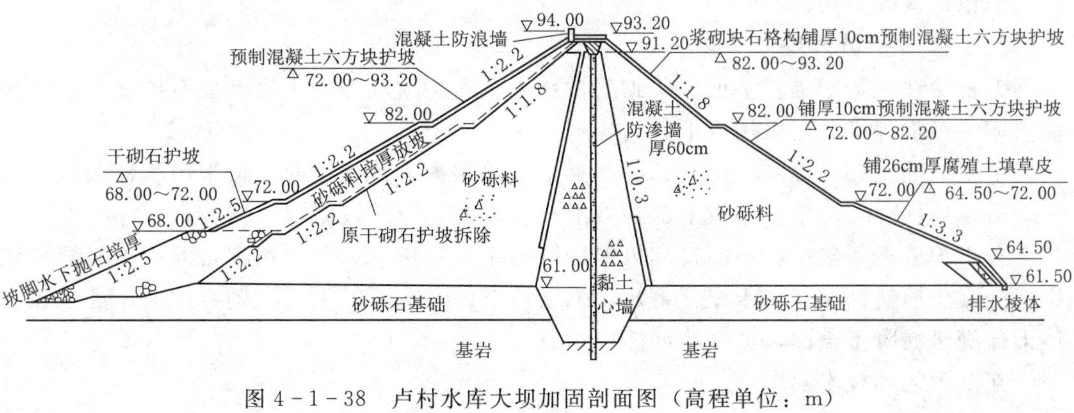

图 4－1－38 卢村水库大坝加固剖面图（高程单位：m）

加固后，坝坡坡比为1：2.2、1：2.2、1：2.5、1：2.5，并于高程72.00m、82.00m设置2.0m宽马道，高程68.00m设置3.5m宽马道。经计算复核，加固后大坝稳定性大为提高。卢村水库大坝上游培厚及下游坝坡格构加固于2007年上半年完工，经过近3年运行和观测，大坝变形较小，大坝工作正常。

## 任务五 土石坝护坡修理

对于土石坝，护坡在上游坝坡主要保护坝坡免受波浪的冲击和冰凌的影响；在下游坝坡主要防止土体被雨水冲刷。护坡如有破坏应及时修理，修补处理措施要根据护坡破坏的原因、原护坡的结构型式和破坏范围大小、建筑材料、施工条件和库水位情况等予以确定。一般情况下，优先考虑在现有基础上填补翻修。

### 一、混凝土护坡修理

混凝土护坡包括现浇混凝土护坡和预制混凝土块护坡。根据护坡损坏情况，可采用局部填补、翻修加厚、增设阻滑齿墙和更换预制块等方法进行修理。

护坡发生局部断裂破碎时，可采用现浇混凝土局部填补。

护坡破碎面积较大、护坡混凝土厚度不足、抗风浪能力差时，可采用翻修加厚混凝土护坡的方法。

护坡出现滑移现象或基础淘空、上部混凝土板坍塌下滑时，可采用增设阻滑齿墙的方法修理。

施工工艺和技术要求：

(1) 现浇混凝土局部填补时，新旧混凝土结合处，必须凿毛清洗干净；新填补的混凝土标号应不低于原护坡混凝土的标号；施工时先铺10～20mm厚砂浆，再填筑混凝土；填补面积大的混凝土应自下而上浇筑，认真捣实；新浇混凝土表面应收浆抹光，洒水养护；处理好伸缩缝和排水孔。

(2) 翻修加厚混凝土护坡时，原混凝土板面应凿毛清洗干净，先铺一层10～20mm厚的水泥砂浆，然后再浇筑混凝土盖面；处理好伸缩缝和排水孔。

(3) 增设阻滑齿墙时，齿墙应平行坝轴线布置，并嵌入坝体；齿墙两侧应按原坡面平整夯实，铺设垫层后，重新浇筑混凝土护坡板，并应处理好与原护坡板的接缝。

(4) 更换预制块时，应按符合防止冲刷的要求铺设垫层，更换的预制混凝土板必须铺设平稳、接缝紧密。

### 二、砌石护坡修理

砌石护坡包括干砌石护坡、浆砌石护坡、条石护坡和混凝土灌砌块石护坡。根据护坡损坏的轻重程度，可采用以下方式修理。

出现局部松动、塌陷、隆起、底部掏空、垫层流失等现象时，可采用填补翻筑。

出现局部破坏淘空，导致上部护坡滑动坍塌时，可增设阻滑齿墙。

对于护坡石块较小，不能抗御风浪冲刷的干砌石护坡，可采用细石混凝土灌缝和浆砌或混凝土框格结构；对于厚度不足、强度不够的干砌石护坡或浆砌石护坡，可在原砌体上部浇筑混凝土盖面，增强抗冲能力。

施工工艺和技术要求：

(1) 护坡石料应选用石质良好、质地坚硬、不易风化的新鲜石料，不得选用页岩作护坡块石。垫层材料应选用具有良好的抗水性、抗冻性、耐风化和不易被水溶解的砂砾石、卵石或碎石。

(2) 清除需要翻修部位的块石和垫层时，应保护好未损坏的部分砌块。修整坡面，要求无坑凹，坡面密实平顺；如有坑凹，应用与坝体相同的材料回填夯实，并与原坝体结合紧密、平顺。

(3) 垫层厚度必须根据反滤层的原则设计，一般厚度为0.15～0.25m。

(4) 砌石应以原坡面为基准，在纵、横方向挂线控制，自下而上，错缝竖砌，紧靠密实，塞垫稳固，大块封边，表面平整，注意美观。浆砌石应先坐浆，后砌石；砌缝内砂浆应饱满，缝口应用比砌体砂浆高一等级的砂浆勾平缝；修补完成后必须洒水养护。

(5) 阻滑齿墙应沿坝坡每隔3～5m设置一道，平行坝轴线嵌入坝体；齿墙尺寸，一般宽度不小于0.5m、深度不小于1.0m（含垫层厚度）；沿齿墙长度方向每隔3～5m应留排水孔。

(6) 框格护坡一般应做成菱形或正方形，框格用浆砌石或混凝土筑成，其宽度一般不小于0.5m，深度不小于0.6m。

### 三、草皮护坡修理

护坡的草皮遭雨水冲刷流失和干枯坏死时，可采用添补、更换的方法进行修理；修理时，应按照准备草皮、整理坝坡、铺植草皮和洒水铺植的工艺流程进行施工。

施工工艺和技术要求：

(1) 补植草皮时，应带土成块移植，移植时间以春、秋两季为宜。

(2) 移植时，应扒松坡面土层，洒水铺植，贴紧拍实，定期洒水，确保成活。坝坡若是沙土，则先在坡面铺一层壤土，再铺植草皮。

(3) 采用化学药剂清除草皮中有大量的茅草、艾蒿等高茎杂草或灌木时，应防止污染库水。

# 项目二　混凝土坝养护维修

## 任务一　混凝土坝养护

### 一、混凝土坝日常安全防护

混凝土坝日常安全防护主要包括以下几方面内容：

(1) 严禁在大坝管理和保护范围内进行爆破、炸鱼、采石、采矿、挖沙、取土、打井、毁林开荒等危害大坝安全和破坏水土保持的活动。

(2) 严禁将坝体作码头停靠各类船只；在大坝管理和保护范围内修建码头，须经大坝主管部门批准，并与坝脚和泄水、输水建筑物保持一定距离，不得影响大坝安全、工程管理和抢险工作。

(3) 经批准兼做公路的坝顶，应设置路标和限荷标识牌，并采取相应的安全防护措施。

（4）严禁在坝面堆放超过结构设计荷载的物资和使用引起闸墩、闸门、桥、梁、板、柱等超载破坏和共振损坏的冲击、振动性机械；严禁在坝面、桥、梁、板、柱等构件上烧灼；有荷载限制要求的建筑物须悬挂限荷标识牌。各类安全标识应醒目、齐全。

（5）作为饮水水源地的小型水库，应禁止网箱养鱼、限制开发旅游等项目。

（6）在工程管理和保护范围内一切违反大坝安全管理的行为和事件，要立即制止和纠正。

## 二、混凝土坝日常养护

### （一）坝体表面养护

（1）保持坝体和溢流坝面完整、清洁，无积水，无杂物、杂草、垃圾等。

（2）对坝体表面局部损坏或砌石松动，要及时用混凝土或砂浆修补。

（3）泄洪前要清除过水面上能引起冲磨损坏的石块和其他重物，保持过水面光滑、平整。

（4）严寒地区冰冻期要及时排干坝面积水，防止冻融破坏，溢流面、迎水面水位变化区出现的剥蚀或裂缝要及时修补；大坝易受冰压损坏的部位要采用人工、机械破冰等防护措施；坝面可采用草、土料、泡沫塑料板等物料覆盖保温；融冰期要防止流冰撞击坝体。

（5）发生轻微化学侵蚀时，可采用涂料涂层防护，严重侵蚀时可采用浇筑或衬砌形成保护层防护；已形成渗透通道或出现裂缝的溶出性侵蚀，可采用灌浆封堵或加涂料涂层防护。

### （二）变形缝止水设施养护

（1）沥青井养护应采取下列措施：

1）出流管、盖板等设施应经常保养，溢出的沥青应及时清除。

2）沥青井应每5～10年加热一次，沥青不足时应补灌，沥青老化时应及时更换，更换的废沥青应回收处理。

（2）变形缝填充材料养护应采取下列措施：

1）变形缝充填材料老化脱落时应及时更换相同材料或应用较为成熟的新材料进行充填封堵。

2）变形缝填充施工前应将变形缝清理干净。

3）缝内若存在渗漏现象，应先进行渗漏处理，保持缝内干燥。

（3）应定期清理各类变形缝止水设施下游的排水孔，保持排水通畅。

### （三）排水设施养护

（1）坝面、廊道、地下洞室、边坡及其他表面的排水沟、排水孔应经常进行人工或机械清理，保持排水通畅。

（2）坝体、基础、溢洪道边墙及底板、地下洞室、护坡等的排水孔应经常进行人工掏挖或机械疏通。疏通时不应损坏孔底反滤层。无法疏通时，应在附近增补排水孔。

（3）集水井、集水廊道的淤积物应及时清除。抽排设备应经常进行维护，保证正常抽排。

（4）地下洞室的顶拱、边墙等部位出现渗漏时，应增设排水孔，并设置导排设施。

**（四）安全监测设施维护**

（1）应定期检查各类安全监测设施的工作状态，及时保养和维护。损坏且具备修复条件的安全监测设施应及时修复。

（2）易损坏的安全监测设施应加盖上锁、建围栅或房屋进行保护，如有损坏应及时修复。

（3）应及时清除动物在安全监测设施中筑的巢窝。易被动物破坏的安全监测设施应设防护装置。

（4）有防潮湿、防锈蚀要求的安全监测设施，应采取除湿措施，定期进行防腐处理。

（5）应经常维护安全监测自动化采集系统的避雷装置。

（6）观测房及观测站应保持室内干燥，室内温度应满足安全监测仪器的工作温度要求，必要时采取保暖措施。观测房应保持外观整洁，通往观测房的道路应通畅，无杂草、杂物。

（7）安全监测设施维护除应满足本标准规定外，还应满足安全监测仪器厂家提出的设备维护要求。

## 任务二　重力坝稳定性不足的处理

重力坝是依靠自重来维持坝身的稳定，坝体必须保证在各种外力组合的作用下，有足够的抗滑稳定性，抗滑稳定性不足是重力坝最危险的病害情况。当发现坝体存在抗滑稳定性不足，或已产生初步滑动迹象时，必须详细查找和分析坝体抗滑稳定性不足的原因，提出妥善措施，及时处理。

### 一、重力坝抗滑稳定性不足的主要原因

根据对重力坝病害和失事情况的调查分析，坝体抗滑稳定性不足，主要是由于重力坝在勘测、设计、施工和运用管理中存在的如下问题造成的。

（1）在勘测工作中，由于对坝基地质条件缺乏全面了解，特别是忽略了地基中存在的软弱夹层，往往因为采用了过高的摩擦系数而造成抗滑稳定性不足。

（2）设计的坝体断面过于单薄，自重不够，或坝体上游面产生了拉应力，扬压力加大，使坝体稳定性不够。

（3）施工质量较差，基础处理不彻底，使实际的摩擦系数值达不到设计要求，而坝底渗透压力又超过设计计算数值，造成不稳定。

（4）由于管理运用不善，造成库水位较多地超过设计最高水位，增大了坝体所受的水平推力，或排水设施失效，增加了渗透压力，均会减小坝体的抗滑稳定性。

### 二、增加重力坝抗滑稳定性的主要措施

重力坝的抗滑稳定分析，主要是核算坝底面的抗滑稳定性。坝底面的抗滑稳定性与坝体的受力有关，重力坝所受的主要外力有垂直向下的坝体自重、垂直向上的坝基扬压力、水平推力和坝体沿地基接触面的摩擦力等，如图 4-2-1 所示。

坝体的抗滑稳定性，可用式（4-2-1）表示：

$$K=\frac{F}{\sum P}=\frac{f(\sum G-U)}{\sum P} \qquad (4-2-1)$$

式中 $\sum P$——水平推力，包括水压力、风浪压力、泥沙压力等，kN；

$\sum G$——垂直向下的坝体、水、泥沙的重力，kN；

$F$——摩擦力，kN；

$U$——垂直向上的坝基扬压力，kN；

$f$——抗剪摩擦系数；

$K$——安全系数。

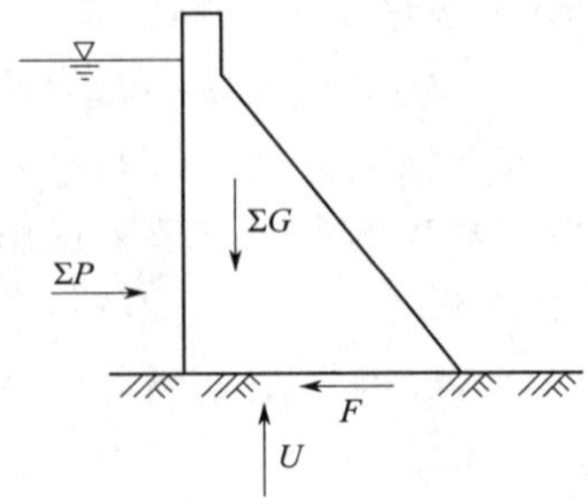


图 4-2-1 重力坝所受外力示意图

$\sum P$—水平推力；$U$—坝基扬压力；$\sum G$—坝体自重；$F$—摩擦力

由式（4-2-1）可知，增加坝体的抗滑稳定，也就是增大安全系数，其途径有：减少扬压力、增加坝体重力、增加摩擦系数和减少水平推力等。

**（一）减少扬压力**

减少扬压力是增加坝体抗滑稳定性的主要方法之一。通常减少扬压力的方法有两种，一是加强防渗，二是加强排水。

加强坝基防渗，可采用补强帷幕灌浆或补做帷幕措施，对减少扬压力的效果非常显著。灌浆可在坝体灌浆廊道中进行。

为减少扬压力，除在坝基上游部分进行补强帷幕灌浆以外，还应在帷幕下游部分设置排水系统，增加排水能力。二者配合使用，更能保证坝体的抗滑稳定性。

排水系统的主要形式是排水孔，排水孔的排水效果与孔距、孔径和孔深有关，常用的孔距为2～3m，孔径为15～20cm，孔深为0.4～0.6倍的帷幕深度。原排水孔过浅或孔距过大的，应进行加深或加密补孔，以增加导渗能力。

如原有的排水孔受泥沙等物堵塞时，可采用高压气水冲孔或用钻机清扫以恢复其排水能力。

**（二）增加坝体重力**

重力坝的坝体稳定，主要靠坝体的重力平衡水压力，所以，增加坝体的重力是增加抗滑稳定的有效措施之一。增加坝体质量可采用加大坝体断面或预应力锚固等方法。

1. 加大坝体断面

加大坝体断面可从坝的上游面或从坝的下游面进行。从上游面增加坝体断面时，既可增加坝体重力，又可增加垂直水重，同时还可改善防渗条件，但需放空水库或降低水库水位修筑围堰挡水才能施工，如图4-2-2（a）所示。从下游面增加坝体断面如图4-2-2（b）所示，施工比较方便，但也应适当降低水库水位进行施工，这样，有利于减少上游坝面拉应力。坝体断面增加部分的尺寸，应通过稳定计算确定，施工时还应注意新旧坝体之间结合紧密。

2. 预应力锚固

预应力锚固是从坝顶钻孔到坝基，孔内放置钢索，锚索一端锚入基岩中，在坝顶另一端施加很大的拉力，使钢索受拉、坝体受压，从而增加坝体抗滑稳定，如图4-2-3所示。

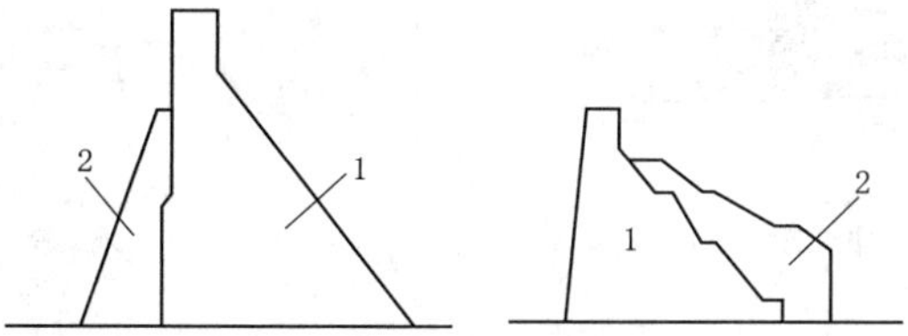


（a）从上游面加大坝体断面　（b）从下游面加大坝体断面

图 4-2-2　加大坝体断面的方式

1—原坝体；2—加固坝体

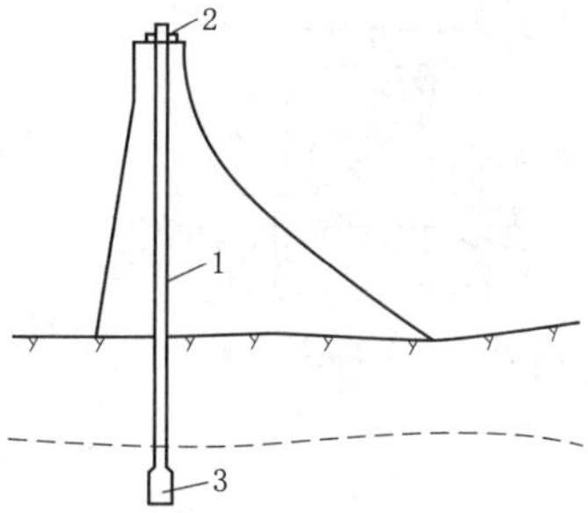


图 4-2-3　预应力锚固示意图

1—锚索孔；2—锚头；3—扩孔段

用预应力锚固来提高坝体抗滑稳定性，效果良好，但具有施工工艺复杂等缺点，且预应力可因锚索松弛而受到损失。

**（三）增加摩擦系数**

摩擦系数大小与坝体和地基的连接形式及清基深度有关。对于原坝体与地基的结合，只能通过固结灌浆的措施加以改善，从而提高坝体的抗滑稳定性。

固结灌浆孔的深度，在上游部分坝基中，由于坝基可能产生拉应力，要求基岩有较高的整体性，故对钻孔要求较深，为8～15m。在坝基的下游部分，应力较集中，也要求较深的固结灌浆孔，孔深也在8～15m，其余部分，可采用5～8m的浅孔。固结灌浆孔距一般为3～4m，呈梅花形或方格形布置，如图4-2-4所示。

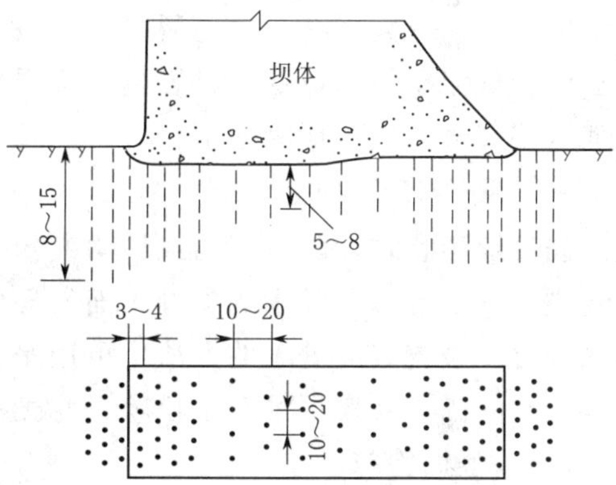


图 4-2-4　固结灌浆孔的布置（单位：m）

**（四）减小水平推力**

减小水平推力可采用控制水库运用和在坝体下游面加支撑等方法。

1. 控制水库运用

控制水库运用主要用于病险水库度汛或水库设计标准偏低等情况。对病险库来讲，通过降低汛前调洪起始水位，可减小水库水对坝的水平推力。对设计标准偏低的水库，通过改建溢洪道，加大泄洪能力，控制水库水位，也可达到保持坝体稳定的作用。

2. 坝体下游面加支撑

坝体下游面加支撑，可使坝体上游的水平推力通过支撑传到地基上，从而减少坝体所受的水平推力，又可增加坝体重力。支撑的形式如图4-2-5所示，可根据建筑物的形式和地质地形条件加以选用。

图4-2-5（a）为在溢流坝下游护坦上钻孔设桩，通过桩将部分水平推力传到河床基岩上；图4-2-5（b）为非溢流坝设重力墙支撑；图4-2-5（c）为钢筋混凝土水平拱支撑。

采用何种抗滑稳定的措施要因地制宜，补强灌浆和加大坝体断面是经常采用的两种

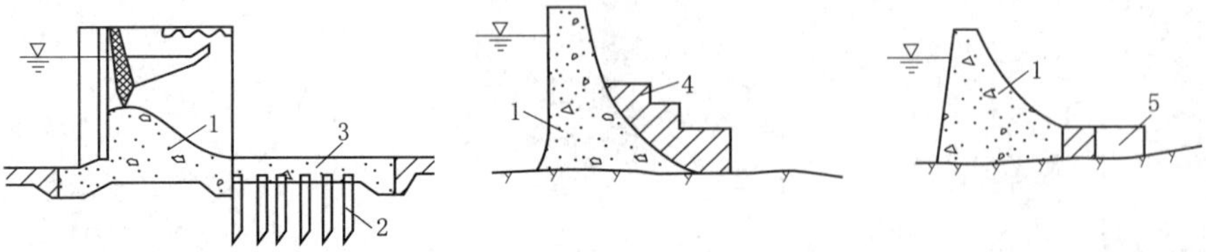


(a) 溢流坝下游护坦上钻孔设桩　(b) 非溢流坝设重力墙支撑　(c) 钢筋混凝土水平拱支撑

图 4-2-5 下游面加支撑的形式

1—坝体；2—支撑桩；3—护坦；4—重力墙；5—水平拱

有效措施，有些情况下也可采用综合性措施。

## 任务三 混凝土坝裂缝处理

混凝土裂缝的处理，目的是恢复其整体性，保持其强度、耐久性和抗渗性，以延长建筑物的使用寿命。裂缝处理的措施与裂缝产生的原因、裂缝的类型、裂缝的部位及开裂程度有关。沉陷裂缝、应力裂缝，一般应在裂缝已经稳定的情况下再进行处理；温度裂缝应在低温季节进行处理；影响结构强度的裂缝，应与结构加固补强措施结合考虑；处理沉陷裂缝，应先加固地基。

### 一、裂缝表面处理

当裂缝不稳定，随着气温或结构变形而变化，而又不影响建筑物整体受力时，可对裂缝进行表面处理。常用的裂缝表面处理的方法有表面涂抹、表面贴补、凿槽嵌补和喷浆修补等。裂缝表面处理的方法也可用来处理混凝土表层的剥蚀破坏，如蜂窝、麻面、骨料架空外露以及表层混凝土松软、脱壳和剥落等。

#### （一）表面涂抹

表面涂抹是用水泥砂浆、环氧砂浆、防水速凝砂浆、聚合物水泥砂浆等涂抹在裂缝部位的表面。这是建筑物水上部分或背水面裂缝的一种处理方法。一般用于不渗水的龟裂缝，缝宽不大于0.3mm。

*1. 水泥砂浆涂抹法*

主要工艺流程如下：

(1) 凿毛：涂抹前先将裂缝附近的表面凿毛。

(2) 清洗：裂缝表面凿毛后，用水清洗干净，保持湿润。

(3) 制浆：普通硅酸盐水泥和中细砂以1∶1～1∶2的比例制浆。

(4) 涂抹：在裂缝表面涂抹，涂抹的总厚度一般以控制在1～2cm为宜，一次涂抹不易过厚。

(5) 养护：涂抹3～4h后即需洒水、覆盖保护膜养护，防止收浆过程中发生干裂，冬季要注意保温，切不可受冻，否则强度容易降低。

*2. 环氧砂浆涂抹法*

主要工艺流程如下：

(1) 凿槽：涂抹前沿裂缝凿槽，槽深0.5～1.0cm，槽宽5～10cm，槽面应尽量平整。

(2) 清洗：用钢丝刷、清水冲刷清洗干净，保证槽内无油污、灰尘。

(3) 制浆：将环氧树脂加温拌匀，加入增韧剂、稀释剂、固化剂配制成环氧基液，再加入适量的细填料拌和成环氧砂浆，如图4-2-6所示。环氧砂浆具有强度高、抗冲耐磨的性能，环氧砂浆配方见表4-2-1。

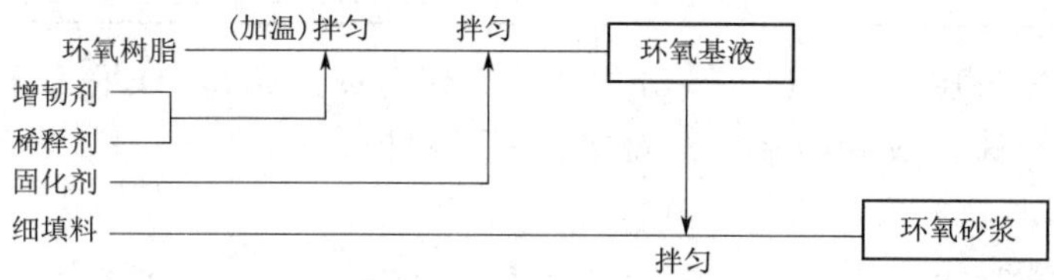


图4-2-6 环氧砂浆的制拌工艺

**表4-2-1 环氧砂浆配方（质量比）**

| 材料名称 | 比例（质量比） | 备注 | 材料名称 | 比例（质量比） | 备注 |
|---|---|---|---|---|---|
| 634号环氧树脂 | 100 | 主剂 | 690号活性溶剂 | 20 | 稀释剂 |
| 间苯二胺 | 16 | 固化剂 | 石英粉 | 375～600 | 填料 |
| 304号不饱和树脂 | 30 | 增塑剂 | 砂（$d$<0.6mm） | 125～200 | 细骨料 |

(4) 涂抹：经预热后先涂抹一层环氧基液，厚0.5～1.0mm，要求表面均匀，无空白以及浆液不流淌堆积，再在环氧基液上涂抹环氧砂浆，使其与原建筑物表面齐平，并用烧热的（不要烧红）铁抹压实抹光，使与混凝土面紧密结合，不得有流淌及张口等现象。

(5) 养护：涂抹完成后洒水，覆盖塑料薄膜保护。

注意事项：

(1) 在配制环氧砂浆的过程中，环氧各组合成分大都易挥发，因此施工现场必须通风，操作人员须戴口罩和手套，避免有害气体对人体的不良影响。

(2) 人体与环氧材料接触后，可用工业酒精、肥皂水与清水多次清洗，严禁用有机溶剂清洗，以免有机溶剂将环氧材料稀释，更易于渗入皮肤。

(3) 在施工过程中，不允许将用过的器具以及残液等随便抛弃或投入河中，以防水质污染和发生中毒事故。

3. 防水速凝砂浆（或灰浆）涂抹法

主要工艺流程如下：

(1) 凿槽：将裂缝凿成深2～3cm、宽4～6cm的矩形或V形槽。

(2) 清洗：凿槽后，用水清洗干净，并保持表面湿润。

(3) 制浆：用普通硅酸盐水泥和中细砂，以1∶1～1∶2的灰砂比拌成水泥砂浆，并加入防水剂（同时又是速凝剂），以达到速凝却又能提高防水性能，防水快凝砂浆和灰浆配合比，见表4-2-2。为防止凝固后不能使用，一次配量不易太多，应随拌随用。

表 4-2-2 防水快凝砂浆和灰浆配合比

| 名称 | 配合比（质量比） | | | | 初凝时间/min |
|---|---|---|---|---|---|
| | 水泥 | 砂 | 防水剂 | 水 | |
| 速凝灰浆 | 100 | | 69 | 44～52 | 2 |
| 中凝灰浆 | 100 | | 20～28 | 40～52 | 6 |
| 速凝砂浆 | 100 | 220 | 45～58 | 15～28 | 1 |
| 中凝砂浆 | 100 | 220 | 20～28 | 40～52 | 3 |

（4）涂抹：按每层 0.5～1.0cm 分层涂抹砂浆（或灰浆），抹平为止。

（5）养护：涂抹完成后洒水，覆盖塑料薄膜保护。

4. 聚合物水泥砂浆涂抹法

主要工艺流程如下：

（1）凿毛：涂抹前，将混凝土用喷砂凿毛。

（2）清洗：凿毛后，用水清洗干净，表面处于饱水状态但不能有明水。

（3）制浆：在水泥砂浆中掺加聚合物乳胶，如丙烯酸酯共聚乳胶（PAE）改性水泥砂浆，简称丙乳砂浆。聚合物乳胶的掺加量约为水泥质量的 10%～15%，砂浆水灰比一般为 0.3 左右。为防止乳胶接触水泥破乳快凝和砂浆起泡，尚需加入适量的稳定剂和消泡剂。

（4）涂抹：先涂刷乳胶水泥素浆一遍，约 15min 后涂抹聚合物水泥砂浆，直至抹平表面。

（5）养护：聚合物水泥砂浆凝聚较快，应在初凝时间内用完。施工后 7d 内保持湿养护，后期则在自然条件下养护，以使乳胶在干燥状态下成膜。

与普通水泥砂浆相比，聚合物水泥砂浆极限拉伸提高 1～2 倍，抗拉弹性模量降低 10%～50%，干缩变形减少 15%～40%，与老混凝土黏结抗拉强度提高 1～3 倍，是一种理想的薄层修补材料，也可用作裂缝修补材料。

**（二）表面贴补**

表面贴补是用黏结剂把橡皮或其他材料粘贴在裂缝的表面，以防止沿裂缝渗漏，达到封闭裂缝并适应裂缝的伸缩变化的目的。一般用来处理建筑物水上部分或背水面裂缝。

1. 橡皮贴补

橡皮贴补宜用于修补宽度大于 0.3mm 的表层裂缝。

主要工艺流程如下：

（1）凿槽：将裂缝两侧表面凿成宽 14～16cm、深 1.5～2.0cm 的槽，要求槽面平整。

（2）清洗：将槽内清洗干净，保证槽面无油污、灰尘。

（3）材料制作：橡皮按需要尺寸裁剪（若长度不够，可将橡皮搭接部位切成斜面，锉毛后用胶水接长），厚度以 3～5mm 为宜。

（4）橡皮处理：将橡皮表面锉毛，并放在工业用浓硫酸中浸 1～2min，取出后立即用清水冲洗干净，晾干待用。

（5）粘铺橡皮：在处理好的混凝土表面刷上一层环氧基液，再铺一层厚 5mm 的环氧砂浆，顺裂缝划开宽 5mm 的环氧砂浆，填以石棉绳，然后将粘贴面刷有一层环氧基液的橡皮从裂缝的一端开始铺贴在刚涂抹好的环氧砂浆上，铺贴时要用力均匀压紧，直至环氧砂浆从橡皮边缘挤出为止，如图 4－2－7 所示。为使橡皮不致翘起，需用包有塑料薄膜的木板将橡皮压紧。

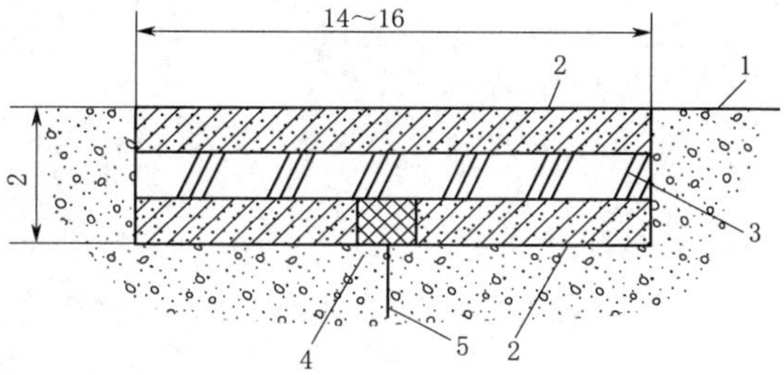


图 4－2－7 橡皮贴补示意图（单位：cm）
1—原混凝土面；2—环氧砂浆；3—橡皮；4—石棉绳；5—裂缝

(6) 养护：为防止橡皮老化，应在橡皮表面刷一层环氧基液，再抹一层环氧砂浆进行保护。

2. 玻璃布贴补

玻璃布贴补宜用于修补宽度不大于 0.3mm 的表层裂缝。玻璃布的种类很多，一般采用无碱玻璃纤维织成，它具有耐水性能好、强度高、气泡易排除、施工方便的特点，其黏合剂多为环氧基液。

主要工艺流程如下：

(1) 凿毛：玻璃布粘贴前，需先将混凝土表面凿毛。

(2) 清洗：裂缝凿毛后，用清水冲洗干净，若表面不平，可用环氧砂浆抹平。

(3) 材料制作：根据裂缝分布大小，裁剪玻璃布尺寸。

(4) 粘贴：先在粘贴面上均匀刷一层环氧基液，然后将玻璃布展开放置并使之紧贴在混凝土面上，再用刷子在玻璃布面上刷一遍，使环氧基液浸透玻璃布，接着再在玻璃布上刷环氧基液，按同样方法粘贴第二层玻璃布，但上层应比下层玻璃布稍宽 1～2cm，以便压边，一般粘贴 2～3 层即可，如图 4－2－8 所示。

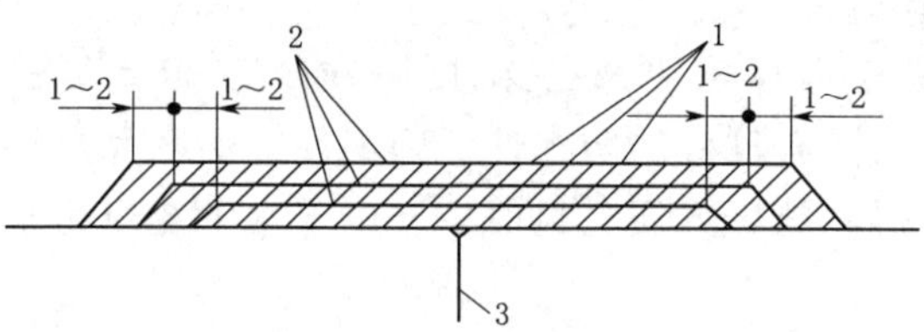


图 4－2－8 玻璃布粘贴示意图（单位：cm）
1—玻璃布；2—环氧基液；3—裂缝

(5) 养护：施工完成后注意保护，避免开裂。

### （三）凿槽嵌补

凿槽嵌补是沿裂缝凿一条深槽，槽内嵌填各种防水材料，以堵塞裂缝和防止渗水。这种方法主要用于对结构强度没有影响的裂缝处理，一般用于裂缝开度大于 0.5mm，有少量渗水的情况。

主要工艺流程如下：

(1) 凿槽：沿裂缝凿槽，槽的形状可根据裂缝位置和填补材料而定，一般有如图 4－2－9 所示的几种形状。

V形槽多用于竖直裂缝；◡形槽多用于水平裂缝；⌓形槽多用于顶面裂缝及有渗水的裂缝，其特点是内大外小，填料后在口门处用木板挤压，可以使填料紧密而不致被挤出来；“⊔”形槽则以上 3 种情况均能适用。槽的两边必须修理平整。

(2) 清洗：凿槽后，用水清洗干净，并保持表面湿润。

(3) 嵌补工艺。

1) 沥青材料嵌补。

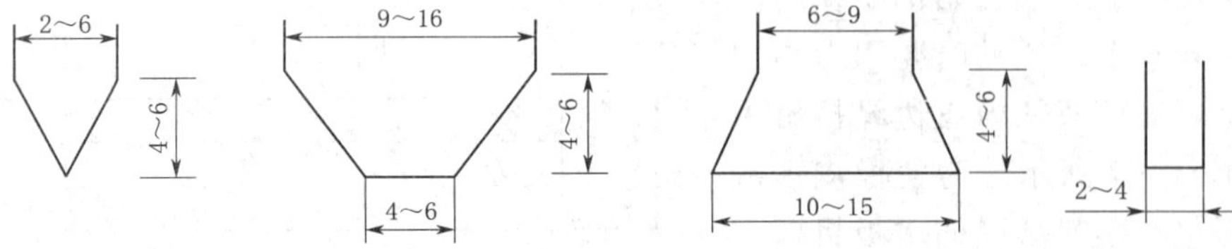


图 4-2-9 缝槽形状及尺寸图（单位：cm）

a. 沥青油膏嵌补。沥青油膏是以石油沥青为主要材料，掺入适量其他油料和填料配制而成。施工时，先在槽内刷一层沥青漆，然后用专用工具将油膏嵌入槽内压实，使油膏面比槽口低 1～2cm，再用水泥砂浆抹平保护，注意在嵌补前要注意槽内干燥。

b. 沥青砂浆嵌补。沥青砂浆是由沥青、砂子及填充材料制成。配制沥青砂浆时，先将沥青加热至 180～200℃，加热时应不断搅拌，以免沥青烧焦、老化，待沥青熔化后，将水泥徐徐分散倒入拌匀，再将预热至 120℃的脱水干净的砂子慢慢倒入，搅拌均匀，即成沥青砂浆。

施工时，先在槽内刷一层沥青，然后将沥青砂浆倒入槽内，立即用专用工具摊平压实。要逐层填补，随倒料随压紧，当沥青砂浆面比槽口低 1.0～1.5cm 时，用水泥砂浆抹平保护。注意沥青砂浆一定要在温度较高的情况下施工，否则温度降低变硬，不易操作。

c. 沥青麻丝嵌补。沥青麻丝嵌补是将沥青加热熔化，然后将麻丝或石棉绳放入沥青浸煮，待麻丝或石棉绳浸透后，用铁钳夹放入缝内，并用凿子插紧，嵌填时，要逐层将其嵌入缝内，填好后，用水泥砂浆封面保护。

2）聚氯乙烯胶泥嵌补。聚氯乙烯胶泥是以煤焦油为主要材料，加入少量聚氯乙烯树脂及增韧剂、稳定剂和填料配制而成。它具有良好的防水性、弹塑性、温度稳定性及与混凝土的黏结性，而且价格低、原料易得、施工方便。目前主要用于水工建筑物水平面或缓坡上的裂缝的修补。

3）预缩砂浆嵌补。预缩砂浆是经拌和好之后再归堆放置 30～90min 才使用的干硬性砂浆。拌制时，先将称好的砂、水泥混合搅拌均匀，再掺入加气剂的水溶液翻拌 3～4 次，归堆放置 30～90min，预缩后即能使用。预缩砂浆一般水灰比采用 0.30～0.34，灰砂比 1：2～1：2.5，并掺入水泥质量万分之一左右的加气剂，以提高砂浆拌和时的流动性。

预缩砂浆特点：具有较高的抗压、抗拉强度，其抗压强度可达 29.4～34.3MPa，抗拉强度可达 2.45～2.74MPa，与混凝土的黏结强度可达 1.67～2.16MPa，因此，采用预缩砂浆修补处于高流速区混凝土的表面裂缝，不仅强度和平整度可以得到保证，而且收缩性小，成本低廉，施工简便，可获得较好效果。当修补面积较小或工程量较小时，如无特殊要求，可优先选用预缩砂浆嵌补。

（4）注意事项。嵌补材料的种类很多，有聚氯乙烯胶泥、沥青材料、环氧砂浆、预缩砂浆、聚合物砂浆和普通砂浆等，嵌补材料的选用与裂缝性质、受力情况及供货条件等因素有关。因此，材料的选用需经全面分析后再确定。对于已稳定的裂缝，可采用预缩砂浆、聚合物砂浆、普通砂浆等脆性材料嵌补；对缝宽随温度变化的裂缝，应采用弹性材料嵌补，如聚乙烯胶泥或沥青材料等；对受高速水流冲刷或需结构补强的裂缝，则可采用环氧砂浆嵌补。

**（四）喷浆修补**

喷浆修补是将水泥砂浆通过喷头高压喷射至修补部位，达到封闭裂缝和提高建筑物表面耐磨抗冲能力的目的。为提高喷液强度，常采用挂钢丝网喷浆。适用于数量多、分布广、有渗水现象的裂缝。

主要工艺流程如下：

（1）喷浆前，对被喷面凿毛冲洗干净，并进行钢筋网的制作和安装，钢筋网应加设锚筋，一般5～10个网格应有一锚筋，锚筋埋设孔深一般为15～25cm。为使喷浆层和被喷面结合良好，钢筋网应离开受喷面15～25mm。

（2）喷浆压力应控制在0.1～0.3MPa范围内。

（3）喷头与受喷面要保持适宜的距离，一般要求80～120cm。过近会吹掉砂浆，过远会使气压损失，黏着力降低，影响喷浆强度。喷头一般应与受喷面垂直。施工自下向上，分层喷射，每层喷射间隔20～30min。

（4）为了保证修补效果，应最后进行收浆抹面，并注意湿润养护7d。

喷浆修补特点如下：

喷浆修补采用较小的水灰比、较多的水泥，从而可达到较高的强度和密实性，具有较高的耐久性。可省去较复杂的运输、浇筑及骨料加工等设备，简化施工工艺，提高施工工效，可用于不同规模的修补工程。但是，喷浆修补因存在水泥消耗较多、层薄、不均匀等问题，易产生裂缝，影响喷浆层寿命，从而限制了它的使用范围，因此须严格控制砂浆的质量和施工工艺。

**（五）喷混凝土修补法**

喷混凝土的工作原理、喷射方法、养护要求与喷浆基本相同。一次喷射层厚，一般不超过最大骨料粒径的1.5倍。喷混凝土的粗骨料，粒径一般不大于25mm。水泥、砂、石子的配合比，应根据喷射部位和质量要求通过实验确定。

喷底层和拱顶时，可采用砂率较高的配合比；喷面层和侧墙时，可采用砂率较低的配合比，一般以采用1：2：2较为普遍。为防止喷射混凝土因自重脱落，可掺用适量速凝剂；为防止发生裂缝，可在喷混凝土中掺入用冷拔钢丝或镀锌铁丝制成的钢纤维。

**（六）表面喷涂法修补**

喷涂法是一种简单的修补方法，一般多用于表层裂缝（宽度小于0.3mm）的修补，所用喷涂材料有：环氧树脂类、聚酯树脂类、聚氨酯类、改性沥青类等。

这种方法施工时，先用钢丝刷或风沙枪清除表面附着物或污垢，并凿毛，冲洗干净混凝土表面气孔可用树脂类材料充填，对凹处应先涂刷一层树脂基液，后用砂浆抹平；喷涂或涂刷2～3遍，第一遍涂刷应采用经过稀释的涂料，涂膜总厚度应大于1.0mm。

## 二、裂缝的内部处理

裂缝的内部处理常用灌浆方法处理，灌浆材料一般采用水泥和化学材料，可根据裂缝的性质、开度以及施工条件等具体情况选定。对于开度大于0.3mm的裂缝，一般可采用水泥灌浆；对开度小于0.3m的裂缝，宜采用化学灌浆；对于渗透流速大于600m/

d 或受温度变化影响的裂缝，则不论其开度如何，均宜采用化学灌浆处理。

**（一）水泥灌浆**

水泥灌浆具体施工程序为：钻孔→冲洗→止浆或堵漏处理→安装管路→压水试验→灌浆→封孔→质量检查。

主要工艺流程如下：

（1）钻孔。一般用风钻钻孔，孔径 36～56mm，孔距 1.0～1.5m，骑缝浅孔可顺裂缝钻孔，斜钻孔轴线与裂缝面的交角一般应大于 30°，孔深应穿过裂缝面 0.5m 以上。

（2）冲洗。每条裂缝钻孔结束后，需进行冲洗，其顺序是按竖向排列孔自上而下逐孔进行。其目的主要是将钻孔及裂隙中的岩粉、铁砂等冲洗出来，冲洗方法有高压水冲洗、水气轮换冲洗等。

（3）止浆或堵漏处理。在缝面冲洗干净后，即可进行止浆或堵漏处理。可在裂缝表面用灰砂比 1：1～1：2 的水泥砂浆涂抹，也可用环氧砂浆涂抹。

（4）安装管路。灌浆管一般用 19～38mm 的钢管，上部加工丝扣。安装时，先在钢管外壁裹上旧棉絮，并用麻丝捆紧，然后将管子旋于孔中，埋入深度根据孔深和灌浆压力的大小而定。孔口、管壁周围的空隙可用旧棉絮或其他材料塞紧，并用水泥砂浆封堵，以防冒浆或灌浆管从孔口脱出。

（5）压水试验。压水试验的主要目的是判断裂缝有无阻塞，检查管路及止浆效果。压水试验采用从灌浆孔压水、排气孔排水的方式，以检查其畅通情况，然后关闭排气孔以检查止浆效果。

（6）灌浆。为了提高浆液的可灌性，可尽量采用 52.5（R）号普通硅酸盐水泥，并加工磨细，使其细度达到通过 6400 孔/$cm^2$ 筛的筛余量为 2%以下。

灌浆压力的确定，以保证一定的可灌性，提高浆体结石质量，而又不致引起建筑物发生有害变形为原则。一般进浆管压力采用 300～500kPa。

（7）封孔。凡经认真检查认为合格的灌浆孔，必须及时进行封孔。封孔方法有人工封孔法和机械封孔法。人工封孔法是将一根内径 38～50mm 的钢管放入孔中，距离孔底约 50cm，然后把砂浆倒入管内，随着水泥砂浆在孔内的浆面逐渐升高，将钢管徐徐上提，上提时应使管的下端经常保持埋在砂浆中。机械封孔是利用砂泵或灌浆机进行全孔回填灌浆，灌浆压力采用 500～600kPa。

（8）质量检查。一般可采用向缝中通入压缩空气或压水检验，也可钻芯取样检查浆体的外观质量，测试浆体的力学性能。

**（二）化学灌浆**

化学灌浆材料可以灌入 0.3mm 或更小的裂缝，同时化学灌浆材料可调节凝结时间，适应各种情况下的堵漏防渗处理。此外化学灌浆材料具有较高的黏结强度和一定的弹性，对于恢复建筑物的整体性及对伸缩缝的处理，效果较好。因此，凡是不能用水泥灌浆进行内部处理的裂缝，均可考虑采用化学灌浆。

化学灌浆的施工程序为：钻孔→压气（或压水）试验→止浆→试漏→灌浆→封孔→检查质量。

主要工艺流程如下：

（1）钻孔。化学灌浆布孔方式通常有骑缝孔和斜孔两种。骑缝孔的钻孔工作量小，孔内占浆少，且缝面不宜被钻孔灰粉堵塞，但封面止浆要求高，灌浆压力受限制，扩散范围较小。斜孔的优缺点和骑缝孔相反，但斜孔可根据裂缝对深度和结构物的厚度，分别布置成单排孔或多排孔。骑缝孔仅适用于浅缝或仅需防渗堵漏的裂缝。斜孔适用于裂缝较深和结构厚度较大的情况。化学灌浆钻孔一般采用风钻，孔径 30～36mm，孔距一般采用 1.5～2.0m。

（2）压气（或压水）试验。对于甲凝及环氧树脂等憎水性材料，最好采用压气试验，压气时可在缝外涂上肥皂水，以检查钻孔与缝面畅通情况，并用耗气量来检查结构物内部是否有大缺陷，以推估吸浆量等，气压一般稍大于灌浆压力。对于丙凝、聚氨酯等亲水性材料，可用压水试验，压水时可在水中加入颜料，以便观察。

（3）止浆。止浆方法一般是沿缝凿槽，洗刷干净后再嵌填环氧砂浆或其他速凝早强的砂浆，并将表面压实抹光。

（4）试漏。试漏的目的是检查止浆效果。根据不同的灌浆材料，可采用压气或压水试漏，试漏压力应大于灌浆压力。当发现止浆有缺陷时，应在灌浆前进行修补。

（5）灌浆。化学灌浆有单液法和双液法两种。单液法是将浆液按配合比一次性配好，然后用一般泥浆泵或水泥灌浆泵灌浆。双液法是将浆液按配比中的引发剂与促进剂分成两组分别配好，用比例灌浆泵灌注时在混合室相遇后才组成浆液送入孔内。单液法配比较精确，但浆液配好后要在胶凝时间内灌完，否则容易堵塞设备与管路。双液法不易堵塞设备，但灌注浆液的配比较难掌握准确。

封孔和检查质量方法可参考水泥灌浆法。

化学灌浆的灌浆材料可根据裂缝的性质、开度和干燥情况选用。常用的有甲凝、环氧树脂、聚氨酯、水玻璃和丙凝。单纯以堵漏防渗为目的的可选用水玻璃、丙凝、低强水溶性聚氨酯，为了补强加固可选用环氧树脂、甲凝。如果兼有堵漏防渗和补强双重作用，可选择高强度水溶性聚氨酯浆材。

化学灌浆费用较高，一般情况下应首先采用水泥灌浆，在达不到设计要求时，再用化学灌浆予以辅助，以获得良好的技术经济指标。此外，化学浆材都有一定的毒性，对人体健康不利，还会污染水源，在运用过程中要十分注意。

**【案例 10】** 浙江亭下水库混凝土重力坝坝顶与廊道裂缝的补强加固。

1. 工程概况

亭下水库是一座以防洪、灌溉为主，结合发电、供水、养殖、旅游等综合利用的大型水利枢纽工程。坝型为混凝土重力坝，最大坝高 76.5m。工程于 1978 年 5 月动工兴建，1983 年 5 月封孔蓄水，1985 年 9 月通过竣工验收后正式投入运行。

1984 年底大坝浇筑到顶后，距右岸坝端约 8m 处的坝体，从坝顶直到坝底岩基处，出现了 1 条贯穿上下游的裂缝。裂缝长 9.8m，最大缝宽达 6.0m。

1985 年大坝竣工验收时，施工单位用普通水泥砂浆对该裂缝的上游坝面进行了修补，没多长时间，又重新裂开。1984 年坝体浇筑完毕后，随即在廊道内发现较多裂缝，其中缝宽大于 0.2mm、缝长大于 5m 的裂缝有 100 多条，裂缝的主要部位在大坝廊道拱顶。产生裂缝的主要原因是混凝土施工的温控措施不够完善。1983 年 5 月水库封堵导流孔开始蓄水后，发现有些裂缝有渗水现象，个别裂缝的渗水量较大。

2004年亭下水库大坝首次安全鉴定中，专家组认为，随着坝龄的增长，混凝土强度开始衰退，裂缝是大坝安全的一大隐患。这些裂缝的存在，削弱了坝体的强度，特别是20余条渗水裂缝的存在，使坝体混凝土中钙质持续缓慢析出，加速了混凝土的老化，从而影响到坝体的强度。

2. 坝体与廊道两处裂缝的加固处理

（1）处理方法。对于大坝贯穿性裂缝，迎水面采取镶嵌SR塑性止水材料进行表面封堵，背水面采用化学灌浆及缝面封堵的方法；对廊道内的裂缝采用化学灌浆及缝面封堵的方法。

（2）处理用的材料。

1）水溶性聚氨酯。聚氨酯类化学灌浆材料可分为水溶性和非可溶性两大类。有水裂缝的堵漏防渗选用水溶性聚氨酯。其遇水后立即与水交联生成不溶于水的聚合体，且体积膨胀，达到堵漏防渗的目的。水溶性聚氨酯有HW和LW两种，这两种可以任意比例混合，获得不同强度和膨胀性能的聚合体。水溶性聚氨酯性能见表4-2-3。

表4-2-3 水溶性聚氨酯性能

| 材料 | 黏结强度/MPa | 抗压强度/MPa | 遇水体膨胀率/% |
|---|---|---|---|
| LW水溶性聚氨酯注浆液 | 1.70 | — | 273 |
| HW水溶性聚氨酯注浆液 | 2.80 | 19.8 | — |
| LW：HW=80：20（混合配制） | 1.86 | 14.8 | 30 |

2）SR塑性止水。SR嵌缝材料是以沥青材料为主体研制的改性沥青材料。SR塑性止水材料性能见表4-2-4。

表4-2-4 SR塑性止水材料性能

| 项目 | 测试条件 | SR |
|---|---|---|
| 断裂伸长率/% | 10℃/-10℃/-40℃ | 850/800/200 |
| 耐热性/mm | 45°倾角，80℃，5h流淌值 | <4 |
| 施工度/mm | 25℃，5s，锥入度值 | 9～15 |
| 抗掺性/MPa | 5mm厚，48h | 1.5～1.9 |
| 冻融试验/次 | -20～20℃循环，不皱不裂 | >300 |

（3）坝顶贯穿性裂缝处理工艺。迎水面裂缝处理方法如下：

1）清理裂缝表面，弄清裂缝全貌。

2）沿裂缝凿V形槽，槽深80mm，槽宽100mm。

3）清洗干净V形槽，待干燥后涂刷SR底漆，然后用力嵌入SR止水材料，以适应缝的变形及热胀冷缩，达到防拉裂的目的。

4）表面用厚1.0mm，宽350mm的不锈钢盖片保护，盖片两侧采用不锈钢螺栓与坝体连接固定，螺栓孔间距为240mm（图4-2-10）。为改善大坝的外观，不锈钢盖片的外露面涂刷水泥砂浆。

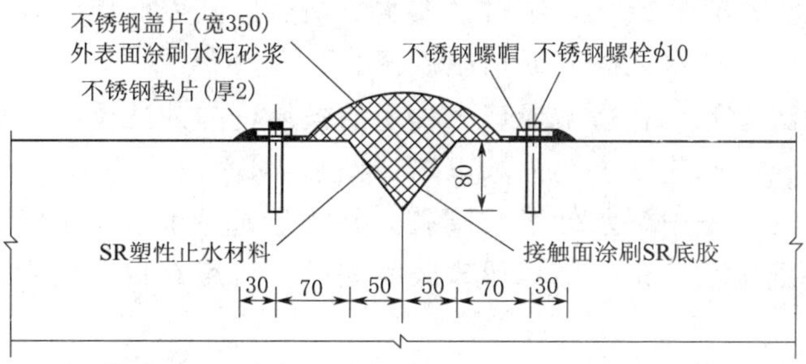


图 4-2-10 迎水坝面裂缝表面止水详图（单位：mm）

背水面裂缝处理工艺与廊道内裂缝处理工艺相同，最后增加 1 项封缝材料的防裂措施。

（4）廊道内裂缝处理工艺。

1）裂缝表面进行清理和清洗。

2）沿裂缝凿 V 形槽，槽的宽度一般为 6cm，深度为 5cm。

3）在清洗干净和干燥后，直接用凯利特堵漏王进行封缝和埋设注浆管。注浆管埋设的间距根据裂缝粗细和深浅而定，间距一般为 50～100cm。

4）压气检查，对漏气处重新封闭。

5）根据具体裂缝情况及当时气温等条件，配制灌浆液，大部分按 LW：HW＝80：20 的标准配制。

6）用专门的灌浆设备进行灌浆。灌浆压力视裂缝开度、吸浆量、工程结构情况而定。灌浆顺序一般为由下而上、由深到浅的接力式灌浆方法，在规定灌浆压力条件下，屏浆 5min 不进浆，可结束灌浆。

7）待浆液凝固后凿去注浆管，表面用高分子聚合物砂浆压实抹平。

（5）处理效果。经过处理后的坝体 20 余条裂缝，没有重新开裂，渗水现象消失，基本消除了大坝多年存在的裂缝隐患。

## 任务四 混凝土坝渗漏处理

混凝土坝渗漏处理应根据渗漏的部位、危害程度以及修补条件等实际情况确定处理的措施。基本原则是："上截下排"，以截为主，以排为辅。

对坝体渗漏的处理，主要措施是在坝的上游面封堵，这样既可直接阻止渗漏，又可防止坝体侵蚀，降低坝体渗透压力，有利于建筑物的稳定；对坝基渗漏的处理，以截为主，以排为辅。排水虽可降低基础扬压力，但会增加渗漏量，对有软弱夹层的地基容易引起渗漏变形，应慎重对待；对于接触渗漏和绕坝渗漏的处理，应尽量采取封堵的措施，以减少水量损失，防止渗透变形。

### 一、混凝土坝坝体渗漏处理

#### （一）坝体集中渗漏处理

集中渗漏的处理，一般可采用直接堵漏法、木楔堵塞法、导管堵漏法以及灌浆堵漏法四种。前三种用于水压小于 0.1MPa，最后一种可用于水压大于 0.1MPa 的情况。堵漏材料可选用快凝止水砂浆或化学浆材。漏水封堵后，其表面应予以适当保护，一般可用水泥防水砂浆、聚合物水泥砂浆或树脂砂浆。

(1) 直接堵漏法。先把孔壁凿成口大内小的楔形，并冲洗干净；后将快凝止水砂浆捻成与孔相近的形状，迅速塞进孔内，以堵住漏水。

(2) 木楔堵塞法。先把漏水处凿成圆孔，将铁管插入孔内，注意管长应小于孔深，在铁管的四周用快凝止水砂浆封堵，待砂浆凝固后，将裹有棉纱的木楔打入铁管，以达到堵水的目的。

(3) 导管堵漏法。清除漏水孔壁的混凝土，凿成适合下管的孔洞，将导管插入孔中，在导管的四周用快凝砂浆封堵，凝固后拔出导管，用快凝止水砂浆封堵导管孔。

(4) 灌浆堵漏法。先将孔口扩成喇叭状，并冲洗干净，再将灌浆管插入孔内，周围用快凝砂浆填塞，再用高强砂浆回填管口四周至原混凝土面，使漏水从管内流出，待砂浆强度达到设计要求后，进行灌浆，灌浆压力一般为0.2～0.4MPa。灌浆嘴埋设示意图如图4-2-11所示。

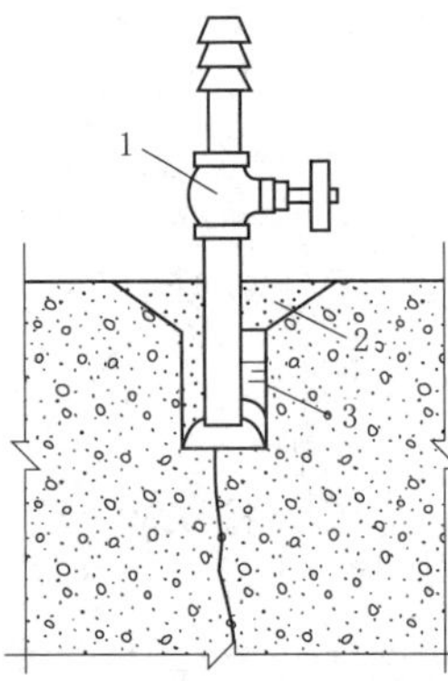

图4-2-11 灌浆嘴埋设示意图
1—注浆嘴；2—高强砂浆；3—快凝砂浆

## (二) 坝体裂缝渗漏处理

坝体裂缝渗漏的处理可根据裂缝发生的原因及对结构影响的程度、渗漏量的大小和集中程度等情况，分别采取不同的处理措施。

(1) 表面处理。坝体裂缝渗漏按裂缝所在部位可采取表面涂抹、表面贴补、凿槽嵌补等表面处理方法。

对渗漏量较大，但渗透压力不直接影响建筑物正常运行的漏水裂缝，如在漏水出口进行处理时，先应采取导渗措施，然后进行封堵。

1) 埋管导渗。沿漏水裂缝在混凝土表面凿“∠＿＼”形槽，并在裂缝渗漏集中部位埋设引水铁管，然后用旧棉絮沿裂缝填塞，使漏水集中从引水管排出，再用快凝灰浆或防水快凝砂浆迅速回填封闭槽口，最后封堵引水管，如图4-2-12所示。

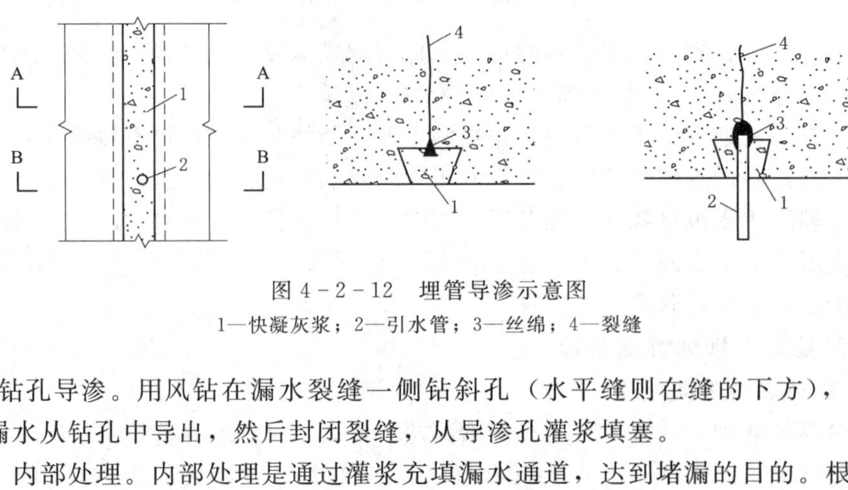

图4-2-12 埋管导渗示意图
1—快凝灰浆；2—引水管；3—丝绵；4—裂缝

2) 钻孔导渗。用风钻在漏水裂缝一侧钻斜孔（水平缝则在缝的下方），穿过裂缝面，使漏水从钻孔中导出，然后封闭裂缝，从导渗孔灌浆填塞。

(2) 内部处理。内部处理是通过灌浆充填漏水通道，达到堵漏的目的。根据裂缝的特征，可分别采用骑缝或斜缝钻孔灌浆的方式。根据裂缝的开度和可灌性，可分别采用水泥灌浆或化学灌浆。根据渗漏的情况，又可分别采取全缝灌浆或局部灌浆的方法。有时为了灌浆的顺利进行，还需先在裂缝上游面进行表面处理或在裂缝下游面采取导渗并封闭裂缝的措施，参考混凝土内部裂缝处理方法。

**（三）坝体散渗处理**

混凝土坝由于蜂窝、空洞、不密实及抗渗等级不够等缺陷，引起坝体散渗或集中渗漏时，可根据渗漏的部位、程度和施工条件等情况，采取下列一种或几种方法结合进行处理。

*1. 表面涂抹粘贴法*

此法适用于混凝土轻微散渗处理，对大面积的细微散渗及水头较小的部位，可采取表面涂抹或表面喷涂处理，对面积较小的散渗可采取表面贴补处理，材料可选用各种有机或无机防水涂料及玻璃钢等。

主要工艺流程如下：

（1）先将混凝土表面凿毛，清除破损混凝土并冲洗干净。

（2）采用快速堵漏材料对出渗点强制封堵，使混凝土表面干燥。

（3）对凹处先涂抹一层树脂基液，后用树脂砂浆抹平，共涂刷2～3遍，第一遍涂刷采用经稀释的涂料，涂膜总厚度要大于1mm。

（4）将玻璃钢丝布除蜡，并用清水漂洗晾干，然后在抹面上粘贴，粘贴层数不宜少于3层，各层要无气泡、折皱，密实平整。

*2. 水泥浆及砂浆防渗层法*

此法适用于适用于大面积的散渗情况，一般在坝的迎水面采用5层，总厚度12～14mm。

主要工艺流程如下：

（1）表面清理。施工前需用钢丝刷或竹刷将渗水面松散的表层、泥沙、苔鲜、污垢等刷洗干净，如渗水面凹凸不平，则需把凸起的部分剔除，凹陷的用1：2.5水泥砂浆填平，并经常洒水，保持表面湿润。

（2）防渗层涂抹。第一层为水灰比0.35～0.40的素灰浆，厚度2mm，分两次涂抹。第一次涂抹用拌和的素灰浆抹1mm厚，把混凝土表面的孔隙填平压实，然后再抹第二次素灰浆。若施工时仍有少量渗水，可在灰浆中加入适量促凝剂，以加速素灰浆的凝固。第二层为灰砂比1：2.5、水灰比0.55～0.60的水泥砂浆，厚度4～5mm，应在初凝的素灰浆层上轻轻压抹，使砂粒能压入素灰浆层，以不压穿为度。这层表面应保持粗糙，待终凝后表面洒水湿润，再进行下一层施工。第三层、第四层分别为厚度为2mm的素灰浆和厚度为4～5mm的水泥砂浆，操作工艺分别同第一层和第二层。第五层素灰浆层厚度2mm，应在第四层初凝时进行，且表面需压实抹光。

（3）后期养护。防渗层终凝后，应每隔4h洒水一次，保持湿润，养护时间按混凝土施工规范规定进行。

*3. 增设防渗面板*

当坝体本身质量差、抗渗等级低、大面积渗漏严重时，可在上游坝面增设防渗面板。

防渗面板一般用混凝土材料，施工时需先放空水库，然后在原坝体布置锚筋并将原坝体凿毛、刷洗干净，最后浇筑混凝土。锚筋一般采用直径 12mm 的钢筋，每平方米 1 根，混凝土强度等级一般不低于 C13。

混凝土防渗面板的两端和底部都应深入基岩 1～1.5m，根据经验，一般混凝土防渗面板底部厚度为上游水深的 1/15～1/60，顶部厚度不少于 30cm。为防止面板因温度产生裂缝，应设伸缩缝，分块进行浇筑，伸缩缝间距不宜过大，一般 15～20m，缝间设止水。

4. 喷射混凝土（砂浆）法

此法适用于迎水面大面积散渗的处理；防渗面板适用于严重渗漏、抗渗性能差的迎水面处理；灌浆处理适用于建筑物内部混凝土密实性较差或网状深层裂缝产生的散渗。灌浆材料可选用水泥浆材或化学浆材。施工方法有干式、湿式和半湿式三种。对有渗水的受喷面宜采用干式喷射；无渗水的受喷面宜采用半湿式或湿式喷射。喷射厚度在 5cm 以下时，宜采用喷射砂浆；厚度为 5～10cm 时，宜采用喷射混凝土或钢丝网喷射混凝土；厚度为 10～20cm 时，宜采用钢筋网喷射混凝土或钢纤维喷射混凝土。

5. 灌浆法

此法适用于建筑物内部混凝土密实性较差或网状深层裂缝产生的散渗。灌浆材料可选用水泥浆材或化学浆材。灌浆孔可设置在坝上游面、廊道或坝顶处，孔距根据渗漏状况确定；灌浆压力为 0.2～0.5MPa；灌浆结束后散渗面可用防水涂层防护。

**（四）混凝土坝伸缩缝渗漏处理**

混凝土坝段间伸缩缝止水结构因损坏而漏水，其修补措施有以下几种：

（1）嵌填法。此法的弹性嵌缝材料可选用橡胶类、沥青基类或树脂类等，粘贴材料可选用厚 3～6mm 的橡胶片材。首先沿缝凿宽、深均为 5～6cm 的 V 形槽；清除缝内杂物及失效的止水材料，并冲洗干净；再将槽面涂刷胶粘剂，槽底缝口设隔离棒，嵌填弹性嵌缝材料；最后回填弹性树脂砂浆与原混凝土面齐平。

（2）补灌沥青法。对于沥青井止水结构的漏水处理，可以采用补灌沥青法。沥青井的加热，可采用电加热法，也可采用蒸汽加热法。电加热应具有 2000～3000A 的电源。蒸汽加热时，加热前应用风和水轮换冲洗加热管，加热的进气压力为 0.2～0.3MPa，持续加热 24～36h。井内沥青膏加热温度控制在 120～1500℃，打开出流管检查沥青熔化和老化程度，补充的沥青膏经熔化熬制后灌注井内，灌注后膏面应低于井口 0.5～1.0m，最后应对灌注后的井口、管口加盖进行保护。

（3）灌浆法。此法适用于迎水面伸缩缝局部处理，灌浆材料可选用弹性聚氨酯、改性沥青浆材等。首先沿缝凿宽、深 5～6cm 的 V 形槽；在处理段的上、下端骑缝钻止浆孔，孔径 40～50mm，孔深不得打穿原止水片，清洗后用树脂砂浆封堵；骑缝钻灌浆孔，孔径 15～20mm，孔距 50cm，孔深 30～40cm；再用压力水冲洗钻孔，将直径 10～15mm、长 15～20cm 灌浆管埋入钻孔内 5cm，密封灌浆管四周；冲洗槽面，用快凝止水砂浆嵌填；逐孔洗缝，控制管口风压 0.1MPa，水压 0.05～0.1MPa；灌浆前对灌浆管作通风检查，风压不得超过 0.1MPa；灌浆自下而上逐孔灌注，灌浆压力为 0.2～

0.5MPa，灌至基本不吸浆时并浆，后结束灌浆。

(4) 补做止水。坝上游面补做止水，应在降低水位情况下进行，补做止水可在坝面加镶铜片或镀锌片，具体操作方法如下：

1) 沿伸缩缝中心线两边各凿一条槽，槽宽 3cm、深 4cm，两条槽中心距 20cm，槽口尽量做到齐整顺直，如图 4-2-13 所示。

2) 沿伸缩缝凿一条宽 3cm、深 3.5cm 的槽，凿后清扫干净。

3) 将石棉绳放在盛有 60 号沥青的锅内，加热至 170～190℃，并浸煮 1h 左右，使石棉绳内全部浸透沥青。

4) 用毛刷向缝内小槽刷上一层薄薄沥青漆，沥青漆中沥青、汽油比为 6∶4，然后把沥青石棉绳嵌入槽缝内，表面基本平整。沥青石棉绳面距槽口面保持 2.0～2.5cm。

5) 把紫铜片或镀锌铁片加工成图 4-2-14 形状。紫铜片厚度不宜小于 0.5mm，紫铜片长度不够时，可用铆钉铆固搭接。

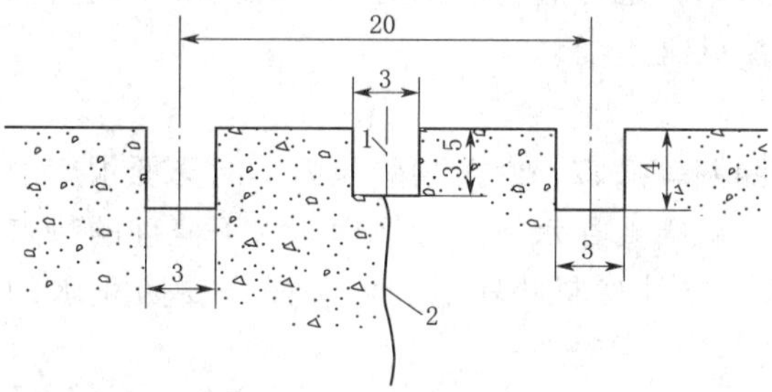


图 4-2-13 坝面加镶铜片凿槽示意图（单位：cm）
1—中心线；2—伸缩缝

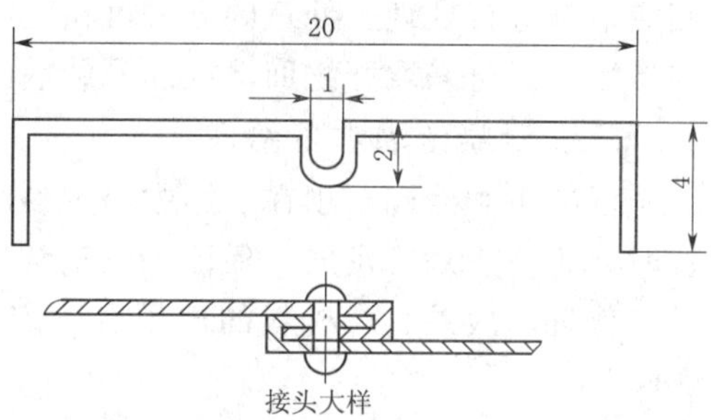


图 4-2-14 紫铜片形状尺寸图（单位：cm）

6) 用毛刷将配好的环氧基液在两边槽内刷一层，然后在槽内填入环氧砂浆，并将紫铜片嵌入填满环氧砂浆的槽内，如图 4-2-15 所示。将紫铜片压紧，使环氧砂浆与紫铜片紧密结合，然后加支撑将紫铜片顶紧，待固化后才拆除。

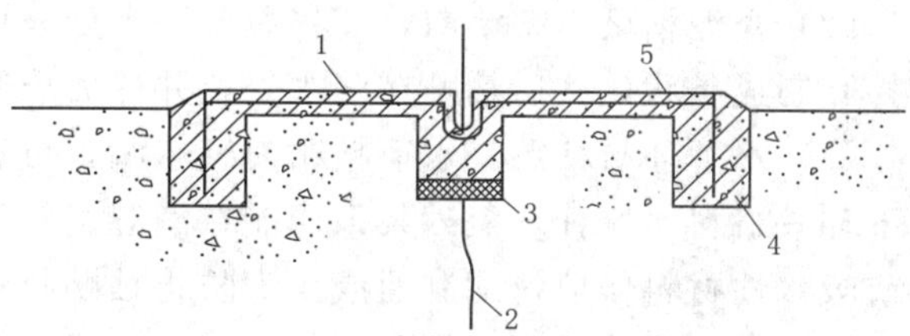


图 4-2-15 坝面加镶铜片示意图
1—环氧基液与沥青漆；2—裂缝；3—沥青石棉绳；4—环氧砂浆；5—紫铜片

7) 在紫铜片面上和两边槽口环氧砂浆上刷一层环氧基液，待固化后再涂上一层沥青漆，经 15～30min 后再涂一层冷沥青胶泥，作为保护层，如图 4-2-15 所示。

**二、混凝土坝坝基及绕坝渗漏处理**

坝基渗漏（或接触渗漏）处理的方法，需要根据产生渗漏的原因以及对结构影响程度来决定。混凝土坝如出现扬压力升高，排水管的涌水量增大等情况，可能是原防渗帷幕失效、岩基断层裂隙增大、坝与岩基接触不良，或排水系统受堵。因此，必须先查明原因，再确定处理方法。

（1）加深加密帷幕。对于防渗帷幕深度不够或防渗性能较差的情况，应采取加深原帷幕的处理方法，如孔距过大，还需加密钻孔。对于断层破碎带垂直或斜交于坝轴线、贯穿坝基、渗漏严重的情况，除加深还要加厚帷幕。帷幕孔深小于 8m 宜采用风钻钻孔，超过 8m 的深孔宜采用机钻钻孔。

（2）接触灌浆处理。如果混凝土与基岩接触处产生渗漏，可采用该方法。接触灌浆钻孔的孔深，一般至基岩面以下 2m；当同时补做帷幕时，接触灌浆段应单独划分为一孔段，并先行钻灌。

（3）固结灌浆。若有断层破碎带与坝轴线垂直或斜交、贯穿坝基而渗漏，除在该处加深加厚帷幕外，还要根据破碎带构造情况增设钻孔，进行固结灌浆。

（4）增设排水孔改善排水条件。当查明是排水不畅或排水孔堵塞，可设法疏通，必要时可适当增设排水孔以改善排水条件。

绕过坝渗漏，应根据两岸的地质情况，摸清渗漏的原因及渗漏的来源与部位，采取相应措施进行处理。处理的方法可在上游面封堵，也可进行灌浆处理，对土质岸端的绕坝渗漏，还可采取开挖回填或加深刺墙的方法处理。

### 三、混凝土坝水下修理

混凝土和浆砌石坝在运用中出现裂缝、漏洞等病害，由于某些原因不能降低水库水位时，为防止病害发展，保证工程正常运用，就需要在水下进行修理。水下修理的特点是工作环境较差、对材料的选用有一定要求、修补材料的输送和修理操作要防止水的影响。

#### （一）水下嵌缝或粘贴堵漏

（1）麻丝、桐油灰嵌堵。施工时，由潜水员先将裂缝或漏洞清洗干净，然后用螺丝刀将麻丝、桐油灰掺石棉绳、棉絮等嵌入裂缝或漏水孔洞内，并用锤锤击，使其密实，堵塞漏水。如要求有水硬性时，可在油灰内掺入少量水泥。

（2）瓷泥粘堵。粘堵前，需将裂缝漏水处表面清刷干净，再将瓷泥（即高岭土）掺水拌和制成条状，然后粘贴在漏水处，并尽力压紧。

（3）水下环氧粘贴。水下粘贴裂缝堵漏，可选用环氧焦油砂浆或酮亚胺环氧砂浆等水下环氧材料。这种环氧砂浆采用能在潮湿、水下固化的固化剂，加入适量的憎水性材料或吸水性材料作填料配制而成。为防止粘贴材料在水中发生离析，需将其在水上装入有边框的模板，然后下至粘贴部位并加压顶紧。对于深水粘贴裂缝堵漏，可用螺杆加力器加压，对于浅水粘贴裂缝堵漏，可用支撑加压。

#### （二）水下浇筑混凝土堵漏

坝基面的接触渗漏、断层破碎带的表面止漏等，可用水下浇筑混凝土的方法进行处理。水下浇筑混凝土的方法较多，其中的导管法，因使用不受水深限制、施工质量有保证而多被采用。

**【案例 11】** 长洲河水库浆砌石坝渗漏处理

长洲河水库位于河南省新县境内的淮河流域潢河水系上，水库集雨面积 92.0km$^2$，是一座以防洪、灌溉、发电为主要任务的中型水库。工程由土坝、浆砌石坝、灌溉发电洞等建筑物组成。浆砌石坝由非溢流坝和溢流坝组成，总长 150.0m。其中，非溢流坝长 91.0m，溢流坝长 59.0m。非溢流坝最大坝高 41.0m，溢流坝为实用堰型，共设 7 孔，单孔净宽 7.50m。浆砌石坝采用刺墙与土坝相连。

水库于 1966 年动工兴建，1973 年基本建成，1984 年加固达到现有规模。浆砌石坝存在上游混凝土防渗面板冲刷严重；溢流坝坝后基础渗漏较严重；坝体廊道出现裂缝、渗水；混凝土裂缝、碳化严重等问题。经研究，决定对浆砌石坝采取采取防渗加固措施，并于 2008 年 11 月列为国家除险加固项目。加固典型断面如图 4-2-16 及图 4-2-17 所示。防渗加固方案为：坝体充填灌浆；重建上部混凝土防渗面板及基础帷幕灌浆相结合的措施，形成坝体、坝基防渗体系。

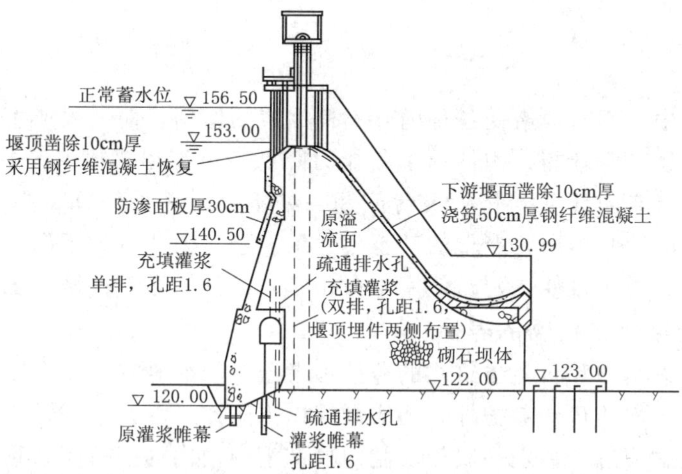


图 4-2-16　长洲河水库浆砌石溢流坝加固剖面图（单位：m）

（1）坝体充填灌浆。溢流坝段在堰顶闸门埋件上下游两侧钻铅直孔对坝体进行充填灌浆，非溢流坝段沿坝顶上游侧按排距 1.0m 钻铅直孔对坝体进行充填灌浆，上游排灌浆孔中心线距坝顶上游面 2.0m；灌浆孔双排布置，孔径 76mm，孔距 1.6m，底部深入基岩面。廊道顶部浆砌石坝体充填灌浆按单排布置，孔距 1.6m，深入坝体 4～5m。

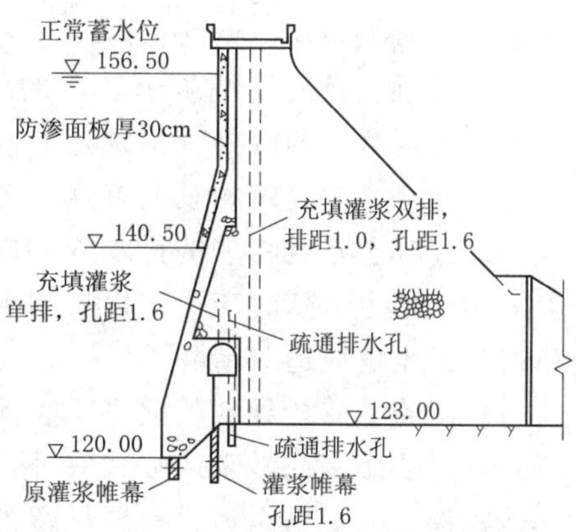


图 4-2-17　长洲河水库浆砌石非溢流坝加固断面图（单位：m）

（2）重建上部混凝土面板。采用“SR 防渗模块”封堵原沉陷及温度缝，结合剥蚀面板的修复，对高程 140.50m 以上出露坝面新建 30cm 厚的钢筋混凝土防渗面板，新建面板缝间设铜片止水，采用 1.0m 长的 $\phi$20 砂浆锚杆锚固。

（3）基础帷幕灌浆。廊道坝段：沿廊道全线钻孔，对基岩进行帷幕灌浆。灌浆孔单排布置，孔距 1.6m，中心线距廊道上游面 0.5m。非廊道坝段：利用坝体铅直充填灌浆孔对基岩进行帷幕灌浆，并向右坝肩山体延伸。灌浆孔单排布置，孔距 1.6m，中心线距上游坝面 2.0m。

（4）廊道裂缝进行环氧灌浆处理，底板采用混凝土找平，两侧壁及顶部涂抹丙乳砂浆防碳化处理，疏通排水，并设置照明设施。

长洲河水库除险加固工程施工于 2009 年 10 月正式开工，主体工程于 2010 年 6 月完工并开始蓄水，经过近 1 个水文年的运行，浆砌石坝渗漏量显著减小。

# 项目三 水闸养护与维修

## 任务一 水 闸 养 护

水闸在运用中，不断地遭受各种内外不良因素的作用，使工程产生冲刷、磨损、腐蚀等破坏，使材质日渐削弱，构件的承载能力降低，可能出现闸基变形、混凝土开裂、闸门振动及漏水、启闭设备老化失灵等问题，如不及时养护修理，则缺陷必将逐渐发展，影响建筑物的安全运用，严重的甚至会导致失事，因此，为了保证工程及设备完整整洁、安全运用、操作自如，延长使用寿命，必须经常做好养护修理工作。

### 一、水闸混凝土结构物的养护

水闸中土工建筑物和石工建筑物的养护参考土石坝的养护，水闸混凝土结构物的养护除可参照混凝土坝的日常养护外，还应做好以下工作：

（1）水闸上、下游，特别是底板、闸门槽和消力池内的碎石等杂物应定期清除，以防对混凝土表面的磨损。该问题务必引起足够重视，某水闸曾发生深孔闸门滚轮因锈蚀脱落，放水时冲入消力池内，经过几次放水后，滚轮磨成铁饼状，消力池的钢筋混凝土保护层大部分被磨掉，钢筋裸露。

（2）混凝土及钢筋混凝土表面的污水、污物、垃圾或附着水生物，应随时清除干净，以防对混凝土的污染。特别是南方地区，有些水闸的混凝土或闸门上附生着蚊贝类或“石蝇”等，对建筑物表面有强烈的腐蚀作用，应及时清除。

（3）混凝土建筑物上的排水管、进水孔和通气孔等应及时进行疏通保养。特别是桥面上的排水孔也应随时疏通，以防雨水沿板和梁漫流，加速其碳化、老化。空箱式挡土墙箱内的淤土也应适时清除。

（4）因施工质量导致的混凝土表面的蜂窝、麻面、骨料架空和外露、模板走样、接缝不齐等，要用水泥砂浆或喷浆修补。施工用的模板、排架拆除后，遗留在表面的螺栓及其他铁件，除个别因运行需要保留外，其余均应全部割除，如在泄流面上的，还应进行表面整修。要保留的铁件也应油漆保养、防止锈蚀。

（5）伸缩缝要定期检查观察，注意防止杂物卡塞；填料如有流失的要补充。设有沥青井，并在井内预埋钢管或钢筋导体的，要按要求每隔一定时间用蒸气或通电加热熔化，补充新的沥青等，使其充填物饱满。

（6）泄水期间，特别是汛期排洪时，河道上的漂浮物应经常清理，以防阻水、卡堵闸门，冲坏消能工。

(7) 经常露出水面的底部钢筋混凝土构件，如进洪闸的底板、护坦等，长期暴露在大气中，夏季酷暑高温曝晒，冬季严寒冰冻，应根据情况因地制宜地采取适当的保护措施，例如覆盖一层0.2～0.3m厚的土加以保护等。

(8) 处于北方严寒地区的水闸，冬季还应随时清除混凝土结构上的积水和重要部位的积雪。

## 二、闸门养护

由于闸门多安装于露天场所，长期或间歇地浸于水中，承受较大的水压力或水流、泥沙及污物的冲击磨损和周围介质的腐蚀作用，一般情况下，闸门的寿命总是小于建筑物的寿命，只有良好的维护工作，才能保证闸门安全正常的运行，延长闸门的使用年限，以充分发挥工程的效益。

### (一) 一般性的养护

1. 清理检查

正常工作的闸门必须保持清洁完好，启、闭运行灵活。但随着水流的运动，水中的漂浮物、推移质等总是向闸门集中，贴附于门体或卡阻于门槽内，影响闸门的正常运行，或造成漏水，或加快闸门的腐蚀，所以必须随时进行检查清理。

(1) 闸门门体上不得有油污、积水和附着水生物等污物。启闭机检修时，应避免废油落于门体上，卷筒和钢丝绳上多余的润滑脂应刮除干净，防止夏季融化滴落到闸门上。门体结构上的落水孔应畅通。严禁向闸门上倾倒污水垃圾等污物。

(2) 闸门槽、门库和门枢等部位，常会被树木、钢丝、块石或其他杂物卡阻，影响闸门正常运行，甚至酿成事故，应及时进行检查清理。对浅水中的建筑物，可经常用竹篙、木杆进行探摸，利用人工或借助水力进行清除；对深水中较大的建筑物，应定期进行潜水检查和清理。

2. 观察调整

(1) 闸门运行时，应注意观察闸门是否平衡．有无倾斜跑偏现象。闸门严重倾斜，可能撕裂止水橡皮，拉断钢线绳或使闸门变形损坏，必须配合启闭机进行调整。对双吊点闸门，两侧钢丝绳长度应调整一致，侧轮与两侧轨道间隙大体相同。

(2) 止水橡皮应紧密贴合于止水座上，止水不严密或有缝隙，必然造成漏水。但预压过紧，则增加摩擦力，加快止水磨损或挤压变形，最后失去止水作用。因此，应视各种不同的止水型式进行适当调整。对于没有润滑装置的闸门，启闭前应对干燥的橡皮注水润滑。

3. 清淤、拦污

多泥沙河流上的闸门，闸前往往有大量泥沙淤积。闸门在泥沙压力作用下，负荷加重，运行困难，或因泥沙淤堵，闸门落不到底，孔口封闭不严造成漏水。为此，除采取其他清沙措施外，应定期输水排沙，或利用高压水枪在闸室范围内进行局部清淤。在水草和漂浮物多的河流上，应注意检查，定期进行拦污栅清污。

4. 防冰凌

北方寒冷地区的闸坝，因水面结冰，对闸门产生冰压力，加大闸门的荷载。对冬季有运行要求的闸门，门槽冻结将影响闸门的正常运行．为此，需要采取防冰冻措施。一般在闸门前用压缩空气或压力水，形成一条不冻的水域，与河流冰盖隔开，也可采用加热的方法，为门槽加热，使之不致结冰。

5. 防风浪

位于沿海、湖泊或开阔河面的水闸，由于吹程长，风浪对闸门的撞击力很大。有时风浪进入潜孔闸门门前喇叭口段，水体扩散不畅，对闸门形成不完整水锤作用，对闸门安全有相当大的威胁。一般采用设置防浪板或在胸墙底梁开扩散孔的办法加以解决。在强风暴地区，可根据气象预报，在大风到来之前，适当降低闸前水位。

**(二) 钢闸门养护**

1. 门叶部分的养护

由于闸门前横向水流、漩涡以及门后淹没出流和回流等的作用，可能引起闸门振动、门槽气蚀或其他故障。因此，在闸门维护中，除应做好防腐蚀和防漏水等工作外，还必须注意防止钢闸门的振动和气蚀工作。

(1) 防止振动。闸门本身具有一定的自振频率。在闸门泄流时，如果水流的脉动频率接近或等于闸门的自振频率，便会出现共振现象，振幅增大，使闸门整体或局部发生强烈的振动。剧烈的振动有可能引起金属构件的疲劳变形、焊缝开裂或紧固件松动，以致整体结构遭到破坏。

由于闸门振动的现象比较复杂，必须弄清引起振动的原因，以便采用有效的措施予以治理。一般有以下几种情况：

1) 由于波浪冲击闸门引起的振动，应在闸门上游加设防浪栅、防浪排，以削弱波浪对闸门的冲击。

2) 因止水漏水而引起闸门振动，多因止水座板安装不平直，或止水选型不合适，柔性不够，使止水与止水座板之间呈不连续接触，在上游静水压力作用下，不能完全密封，于是有水流从止水与座板间隙中射出。这种作用于止水上的脉动压力使止水发生振动，从而导致了闸门的振动。这时应调整止水位置或更换止水材料尺寸，使止水与止水座板紧密接触，漏水停止，闸门就不再振动。

3) 闸门在一定开度下泄流时，下游淹没水跃产生对闸门周期性的冲击，也是引起闸门振动原因之一。如改变一下运用条件，振动可能就不再发生。

(2) 防止气蚀。在高速水流情况下，由于建筑物过水断面发生突变，或过水结构面不平整，泄水建筑物补气不足等原因，常使闸门槽及其预埋件发生气蚀。

防止气蚀的措施为：对已遭气蚀损坏的部位用耐气蚀材料补强。如用不锈钢焊补或用环氧砂浆修补，尽量使过水表面平整光滑（必要时增设补气设施。对闸门门槽型式不合理的，应通过试验选型，进行改建）。

2. 闸门行走支承装置及导向装置的养护

行走支承装置是闸门的运行和承力部件，是门体和闸墩之间的过渡部分。如平面闸门的主轮和弧形闸门的支铰，一方面起着传递水压荷载的作用，必须具有足够的强度；另一方面又起着使闸门沿轨道行走或旋转的作用，要求摩擦力小，以减少闸门的启闭力。

(1) 常见故障与原因。主轮或台车机构润滑不良，转动不灵。多因没有进行定期维护，润滑油流失或老化变质，致使轮轴生锈与轴套抱死。有的轮轴与轴套间隙偏大，水中泥沙细粒沉积硬化，造成卡阻。胶木轴套浸水后膨胀，过小的间隙也容易将轴抱死。弧形闸门支承铰链，由于闸门旋转弧度小，支承力大、润滑油不易保持，也常是锈蚀的原因。锈蚀较轻的，运转时发出刺耳的噪声；严重的能剪断止水轴板螺丝，使固定轴变为转动轴，造成轴和支铰座的过量磨损。胶木滑块由于轨道面不平直或粗糙度达不到要求，易受磨损变形或劈裂变形，摩擦系数增大，造成启闭困难。

（2）养护方法。

1）定时向闸门主轮、弧形闸门支铰、人字闸门门枢以及闸门吊耳轴销等部位注油。一般采用油枪或用油枪配油嘴注油，注油时应使轮子转动几圈，在转动时不停地加注，尽量使旧油全部排出，新油完全注满。由于闸门经常处于水下或潮湿场所，其润滑应采用钙基或钙钠基润滑脂。对于没有注油孔道的转动机构，可定期拆下清洗，然后涂油组装。

2）对于闸门滚轮经常处于门槽内或闸门提不出门槽时，人工加油润滑很不方便，可采用集中润滑的方法。集中润滑有油箱自流润滑和压力注油润滑两种型式。自流润滑由启闭机室油箱通过软管向每个滚轮轴端的油孔自流供油。在闸门启闭前或启闭时，打开油箱总阀，启闭结束时关闭总阀。这种加油方法只能使用黏度不太大的润滑油，如图 4-3-1 所示。压力注油润滑采用加油器进行注油。加油器类似大型黄油杯，安装于闸门顶上，用钢管或铜管将加油器和各滚轮油孔相连。当旋转加油器筒盖时，筒盖下压，黄油通过油管送至各滚轮。

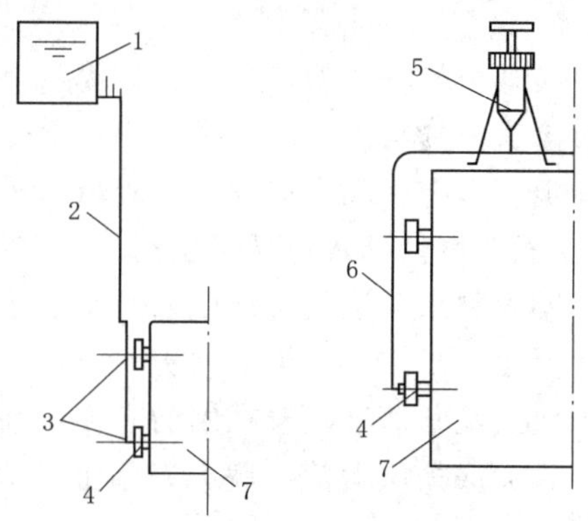


（a）自流润滑　　（b）压力注油润滑

图 4-3-1　滚轮润滑示意图

1—油箱；2—软管；3—油嘴；4—滚轮；5—加油器；6—油管；7—闸门

3. 闸门止水装置的养护

止水装置效果不好，不仅会严重漏水，还可能引起闸的振动，引起气蚀等。船闸漏水还会使船只过闸时间延长，给闸门运行和维修工作带来不便。

对于不同材料的新更换的止水，在闸门完全关闭状态，其漏水量不应超过下列数值：①木止水 1.0L/(s·m)；②木加橡皮止水 0.3L/(s·m)；③橡皮止水 0.1L/(s·m)；④金属止水 0.8～0.1L/(s·m)。

经长期运行，材料老化，止水效果降低，数值适当放宽，对于橡皮止水漏水量可放宽到 0.2L/(s·m)，超过此值应当更换。

止水的养护工作主要有：

（1）定期检查闸门止水的整体性，不得有断裂或撕损，止水与止水座板的接合是否紧密，止水座板有无变形，固定螺栓有无松动或锈蚀脱落，如发现问题应及时处理。

（2）闸门运行中检查止水是否有严重磨损，如发现橡皮止水压缩过紧或止水座板表面过于粗糙，应适当调整橡皮的预压量。对止水座板粗糙表面，可用平面砂轮打磨，然后涂刷一层环氧树脂，使其平整光滑。当发现因止水橡皮磨损造成与止水座间隙过大而漏水时，可采用加垫橡皮条的办法来调整止水间隙。

(3) 为防止止水橡皮老化，可在橡皮非摩擦面涂刷防老化涂料，同时，尽量避免使止水橡皮受烈日曝晒。如发现橡皮已老化失效，应及时更换。

(4) 木止水必须做好防腐、防虫蛀、防挤压劈裂及扭曲变形等。经常清理附着在止水木上的泥垢和水生物，如发现局部腐烂劈裂，应及时修复，并热涂沥青防腐。

(5) 金属止水应做好防锈蚀、防气蚀工作，避免局部破坏。发现金属止水构件翘曲变形，应及时矫正，以免扩大为整体破坏。

4. 闸门预埋件的养护

闸门预埋件由于更换困难，尤应注意防锈蚀、防气蚀。各种金属埋件除轨道水上部位摩擦面可涂油脂保护外，其余部位，凡有条件的均宜涂坚硬耐磨的防锈涂料。如发现锈蚀或磨损严重时，可采用环氧树脂或不锈钢材料进行修复。

门槽内的淤积物应定期清理，以免造成闸门止水或构件的破坏。

5. 闸门吊耳与吊杆的养护

吊耳与吊杆应动作灵活，坚固可靠。转动销轴应经常注油保证润滑，其他金属表面应喷涂防锈材料。并应经常用小锤敲击检查，零件有无裂纹或焊缝开焊、螺栓松动等，止轴板不得有丢失、销轴窜出现象。吊杆在不用时，应摆放整齐，不要乱放。

**(三) 钢丝网水泥混凝土闸门的养护**

钢丝网水泥混凝土闸门以及钢筋混凝土闸门，结构刚度大，抗振能力强，在海水或碱性污水中工作，比钢闸门更耐腐蚀，维护工作量少。但也应注意闸门的养护工作。

(1) 经常清理附着在闸门表面的泥污、苔醉及水生物，检查面板与梁系结构是否完好，有无保护层剥落、脱壳、露筋、露网，有无裂缝及渗水现象。如发现问题要及时处理。

(2) 运行中要注意观察、排除漂浮物，以免其撞击闸门。启闭机制动器应十分可靠，防止闸门自动坠落，摔坏闸门。对用于船闸的钢丝网水泥混凝土闸门还应防止船只的铁件和篙尖对闸门的撞击。

(3) 闸门上的预埋铁件，一旦锈蚀损坏，难于更换，可能造成整个闸门报废，应做好防锈蚀处理。

(4) 对钢丝网水泥混凝土闸门面板，可定期涂刷环氧砂浆或其他防腐材料保护，以防混凝土碳化和裂缝渗水。

**三、启闭机养护**

养护是闸门启闭机运行管理的重要内容，须做到“经常维护，随时维修，养重于修，修重于抢”，保持设备始终处于良好的技术状况，以延长使用寿命，减少运行费用，确保安全可靠地运行。水工闸门启闭机养护通常有动力部分养护、传动部分养护、制动部分养护、悬吊装置以及附属设备养护等内容。

**(一) 启闭机养护的一般内容**

启闭机养护一般可概括为清洁、紧固、调整、润滑八字作业。

1. 清洁

启闭机械在运行过程中，由于油料、灰尘等影响，必然会引起设备表面的脏污。有些关键部位，如制动轮圆周面、电器接点、电磁铁吸合接触面、蓄电池、整流子碳刷滑环接触面等会因脏污而使设备不能正常运转，甚至会引起事故。因此必须定期进行清洁工作。必须定期对机器周围的环境，如移动式启闭机的轨道沟、场地上的油污等应及时清扫，场地上的工器具应及时整理，摆放整齐。

综上所述，清洁是针对启闭机的外表、内部和周围环境的脏、乱、差所采取的最简单、最基本却很重要的保养措施。

2. 紧固

启闭机的紧固联接，虽然在设计、安装时已采取了相应的防松措施，但在工作过程中由于受力振动等原因，可能还会松动。紧固件松动的影响，与其自身的作用相关联。如压力油系统中的螺纹管接头、密封用压盖螺栓等松动，会造成漏油；基础、法兰等各种定位螺栓、门式启闭机的高强螺栓、钢丝绳压紧螺栓和吊具联接螺栓等松动，会改变被联接零部件的受力和运动情况，并构成事故隐患。

3. 调整

启闭设备在运行过程中由于松动、磨损等原因，引起零部件相互关系和工作参数的改变，如不及时调整，轻则会引起振动和噪声，导致零件磨损加快，机器性能降低，甚至会导致事故。所以要及时调整，以保证设备经常处于正常状态，确保灵活、安全可靠地运行。

（1）各种间隙调整。如轴瓦与轴颈、滚动轴承的配合间隙；齿轮啮合的顶、侧间隙；制动器闸瓦与制动轮之间的松闸间隙等。

（2）行程调整。如制动器的松闸行程，离合器的离合行程，安全限位开关的限位行程和闸门启闭位置指示行程等。

（3）松紧调整。如转动皮带、链条等松紧的调整，弹簧弹力大小的调整等。

（4）工作参数调整。如电流、电压、制动力矩、油压启闭机的流量、压力、速度等调整。

4. 润滑

在启闭设备中，凡是有相对运动的零部件，均需要保持良好的润滑，以减少磨损，延长设备寿命，降低事故率，节约维修费用，并降低能源消耗等。

设备的润滑工作很重要。国外因润滑不良和润滑方法不当引起的故障占总故障次数的1/3以上；而国内由于润滑问题引起的停机时间，占总停机时间的1/2以上。经验证明，设备的寿命在很大程度上取决于润滑。所以，对润滑工作必须引起足够的重视。

**（二）动力部分养护**

1. 电动机的养护

电动设备维护主要包括：保持电动机外壳上无灰尘污物，以利散热；检查接线盒压线螺栓是否松动、烧伤；检查轴承润滑油脂，使之保持填满轴承空腔的1/2～2/3，脏了要换；拆下一边端盖，检查定子与转子之间的间隙是否均匀合格，以判断轴承磨损情况若不均匀，要拆下轴承进行检查，磨损严重的要更换；每年必须用摇表测量电动机相间以及相对铁心的绝缘电阻的情况（如在温度较高而通风条件不良的地区，间隔停用时间较长，在每次使用前，还须测量绝缘情况），如果少于0.5MΩ，说明线圈受潮，则要进行烘干处理。一般烘干温度约为100℃，烘干时间约24h；若绕组绝缘老化（老化后颜色变为深棕色），则需刷浸绝缘漆。

2. 操作设备的养护

操作设备的维护主要包括：电动机的主要操作设备如闸刀、电磁开关、限位开关及补偿器等，应保持清洁干净、触点良好、机械传动部件灵活自如、接线头连接可靠；电机的稳压、过载保护装置必须可靠；限位开关应经常检查调整，使其有准确可靠的工作性能，不经常运行的闸门，应定期进行试运转；保险丝必须按规格准备备件，严禁使用其他金属丝代替。

3. 各种仪表的养护

电动部分装置的各类指示仪表，如电流表、电压表、相序表、功率表及压力表等，应按有关规定进行检验，保证指示正确。电动机、操作设备、仪表的接线相序必须正确，以防因相序接错反转而造成事故。接地应保证可靠。

**（三）传动部分养护**

启闭机的传动机构，一般可分为机械传动和液压传动。各传动部件，如各部滚动轴承、联轴器、变速箱、变速齿轮、蜗轮、蜗杆、轴与轴孔、油（水）泵、阀门及管道等，应及时润滑和维护，以减少部件的磨损和保证传动部位的正常运行。

1. 机械传动装置的养护

机械传动装置维护包括：应定期用煤油清洗闸门启闭机摩擦部位，使用润滑油前应检查新油质量，是否含有水分、杂质和油块等，在加注新油前应清洗加油设施，清理油孔、油槽、油道，然后再加注新油。润滑油料要充足，严禁缺油情况下运行，在加黏度较大的油时，要检查油料是否达到摩擦面上；各种联轴器检修后，用手作正向、反向转动，以感觉轻快灵活为准。带圆柱销的弹性联轴器，在安装时，应检查弹性销圈的销与靠背轮孔的配合紧密度，在最大侧向间隙不得超过0.05mm。弹性销圈如有老化或损坏，应予更换。齿轮联轴器应按要求灌注润滑油；此外，在灰尘较多的地方，增设防尘套或防尘罩。

2. 液压传动装置（油压启闭机）的养护

油压启闭机的高压油泵是启闭机的心脏，应密切注视其工作状况。油压启闭机的养护包括：供油管和排油管应保持色标清晰，敷设牢固；油缸支架应与基体联接牢固，活塞杆外露部分可设软防护装置；工作油液定期化验、过滤；调控装置及指示仪表定期检验。

当油压启闭机使用时，如出现不正常声响、负压值超过规定值、脉动冲击、油液夹杂空气等现象时，首先应检查贮油箱油量是否充足，滤油器是否有污物堵塞，如果滤油不畅，应拆开滤网进行清洗，并检查供油阀芯有无断裂，油液黏滞度和纯净情况是否符合要求，一般每年应进行一次检查。由于油泵叶片、活塞环磨损而降低排油量时，应予修理；此外，对于脉动冲击，主要表现在压力表指针跳动频繁，跳动幅度越大，冲击压力越高，对溢流阀（保险阀）弹簧压力过低而引起的脉动冲击，应调整压力。对止回阀（逆止阀）弹簧压力过大而引起的脉动冲击，应更换弹簧。由于油液夹杂空气而引起的脉动冲击，应利用排气阀放走空气。

3. 润滑油料的性能及选择

(1) 润滑脂(黄油)较常采用的有单一皂基脂,其中有钙基润滑脂和钠基润滑脂。

1) 钙基润滑脂分 1 号、2 号、3 号、4 号、5 号等五种,用途较为广泛,抗水性强,但当温度超过 80℃时,就会失掉水分引起分离。4 号、5 号适用于低温(<55℃)水下以及慢速传动装置的润滑,如启闭机的齿轮、滑动轴承、起重螺杆和滑轮组等。

2) 钠基润滑脂。这种润滑脂遇水乳化,但耐热性强,可用于处在干燥环境且温度可达 100℃的机械运转部分。

(2) 变速箱、齿轮联轴器用的润滑油。可按照厂家说明书要求选用适当的油料。一般在气温较低环境下,要选择凝固点较低的;在气温较高的环境下,要选择黏度较高的油料。新安装使用或大修后的各齿轮啮合部分,容易产生金属粉末,当从变速器或齿轮联轴器放出来的污油有较多金属粉末或水分时,应予更换新油。在更换新油时,应事先用煤油清洗内壳,除去杂质及污物。

4. 几种辅助润滑措施

(1) 油盘(油槽)润滑:为了改善润滑条件,对转速不高,运转时不会将油飞溅的开敞式传动齿轮,以及蜗轮蜗杆等传动部件,可在合适部位增设油盘(油槽)。油盘(油槽)可用薄铁皮加工,内装机油或其他润滑油,油面浸没齿轮与蜗轮等部件的轮缘为度。

(2) 自流油润滑:螺杆式启闭机的螺杆与螺母,除定期清洗涂油维护外,还可以增设自流油润滑装置,即在较高处放置润滑油箱,在启闭机运转时,依靠油的自重,由管路向螺杆、螺母供油。

**(四) 制动部分养护**

制动器(刹车)是启闭机的重要部件之一,它可以在启闭机停止运行时立刻刹住制动轮,使闸门停止升降。因要求启动灵活,制动准确。若发现闸门自动沉降,应立即对制动器进行彻底检查及修理。

(1) 长、短冲程电磁制动器应经常保持制动轮与制动瓦表面不含有任何油污、油漆及水分等,制动瓦与制动轮表面接触不应少于面积的 80%。电磁线圈应根据使用情况定期测试绝缘情况,若不合要求,可做烘烤处理。衔铁应经常擦除油污,保证紧密地与固定磁铁吻合。衔铁与制动杠杆、联接铰轴应经常涂油保养,保证动作灵活。制动器的主弹簧应涂油保养,以防生锈。

(2) 电动液压制动器的制动弹簧,应保持不缺油不锈蚀。制动器使用的工作油液应定期过滤,以保证油质合格。制动阀应定期进行调整。

(3) 棘爪棘轮制动器应经常清洗,擦除油污,并检查各部件有无裂缝等缺陷,固定是否牢靠。棘爪在棘轮上应转动自如,棘爪上的弹簧应保持一定压力,各销轴要经常注油润滑。

(4) 蜗轮、蜗杆应按要求加油保养,工作一定时间后要清洗换油一次。闸门锁定装置必须灵活可靠,防止锈蚀。

**(五) 悬吊装置养护**

悬吊装置有钢丝绳、螺杆、拉杆、齿杆、活塞杆和链条等。目前常用的是钢丝绳和螺杆。

1. 钢丝绳的养护

(1) 钢丝绳的检查：检查钢丝绳悬吊装置的两端接头（特别是常处水下的一端）是否牢固，钢丝绳有无扭转、打结、锈蚀、断丝，通过各滑轮间有无压边及偏角过大，以及松紧是否适度等。如发现不正常的现象，应及时调整。钢丝绳在一个节距内断丝数超过表 4-3-1 规定的数值时，应予更换。

表 4-3-1　　钢丝绳断丝报废标准

| 钢丝绳安全系数 | 钢丝绳的类型 | | | | | |
|---|---|---|---|---|---|---|
| | 6×19+1 | | 6×37+1 | | 6×61+1 | |
| | 交叉绕捻式 | 单向绕捻式 | 交叉绕捻式 | 单向绕捻式 | 交叉绕捻式 | 单向绕捻式 |
| | 一个节距长度断裂的钢丝根数 | | | | | |
| <6 | 12 | 6 | 22 | 11 | 36 | 18 |
| 6～7 | 14 | 7 | 26 | 13 | 38 | 19 |
| >7 | 16 | 8 | 30 | 15 | 40 | 20 |

(2) 钢丝绳的养护。

1) 涂脂：为了防止钢丝绳锈蚀，应定期涂抹油脂保养，其方法是先刮除、清洗绳上的污物，用钢丝刷子刷，用柴油清洗，干净后涂抹合适的油脂（钢丝绳油膏）。为了便于在钢丝绳上涂油，可用自制的简易鼓形涂油装置，如图 4-3-2 所示。即用薄铁皮加工成鼓形油筒，筒内装油，两头留孔，串在钢丝绳上，两孔沿钢丝绳周边装有棕丝圈，包住钢丝绳。加油时，只需拉动油筒上下移动，即可将油较均匀地涂在钢丝绳表面。此法只适用于上下都不穿过滑轮的钢丝绳。

2) 包裹：钢丝绳外表先用煤油或柴油清洗干净后，涂抹润滑脂，然后用布条缠紧（并可用塑料布条缠紧），再用旧橡皮管包扎。此法效果很好，适用于经常淹没于水下的钢丝绳，但要注意不能将包扎的钢丝绳绕上卷筒或滑轮。

3) 防尘：钢丝绳外表粘附灰尘、砂粒，不仅影响润滑脂的作用，而且还会加剧对钢丝绳的磨损。在灰尘较多环境中工作的钢丝绳应注意防尘工作。对露天放置的启闭机，其钢丝绳卷筒的罩壳应封盖严密，工作桥上的绳孔，可设特别的盖板以防止灰砂进入卷筒上的钢丝绳。对于不绕上卷筒或滑轮的部分，可用包裹法保护。另外，还可用薄铁皮加工成多节的伸缩式防尘套，如图 4-3-3 所示。多节伸缩式防尘套大筒的上端固定在启闭机卷筒的底梁上，小筒的下端固定在闸门顶部，可随钢丝绳上下而伸缩，保护效果良好。

4) 调整松紧度：双吊点启闭闸门的两根钢丝绳，应保持松紧度一致，否则应及时调整。船闸人字闸门，如采用双卷筒的启闭机，当开门钢丝绳与关门钢丝绳松紧配合不协调一致时，容易引起门底滑轮脱槽，影响闸门启闭。为防止钢丝绳脱槽，应经常调整钢丝绳松紧度。有时也可采用在松弛的一根钢丝绳上悬挂适量的重物等方法来解决。

2. 螺杆的维护

螺杆启闭机的螺杆有齿部位应经常清洗、抹油，有条件的可设置防尘装置。

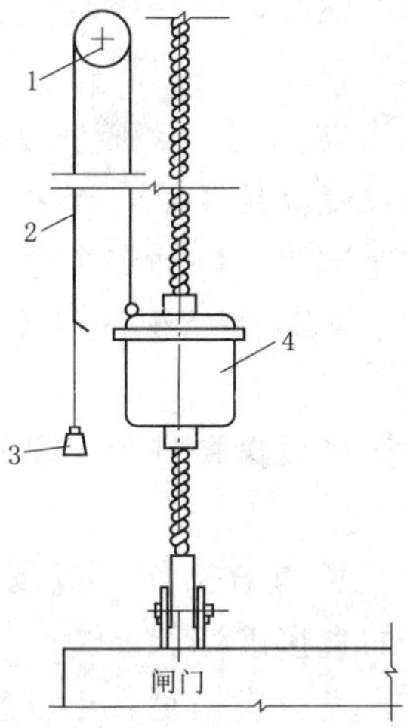


图 4-3-2 鼓形涂油装置示意图
1—导向滑轮；2—提吊绳索；3—重锤；
4—鼓形油筒

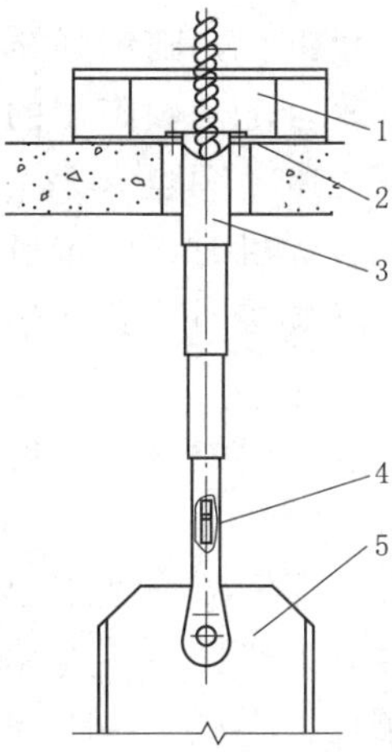


图 4-3-3 防尘套示意图
1—卷扬机；2—固定卡；3—防尘套；4—钢丝绳；
5—闸门

**(六) 附属设备维护**

闸门开度指示器，应保持运转灵活，指示准确。如果指示器不准，将直接影响控制运用，甚至引起工程事故。如有的螺杆顶压弯曲和启闭机台破坏，都是由于指示器不准造成的。因此，要经常调整指示器，做到准确无误。

## 任务二 水闸病害处理

对于水闸工程中土工结构、混凝土结构和石工结构的常见问题（如裂缝、渗漏）处理方法可分别参照土石坝、混凝土坝维修处理方法执行。以下将结合水闸工程自身特点，对其特有常见维修加固技术做一简介。

### 一、水闸防渗排水设施修补

**(一) 水闸防渗铺盖修补**

铺盖一般分为柔性铺盖和刚性铺盖，当铺盖出现裂缝、渗漏等缺陷时，根据不同铺盖类型，一般可采取接长、修复、拆除重建铺盖的处理措施。对混凝土的裂缝、渗漏等缺陷进行修复，可参照混凝土坝病害处理相关内容，当混凝土及钢筋混凝土铺盖长度不够而结构强度满足规范要求，对于混凝土及钢筋混凝土铺盖可以采取接长、修复或拆除重建的处理措施。对于黏土铺盖，无论是长度不够还是铺盖出现裂缝、冲刷破坏，由于黏土铺盖不允许有垂直施工缝存在，因此一般采取拆除重建。近些年，土工膜在防渗技术中应用较为广泛，以下着重就复合土工膜铺盖的施工工艺加以介绍。

1. 复合土工膜铺盖的施工工序

(1) 基面找平：为了减少膜下的渗水，使土工膜与黏土结合良好，要求剔除表面的石子等坚硬尖状物，以防刺破复合土工膜，对部分凹陷变形较大的区域用黏土找平夯实。

(2) 敷设：要求土工膜敷设时自上而下，先中间后两边；在展膜的过程中，一定要避免生拉硬扯，也不得压出死折，同时保证一定的松弛度，以适应变形和气温变化；铺放应在干燥天气里进行，随铺随压。

(3) 焊接：复合土工膜膜体的拼接方法常用的有热熔焊法、胶粘法等。在焊接时，要求膜体接触面无水、无尘、无垢、无折皱，搭接长度满足要求，当采用自动高温电热楔式双道塑料热合焊机时，要求事先进行调温、调速试焊，以确定合适的温度、速度等工艺参数。在现场焊接时，要严格防止虚焊、漏焊、超焊等情况的发生；若发现损伤，应立即修补。

(4) 质量检查：膜拼接完成后，需及时进行焊接缝质量检查，质量检查可以采用目测与充气相结合的方法。

(5) 上覆保护层：复合土工膜焊接完成并经质量检查合格后，应及时覆盖保护层，以防止土工膜在紫外线照射下老化和其他因素引起的直接破坏。

(6) 注意事项：在施工中工作人员应穿胶底鞋，避免损伤复合土工膜；在土工膜上部先垫一层厚度为 20cm 左右的细砂壤土，避免其他材料刺破土工膜；保护层填筑应分层超宽碾压密实。

2. 复合土工膜铺盖的优点

(1) 防渗效果好，土工膜具有极低的渗透系数，比黏土铺盖渗透系数低很多，而且具有长期稳定的防渗效果。

(2) 施工简单易行，进度快，施工质量容易保证。

(3) 具有一定的保温防冻胀作用，减少防冻胀成本。

(4) 复合土工膜具有较好的力学性能，具有比普通土工膜更好的抗拉、抗顶破和抗撕裂强度，能够承受足够的施工期和长期的运行受力，具有较高的适应变形的能力，而且复合土工膜外层的土工织物与土的结合性能较好，复合土工膜与土之间的摩擦系数较普通土工膜大，抗滑移稳定性好。

**(二) 水闸侧向绕流防渗修补**

绕闸渗流是水闸上游水流绕过水闸两侧与堤坝连接段形成流向下游的渗透水流。对于已发生侧向绕渗的水闸，应首先了解水闸两侧的地质情况和渗漏部位，然后采取相应措施进行处理，处理的方法有增加侧向齿墙，增设黏土防渗墙等方法，下面仅以冲抓套井回填黏土法为例作介绍。

1. 施工要求

冲抓套井回填黏土法是利用冲抓式打井机具，在水闸端部与堤坝防渗范围内造井，用黏性土料分层回填夯实，形成一连续的套接黏土防渗墙，截断渗流通道，起到防渗的目的；同时在夯击时，夯锤对井壁的土层挤压，使其周围土体密实，提高土体质量，达到防渗和加固的目的，如图 4-3-4 所示。

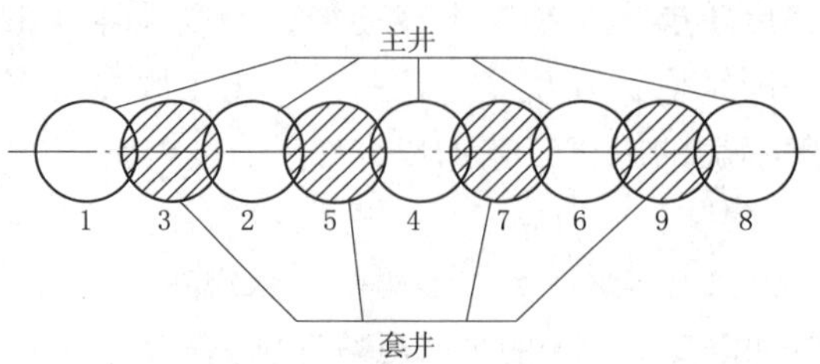


图 4-3-4 套井布置示意图

2. 施工工艺

冲抓套井施工操作主要是造孔、回填、夯实三个环节。其工艺流程为：放样布孔→架机对中→造孔→下井检查→人工清理→回填夯实→质量检查。

（1）造孔。造孔的施工顺序是在同一排井先打主井，回填夯实后，再打套井回填夯实，按顺序进行。

（2）回填。在土料回填前，应下井检查，把井底浮土、碎石等杂物清理干净并保持井内无水。回填土料粒径一般不得大于5cm，并不准掺有草皮、树根等杂物。回填铺土要均匀平整，分层回填，铺土层不宜过厚，以30～50cm为宜。

（3）夯实。夯实时落锤要平稳，提升后自由下坠，不使钢丝绳抖动，夯锤落距宜小，不要忽高忽低。施工参数的确定应通过现场试验确定，按其实验最佳铺土厚度、夯重、落距、夯击次数控制。一般控制夯距为2m，夯击次数为20～25次。当料场改变时，施工参数也应作相应调整。

（4）质量检查。①土料检查：检查土料性质、含水量等是否符合设计要求，是否已将草皮、树根等清除干净；②井孔检查：检查井底的清基及积水的排除，测量孔深是否达到设计要求的深度；③回填土质量检查：检查项目包括干密度、渗透系数，一般要求对每个套井均应取样试验。

**（三）水闸地基防渗加固**

水闸地基加固常用高压喷射注浆方法。该方法既适用于水闸的地基处理与防渗帷幕等工程，也可采用该方法形成地下连续墙围堵地基液化土层，处理地基液化问题。

1. 注浆方法

高压喷射注浆的基本种类有单管法、二管法、三管法和多管法等几种方法。它们各有特点，可根据工程要求和土质条件选用。

（1）单管法。单管法是利用高压泥浆泵装置，以10～25MPa的压力，把浆液从喷嘴中喷射出去，以冲击破坏土体，同时借助灌浆管的提升或旋转，使浆液与从土体上崩落下来的土混合掺搅，经过一定时间的凝固，便在土中形成凝结体。由于需要高压泵直接压送浆液，对泵的要求较高，且易磨损，因此形成凝结体的长度（柱径或延伸长）较小。

（2）二管法。二管法是利用两个通道的注浆管通过在底部侧面的同轴双重喷射，同时喷射出高压浆液和空气两种介质射流冲击破坏土体，即以高压泥浆泵等高压发生装置喷射出10～25MPa压力的浆液，从内喷嘴中高速喷出，并用0.7～0.8MPa的压缩空气，从外喷嘴（气嘴）中喷出。在高压浆液射流和外圈环绕气流的共同作用下，破坏泥土的能量显著增大，与单管法相比，其形成的凝结体长度可增加一倍左右（在相同的压力作用下）。

（3）三管法。三管法是使用分别输送水、气、浆三种介质的三管，在压力达30～50MPa的超高压水喷射流的周围，环绕一般0.7～0.8MPa的圆筒状气流，利用水气同轴喷射，冲切土体，再另由泥浆泵注入压力为0.2～0.7MPa、浆量为80～100L/min的稠浆进行充填。浆液比重可达1.6～1.8，浆液多用水泥浆或黏土水泥浆。如前所述，当采用不同的喷射形式时，可在土层中形成各种要求形状的凝结体。这种方法可用高压水泵直接压送清水，机械不易磨损，可使用较高的压力，形成的凝结体较二管法大，较单管法则要大1～2倍。

(4) 多管法。这种方法须先在地面上钻一个导孔，然后置入多重管，用逐渐向下运动旋转的超高压射流，切削破坏四周的土体，经高压水冲切下来的土和石，随着泥浆用真空泵立即从多重管中抽出。如此反复冲和抽，便在地层中形成一个较大的空间；装在喷嘴附近的超声波传感器可及时测出空间的直径和形状，最后根据需要先用浆液、砂浆、砾石等材料填充，于是在地层中形成一个大的柱状固结体。在砂性土中最大直径可达 4m。此法属于用浆液等材料全部空间的全置换法。

以上四种高压喷射注浆法，前三种属于半置换法，即高压水（浆）挟带一部分土颗粒流出地面，余下的土和浆液搅拌混合凝固，成为半置换状态；第四种方法属于全置换法，即高压水冲击下来的土，全部被抽出地面，而在地层中形成孔洞（空间），以其他材料充填之，成为全置换状态。高压喷射灌浆施工示意图如图 4－3－5 所示。

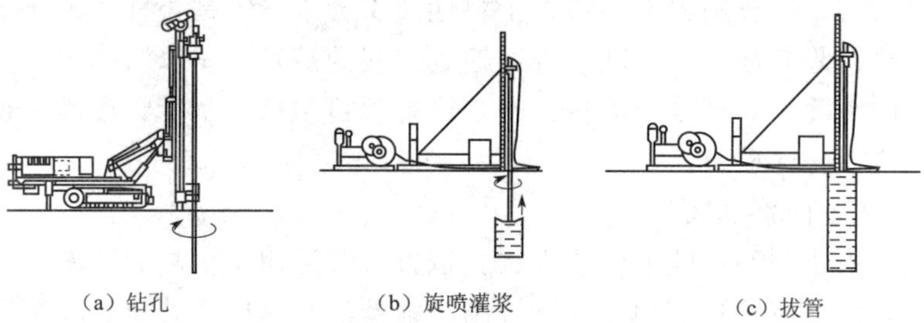


图 4－3－5 高压喷射灌浆施工示意图

2. 施工工艺

高压喷射灌浆的施工工艺流程为：钻机就位→钻孔→插管→喷射作业→拔管→清洗器具→移开钻机。

(1) 钻机就位：根据设计的平面坐标位置进行钻机就位，要求将钻头对准孔位中心，同时钻机平面应放置平稳、水平，钻杆角度和设计要求的角度之间偏差应不大于 1.5%。

(2) 钻孔：在预定的旋喷桩位钻孔，以便旋喷杆可以放置到设计要求的地层中。钻孔的设备，可以用普遍的地质钻孔或旋喷钻机。

(3) 插管：当采用旋喷管进行钻孔作业时，钻孔和插管两道工序可合二为一，钻孔达到设计深度时，即可开始旋喷；而采用其他钻机钻孔时，应拔出钻杆，再插入旋喷管，在插管过程中，为防止泥沙堵塞喷嘴，可以用较小的压力边下管边射水。

(4) 喷射作业：自下而上地进行旋喷作业，旋喷头部边缘在设定的角度范围内边摆动边上升，此时旋喷作业系统的各项工艺参数都必须严格按照预先设定的要求加以控制，并随时做好旋喷时间、用浆量、冒浆情况、压力变化等参数的记录。根据设计桩径或喷射范围的要求，还可以采用复喷的方法扩大加固范围，即在第一次喷射完成后，重新将旋喷管插到设计要求复喷位置，进行第二次喷射。

(5) 拔管：旋喷管被提升到设计标高顶部时，本孔的喷射注浆即完成。

(6) 清洗器具：在拔出旋喷管时应逐节拆下，并进行冲洗，以防浆液在管内凝结堵塞。一次下沉的旋喷管可以不必拆卸，直接在喷浆的管路中泵送清水，即可达到清洗目的。

(7) 移开钻机：将钻机移到下一孔位。

3. 施工质量控制

施工前应复核桩位，检查水泥、外掺剂等的质量，压力表、流量表的精度和灵敏度，高压喷射设备的性能等。

施工中应检查施工参数（压力、水泥浆量、提升速度、旋转速度等）及施工程序。

施工结束后，应检验桩体强度、平均桩径、桩身位置、桩体质量及承载力等，桩体质量及承载力检验应在施工结束后28d进行。

**(四) 反滤排水设施堵塞处理**

水闸的反滤排水设施，如减压井、冒水孔、导渗沟等，是降低渗透压力，防止渗透变形，确保水闸安全运用的重要设施，必须保持畅通。如有堵塞、损坏，应及时疏通、修复。通常的做法是用竹刷、铁铲等将表面的淤泥、苔藓、蚌壳等清除掉，再用潜水泵冲洗，直至出现清水时为止，然后重新回填瓜子片、碎石等。

有的水闸上述这些设施经多项清洗、疏通后仍不能保持正常工作状态（冒清水）而失效时，则应在附近的位置，经过论证后重新设置减压井或冒水孔和导渗沟。

近年来，土工织物作为排水、导渗材料在水闸上被广泛采用。这种土工织物（又称土工布）是由合成纤维编织而成的网状物（即有纺土工织物），或是针刺压成的毡状物（即无纺土工织物）。由于土工织物具有重量轻、强度高、耐腐蚀、施工简单、施工速度快、投资省、滤土透水效果好等优点。所以，在水闸的排水、反滤设施中广泛采用。但是，由于土工织物很薄（一般4～5mm），在施工时需在土工织物下面及上面铺设砂层，以免土工织物与外界接触时被刺破；土工织物是用化纤原料做的，在太阳光照射下容易老化，存放和铺设时，不宜长时间曝晒，可在土工织物上面铺设砂料等保护层。另外，铺设土工织物时应平整、松紧度均匀，搭接（或缝接）长度要符合设计要求，通常不少于30cm。

## 二、水闸混凝土结构加固

**(一) 增大截面加固法**

增大截面加固法是用增大结构构件或构筑物截面面积进行加固的一种方法，它不仅可以提高被加固构件的承载能力，而且可以加大其截面刚度，改变其自振频率，使正常使用阶段的性能得到改善和提高。这种加固方法广泛应用于加固混凝土结构的梁、板、柱等构件。增大截面加固具有原理简单、应用经验丰富、受力可靠、加固费用低廉等优点；但它也有一些缺点，如湿作业工作量大，养护周期长，增加结构自重，占用建筑空间较多等，使其应用受到限制，其加固简图，如图4-3-6所示。

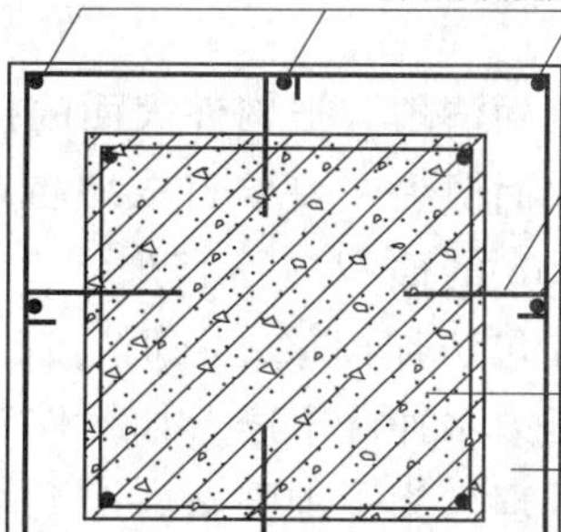


图4-3-6 受压构件增大截面加固简图

1. 加固的基本原则

(1) 采用增大截面加固受弯构件时，

应根据原结构构造要求和受力情况，选用在受压区或受拉区增加截面尺寸的方法加固。

（2）采用增大截面加固钢筋混凝土轴心受压构件时，应综合考虑新增混凝土和钢筋强度利用程度，并对其进行修正。

（3）采用增大截面加固法时，要求按现场检测结果确定原构件混凝土强度等级：受弯构件不低于 C20，受压构件不低于 C15，预应力构件不低于 C30。

2. 增大截面加固法的施工工艺

增大截面加固法的施工工序为：施工准备→混凝土基面清理→结合面处理→钢筋种植、钢筋网绑扎→支模、混凝土浇筑→养护。增大截面加固法示意图，如图 4－3－7 所示。

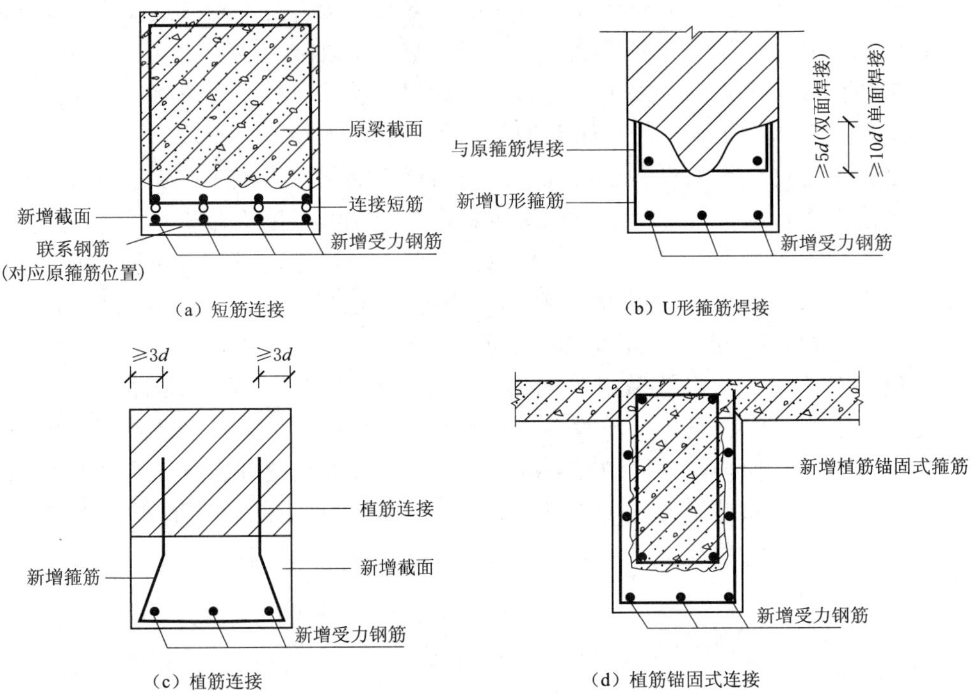


图 4－3－7 增大截面配制箍筋的连接构造示意图（$d$ 为钢筋直径）

（1）施工准备。施工前应制定详细的施工方案，准备施工材料、人员及相关机械设备。

（2）混凝土基面清理。把构件表面的抹灰层铲除，对混凝土表面存在的缺陷清理至密实部位，并将表面凿毛，要求打成麻坑或沟槽，坑或槽的深度不宜小于 6mm，麻坑每 100mm×100mm 的面积内不宜少于 5 个；沟槽间距不宜大于箍筋间距或 200mm，采用共面或四面外包法加固梁或柱时，应将其棱角打掉。清除混凝土表面的浮块、碎渣、粉末，并用压力水冲洗干净，如构件表面凹处有积水，应用麻布吸去。

（3）结合面处理。为了加强新、旧混凝土的整体结合，在浇筑混凝土前，在原有混凝土结合面上先涂刷一层高黏结性能的界面剂。界面剂的种类很多，常用的有高标号水泥浆或水泥砂浆，掺有建筑胶水的水泥浆、环氧树脂胶、乳胶水泥浆及各种混凝土界面剂等。

(4) 钢筋种植、钢筋网绑扎。为了提高新、旧混凝土黏结强度，增强结合面的抗剪能力，可采用植筋技术在混凝土结合面上种植短钢筋。钢筋的直径和数量根据新、旧混凝土结合面的抗剪要求确定。新增纵向受力钢筋两端应可靠锚固，其工艺亦可采用植筋工艺。

新增钢筋和原有构件受力钢筋之间采用焊接连接时，应凿除混凝土的保护层并至少裸露出钢筋截面的一半，对原有和新加受力钢筋都必须进行除锈处理，在受力钢筋上施焊前应采取卸荷或临时支撑措施。

(5) 支模、混凝土浇筑。混凝土中粗集料宜用坚硬卵石或碎石，其最大粒径不宜大于 20mm，对于厚度小于 100mm 的混凝土，宜采用细石混凝土。为提高新浇混凝土的强度并利于新、旧结合面的黏结，应选择黏结性能好、收缩小的混凝土材料。

由于构件的加固层厚度都不大，加固钢筋也较密，采用一般支模、机械振捣浇筑混凝土都会带来困难，也难以确保质量，因此要求施工仔细，振捣密实，必要时配以喇叭浇捣口，使用膨胀水泥等措施。在可能条件下，还可采用喷射混凝土浇筑工艺，施工简便、保证质量，同时也提高混凝土强度和新、旧混凝土的黏结强度。混凝土浇筑质量应符合《水工混凝土施工规范》(SL 677—2014) 的标准要求。

(6) 养护。后浇混凝土凝固收缩时易造成界面开裂或板面后浇层龟裂。因此，在浇筑加固混凝土12h 内就开始饱水养护，养护期为两周，要用两层麻袋覆盖，定时浇水。

(7) 质量检查。增大截面法加固施工质量应符合《水电水利基本建设工程单元工程质量等级评定标准　第 1 部分：土建工程》(DL/T 5113.1—2019) 相关条文要求。

**(二) 置换混凝土加固技术**

置换混凝土加固法是将原结构、构件中的破损混凝土凿除并用强度高一级的混凝土浇灌置换，使新、旧两部分粘合成一体共同工作。置换混凝土加固法能否在承重结构中得到应用，关键在于新、旧混凝土结合面的处理效果是否能达到可以采用协同工作假定的程度。

1. 置换混凝土加固的注意事项

(1) 当混凝土结构、构件置换界面处理及施工质量满足要求时，其结合面可按整体工作计算。置换混凝土界面处不应出现拉应力。

(2) 为确保置换混凝土施工全过程中原结构、构件的安全，必须采取有效的支顶措施，使置换工作在完全卸荷的状态下进行，有助于加固后结构更有效地承受荷载。

(3) 采用置换法加固钢筋混凝土轴心受压构件时，可参照《水工混凝土结构设计规范》(SL 191—2008) 计算，但需引进置换部分新混凝土强度的利用系数，以考虑施工无支顶时新混凝土的抗压强度不能得到充分利用的情况。

(4) 应避免在局部置换的部位产生“销栓效应”，故要求新置换的混凝土强度等级不宜过高，一般以提高一级为宜。为保证置换混凝土的密实性，对最小置换深度不小于 60mm。

(5) 置换部分应位于构件截面受压区内，且应根据受力方向，将有缺陷混凝土剔除，剔除位置应在沿构件整个宽度的一侧或对称的两侧，不得仅剔除截面的一隅。

(6) 为了防止结合面在受力时破坏，在重要结构或置换混凝土量较大时，应在结合面上种植贯穿结合面的拉结钢筋或螺栓，以增加被动剪切摩擦力的传递。

2. 置换混凝土加固法施工工艺

采用置换混凝土加固法的施工工序为：施工准备→缺陷混凝土凿除→结合面处理→植筋→支模、混凝土浇筑→养护→质量检验。

置换混凝土加固施工示意图，如图 4-3-8 所示。

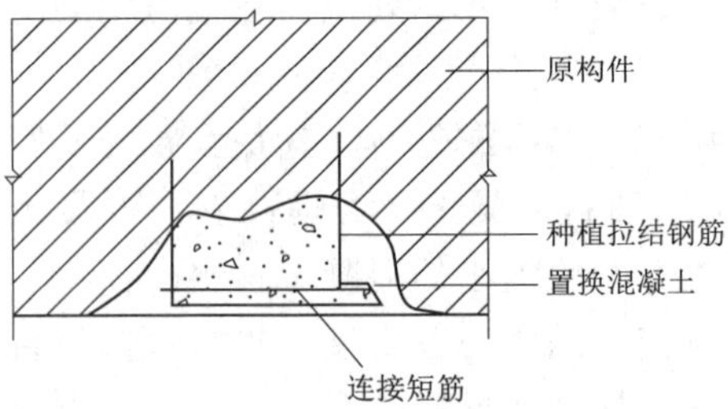


图 4-3-8 置换混凝土加固施工示意图

(1) 施工准备。施工前应制定详细的施工方案，准备施工材料、人员及相关机械设备。

(2) 缺陷混凝土凿除。将原结构混凝土缺陷部位凿除至密实混凝土，凿除时应进行卸载，并设立有效支撑，混凝土凿除长度应按混凝土强度和缺陷的检测及验算结果确定，对非全长置换的情况，两端应分别延伸不小于 100mm。

(3) 结合面处理。为了加强新、旧混凝土的整体结合，在浇筑混凝土前，在原有混凝土结合面上先涂刷一层具有较高黏结性能的界面剂。界面剂涂刷前应采用高压水冲洗干净，并擦除界面处的积水。

(4) 植筋。为了提高新、旧混凝土的私结强度，增强结合面的抗剪能力，可采用植筋技术在混凝土结合面上种植短钢筋。钢筋的直径和数量根据新、旧混凝土结合面的抗剪要求确定。植筋工艺应符合植筋技术要求。

(5) 支模、混凝土浇筑。支模、浇筑混凝土、养护应符合《水工混凝土施工规范》(SL 677—2014) 的标准要求。

(6) 质量检验。置换混凝土加固法施工质量应符合《水电水利基本建设工程单元工程质量等级评定标准　第 1 部分：土建工程》(DL/T 5113.1—2019) 相关条文要求。

**(三) 植筋技术**

植筋技术适合在既有钢筋混凝土构件上新增现浇钢筋混凝土构件的连接和锚固。

1. 植筋技术的基本要求

植筋技术是将钢筋用专用黏结剂种植在混凝土结构中，使被种植钢筋与原钢筋混凝土结构有效连接的一种加固技术，其施工工艺简单，质量容易控制，在加固工程中应用非常广泛。

植筋材料有两大类：一类是树脂高分子材料，其原理是依靠植筋材料的黏结和握裹作用，将钢筋固定在混凝土结构中；另一类为水泥基材料，其实际上是一种微膨胀高强砂浆（抗压强度一般在 60MPa 以上），依靠材料的膨胀性能，握裹钢筋并固定在混凝土结构中。这两类材料在实际加固工程中都得到了广泛应用。植筋形式示意图，如图 4-3-9 所示。

植筋技术适用于钢筋混凝土结构构件的锚固，不适用于素混凝土构件，包括纵向配筋率小于《水工混凝土结构设计规范》(SL 191—2008) 规定的最小配筋率构件的锚固。

采用植筋技术时，混凝土构件的强度等级一般不小于C20，在有可靠工程经验，同时增加锚固深度的情况下，最低不应低于C15。当锚固部位混凝土有局部缺陷时，应先进行补强加固处理后再植筋。当采用树脂高分子材料作为植筋材料时，结构长期适用环境温度不应高于60℃。

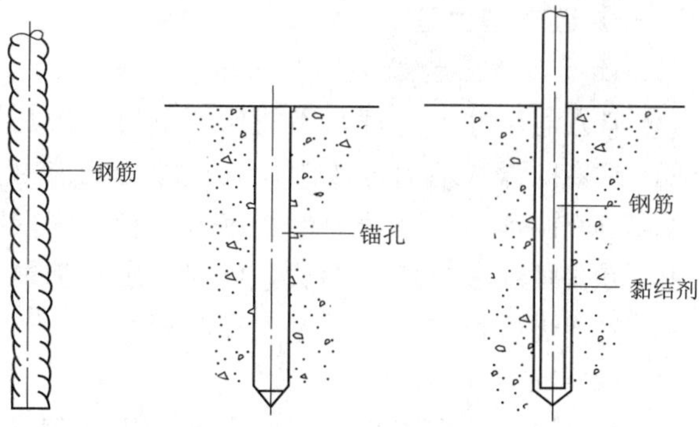

图 4－3－9　植筋形式示意图

植筋设计应在计算和构造上防止混凝土发生劈裂破坏。有抗震设防要求的水闸，应用植筋技术时，其锚固深度应考虑位移的延性要求进行修正。

2. 植筋技术施工工艺

植筋技术施工工序为：施工准备→放线、定位→造孔→清孔→锚固材料拌和→种植钢筋→检验。

(1) 施工准备。施工前应制定详细的施工方案，准备施工材料、人员及相关机械设备。

(2) 放线、定位及造孔。依据设计要求在混凝土结构表面标明造孔部位，同时采用钢筋保护层厚度测定仪对设计造孔部位进行探测。若设计部位有钢筋，应避开原结构钢筋，在邻近设计部位造孔至设计深度，避免废孔率过高造成混凝土构件局部破坏；对于废孔应及时用结构胶或高强度水泥砂浆填充。

(3) 清孔。造孔完成后应及时清孔，对采用树脂胶作为锚固材料的，应采用柱状细毛刷反复刷孔，然后用高压空气吹净孔内灰渣，最后用干净棉布蘸丙酮、二甲苯等强有机溶剂擦拭孔壁，若检查不干净应重复以上操作。对采用水泥基锚固材料的，可直接用高压水清洗，然后用棉布把明水吸干即可。

(4) 锚固材料拌和。锚固材料无论是树脂材料还是水泥基材料都应采用精度在10g以上的电子秤称量，按厂家提供的比例配制，严禁私自改变配比。锚固材料一次不宜拌和过多，应在30min内使用完，水泥基材料初凝或树脂材料变硬后应立即停止使用。

(5) 种植钢筋。钢筋种植前，对螺纹钢，应清除钢筋表面附着物、浮锈和油污；对圆钢，应彻底除锈，打磨至金属光泽呈现，打磨纹路应与钢筋受力方向垂直。

锚固材料拌和均匀后，采用专用注胶器或直接灌入孔中，然后将钢筋插至孔底部，同时锚固材料应从孔中溢出；否则，应拔出重新植入。

(6) 检验。材料达到设计固化时间后，应组织进行现场拉拔检测。现场拉拔时，应以设计值为指标。严禁在原位作破坏性检测。

## 三、水闸消能防冲设施冲刷破坏处理

水闸消能防冲设施冲刷破坏是多方面的，包括设计、施工和管理等多方面因素，所以在改善、修理前，首先要找出造成损坏的原因，然后针对不同损坏现象和原因，采取相应的修理或改善的措施，其通常的做法有以下几种。

**(一) 改善消力池**

1. 改造消力池构造

若消力池尺寸不合理，不能保证下泄水流在护坦上形成水跃，应适当加深、加长消力池，或将挖深式消力池改为坎式或综合式消力池；若存在恶性平面流态时，可在消力池内适当增设消力墩、消力齿、尾坎等辅助消能工程；对于产生波状水跃而引起冲刷的情况，可在闸底板末增设小坎，以促成水跃消能，防止下游海漫和河床的冲刷。一般情况下，改善消能设施，要通过模型验证。

2. 改善冀墙的扩散角

当上游河道流态不良使过闸水流的主流偏向一边，导致下游岸坡遭受冲淘破坏的，可在下游河道的适当部位修建导水墙或丁坝加以改善和防止；对于水闸下游翼墙扩散角不当使水流产生折冲和回流，引起岸坡冲淘破坏的，应采取措施改善翼墙扩散角，使过闸水流均匀扩散，避免折冲水流和回流的产生；当水闸上游的局部淤积造成过闸水流产生折冲现象的，可采用增设排砂孔或人工清淤的措施来处理。

3. 加固护坦

如果水闸的护坦是由于不均匀沉陷或由于扬压力和水跃产生不平衡水压力而造成损坏的，应加固护坦，提高其抗冲、抗扬压力的能力。以下几种方法可以改善护坦的受力条件，提高其抵抗不平衡水压力的加固措施。

(1) 改善排水系统。当连接横向排水管的纵向管道有堵塞时，应考虑增加其数量，并适当加大孔径；在地下水较高的部位设集水槽，填滤料，埋排水管，将地下水排出。

(2) 改善防渗、止水设施。延长、加厚上游铺盖，或重新翻修提高铺盖质量，增强防渗效果，有条件的可加深或增做截水墙，以延长渗径，减少渗透压力。

(3) 在混凝土底板之间的分缝处加设止水（如设塑料止水片或其他止水措施），以减少由于浮托力和动水压力引起的底板损坏。

(4) 提高护坦本身的抗冲、抗扬压力的能力。在护坦底板上加做钢筋混凝土防护层，新浇防护层与老底板之间要用插筋连接，以利结合，共同作用；或用足够厚的混凝土底板代替原有的浆砌块石或混凝土预制块底板，以增加稳定性，或增加底板的厚度，并在新老混凝土交接处用插筋连接。

**(二) 增设海漫抗冲措施**

当防冲槽、海漫等遭受破坏时，可采用抛块石或石笼或混凝土块等护脚、护底。石笼的直径通常为0.5～1.0m，长度2.0m以上；抛护时要铺放整齐，其纵向要与水流方向一致，并连成整体。为避免水流的淘刷，在抛块石或石笼前先抛填一层碎石层垫底。

(1) 增设齿墙法。当海漫破坏可能引起护坦基础被淘空时，可在护坦末端沿垂直水流方向增设一道用冲击钻造孔的钢筋混凝土齿墙以防止冲刷，如图4-3-10所示。

(2) 抛石护底法。在海漫冲刷部位，可用土包和砂石包先将冲刷坑底填平，再进行抛石，直到与原海漫齐平，海漫的首端用浆砌块石加固更好。对河床冲刷部位，可从开始冲刷的位置从外抛石，沿冲刷坑底部以同一厚度抛填石块，若冲坑零星且较小，可先将冲坑略为平整后再以同一厚度抛填块石，一般厚为0.5～0.8m，抛石范围应超过冲坑范围，抛石块径的大小应能在较大流速中维持稳定。

(3) 增设尾坎法。护坦末端设尾坎可减小出池水流底部流速，减轻水流对海漫和河床冲刷，如图 4-3-11 所示。

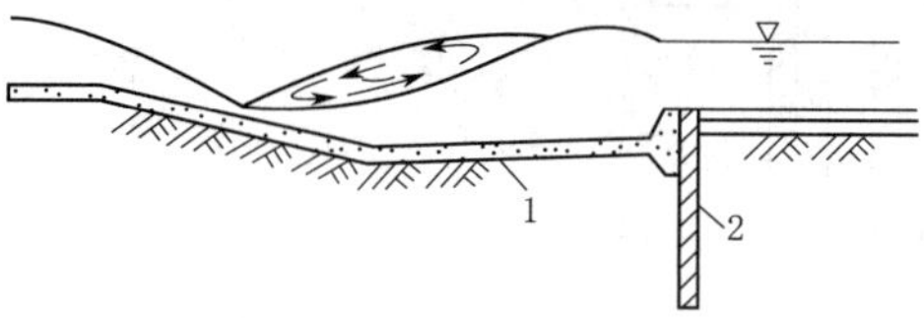


图 4-3-10 钢筋混凝土防冲齿墙示意图

1—护坦；2—混凝土齿墙

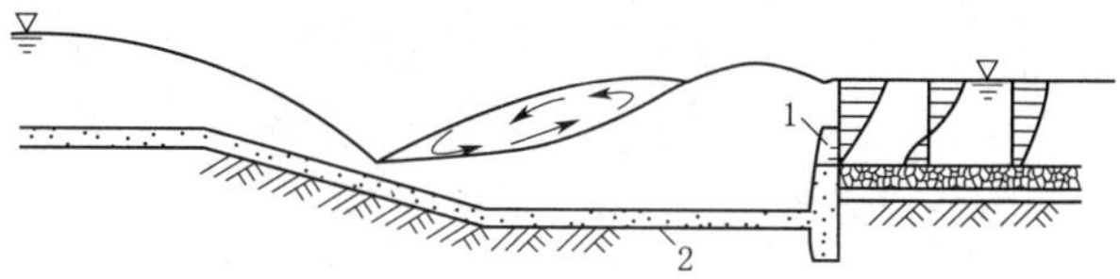


图 4-3-11 增设尾坎后的流速分布

1—尾坎；2—护坦

(4) 柴排或软排保护法。用柴排保护是一种临时性防冲措施，柴排是利用树木的梢料为骨架，将芦柴包扎而成，用石块压重，沉在冲坑中起保护作用。软排则是将合金钢丝笼块石、柔性连接的混凝土板等柔性材料沉入水底进行保护，利用其柔性可适应水下地形的起伏变化，如图 4-3-12 所示。

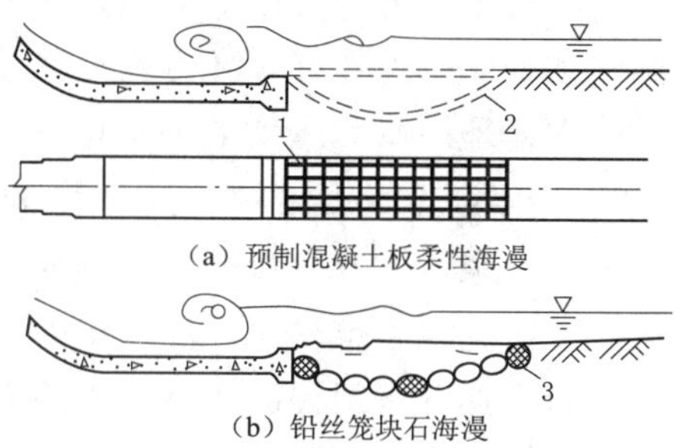


图 4-3-12 柔性海漫示意图

1—柔性联结环；2—预制混凝土板；3—铅丝笼块石

(5) 延伸降低海漫高程法。延伸降低海漫出口高程，增加过水断面以减小流速，可保护海漫基础不被淘空和减小水流对河床的冲刷。

(6) 混凝土预制块连锁法。在原有海漫上铺筑一层用钢筋连锁的混凝土预制块，可起到对水流继续消能的作用，这种柔性结构还具有适应河床冲刷变化的能力，能起到保护护坦基础不被淘空的作用。

## 四、挡土墙发生断裂或倾斜或有滑动迹象时的处理

水闸翼墙、边墩挡土墙发生断裂或倾斜原因多是由于挡土墙后的填土超过原设计高程，或是在墙顶堆放重物，而使墙后的土压力增大而致。也有的因墙下未设排水孔，排水不畅，墙体除承受土压力外，还承受水压力。在北方寒冷地区，挡土墙还承受墙后含水土层的冰胀压力。处理的办法基本方法如下：

### 1. 减压排水

首先要将墙后的填土降低至原设计允许的高度，顶上的重物要去除，以减少墙后土压力。另外，除墙背增设砂砾石层，并在墙下设排水孔，降低墙后地下水位，结构形式如图 4-3-13 所示。砂砾石层的厚度一般为 0.5～1.0m。原有的排水孔堵塞的，要予以导通或补设。

### 2. 加撑墙

在挡土墙前加撑墙，是一项简单而效果较好的办法。减压排水及加撑墙如图 4-3-13 所示。但要注意撑墙不要影响挡土墙前的使用条件。加固时，除应将撑墙与挡土墙体接触面的老混凝土凿毛外，还要考虑埋设锚筋，以增强其整体性。

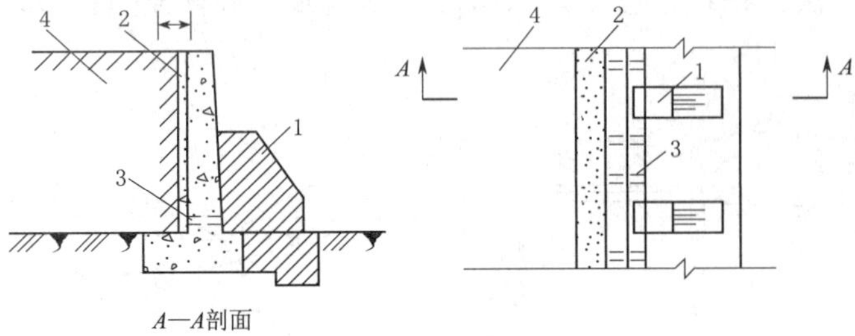


图 4-3-13 减压排水及加撑墙示意图
1—撑墙；2—砂卵石；3—排水孔；4—填土

3. 加厚墙身

如因挡土墙墙身强度不够而损坏时，可把墙后填土挖除，加厚墙身。施工时，新老砌体的结合面要处理好，并可增设锚筋，以增强其整体性。当墙基出现冒水、冒沙现象时，应立即采用墙后降低地下水位的同时，在墙前增设反滤排水设施。

### 五、钢筋混凝土结构物防碳化处理

长期以来，人们在设计水闸混凝土和钢筋混凝土结构时，往往偏重于结构形状和强度性能，而忽视了结构所处的环境对结构的侵蚀作用，加之施工不善、管理运用不当等原因，造成部分水闸混凝土耐久性不良，过早的发生损坏，缩短了工程寿命。

钢筋混凝土表面防碳化处理，目前基本上是采用涂料封闭的方法。混凝土碳化主要是碳酸气通过混凝土毛细孔进入混凝土内部，破坏混凝土内的高碱环境，因而防碳化处理，主要是防止碳酸气进入，起封闭作用。由于混凝土碳化问题已经逐渐引起人们的重视，防碳化处理的新工艺、新材料也多种多样。通过近几年对一些工程的实践，以下几种涂料效果较好。

#### (一) $H_{52}-S_4$ 环氧厚浆涂料

这是一种环氧类的高分子材料。它有以下几个特点：长期封闭好；化学稳定性好；耐碱性好；具有较好的气密性，可防止 $CO_2$ 和 $Cl^-$ 等有害物质的渗透；机械性能好，在光、热、水等介质作用下耐用、寿命长。

其施工特点如下：

(1) 混凝土表面处理要干净，不得有油污、灰尘、苔藓等杂质。

(2) 有裂缝、蜂窝、麻面等缺陷的部位要用腻子刮平，露筋处要先除锈，然后用高标号混凝土修补刮平。

(3) 涂料的配制要严格按说明书要求配制，随用随配。

(4) 待混凝土表面处理干净且干燥后才能进行涂刷，要求涂刷三遍，下一遍涂刷要在前一遍涂膜完全干燥后才能进行。

(5) 涂层表面应无漏涂、流挂、皱折、鼓泡、涂层脱落等现象。

#### (二) $CT_{203}$ 涂料

这是一种有机、无机复合的新型聚合物水泥砂浆。它具有强度高、快凝、补偿收缩、耐久性好和水下不分散等特点。可使用于钢筋混凝土结构裂缝和缺陷的快速修补。

水中修复还可用于混凝土和砌石结构的薄层护面。

涂料为双组分，使用时按比例调配。其中甲组分为溶液，乙组分为粉剂。

其施工要点如下：

（1）表面处理：防护整修表面应用铁琴打毛，打深 0.5～1.0cm，并将松散部分清除。钢筋锈蚀处，应凿至钢筋并除锈；裂缝处应凿成小槽。若表面较好，也可喷砂打毛，但损毁处仍应人工凿毛。

（2）清洗：表面打毛后，应用压力水彻底清洗。

（3）局部修补：防护表面局部凿深处应先行补平，以便进行全面涂层护面。

修补部位应事先洒水，使其达到面干饱和状态。然后用硬毛刷刷一层 $CT_{203}$ 聚合物水泥净浆，立即用压抹将 $CT_{203}$ 聚合物水泥砂浆补平。若修补厚度较大，可分层压抹，一次压抹厚度不宜超过 2cm，分层压抹间隔时间为 4～8h（根据气温、湿度而定，以手指压下无硬痕为准）。

（4）砂浆敷面：砂浆敷面部位应事先洒水，使其面干饱和状态。然后用硬毛刷全面涂刷一层 1～3mm 厚的净浆。涂刷时，务必均匀，不漏滴。凹坑刷不到的地方，可用硬毛刷插捣。净浆刷涂完成后，立即分两层压抹 $CT_{203}$ 砂浆，第一层砂浆厚度为 0.8～1.0cm，第二层砂浆厚 0.6～0.8cm，总厚度不宜超过 2.0cm。砂浆压抹完成后，0.5～1.0h 应进行表面压光。

（5）养护：护面砂浆表于后，应立即用喷雾器喷水养护（每隔 1～1.5h 喷一次），24h 后可洒水养护，直至 14 天结束。

（6）注意事项：大面积施工时，可分区、分段进行。搭接部位不宜小于 2cm。每次砂浆拌合量不宜过多，宜控制在 30～40min 为好，原材料应精确称量。人工拌合加胶前，应先干拌四次，加胶后再湿拌四次，要求颜色一致、于稠均匀。若机械拌和，宜用强制式搅拌机。先干拌后湿拌，拌和时间较普通水泥砂浆增加 2min。砂浆压抹时，一般自下而上，用抹刀按一个方向用力压抹，不得来回反复压抹，要压紧、压实、压光。第一层砂浆可用木抹子拉平，再用抹刀压实；第二层砂浆要用抹刀压实抹光，过 0.5～1h 后用抹刀收光一到两次。抹浆过程中，若拌好的砂浆过稠，可用铁抹反复翻拌，使之变稀，必要时，可增加水泥重 3%～5%的加胶量来调整稠度。

## 六、钢闸门（及其钢构件）的防腐蚀

水工钢闸门及其钢构件，在使用过程中，由于常处水下或干湿交替的环境中，极易发生腐蚀，这种腐蚀不断地削弱结构的承载力，以致严重到一定程度后失去工作能力而酿成事故。钢闸门在普通涂料的保护下使用 10 年后，10mm 厚的面板，腐蚀深度可达 2～3mm，最坏的情况甚至穿孔。某闸的钢闸门在使用 20 年后因严重腐蚀而报废。可见，水工钢闸门的防腐工作将是水闸安全管理运行工作的重要内容。

钢结构的腐蚀一般分化学腐蚀和电化学腐蚀两类。当钢结构与氧气或非电解质溶液作用而发生的腐蚀，称为化学腐蚀；当钢铁与水或电解质溶液接触形成微小腐蚀电池而引起的腐蚀，称为电化学腐蚀。水工钢结构的腐蚀多属电化学腐蚀。

### （一）常用的防腐方法

钢铁结构防腐蚀措施主要有两种类型，一种类型是在其表面涂上覆盖层，借以把钢材母体与氧或电解质隔离，以免产生化学腐蚀或电化学腐蚀，即覆盖层保护。另一种类型是设法供给适当的保护电能（低压直流）使钢结构表面积聚足够电子，成为一个整体阴极而得到保护，即电化学保护，也称外加电流阴极保护。目前，水工钢闸门常用的防腐蚀措施多属覆盖层保护，即涂料保护、金属喷镀与涂料联合保护。当采用覆盖层保护时，必须要对其进行表面处理。

**（二）表面处理**

表面处理所要达到的要求，随着处理方法和涂层保护所用的材料而不同，通常用两项指标来衡量，一是表面清洁度，二是表面粗糙度。表面处理的方法，常用的有人工敲铲、电动工具除锈和干喷砂除锈等。

1. 人工敲铲

人工敲铲是靠手工打磨敲铲，剔刮扫刷以除去锈垢、旧漆、尘土等污物并使表面粗糙。该工艺简单，易为群众掌握，但劳动强度大，施工条件较差，工效低，清理后的表面不能完全露出金属本色，一般还残存锈迹，在低凹、孔隙、夹缝中还留有旧漆。人工除锈常用的工具如图 4-3-14 所示。

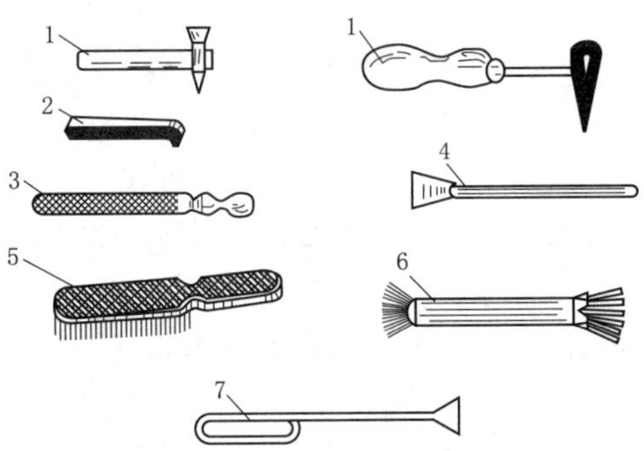


图 4-3-14 人工敲铲工具

1—磨制过的尖头锤；2—弯头刮刀；3—圆纹粗锉；4—刮铲；5—钢丝刷；6—钢丝束；7—铅丝扁钎

人工除锈只适用于对涂层缺陷的局部修理和无法进行喷射处理的场合，且表面清洁度应达到 St2 级。

2. 电动工具除锈

它是指使用电动砂轮、钢丝刷轮、电动锤和针束除锈器等工具对水工钢闸门进行清除铁锈、氧化皮、旧漆层、焊碴等，它工效较高，质量较人工敲铲好。电动工具除锈适用于涂层的局部缺陷处理和无法进行喷射处理的场合，其表面清洁度应达到 St3 级。

3. 干喷砂除锈

这是以压缩空气为动力，使砂粒高速冲击到金属结构表面达到除锈除漆的目的。此法效率高、质量好，可以得到无污染并显露出钢铁本色的干燥而粗糙的表面，能达到涂层保护的理想要求。

干喷砂系统的重要设备有空气压缩机、冷却器、空气滤清器、喷砂桶、喷嘴、喷砂胶管等，如图 4-3-15 所示。

由于此法除锈质量好，适用于各类涂料保护和喷镀金属保护的要求，其表面清洁度能达到 Sa2 $\frac{1}{2}$级和 Sa3 级。有关表面粗糙度和表面清洁度的等级标准见表 4-3-2 和表 4-3-3。

**（三）涂料保护**

虽然涂料品种繁多，成分复杂，但按其成膜作用，可分为主要成膜物质，次要成膜物质及辅助成膜物质三部分。

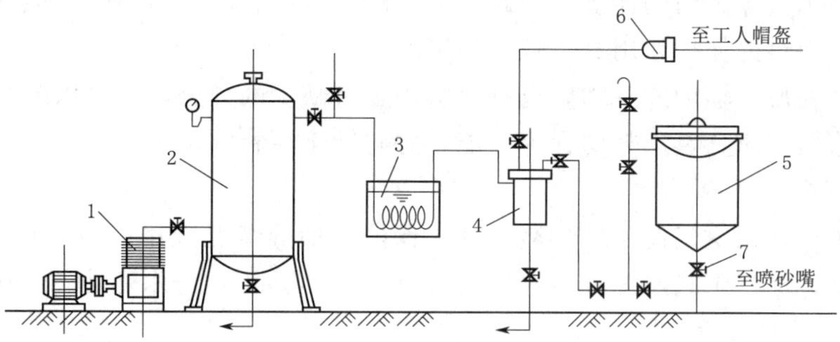


图 4-3-15　喷砂除锈流程图

1—空气压缩机；2—储气桶；3—冷却器；4—空气滤清器；
5—喷砂桶；6—呼吸用空气滤清器；7—砂阀

**表 4-3-2　　涂层系统和涂层厚度、表面粗糙度的参考关系**　　单位：μm

| 涂层系统 | 常规防腐涂料 | 原浆型防腐涂料 | 金属热喷镀 |
|---|---|---|---|
| 涂层厚度 | 100～200 | 250～500 | 100～200 |
| 粗糙度 $Ry$ | 40～70 | 60～100 | 60～100 |

**注**　1. 表中涂层厚度范围为参考值；
2. $Ry$ 即在取样长度内轮廓峰顶线和轮廓谷底线之间的距离。

**表 4-3-3　　涂装前钢材表面清洁度等级**

| 除锈方法 | 等级 | 各表面清洁度等级要求内容 |
|---|---|---|
| 手工或动力工具除锈 | St2 | 彻底的手工和电动工具除锈。<br>钢材表面应无可见的油脂和污物，并且没有附着不良氧化皮、铁锈和油漆涂层等附着物 |
|  | St3 | 非常彻底的手工和电动工具除锈。<br>钢材表面应无可见的油脂和污物，并且没有附着不良的氧化皮、铁锈和油漆涂层等附着物。除锈应比 St2 更彻底，底材显露部位的表面应具有金属光泽 |
| 喷射或抛射除锈 | Sa1 | 轻度的喷射或抛射除锈。<br>钢材表面应无可见的油脂和污垢，并且没有附着不良的氧化皮、铁锈和油漆涂层附着物 |
|  | Sa2 | 彻底的喷射和抛射除锈。<br>钢材表面应无可见的油脂和污垢，并且氧化皮、铁锈和油漆涂层等附着物已基本清除，其残留物应是牢固附着的 |
|  | Sa2 $\frac{1}{2}$ | 非常彻底的喷射或抛射除锈。<br>钢材表面应无可见的油脂、污垢、氧化皮、铁锈和油漆涂层等附着物，任何残留的痕迹仅是点状或条纹状的轻微色斑 |
|  | Sa3 | 使钢材表观洁净的喷射或抛射除锈。<br>钢材表面应无可见的油脂、污垢、氧化皮、铁锈和油漆涂层等附着物，该表面应显示均匀的金属色泽 |

主要成膜物质：它是构成涂料的基础，它能把其他成膜物质黏结在一起，经干燥、固化或成膜，附着在物体表面上。以油料为主要成膜物质的涂料，称油性涂料；以树脂为主要成膜物质的涂料，称为树脂涂料。

次要成膜物质：次要成膜物质即颜料，它是涂料的重要组成部分。它的加入可以使涂料有效地显示其各方面的性能，如遮盖力、涂层厚度、耐磨损、耐腐蚀等。防锈颜料对于发挥防锈涂料的保护作用具有较大的影响。

辅助成膜物质：辅助成膜物质也是涂料中不可缺少的部分，它可以配合涂料的生产工艺，改进涂料层质量及涂料储存等性能，并有助于涂料的施工。

1. 涂料保护的要求

涂料品种应根据钢闸门所处环境条件、保护周期等情况选用；面、（中）底层必须配套性能良好；涂层干膜厚度：淡水环境不宜少于 200$\mu$m，海水环境不宜少于 300$\mu$m。

2. 涂料品种的选择

按照上述要求，根据工程所处环境（即水上、水下或干湿交替等）及具体实际情况，分别参照相应规范选用。

3. 涂料施工

（1）涂装涂料施工前，必须检查验收表面处理是否合格。对不同的涂料其表面处理的最低要求，要达到表 4-3-4 的等级。

**表 4-3-4　　不同涂料表面处理的最低等级**

| 涂料品种 | 表面清洁度最低等级 | |
|---|---|---|
| | 喷射或抛射除锈 | 手工或动力工具除锈 |
| 金属热喷涂层、富锌漆 | Sa2 $\frac{1}{2}$（热喷铝涂层及无机富锌涂层为 Sa3） | 不允许 |
| 环氧沥青漆、聚氨酯漆 | Sa2 | St3 |

（2）表面处理与涂装之间的间隔时间应尽可能缩短。潮湿工业大气等环境下，应在 4h 涂装完毕，晴天或湿度不大的条件下，最长不应超过 12h。

（3）被涂基体金属表面湿度低于露点以上 3℃和相对湿度大于 85%时，不宜进行涂装。

（4）涂层系统各层间的涂覆间隔时间应按涂料制造厂的规定执行，如超过其最长间隔时间，则应将前一涂层用粗砂布打毛后再进行涂装，以保证涂层间的结合力。

（5）涂装后，涂膜应认真维护，在固化前要避免雨淋、曝晒、践踏，搬运中应避免对涂层造成任何损伤。

4. 涂料施工操作要点

涂料施工目前常用的方法是人工刷涂和空气喷涂。

（1）人工刷涂。人工刷涂常用的工具是漆刷，见图 4-3-16。

人工刷涂的方法很多，各地有不同的习惯，各种结构有不同的顺序，应因地制宜地采用。其操作的一般要求是：先上后下，先左后右，先难后易，依次刷匀。当刷涂竖直表面时，最后一次动作应由上而下的进行，刷涂水平表面时，最后一次动作应按结构边界主要方向进行。涂漆时厚度应均匀适中，过厚容易流挂、皱皮，过薄会出现露底。

对于水工钢闸门上比较复杂的部位，涂装应特别仔细，防止漏涂和涂刷不实。在铆钉、螺栓、型钢的边缘以及杆件结合交叉处，应少蘸漆，多搓揉，涂均匀，防止漏涂、流挂和皱皮，然后予以全面整理。在结构面上的锈坑、麻点处涂刷时，应先用漆刷蘸漆

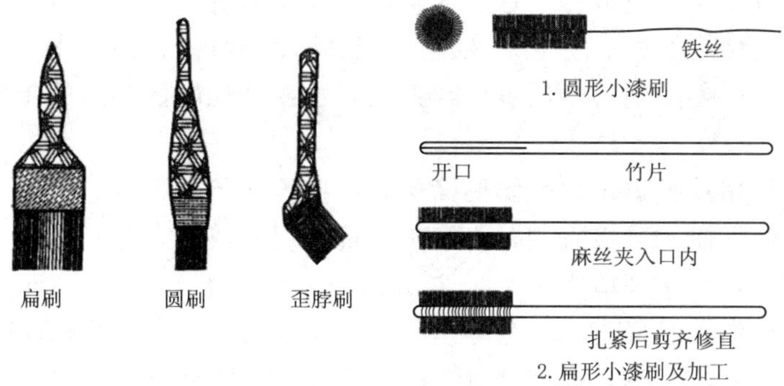


图 4-3-16　各种漆刷图

搓揉或竖起刷毛戳涂，使锈坑麻点全部与漆液接触而被封闭，防止漆膜下留有气泡或漆膜在表面张力作用下破裂露底。在涂刷夹缝，如双拼角钢、双拼槽钢杆件的夹缝时，可用小片刷蘸漆涂装。每当涂装一小块面积后，应仔细观察涂层有无弊病，要在涂层不干前及时发现，及时处理。

（2）空气喷涂。空气喷涂的主要设备有喷漆枪、贮漆装置、空气压缩机、空气滤清器、橡胶管和其他辅助工具等。

喷涂时，喷枪与结构表面的距离要适当，以 15～25cm 为宜。距离过大，漆雾喷射力量较小，会影响漆膜附着力，而且在风的作用下，漆料飞散较多；距离过小，易使漆液集中，在喷枪气流作用下，使漆膜形成桔皮状，直至流挂。

喷枪移动速度视喷出的油漆的黏度和出漆量大小而定。黏度较大的油漆，出漆量较小时，一次喷涂厚度可以大一些，移动可慢一点；黏度小的油漆，出漆量较大，可以快一点，以防止流挂。同一结构上，前后移动速度要均匀一致，不能时快时慢，影响漆层均匀。喷到结构边缘部位时，应先喷边界处，再向内喷涂，防止流挂和造成浪费。结构的梁系与杆件的翼缘、角钢内侧的铆钉或螺母以及其他隐蔽部位应仔细喷涂，防止漏喷或漆膜过薄。必要时，喷后用人工刷涂予以整理，以保证质量。

5. 质量检验

（1）涂装涂料过程中，应用湿膜测厚仪及时测定湿膜厚度。

（2）每层涂装时应对前一涂层进行外观检查，如发现漏涂、流挂、皱纹等缺陷，应及时进行处理。涂装结束后，进行涂膜的外观检查，表面应均匀一致，无流挂、皱纹、鼓泡、针孔、裂纹等缺陷。

（3）涂膜固化干燥后应进行干膜厚度测定。85%以上测点的厚度应达到设计厚度，没有达到设计厚度的测点，其最低厚度不低于设计厚度的 85%。干膜厚度测定，目前一般使用磁性测厚仪，其精度要求不低于±10%

**（四）金属热喷镀保护**

1. 金属热喷镀的基本原理和工艺流程

所谓金属热喷镀，是将需要喷镀的金属丝（锌、铝或铝合金）在高温火焰中熔化，同时用压缩空气将熔融的金属吹成雾状微粒，并以较高的速度喷射到预先经过处理的结构表面上，而形成一层金属镀层。这些雾状微粒在喷射过程中，受空气冷却而处于半熔融状态，当堆积到结构表面后，立即变形，并迅速冷却收缩，而紧紧地嵌附在结构表面上，形成一层保护层，隔绝了金属基体与大气、水或其他腐蚀物质的接触，从而达到了保护的目的。

水工钢闸门采用热喷镀金属作防腐涂层时，应符合下列要求：

（1）喷涂材料：淡水环境宜用锌，海水环境宜用铝或铝合金。

（2）喷涂厚度：淡水环境宜不小于 200μm，海水环境宜不小于 250μm。

（3）封闭涂层的干膜厚度：淡水环境不应小于 60μm，海水环境不应小于 90μm。

金属喷镀的工艺流程是：表面处理（喷砂处理）→喷镀→检验→涂料封闭。

2. 对表面处理的要求

金属热喷镀的基体金属表面，必须采用喷（抛）射处理，其表面清洁度要求不宜低于 Sa2 $\frac{1}{2}$级；表面粗糙度要求不宜低于 Ry60～100μm。

3. 喷涂材料的要求

喷涂所用金属丝应光洁、无锈、无油、无折痕，一般选用直径为 3.0mm。其成分符合下列要求：

（1）锌丝的含锌量应大于 99.99%。

（2）铝丝的含铝量应大于 99.5%。

（3）锌铝合金的含铝量应为 13%～35%，其余为锌。

（4）铝镁合金的含镁量为 4.8%～5.5%，其余为铝。

镀层封闭所用的涂料，应具有下列特性：能与金属喷涂层相溶；在所处的环境中，必须具有耐蚀性；黏度较低，易渗入金属涂层的孔隙中去。

4. 热喷涂施工

鉴于水利工程的特点，水工钢结构（譬如钢闸门）多采用气喷法，且多是喷涂锌或铝。

气喷镀的设备，包括压缩空气系统、乙炔系统、喷射系统等。

在进行喷锌操作时，还应注意如下要点：

（1）为防止锌丝过多氧化而影响镀层的阴极保护作用，火焰宜控制为中性或中性偏淡化焰。

（2）喷枪移动要平稳、规则、不得乱喷。移动速度以一次喷涂厚度达到 25～80μm 为宜。

（3）各喷涂带之间应有 1/3 的宽度重叠，厚度要尽可能均匀。

（4）各喷涂层之间的喷枪走向应相互垂直，交叉覆盖。

（5）涂层的表面温度降到 70℃以下时，再进行下一层喷涂。

（6）涂料封闭宜在金属喷涂层尚有余温时进行，宜采用刷涂的方式施工。

5. 质量检验

（1）金属涂层表面应有均匀的外观，不能有起皮、鼓泡、粗颗粒、裂纹、掉块及其他影响使用的缺陷。

（2）金属涂层厚度检验，通常使用测厚仪进行，测厚仪的精度要求在±10%之间。

（3）实测涂层的最小局部厚度不得小于设计规定的厚度，若厚度减少20%，应予以补喷；若相差甚少，可设法增加一道油漆涂层来弥补。

**（五）常用防腐方法效益分析**

水工钢结构的常用防腐方法一是喷镀锌、铝，二是涂装防腐涂料。根据多个工程实践，在经济效益方面，虽然喷锌一次性投资比油漆高出3～4倍，但喷锌防腐保护周期是油漆的4～5倍，年运行费用只是油漆的20%左右。且施工效率高，日常维护工作少。在防腐原理方面，喷锌（铝）不仅具有涂料防护的那种覆盖隔离作用，尽量减少基体与水的接触，还具有一种牺牲阳极式的阴极保护作用。也就是说，即使某些锈坑、针孔没有完全被锌层覆盖，但由于锌层的阴极保护作用基体仍然不会继续锈蚀，而涂料保护却做不到。同时，喷锌（铝）耐磨、耐冲性能也较涂料保护好。

**七、磨损处理**

在多砂河流上的水闸，磨损现象较为普遍。水闸因设计不周而引起闸室底板、护坦的磨损，可对其结构布置进行改进。例如，有的水闸护坦上因设置了消力墩引起立轴漩涡，漩涡夹带砂石长时间在一定范围旋转，使护坦磨损，严重时会磨穿护坦，在这种情况下可废弃消力墩，将尾槛改成斜面或流线型，使池内砂石随水流顺势带向下游，减轻对护坦的磨损。

对难以改变结构布置的部位（如闸室底板），可采用抗蚀性能好的材料进行护面或修补，也能收到很好的效果。磨损的修补材料较多，如环氧材料、高标号混凝土等，可根据具体部位、磨损状况，参考已建工程的运用经验确定。

# 模块五

# 水利工程防汛抢险

## 项目一　堤防工程巡堤查险

“汛者，水盛也。”汛，即江、河、湖泊等水域的季节性或定期性的涨水现象。春季发生的称春汛，也称桃汛；秋季发生的称秋汛；夏秋伏天时节发生的称伏汛，又称伏秋大汛。汛期即江河湖泊洪水从始涨至全回落的时期。季节性涨水的河湖中出现大洪水最多的时段称主汛期。最容易发生洪涝灾害的时间是“七下八上”（即七月下旬和八月上旬），称为“大汛时期”。防汛即人们采取各种有效措施，同灾害性洪水作斗争，力求减轻洪水灾害的影响和损失的一系列社会活动的统称，充分的防汛准备和扎实的保障体系是取得防汛胜利的关键。抢险即是指当堤防、涵闸等防洪工程建筑物在防汛中发生险情，危及工作安全时的紧急抢险工作。

### 任务一　汛前工作准备

堤防抢险工作是一项系统工程，它涉及社会的各个方面；抢险又是一项政策性、技术性很强的应急工作。因此，堤防抢险的前期准备工作，既要有宏观的全局控制意识，又要有微观可操作的实施办法，汛前准备工作主要有以下几个方面。

#### 一、舆论宣传

利用广播、电视、报纸等多种方式，宣传防汛抗灾的重要意义，总结历年防汛抢险的经验教训，使广大干部和群众，克服麻痹思想和侥幸心理，坚定信心，增强抗洪减灾意识，树立团结协作、顾全大局的思想，加强组织纪律性，服从命令听指挥。同时加强法制宣传，使有关防汛工作的法规、办法家喻户晓，防止和抵制一切有碍防汛抢险行为的发生。

#### 二、组织准备

防汛抢险具有时间紧、任务急、技术性强、群众参与等特点，多年的防汛抢险实践，尤其是1998年抢险的实践证明，要取得抢险工作的全面胜利，一靠及时发现险情，二靠抢险方法正确，三靠人力、物料和后勤保障跟得上。人防工程在抢险工作中占有重要的地位，主要包括健全防汛抢险的领导机构、组织好防汛抢险队伍、做好抢险队伍的技术培训工作等内容。1998年，长江、松花江及嫩江出现特大洪水，仅长江干堤就出现险情6000多处，在解放军与当地群众的有力拼搏下，这些险情都转危为安。所以要求各级行政首长实行目标责任制，明确各级行政领导的第一把手是第一责任人。

**（一）健全机构**

各级防汛抗旱指挥部是防汛抢险的指挥中心，每年汛前要健全、完善防汛指挥机构。防汛抗旱指挥部与水利、水文、气象、交通运输、物资供应、通信等相关部门形成一个有效的指挥网络，实行纵向垂直领导与横向矩阵式领导相结合。

**（二）组织队伍**

多年的防汛抢险实践证明，堤防抢险采取专业队伍与群众队伍相结合，军民联防是行之有效的。

（1）专业防汛队伍。专业防汛队伍由国家、省、市防汛指挥部临时指派的专家组与各基层河道管理单位的工程技术人员及技术工人组成，是防汛抢险的技术骨干力量。专业防汛队伍成员必须熟悉堤防的工程资料，例如险工险段的具体部位、险情的严重程度，以便有针对性地进行抢险的准备工作。汛期到来即应进入防守岗位，随时了解并掌握汛情、工情，及时分析险情。要组织基层专业队伍学习堤防管理养护知识和防汛抢险技术，参加专业技术培训和实战演习。

近年来，为克服抗洪抢险料物运输多以人工为主、机械化程度低、人力消耗大、抢险效率低的问题，在一些重要江河组建了机动抢险队。今后应逐步建立具有较高抢险技术水平、先进的抢险机械装备、较强的全天候和全路况下的快速开进能力的快速、灵活、高效的抗洪抢险队伍。

（2）群众防汛队伍。群众防汛队伍是江河防汛抢险的基础力量。它是以青壮年劳力为主，吸收有防汛经验的人员参加，组成不同类别的防汛队伍。根据堤线防守任务的大小和距离，河道的远近，常划分一线、二线队伍，有的还有三线队伍。紧临堤防的县、乡、村组成常备队和群众抢险队，为一线防汛队伍；紧邻一线的县、乡组成预备队，为二线队伍；离堤线较远的后方县组成三线队伍。滩区、分滞洪区、水库库区内的群众要组织迁安救护队。

常备队是堤线防守的主力队伍，负责堤防防守、巡堤查险和一般险情的抢护。根据堤防的重要程度，分段驻守足够的常备队员。抢险队由常备队中有经验的人员组成，每县可组织多个抢险队，每队30～50人。

预备队是堤线防守的后备力量，负责运送抢险料物，必要时预备队也参加堤线防守和抢险。此外，每年汛前还应把沿河城镇、机关、工厂、学校的职工和居民组织起来，情况危急时动员他们参加防汛抢险。

（3）解放军、武警部队抢险队伍。解放军和武警部队是防汛抢险的主力军和突击力量，每当发生大洪水和紧急抢险时，他们总是不惧艰险，承担着重大险情抢护和救生任务。一般各级防汛指挥部主动与当地驻军联系，及时通报汛情、险情和防御方案，明确部队防守任务和联络部署制度。当遇大洪水和紧急险情时，立即请求解放军和武警部队参加抗洪抢险。

**（三）抢险技术培训**

防汛抢险技术培训是防汛准备的一项重要内容，除利用广播、电视、报纸和因特网等媒体普及抢险常识外，对各类人员应分层次、有计划、有组织地进行技术培训。

（1）专业防汛队伍的培训。对专业技术人员应举办一些抢险技术研讨班，请有实践经验的专家传授抢险技术，并通过实战演习和抢险实践提高抢险技术水平。对专业抢险队的干部和队员，每年汛前要举办抢险技术学习班，进行轮训，集中学习防汛抢险知识，并进行模拟演习，利用旧堤、旧坝或其他适合的地形条件进行实际操作，增强抗洪抢险能力。

（2）群防队伍的技术培训。对群防队伍一般采取两种办法：一是举办短期培训班。进入汛期后，在县防汛指挥部的组织领导下，由县人武部门和水利管理部门召集常备队长、抢险队长集中培训，时间一般为3～5d，也可采用实地演习的办法进行培训。二是群众性的学习。一般基层管理单位的工程技术人员和常备队长、抢险队长分别到各村向群众宣讲防汛抢险常识，并辅以抢险挂图和模型、幻灯片、看录像等方式进行直观教学，便于群众领会掌握。

（3）防汛指挥人员的培训。应举办由防汛指挥人员、防汛指挥成员单位负责人参加的防汛抢险技术研讨班，重点学习和研讨防汛责任制、水文气象知识、防汛抢险预案、防洪工程基本情况、抗洪抢险技术知识等，使防汛抢险指挥人员能够科学决策，指挥得当。

### 三、技术准备

技术准备是指险情调查资料的分析整理和与堤防有关的地形、地质、水情、设计图纸的搜集等。主要包括以下几个方面。

#### （一）险情调查

此项工作应在汛前进行。首先是搜集历年险情资料，进行归纳整理；其次是掌握上一年度及往年对险工险段的整治情况。根据上述资料，对重大险工险情进行初步判断，并告知于民。

#### （二）收集技术资料

汛前应收集堤防的设计资料及相关建筑物的设计图纸，绘制堤防的纵剖面图，标注出堤基地质特征、堤顶高程、堤坡坡比、历年最高水位线、堤脚处的一般地面高程。配备堤防辖区的1/50000地形图和1/5000～1/10000堤防带状地形图。

#### （三）堤防汛期巡查

汛前对堤防工程应进行全面检查，汛期更要加强巡堤查险工作。检查的重点是险情调查资料中所反映出来的险工、险段。巡查要做到两个结合，即“徒步拉网式”的工程普查与对险工险段、水毁工程修复情况的重点巡查相结合；定时检查与不定时巡查相结合。同时做到三加强三统一，即加强责任心，统一领导，任务落实到人；加强技术指导，统一填写检查记录的格式，如记述出现险情的时间、地点、类别，绘制草图，同时记录水位和天气情况等有关资料，必要时应进行测图、摄影和录像，甚至立即采取应急措施，并同时报上一级防汛指挥部；加强抢险意识，做到眼勤、手勤、耳勤、脚勤和发现险情快、抢护处理快、险情报告快，统一巡查范围、内容和报警方法。巡查范围包括堤身、堤（河）岸，堤背水坡脚200m以内水塘、洼地、房屋、水井以及与堤防相接的各种交叉建筑物。检查的内容包括裂缝、滑坡、跌窝、洞穴、渗水、塌岸、管涌（泡泉）、漏洞等。统一报警方法包括以下三点：

（1）警号规定：①利用广播电视、移动电话、对讲机、报警器报警时，警号可现场约定；②当没有条件采用现代设备进行报警时，可因地制宜地采用口哨、锣鼓，甚至鸣枪报警，警号应事先约定。

（2）出险标志。出险和抢险的地点，要作出显著的标志，如红旗、红灯等。

（3）广而告之。无论用何种报警器具和方法，都要有严密的组织和纪律，并安民告示，使之家喻户晓。

### 四、抢险料物准备与供应

防汛料物是防汛抢险的重要物质条件，须在汛前筹备妥当，以满足抢险的需要。汛期发生险情时，应根据险情的性质尽快从储备的防汛物资中选用合适的抢险料物进行抢护。如果料物供应及时，抢险使用得当，会取得事半功倍的效果，化险为夷。否则，将贻误战机，造成抢险被动。

由于防汛料物使用量大，品种繁多，多年来实行国家、社会团体储备与群众筹集相结合的办法。

各级防汛指挥部按照一定的防汛物资储备定额进行储备，用后应及时补充。主要储备砂石料（沙料、石子、块石）、铅丝、袋类（编织袋、麻袋）、土工合成材料（编织布、无纺布、复合土工膜及相应的软体排）、篷布、麻绳、救生器材（冲锋舟、橡皮船、救生衣、救生圈）、发电机组等。

社会团体主要指工商企业一般代储一些大宗防汛物资，如苇席、竹竿、麻绳、麻袋、草袋、篷布、电线、照明用品等。每年汛前预订合同，用后付款，不用时按照规定给予保管费，汛后由代储单位自行处理。

沿堤群众储备临时抢险所需的柳秸料、苇席、木桩、麻布袋、棉絮（棉衣、棉被）、草捆等，由各级防汛指挥部于每年汛前号料登记，议定价格，备而不集，用后付款。

### 五、通信联络的准备

汛前要检查维修各种防汛通信设施，包括有线、无线设施，对值机人员应组织培训，建立话务值班制度，保证汛期通信畅通。与电信部门通报防汛情况，建立联系制度，约定紧急防汛通话的呼号。蓄滞洪区应按照预报时限、转移方案和安全建设情况，布置配备通信报警系统。

### 六、实施交通管制

按照《中华人民共和国防洪法》第四十一条的规定，当江河、湖泊的水情接近保证水位或者安全流量，水库水位接近设计洪水位，或者防洪工程设施发生重大险情时，有关县级以上人民政府防汛指挥机构可以宣布进入紧急防汛期。在紧急防汛期，按照《中华人民共和国防洪法》第四十五条的规定，防汛指挥机构提请公安、交通等有关部门依法实施陆地和水面交通管制。

## 任务二 防汛工程检查

### 一、汛前工程检查

汛前检查是搞好防汛工作的重要环节，为贯彻以防为主的原则，每年都要开展汛前检查工作。汛前检查工作有多项，工程各类建筑物（构筑物）及设施检查是其中重要的一项。其主要检查各类建筑物及设施是否能够安全运用，以便及时发现薄弱环节，采取除险措施。

根据河道堤防工程管理相关要求，河道堤防工程检查分为经常检查、定期检查和特别检查。

1. 经常检查

堤防管理单位的日常工作检查。管理人员按岗位责任制要求进行检查，包括堤身、堤基、排水沟、护堤地、埽坝、矶头、护坡、导渗沟、压浸台、涵闸及沿堤设施等，发现问题及时处理。

2. 定期检查

基层管理单位定期组织的普查。每年汛前、汛后、大潮前后、有凌汛任务的河道在凌汛期，都要按有关规定进行普查，必要时可请上级主管部门派人员参加。汛前检查应重点围绕安全度汛做好防汛准备。汛后检查重点是汛期出现的问题，据以拟定岁修工程计划。凌汛期应着重检查沿河边封、流凌和冰块封堵等情况，特别是河道卡口和弯道处更应注意有无形成冰坝的危险。

3. 特别检查

遇非常情况组织的检查。如当发生特大洪水、暴雨、台风、地震、工程非常运用和发生重大事故等情况时，管理单位应及时组织力量进行检查，必要时报上级主管部门及有关单位参加。检查项目及处理情况要报上级主管部门。暴雨、台风、洪峰前，着重检查防雨、防台风、防洪的准备情况。暴雨、台风、地震、洪峰过后着重检查工程有无损坏，并检查防汛器材动用、补充以及防汛队伍休整等情况。

## 二、汛期工程检查

汛前是对防汛工程进行全面检查，汛期更要加强对防汛工程险情的巡查。两者虽然在时间上不同，但目标一致，都是围绕“以防为主”的防汛方针开展工作的。

以堤防汛期巡查为例，当江河水位超过警戒水位时，堤防可能出现险情，若不及时发觉和处理，各种险情就会由小变大，由轻变重，不但增加抢险困难，耗费物料，还会导致堤防溃决的危险。因此，巡查是防汛抢险中一项极为重要的工作，切不可掉以轻心，疏忽大意。

### （一）河道堤防防汛水位

进入汛期后，江河水位上涨，防汛工作全面展开，根据水位高低及其对堤防安全的威胁程度，一般将防汛水位划分为三个等级，如图 5-1-1 所示。

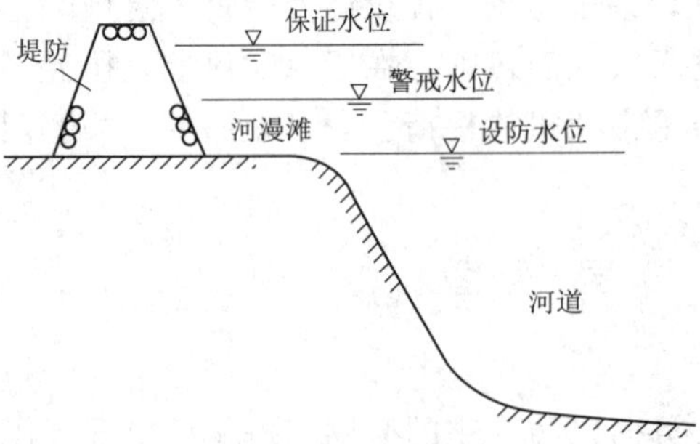


图 5-1-1 防汛水位图

(1) 设防水位。设防水位相当于平滩水位，相应流量为造床流量。当江河洪水漫滩以后，堤脚偎水，堤防可能出险，标志着堤防防守进入临战状态，防汛人员开始巡堤查险，并需做好抢险的人力和物料准备。但需说明的是，我国有些河流如北方地区的河流，河道宽浅，滩槽难分，对于这类河流，则不宜以设防水位作为防汛工作开始时的控制水位。

（2）警戒水位。防守需要开始警惕戒备的水位。此时堤身已挡水，险象环生，可能出现险情甚至重大险情，要密切注意水情、工情、险情的发展变化，增加巡堤查险次数，开始昼夜巡查，进一步做好抢险人力、物力的准备。

（3）保证水位。堤防工程设计防御标准洪水位，相应流量为河道安全泄量。当洪水位达到保证水位时，说明堤防工程已处于安全防御的极限时期，防汛进入紧急状态，堤防随时可能出现重大险情。防汛部门要采取一切措施确保堤防安全，必要时可宣布进入紧急防汛期。

**（二）汛期巡堤查险**

江河水位上涨到设防水位后，河道堤防进入防守阶段，防汛人员上堤开始巡视检查，力争将险情消灭于萌发阶段。

1. 巡查任务

防汛队伍上堤后，主要工作有：设建防汛屋、防汛点；通电通信；划分责任段，标立界桩，熟悉环境，明确任务；平整堤顶，填垫水沟浪窝，消灭害堤动物，处理堤防隐患，清除堤面杂草，整修查水小道；发现险象，做好观测，出现险情，迅速处理，遇有较大险情，及时报告。

2. 巡查方法

（1）用眼看、耳听、手摸、鼻嗅、口尝、脚踩等常规、直觉的方法，对工程表面和异常现象进行检查。

（2）巡查路线。巡查要做到“徒步拉网式”的普查，堤上、堤下、堤身内外均要进行巡查，对堤内情况要加强侦查。每组 5～7 人成排前进。一人走堤外水边，乘浪花起落的时机，用脚察探破绽和防浪情况；一人走堤内脚；一人走渍水边，注意浸漏、滑脱现象及草下暗漏。如果堤脚附近没有渍水，也要在距离堤脚较远处巡查有无管涌险情。巡堤人员要时分时合，迂回巡查，不可有空白点，要不断交换情况，在风雨夜或风浪大时，堤外水边巡查人员要注意安全。

（3）巡查时所带工具。一般常用到几种巡查工具如下：记录本——备记载险情用，小红旗——供作险情标志，木尺——丈量险情对某一显著目标的部位的尺寸，锯木屑——当堤身浸漏时用来抛于堤外江面以发现小的漩涡，手电筒或马灯、火把——便于黑夜巡查照明，铁锹和通信工具等。各地区应根据具体条件和堤段最大可能发生的险情，对所带的工具有所增减。

3. 工作制度

（1）交接班制度。巡堤查险昼夜轮班，上、下班要紧密衔接。交接班时，上一班必须向下一班全面交代清楚本班巡查情况，包括水情、工情、险情、工具物料及注意事项等，对可疑险象，要共同巡查一次，详细交代其发展变化情况。

（2）值班制度。防汛队伍的各级负责人和带队干部，必须轮流值班，坚守岗位，掌握换班和巡查组次出发的时间，了解巡查情况，处理发现的问题，做好巡查记录，及时向上级汇报巡查情况。

（3）汇报制度。交班时，班（组）长要向带领防守的值班干部汇报巡查情况，值班干部要按规定及时向上级汇报。平时一日一报巡查情况，在有险情时随时上报处理情况。

(4) 报警制度。发现险情时，应立即报警。一般险情吹口哨报警；遇见漏洞、管涌、脱坡等较大险情时，敲鼓（锣）报警。在窄河段规定左岸备鼓，右岸备锣，以免混淆。有条件的地方，应配备无线报警器或移动电话。出险、抢险地点，白天挂红旗，夜间挂红灯（应能防风雨）或点火，作为抢险人员抵达的标志。

(5) 请假制度。巡查人员要遵守纪律，休息时就地或在指定地点休息，不经批准不得随意离堤。

(6) 奖惩制度。防汛结束要评比总结。对工作认真、完成任务好的给予表扬，成绩显著的给以记功和奖励；对不负责任的要批评，玩忽职守造成损失的要追究责任，情节、后果严重的，要依据法律规定严肃处理。

4. 注意事项

(1) 巡查、休息、交接班时间，由带领巡查的队长统一掌握，巡查中途不得休息，不到规定时间不得离开岗位。

(2) 巡查时不得轻易放过某个视觉疑点，必要时借助随身携带的工具查明真象。夜间巡查要持照明设备。

(3) 责任堤段交界处，要越界巡查10～20m。

(4) 巡查中发现险象，应跟踪观察；遇到险情，迅速处理并报告。

(5) 警报不得乱发。一般规定：吹口哨报警，由查水人员掌握；敲锣（鼓）报警，由带队干部掌握，或指定专人负责。

(6) 巡查人员必须注意“五时”，做到“四勤”“三清”“三快”。“五时”是指吃饭时（思想最松动时）、换班时（检查时间间断）、黄昏时（看不清容易忽视）、黎明时（人最疲乏）、刮风下雨时（出险不易判断），在这些时候最容易疏忽忙乱，注意力不集中，容易遗漏险情。对险情和隐患处理后，还要注意观测，必须提高警惕。“四勤”指眼勤、耳勤、手勤、脚勤，“三清”指险情查清、信号记清、报告说清，“三快”指发现险情快、抢护快、报告快。这样才能做到及时发现险情，小险迅速处理，以免发展扩大；重大险情，上级能及时准确了解，必要时能调集力量支援抢护。

## 任务三 险情分类与安全评估

正确判别堤防险情，才能进行科学、有效的抢护，取得抢险成功。在防汛抢险中，对于险情处理所采取的措施，应科学准确，恰如其分。险情重大，如果没有给予充分的重视，就可能贻误战机，造成险情恶化。反之，如果对轻微险情投入了大量的人力、物力，待到发生较大或严重险情时，就可能“人困马乏”，料物短缺，也会酿成严重后果。因此有必要对险情进行恰当的分类，对堤防进行安全评估，区别险情的轻重缓急，以便采取适当有效的措施进行抢护。

### 一、险情类型

堤防险情一般可分为漏洞、管涌（泡泉，翻沙鼓水）、渗水（散浸）、穿堤建筑物接触冲刷、漫溢、风浪、滑坡、崩岸、裂缝、跌窝等。

### （一）漏洞

漏洞即集中渗流通道。在汛期高水位下，堤防背水坡或堤脚附近出现横贯堤身或堤基的渗流孔洞，俗称漏洞。根据出水清浑可分为清水漏洞和浑水漏洞。如漏洞出浑水，或由清变浑，或时清时浑，则表明漏洞正在迅速扩大，堤防有发生蛰陷、坍塌甚至溃口的危险。因此，若发生漏洞险情，特别是浑水漏洞，必须慎重对待，全力以赴，迅速进行抢护。

### （二）管涌（泡泉，翻沙鼓水）

汛期高水位时，沙性土在渗流力作用下被水流不断带走，形管状渗流通道的现象，即为管涌，也称翻沙鼓水、泡泉等。出水口冒沙并常形成"沙环"，故又称沙沸。在黏土和草皮固结的地表土层，有时管涌表现为土块隆起，称为牛皮包，又称鼓泡。管涌一般发生在背水坡脚附近地面或较远的潭坑、池塘或洼地，多呈孔状冒水冒沙。出水口孔径小的如蚁穴，大的可达几十厘米。个数少则一两个，多则数十个，称作管涌群。

管涌险情必须及时抢护，如不抢护，任其发展下去，就将把地基下的沙层淘空，导致堤防骤然塌陷，造成堤防溃口。

### （三）渗水（散浸）

高水位下浸润线抬高，背水坡出逸点高出地面，引起土体湿润或发软，有水逸出的现象，称为渗水，也叫作散浸或洇水，是堤防较常见的险情之一。当浸润线抬高过多，出逸点偏高时，若无反滤保护，就可能发展为冲刷、滑坡、流土，甚至陷坑等险情。

### （四）穿堤建筑物接触冲刷

穿堤建筑物与土体结合部位，由于施工质量问题，或不均匀沉陷等因素发生开裂、裂缝，形成渗水通道，造成结合部位土体的渗透破坏。这种险情造成的危害往往比较严重，应给予足够的重视。

### （五）漫溢

土堤不允许洪水漫顶过水，但当遭遇超标准洪水等原因时，就会造成堤防漫溢过水，形成溃决大险。

### （六）风浪

汛期江河涨水后，水面加宽，堤前水深增加，风浪也随之增大，堤防临水坡在风浪的连续冲击淘刷下，易遭受破坏。轻者使临水坡淘刷成浪坎，重者造成堤防坍塌、滑坡、漫溢等险情，使堤身遭受严重破坏，以致溃决成灾。

### （七）滑坡

堤防滑坡俗称脱坡，是由于边坡失稳下滑造成的险情。开始在堤顶或堤坡上产生裂缝或蛰裂，随着裂缝的逐步发展，主裂缝两端有向堤坡下部弯曲的趋势，且主裂缝两侧往往有错动。根据滑坡范围，一般可分为深层滑动和浅层滑动。堤身与基础一起滑动为深层滑动；堤身局部滑动为浅层滑动。前者滑动面较深，滑动面多呈圆弧形，滑动体较大，堤脚附近地面往往被推挤外移、隆起；后者滑动范围较小，滑裂面较浅。以上两种滑坡都应及时抢护，防止继续发展。堤防滑坡通常先由裂缝开始，如能及时发现并采取适当措施处理，则其危害往往可以减轻。否则，一旦出现大的滑动，就将造成重大损失。

**（八）崩岸**

崩岸是在水流冲刷下临水面土体崩落的险情。当堤外无滩或滩地极窄的情况下，崩岸将会危及堤防的安全。堤岸被强环流或高速水流冲刷淘深，岸坡变陡，使上层土体失稳而崩塌。每次崩塌土体多呈条形，其岸壁陡立，称为条崩；当崩塌体在平面和断面上为弧形阶梯，崩塌的长、宽和体积远大于条崩的，称为窝崩。如 1996 年 1 月江西九江长江干堤马湖段和 1998 年湖北省长江干堤石首段均出现了窝崩。发生崩岸险情后应及时抢护，以免影响、堤防安全，造成溃堤决口。

**（九）裂缝**

堤防裂缝按其出现的部位可分为表面裂缝、内部裂缝；按其走向可分为横向裂缝、纵向裂缝、龟纹裂缝；按其成因可分为沉陷裂缝、滑坡裂缝、干缩裂缝、冰冻裂缝、震动裂缝。其中以横向裂缝和滑坡裂缝危害性最大，应加强监视监测，及早抢护。堤防裂缝是常见的一种险情，也可能是其他险情的先兆。因此，对裂缝应引起足够的重视。

**（十）跌窝**

跌窝俗称陷坑。一般在大雨过后或在持续高水位情况下，堤防突然发生局部塌陷。陷坑在堤顶、堤坡、戗台（平台）及堤脚附近均有可能发生。这种险情既破坏堤防的完整性，又有可能缩短渗径。有时是由管涌或漏洞等险情所造成。

## 二、堤防险情程度的评估

堤防在汛前要进行安全评估，其目的是把汛前的险情调查、汛期的巡查与安全评估相结合，以便判断出险情的严重程度，使领导和参加抗洪抢险的人员做到心中有数，同时便于按险情的严重程度，区别轻重缓急，安排除险加固。

安全评估的内容和方法一般包括：①对堤防（包括距河岸 100m 范围）的地形测量应隔几年进行一次，每年汛前完成，对先后两次测量成果进行对比分析；②对堤身、堤基的土质进行室内外试验，确定其物理力学指标；③对重点险工险段进行稳定计算和沉降计算；④检查护坡、护岸的完整性；⑤对上述四个方面的资料进行综合分析。

将安全评估的资料与险情调查、汛期巡查的资料归纳分析后，确定险情的严重程度。长江流域有的省把险情分为三类：一类是险象尚不明显；二类是险情较重，且有继续发展趋势；三类是险情十分严重，在很短时间内，有可能造成严重后果。但是各种险情都是随着时间的推移而变化的，很难进行定量的判断。为便于险情程度划分并促进险情程度划分的规范化，表 5-1-1 给出了堤防工程险情程度划分的参考意见，把各类险情划分为：重大险情、较大险情和一般险情三种情况，建议适用于Ⅰ～Ⅲ级堤防。

**表 5-1-1　　堤防工程险情程度划分参考表**

| 险情分类 | 重大险情 | 较大险情 | 一般险情 |
|---|---|---|---|
| 漏洞 | 贯穿堤防的漏水洞 | 尚未发现漏水的各类孔洞 | |
| 管涌（泡泉、翻沙鼓水） | 距堤脚的距离小于 15 倍水位差（或 100m 以内），出浑水；计算的水力坡降大于允许坡降 | 距堤脚 100～200m，出浑水，出水口直径、出水量较大 | |
| 渗水 | 渗浑水或渗清水，但出逸点较高 | 渗较多清水，出逸点不太高，有少最沙粒流动 | 渗清水，出逸点不高，无沙粒流动 |

续表

| 险情分类 | 重大险情 | 较大险情 | 一般险情 |
|---|---|---|---|
| 穿堤建设物接触冲刷 | 刚体建筑物与土体结合部位出现渗流，出口无反滤保护 | | |
| 漫溢 | 各种情况 | | |
| 风浪 | 风浪淘刷或浪坎 10～20cm | | |
| 滑坡 | 深层滑坡或较大面积的深层滑坡；计算的安全系数小于允许值 | 小范围浅层滑坡 | 浅层裂缝，或缝宽较细，或长度较短 |
| 崩岸 | 主流顶冲严重，堤脚附近无滩地，或滩地较窄且崩岸发展较快 | 堤脚附近有一定宽度的滩地，且崩岸发展速度不快 | |
| 裂缝 | 贯穿性横缝 | 纵向裂缝 | |
| 跌窝 | 经鉴定与渗水、管涌有直接关系，或坍塌持续发展，或坍塌体积较大；或沉降值远大于计算的允许值 | 背水侧有渗水、管涌 | 背水侧无渗水、管涌，或坍塌不发展，或坍塌体积小、坍塌位置较高 |

重大险情如不及时采取措施，往往会在很短时间内造成严重后果。因此，如有重大险情发生，应迅速成立抢险专门组织（如成立抢险指挥部），分析判断险情和出险原因，研究抢险方案，筹集人力、物料，立即全力以赴投入抢护。有的险情，虽然不会马上造成严重后果，也应根据出险情况进行具体分析，预估险情发展趋势。如果人力、物料有限且险情没有发展恶化的征兆，可暂不处理，但应加强观察，密切注视其动向。有的险情只需要进行简单处理，即可消除险象的，应视情况进行适当处理。总之，一旦发现险情，就应将险情消除在萌芽状态。

# 项目二 堤防工程抢险

## 任务一 堤身漏洞险情的判别和抢护

在汛期高水位情况下，洞口出现在背水坡或背水坡脚附近的横贯堤身的渗流孔洞，称为漏洞。如漏洞流出浑水，或由清变浑，或时清时浑，均表明漏洞正在迅速扩大，堤身有可能发生塌陷甚至溃决的危险。因此，发生漏洞险情，必须慎重对待，全力以赴，迅速进行抢护。

### 一、漏洞产生的原因

漏洞产生的原因是多方面的，一般说来有：①由于历史原因，堤身内部遗留有屋基、墓穴、阴沟、暗道、腐朽树根等，筑堤时未清除；②堤身填土质量不好，未夯实，有土块或架空结构，在高水位作用下，土块内部分细料流失；③堤身中夹有砂层等，在高水位作用下，砂粒流失；④堤身内有白蚁、蛇、鼠、獾等动物洞穴，在汛期高水位作用下，将平时的淤塞物冲开，或渗水沿隐患、松土串连而成漏洞；⑤在持续高水位条件下，堤身浸泡时间长，土体变软，更易促成漏洞的生成，故有“久浸成漏”之说；⑥位于老口门和老险工部位的堤段、复堤结合部位处理不好或产生过贯穿裂缝处理不彻底，一旦形成集中渗漏，即有可能转化为漏洞。

发生在堤脚附近的漏洞，很容易与一些基础的管涌险情相混淆，这样是很危险的。1998年汛期就有类似情况发生，幸好在堤防临水侧及时发现了进水口，否则若一直当管涌抢险，其后果将不堪设想。

## 二、漏洞险情的判别

### （一）漏洞险情的特征

从上述漏洞形成的原因及过程可以知道，漏洞贯穿堤身，使洪水通过孔洞直接流向堤背水侧，如图5-2-1所示。漏洞的出口一般发生在背水坡或堤脚附近，其主要表现形式如下。

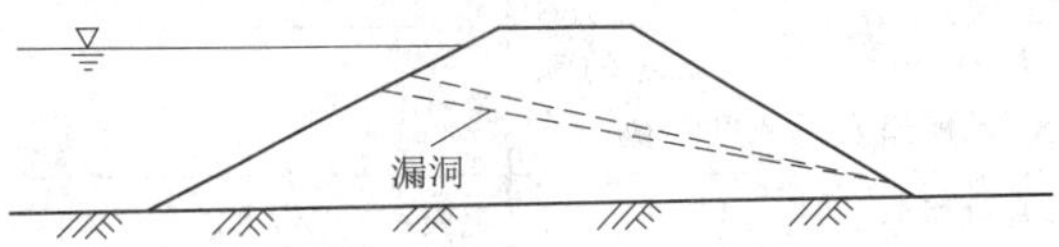

图5-2-1 漏洞险情示意图

（1）漏洞开始因漏水量小，堤土很少被冲动，所以漏水较清，称为清水漏洞。此情况的产生一般伴有渗水的发生，初期易被忽视。但只要查险仔细，就会发现漏洞周围“渗水”的水量较其他地方大，应引起特别重视。

（2）漏洞一旦形成后，出水量明显增加，且渗出的水多为浑水，因而湖北等地形象地称为“浑水洞”。漏洞形成后，洞内形成一股集中水流，漏洞扩大迅速。由于洞内土的崩解、冲刷，出水水流时清时浑，时大时小。

（3）漏洞险情的另一个表现特征是水深较浅时，漏洞进水口的水面上往往会形成漩涡，所以在背水侧查险发现渗水点时，应立即到临水侧查看是否有漩涡产生。

### （二）漏洞险情的探测

（1）水面观察。漏洞形成初期，进水口水面有时难以看到漩涡。可以在水面上撒一些漂浮物，如纸屑、碎草或泡沫塑料碎屑，若发现这些漂浮物在水面打漩或集中在一处，即表明此处水下有进水口。

（2）潜水探漏。洞进水口如水深流急，水面看不到漩涡，则需要潜水探摸。潜水探摸是有效的方法。由体魄强壮、游泳技能高强的青壮年担任潜水员，上身穿戴井字皮带，系上绳索由堤上人员掌握，以策安全。探摸方法：一是手摸脚踩，二是用一端扎有布条的杆子探测，如遇漏洞，洞口水流吸引力可将布条吸入，移动困难。

（3）投放颜料观察水色。适宜水流相对小的堤段。在可能出现漏洞且为水浅流缓的堤段分段分期分别撒放石灰或其他易溶于水的带色颜料，如高锰酸钾等，记录每次投放时间、地点，并设专人在背水坡漏洞出水口处观察，如发现出洞口水流颜色改变，并记录时间，即可判断漏洞进水口的大体位置和水流流速大小。然后改变颜料颜色，进一步缩小投放范围，即可较准确地找出漏洞进水口。

（4）电法探测。如条件允许可在漏洞险情堤段采用电法探测仪进行探查，以查明漏水通道，判明埋深及走向。

## 三、漏洞险情的抢护方法

### （一）抢护原则

一旦漏洞出水，险情发展很快，特别是浑水漏洞，将迅速危及堤防安全。所以一旦发现漏洞，应迅速组织人力和筹集物料，抢早抢小，一气呵成。抢护原则是：“临水截堵，背水滤导”，即在抢护时，应首先在临水找到漏洞进水口，及时堵塞，截断漏水来源，同时，在背水漏洞出水口采用反滤和围井，降低洞内水流流速，延缓并制止土料流失，防止险情扩大，切忌在漏洞出口处用不透水料强塞硬堵，以免造成更大险情。

**（二）抢护方法**

1. 塞堵法

塞堵漏洞进口是最有效最常用的方法，尤其是在地形起伏复杂，洞口周围有灌木杂物时更适用。一般可用软性材料塞堵，如针刺无纺布、棉被、棉絮、草包、编织袋包、网包、棉衣及草把等，也可用预先准备的一些软楔（图 5-2-2）、草捆塞堵。在有效控制漏洞险情的发展后，还需用黏性土封堵闭气，或用大块土工膜、篷布盖堵，然后再压土袋或土枕，直到完全断流为止。1998 年汛期，汉口丹水池防洪墙背水侧发现冒水洞，出水量大，在出口处塞堵无效，险情十分危急，后在临水面探测到漏洞进口，立即用棉被等塞堵，并抛填闭气，使险情得以控制与消除。在抢堵漏洞进口时，切忌乱抛砖石等块状料物，以免架空，致使漏洞继续发展扩大。

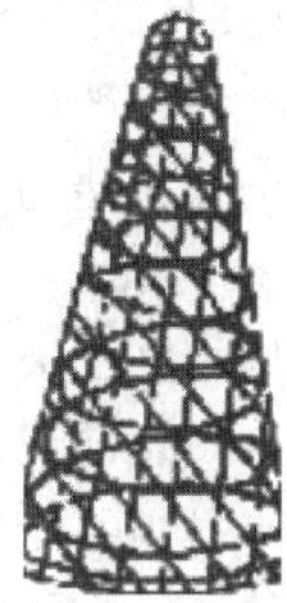

图 5-2-2 软楔示意图

2. 盖堵法

(1) 复合土工膜排体（图 5-2-3）或篷布盖堵。当洞口较多且较为集中，附近无树木杂物，逐个堵塞费时且易扩展成大洞时，可采用大面积复合土工膜排体或篷布盖堵，可沿临水坡肩部位从上往下，顺坡铺盖洞口，或从船上铺放，盖堵离堤肩较远处的漏洞进口，然后抛压土袋或土枕，并抛填黏土，形成前戗截渗，如图 5-2-4 所示。

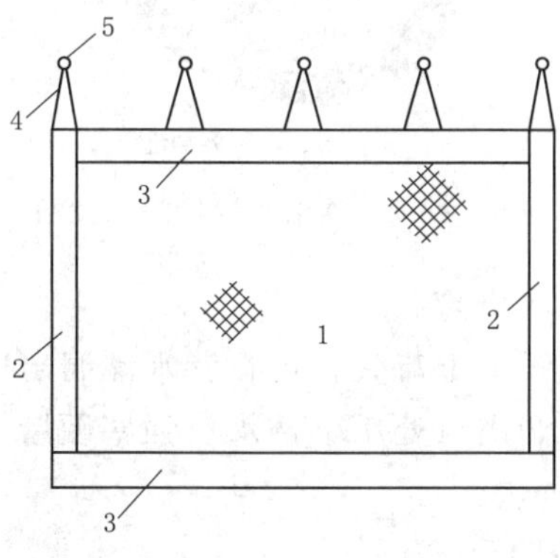


图 5-2-3 复合土工膜排体

1—复合土工膜；2—纵向土袋筒（$\phi$60cm）；3—横向土袋筒（$\phi$60cm）；4—筋绳；5—木桩

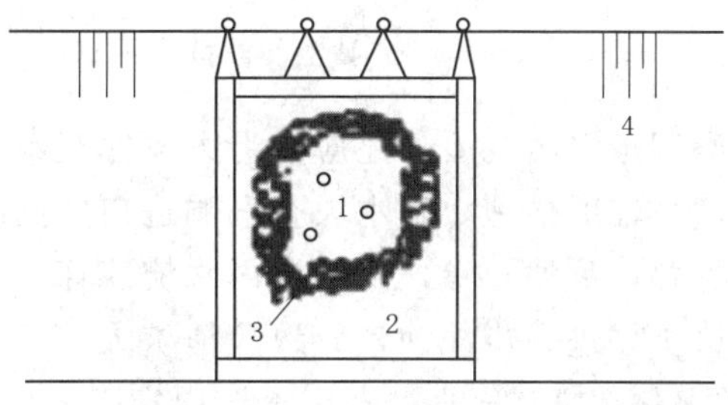


图 5-2-4 复合土工膜排体盖堵漏洞进口

1—多个漏洞进口；2—复合土工膜排体；3—填压土袋；4—临水堤坡

(2) 就地取材盖堵。当洞口附近流速较小、土质松软或洞口周围已有许多裂缝时，可就地取材用草帘、苇箔等重叠数层作为软帘，也可临时用柳枝、秸料、芦苇等编扎软帘。软帘的大小也应根据洞口具体情况和需要盖堵的范围决定。在盖堵前，先将软帘卷起，置放在洞口的上部。软帘的上边可根据受力大小用绳索或铅丝系牢于堤顶的木桩

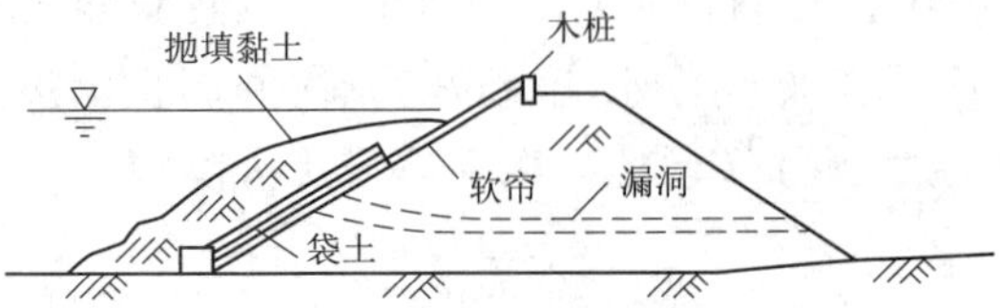


图 5-2-5 软帘盖堵示意图

上，下边附以重物，利于软帘下沉时紧贴边坡，然后用长杆顶推，顺堤坡下滚，把洞口盖堵严密，再盖压土袋，抛填黏土，达到封堵闭气，如图 5-2-5 所示。

采用盖堵法抢护漏洞进口，需防止盖堵初始时，由于洞内断流，外部水压力增大，洞口覆盖物的四周进水。因此洞口覆盖后必须立即封严四周，同时迅速用充足的黏土料封堵闭气。否则一旦堵漏失败，洞口扩大，将增加再堵的困难。

3. 戗堤法

当堤坝临水坡漏洞口多而小，且范围又较大时，在黏土料备料充足的情况下，可采用抛黏土填筑前戗或临水筑月堤的办法进行抢堵。

(1) 抛填黏土前戗。在洞口附近区域连续集中抛填黏土，一般形成厚 3～5m、高出水面约 1m 的黏土前戗，封堵整个漏洞区域，在遇到填土易从洞口冲出的情况下，可先在洞口两侧抛填黏土，同时准备一些土袋，集中抛填于洞口，初步堵住洞口后，再抛填黏土，闭气截流，达到堵漏目的，如图 5-2-6 所示。

(2) 筑临水月堤。如果临水水深较浅，流速较小，则可在洞口范围内用土袋迅速连续抛填，快速修成月形围堰，同时在围堰内快速抛填黏土，封堵洞口，如图 5-2-7 所示。

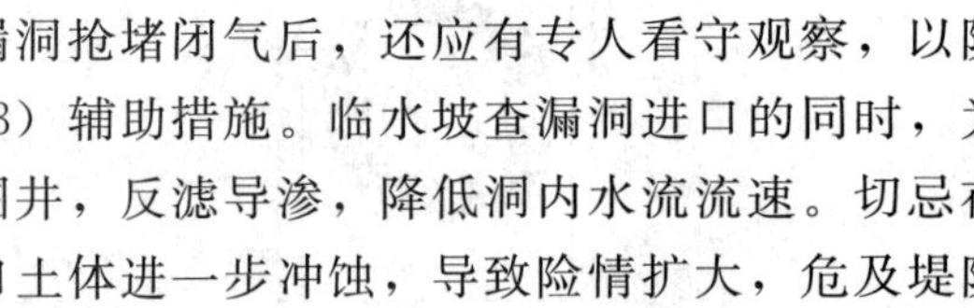


图 5-2-6 黏土前戗截渗示意图

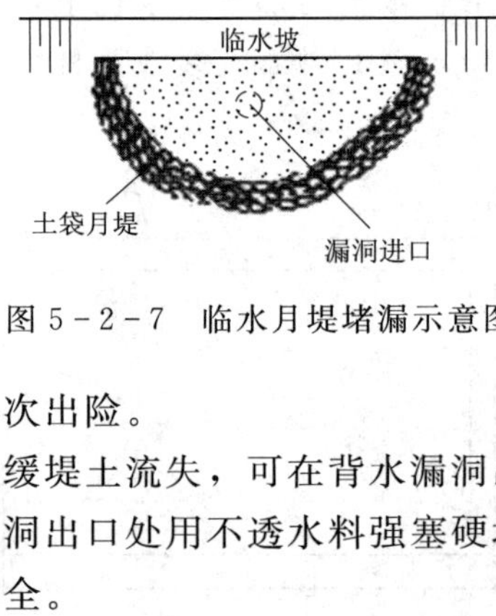


图 5-2-7 临水月堤堵漏示意图

漏洞抢堵闭气后，还应有专人看守观察，以防再次出险。

(3) 辅助措施。临水坡查漏洞进口的同时，为减缓堤土流失，可在背水漏洞出口处构筑围井，反滤导渗，降低洞内水流流速。切忌在漏洞出口处用不透水料强塞硬堵，致使洞口土体进一步冲蚀，导致险情扩大，危及堤防安全。

**【案例 12】** 湖北洪湖市长江周家咀堤段清水洞抢险

1998 年 7 月 5 日至 26 日 11 时，洪湖市长江干堤周家咀堤段，桩号 525+735～525+800 背水坡和背水坡脚出现清水洞群，共 11 孔。其中：1 号、2 号孔孔径 0.02m，3 号孔孔径 0.05m，出水量 2.4$m^3$/h，出险时外江水位 31.21m；4 号孔孔径 0.02m，出水量 0.6$m^3$/h，7 月 25 日 10 时出险；5 号、6 号、7 号孔孔径 0.02m，7 月 26 日 7 时出险；8 号孔孔径 0.03m，7 月 26 日 10 时出险；9 号孔孔径 0.02m，7 月 26 日 11 时出险，出险时外江水位 31.78m。出险处堤顶高程 33.12m，堤顶宽 13m，内外坡比均为 1∶3，临水侧滩地高程 29.92m，滩宽 10m，背水侧平台高程 28.0m，宽 48m，堤内水塘塘底高程 24.0m，塘内水深 1.6m。

1996 年汛期，在此堤段附近曾出现过长 6m、宽 3m、深 2m 的堤顶跌窝，堤脚出现大量清水洞，距堤脚 30m 处出现 2 个浑水洞，判断为白蚁洞所致。这次险情亦属白蚁所致。

经反复研究，采取水下抢险措施：

(1) 1 号、2 号、4 号、5 号～9 号孔筑围井，直径 1m，高 0.5m，采用二级导滤，沙、砾石各厚 0.2m；3 号孔筑围井，直径 1.5m，高 0.7m，采用三级导滤，砾石、沙石各厚 0.2m。

(2) 1998 年 7 月 26 日 12 时开始构筑黏土外帮以截渗。在桩号 525＋720～525＋870，长 150m，外帮宽 10m，高程 34.8m。

(3) 构筑背水侧围堰长 40m，桩号 525＋770～525＋810，宽 8m，高 1.5m。

抢险处理后，险情稳定，均出清水。2 号孔停止出水，其余孔径出水量明显减少。

## 任务二 堤基管涌险情的判别和抢护

在渗流水作用下土颗粒群体运动，称为流土。填充在土体骨架空隙中的细颗粒被渗水带走的现象，称为管涌。通常将上述两种渗透破坏统称为管涌（又称翻沙鼓水、泡泉）。管涌险情的发展以流土最为迅速，它的过程是随着出水口涌水挟沙增多，涌水量也随着增大，逐渐形成管涌洞，如将附近堤（闸）基下沙层淘空，就会导致堤（闸）身骤然下挫，甚至酿成决堤灾害。据统计，1998 年汛期，长江干堤近 2/3 的重大险情是管涌险情。所以发生管涌时，绝不能掉以轻心，必须迅速予以处理，并进行必要的监护。

### 一、管涌险情产生的原因

管涌形成的原因是多方面的。一般来说，堤防基础为典型的二元结构，上层是相对不透水的黏性土或壤土，下面是粉沙、细沙，再下面是砂砾卵石等强透水层，并与河水相通（图 5－2－8）。在汛期高水位时，由于强透水层渗透水头损失很小，堤防背水侧数百米范围内表土层底部仍承受很大的水压力。如果这股水压力冲破了黏土层，在没有反滤层保护的情况下，粉沙、细沙就会随水流出，从而发生管涌。

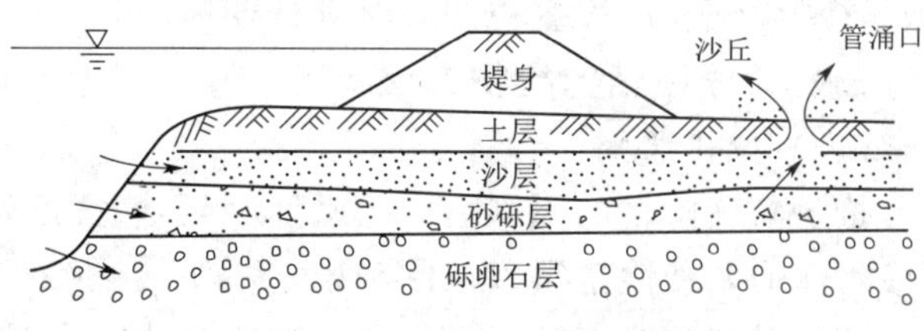


图 5－2－8 管涌险情示意图

堤防背水侧的地面黏土层不能抗御水压力而遭到破坏的原因大致有以下几点。

(1) 防御水位提高，渗水压力增大，堤背水侧地面黏土层厚度不够。

(2) 历史上溃口段内黏土层遭受破坏，复堤后，堤背水侧留有渊潭，渊潭中黏土层较薄，常有管涌发生。

(3) 历年在堤背水侧取土加培堤防，将黏土层挖薄。

(4) 建闸后渠道挖方及水流冲刷将黏土层减薄。

(5) 在堤背水侧钻孔或勘探爆破孔封闭不实和一些民用井的结构不当，形成渗流通道。如1995年荆江大堤柳口堤段，距背水侧堤脚数百米的地方因钻孔封填不实，汛期发生了管涌；1998年汛期，湖北省公安县及江西省的九江市均有因民用井结构不当而出现险情的。

(6) 由于其他原因将堤背水侧表土层挖薄。

## 二、管涌险情的判别

管涌险情的严重程度一般可以从以下几个方面加以判别，即管涌口离堤脚的距离；涌水浑浊度及带沙情况；管涌口直径；涌水量；洞口扩展情况；涌水水头等。由于抢险的特殊性，目前都是凭有关人员的经验来判断。具体操作时，管涌险情的危害程度可从以下几方面分析判别：

(1) 管涌一般发生在背水堤脚附近地面或较远的坑塘洼地。距堤脚越近，其危害性就越大。一般以距堤脚15倍水位差范围内的管涌最危险，在此范围以外的次之。

(2) 有的管涌点距堤脚虽远一点，但是，管涌不断发展，即管涌口径不断扩大，管涌流量不断增大，带出的沙越来越粗，数量不断增大，这也属于重大险情，需要及时抢护。

(3) 有的管涌发生在农田或洼地中，多是管涌群，管涌口内有沙粒跳动，似“煮稀饭”，涌出的水多为清水，险情稳定，可加强观测，暂不处理。

(4) 管涌发生在坑塘中，水面会出现翻花鼓泡，水中带沙、色浑，有的由于水较深，水面只看到冒泡，可潜水探摸，是否有凉水涌出或在洞口是否形成沙环。

需要特别指出的是，由于管涌险情多数发生在坑塘中，管涌初期难以发现。因此在荆江大堤加固设计中曾采用填平堤背水侧200m范围内水塘的办法，有效地控制了管涌险情的发生。

(5) 堤背水侧地面隆起（牛皮包、软包）、膨胀、浮动和断裂等现象也是产生管涌的前兆，只是目前水的压力不足以顶穿上覆土层。随着江水位的上涨，有可能顶穿，因而对这种险情要高度重视并及时进行处理。

## 三、管涌险情的抢护方法

### （一）抢护原则

抢护管涌险情的原则是“导水抑沙”。这样既可使沙层不再被破坏，又可以降低附近渗水压力，使险情得以控制和稳定。

值得警惕的是，管涌虽然是堤防溃口的极为明显和常见的原因，但对它的危险性仍有认识不足，措施不当，或麻痹疏忽，贻误时机的。如大围井抢筑不及，或高围井倒塌都曾造成决堤灾害。

### （二）抢护方法

#### 1. 反滤围井

在管涌口处用编织袋或麻袋装土抢筑围井，井内同步铺填反滤料，从而制止涌水带沙，以防险情进一步扩大，当管涌口很小时，也可用无底水桶或汽油桶做围井。这种方法适用于发生在地面的单个管涌或管涌数目虽多但比较集中的情况。对水下管涌，当水深较浅时也可以采用。

围井面积应根据地面情况、险情程度、料物储备等来确定。围井高度应以能够控制涌水带沙为原则，但也不能过高，一般不超过 1.5m，以免围井附近产生新的管涌。对管涌群，可以根据管涌口的间距选择单个或多个围井进行抢护。围井与地面应紧密接触，以防造成漏水，使围井水位无法抬高。

围井内必须用透水料铺填，切忌用不透水材料。根据所用反滤料的不同，反滤围井可分为以下几种形式：

（1）沙石反滤围井。沙石反滤围井是抢护管涌险情的最常见形式之一。选用不同级配的反滤料，可用于不同土层的管涌抢险。在围井抢筑时，首先应清理围井范围内的杂物，并用编织袋或麻袋装土填筑围井。然后根据管涌程度的不同，采用不同的方式铺填反滤料：对管涌口不大、涌水量较小的情况，采用由细到粗的顺序铺填反滤料，即先装细料，再填过渡料，最后填粗料，每级滤料的厚度为 20～30cm，反滤料的颗粒组成应根据被保护土的颗粒级配事先选定和储备；对管涌口直径和涌水量较大的情况，可先填较大的块石或碎石，以消杀水势，再按前述方法铺填反滤料，以免较细颗粒的反滤料被水流带走。反滤料填好后应注意观察，若发现反滤料下沉可补足滤料，若发现仍有少量浑水带出而不影响其骨架改变（即反滤料不下陷），可继续观察其发展，暂不处理或略抬高围井水位。管涌险情基本稳定后，在围井的适当高度插入排水管（塑料管、钢管和竹管），使围井水位适当降低，以免围井周围再次发生管涌或井壁倒塌。同时，必须持续不断地观察围井及周围情况的变化，及时调整排水口高度，如图 5-2-9 所示。

（2）土工织物反滤围井。首先对管涌口附近进行清理平整，清除尖锐杂物。管涌口用粗料（碎石、砾石）充填，以消杀涌水压力。铺土工织物前，先铺一层粗沙，粗沙层厚 30～50cm。然后选择合适的土工织物铺上。需要特别指出的是，土工织物的选择是相当重要的，并不是所有土工织物都适用。选择的方法可以将管涌口涌出的水沙放在土工织物上从上向下渗几次，看土工织物是否会被淤堵。若管涌带出的土为粉沙时，一定要慎重选用土工织物（针刺型）；若为较粗的沙，一般的土工织物均可选用。最后要注意的是，土工织物铺设一定要形成封闭的反滤层，土工织物周围应嵌入土中，土工织物之间用线缝合。然后在土工织物上面用块石等强透水材料压盖，加压顺序为先四周后中间，最终中间高、四周低，最后在管涌区四周用土袋修筑围井。围井修筑方法和井内水位控制与沙石反滤围井相同，如图 5-2-10 所示。

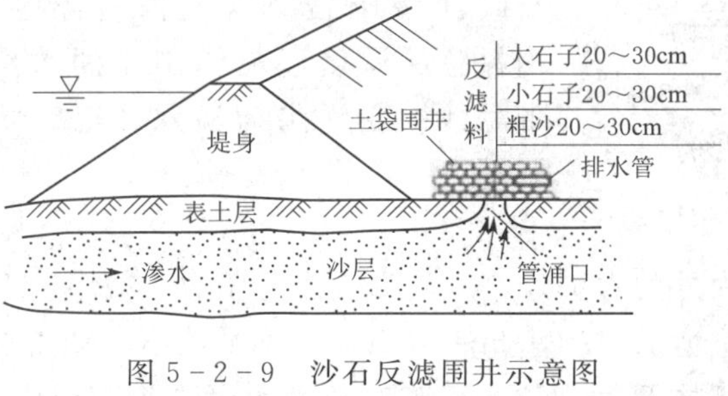


图 5-2-9　沙石反滤围井示意图

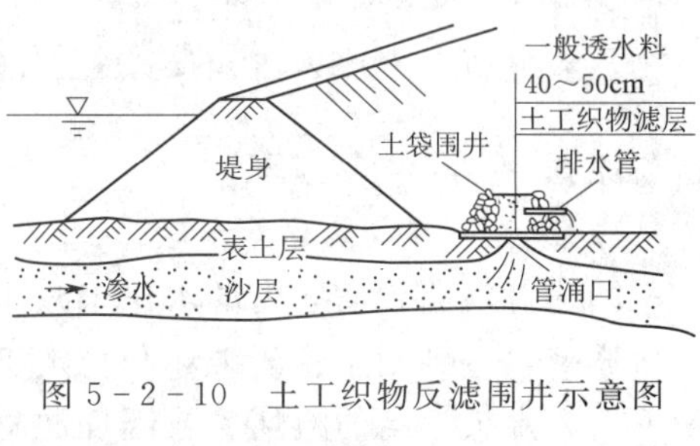


图 5-2-10　土工织物反滤围井示意图

（3）梢料反滤围井。梢料反滤围井用梢料代替沙石反滤料做围井，适用于沙石料缺少的地方。下层选用麦秸、稻草，铺设厚度 20～30cm。上层铺粗梢料，如柳枝、芦苇等，铺设厚度 30～40cm。梢料填好后，为防止梢料上浮，梢料上面压块石等透水材料。

围井修筑方法及井内水位控制与沙石反滤围井相同，如图 5-2-11 所示。

2. 反滤层压盖

在堤内出现大面积管涌或管涌群时，如果料源充足，可采用反滤层压盖的方法，以降低涌水流速，制止地基泥沙流失，稳定险情。反滤层压盖必须用透水性好的材料，切忌使用不透水材料。根据所用反滤材料不同，可分为以下几种：

(1) 沙石反滤压盖（图 5-2-12）。在抢筑前，先清理铺设范围内的杂物和软泥，同时对其中涌水涌沙较严重的出口用块石或砖块抛填，消杀水势，然后在已清理好的管涌范围内，铺粗沙一层，厚约 20cm，再铺小石子和大石子各一层，厚度均为 20cm，最后压盖块石一层，予以保护。

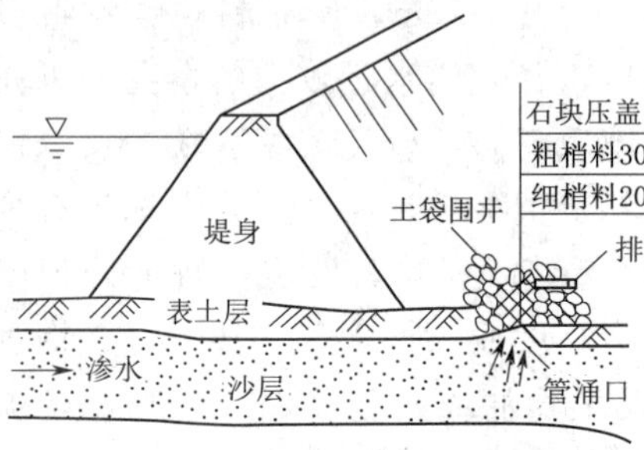


图 5-2-11 梢料反滤围井示意图

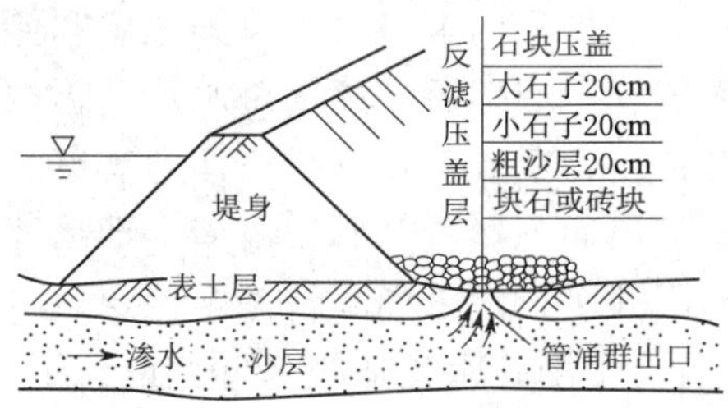


图 5-2-12 沙石反滤压盖示意图

(2) 梢料反滤压盖（图 5-2-13）。当缺乏沙石料时，可用梢料做反滤压盖。其清基和消杀水势措施与沙石反滤压盖相同。在铺筑时，先铺细梢料，如麦秸、稻草等，厚 10～15cm，再铺粗梢料，如柳枝、秫秸和芦苇等，厚 15～20cm，粗细梢料共厚约 30cm，然后再铺席片、草垫或苇席等，组成一层。视情况可只铺一层或连铺数层，然后用块石或沙袋压盖，以免梢料漂浮。梢料总的厚度以能够制止涌水携带泥沙、变浑水为清水、稳定险情为原则。

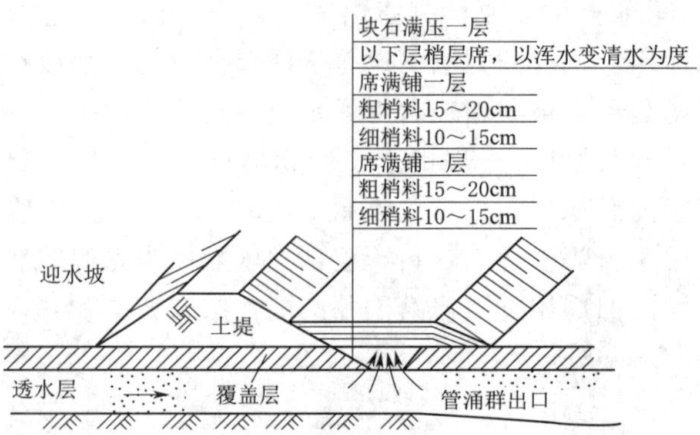


图 5-2-13 梢料反滤压盖示意图

3. 蓄水反压（俗称养水盆）

即通过抬高管涌区内的水位来减小堤内外的水头差，从而降低渗透压力，减小出逸水力坡降，达到制止管涌破坏和稳定管涌险情的目的，此法适用于水头差较小，管涌水量不大，水头不高的险情。或因反滤材料不能及时到位，可临时筑养水盆以缓解险情。筑养水盆必须注意土袋围面尽可能放大，高度以盆内水深能制止细砂流失为准，并在水面位置留溢流口，如图 5-2-14 所示。

蓄水反压的主要形式有以下几种。

(1) 渠道蓄水反压。一些穿堤建筑物后的渠道内，由于覆盖层减薄，常产生一些管涌险情，且沿渠道一定长度内发生。对这种情况，可以在发生管涌的渠道下游做隔堤，隔堤高度与两侧地面平，蓄水平压后，可有效控制管涌的发展。如安徽省的陈洲电排站、新河口站等老险闸站都采用此法除险。

(2) 塘内蓄水反压。有些管涌发生在塘中，在缺少沙石料或交通不便的情况下，可沿塘四周做围堤，抬高塘中水位以控制管涌。但应注意不要将水面抬得过高，以免周围地面出现新的管涌。

(3) 围井反压。对于大面积的管涌区和老的险工段，由于覆盖层很薄，为确保汛期安全度汛，可抢筑大的围井，并蓄水反压，控制管涌险情。如 1998 年安庆市东郊马窝段，属长江上的一个老险工段，覆盖层厚度仅 0.8～3m，汛期抢筑了五个大的围井，有效控制了 5km 长堤段内管涌险情的发生。采用围井反压时，由于井内水位高、压力大，围井要有一定的强度，同时应严密监视周围是否出现新管涌。切忌在围井附近取土。

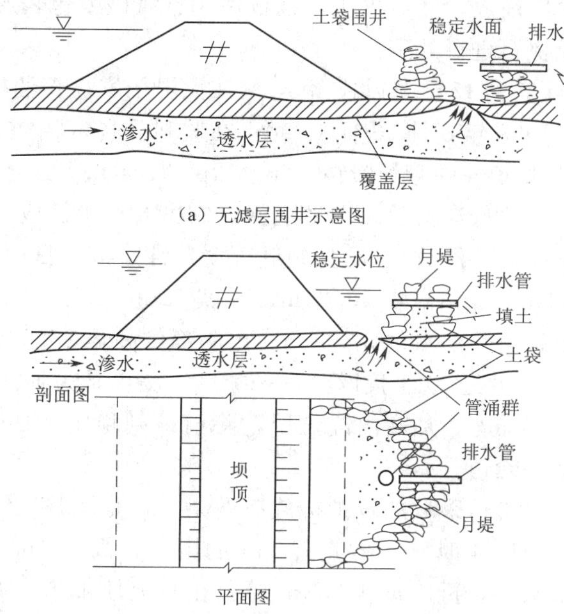

(a) 无滤层围井示意图

(b) 背水月堤示意图

图 5-2-14 蓄水反压示意图

(4) 其他。对于一些小的管涌，一时又缺乏反滤料，可以用小的围井围住管涌，蓄水反压，制止涌水带沙。也有的用无底水桶蓄水反压，达到稳定管涌险情的目的。

4. 水下管涌险情抢护

在坑、塘、水沟和水渠处经常发生水下管涌，给抢险工作带来困难。可结合具体情况，采用以下处理办法：

(1) 反滤围井。当水深较浅时，可采用这种方法。

(2) 水下反滤层。当水深较深，做反滤围井困难时，可采用水下抛填反滤层的办法。如管涌严重，可先填块石以消杀水势，然后从水上向管涌口处分层倾倒沙石料，使管涌处形成反滤堆，使沙粒不再带出，从而达到控制管涌险情的目的，但这种方法使用沙石料较多。

(3) 蓄水反压。当水下出现管涌群且面积较大时，可采用蓄水反压的办法控制险情，可直接向坑塘内蓄水，如果有必要，也可以在坑塘四周筑围堤蓄水。

5. “牛皮包”的处理

当地表土层在草根或其他胶结体作用下凝结成一片时，渗透水压把表土层顶起而形成的鼓包，俗称为“牛皮包”。一般可在隆起的部位，铺麦秸或稻草一层，厚 10～20cm，其上再铺柳枝、秫秸或芦苇一层，厚 20～30cm。如厚度超过 30cm 时，可分横竖两层铺放，然后再压，铺成后用锥戳破鼓包表层，使内部的水和空气排出，然后压土袋或块石进行处理。

**【案例 13】** 湖北监利县荆江大堤杨家湾管涌抢险

1998 年 8 月 30 日 12 时，在监利县杨家湾桩号 638＋400，距堤脚 400m 处发现一孔径 0.50m 的管涌险情，出沙 $2m^3$，涌水高出地面 0.20m。堤背水侧原是吹填淤区外缘的一块低洼农田，因地温低，农民弃种，已成沼泽地。历史上曾出现过大型管涌，背水坡脱坡（滑坡）、堤身裂缝等溃口性险情。目前吹填平台已有 120～250m 宽，平台高程 31m。堤顶高程 40.24m，顶宽 12m。8 月 17 日该段最高水位曾达 38.81m。8 月 30 日出险时长江水位 37.60m。出险部位高程 28.50m。

20 世纪 70 年代以前，杨家湾大堤堤基为细沙层，出险部位在距堤脚 100m 范围内，经吹填加宽、加高内铺盖层，险情得到稳定。1998 年的水位高，持续时间较长，出现了新的险情。

出险后采取的抢护措施有两条：一是围井三级反滤，二是围堰抽水反压。1998 年 8 月 30 日 14 时开始做直径 5m 的围井，高 1.1m。具体做法是：先用大卵石填平洞口，消杀水势，再填黄沙 0.3m 厚，在其上填瓜米石 0.25m 厚，最后填卵石 0.20m 厚。围井水位蓄至 29.50m。与此同时，对 2 亩沼泽地加做围堰，高程为 29.40m，蓄水位 29.20m，以防险情转移。17 时处理结束，并测出涌水量 14kg/s。20 时发现填料周围冒沙，到 22 时，测得管涌口环形沙带内径为 2m，外径为 3m，厚为 0.05m，出沙量 $0.157m^3/h$。上述情况表明采用的抢护措施不当，处理效果不好。当即决定清除直径 3m，厚 0.3m 范围内的反滤料。重新做三级反滤。具体做法是，第一层填黄沙厚 0.2m，第二层填瓜米石厚 0.2m，第三层填卵石厚 0.15m。31 日零时完成。但第二天晨 6 时，滤料周围又出水带沙，测得出沙量为 $0.116m^3/h$。经初步分析，以上二次处理不理想的原因是：管涌口涌水压力过大，将第一层滤料黄沙冲动带出孔口。决定再次返工，重做三级反滤。8 时 30 分开始处理，首先清除直径 3.5m，厚 0.4m 范围内的滤料然后铺直径 3.0m 的纱布，以消杀水势，接着在纱布上做三层反滤，第一层填黄沙厚 0.20m，第二层填瓜米石厚 0.20m，第三层填卵石厚 0.1m，并将围井水位由 29.50m 升至 29.80m，围堰水位升至 29.50m，于 11 时 20 分处理完毕。

31 日 16 时观察到出水不带沙，但出浑水。在滤料上有三处下陷，深 0.05～0.10m，总面积约 $1m^2$。分析认为，这是填料空隙的自然调整和补填的石料整平所致。

9 月 1 日 8 时观察，出水已基本变清，但仍有少量的沙和泥，此时出沙主要在一处，也不像以前呈环形带沙。8 时 30 分，对此带沙处（$1.5m^3$）重做三级反滤。至 16 时出水比 8 时明显变清，带沙量减少，险情基本稳定。此时长江水位为 37.78m。

为了判断管涌险情抢护效果，对每天 8 时的出水量和 24 小时的带沙量做了测量，现摘录如下（表 5－2－1）。

从观测纪录看，到 9 月 3 日险情已完全稳定。9 月 6 日的带沙量较前日增加，绝大部分是填进去的滤料沙。分析其原因，瓜米石规格不符，粒径偏大，决定对瓜米石进行筛分，用 0.5cm 以下的瓜米石铺在黄沙上，厚 0.1m，到 9 月 7 日管涌险情基本解除。

表 5-2-1　　每天 8h 出水量和 24h 带沙量统计表

| 日期 | 出水量 /(kg/s) | 带沙量 /($m^3$/h) | 长江水位 /m | 日期 | 出水量 /(kg/s) | 带沙量 /($m^3$/h) | 长江水位 /m |
|---|---|---|---|---|---|---|---|
| 9月2日 | 13 | 0.18 | 37.60 | 9月5日 | 6 | 0.01 | 36.94 |
| 9月3日 | 9 | 0.13 | 37.44 | 9月6日 | 6 | 0.04 | 36.76 |
| 9月4日 | 7 | 0.06 | 37.17 | 9月7日 | 4 | 0.005 | 36.62 |

此次管涌险情抢护共耗用沙石料 140t，编织袋 25000 条，橡胶（直径 6 寸）虹吸管 240m，抽水机械 2 台套，投入劳力 4200 人（含武警官兵）。

在管涌险情抢护过程中，有以下两个经验教训：①对孔径大，涌水量亦大的管涌，必须解决好涌水压力大的问题。保证第一级黄沙铺垫厚度到位，是保证三级反滤成功与否的关键；②做反滤料的沙石料级配要合理，滤料沙被带出的主要原因是瓜米石的粒径过大，为滤料砂粒径的 9～15 倍为宜。

## 任务三　堤坡渗水险情的判别和抢护

渗水俗称“散浸”“散渗”等。其主要表现特征是：在汛期或持续高水位的情况下，江湖水通过堤身向堤内渗透。由于堤身土料选择不当、堤身断面单薄或施工质量等方面的原因，渗透到堤内的水较多，浸润线相应抬高，使得堤背水坡出逸点以下土体湿润或发软，有水渗出，称为渗水。渗水是堤防常见的险情之一，如图 5-2-15 所示。

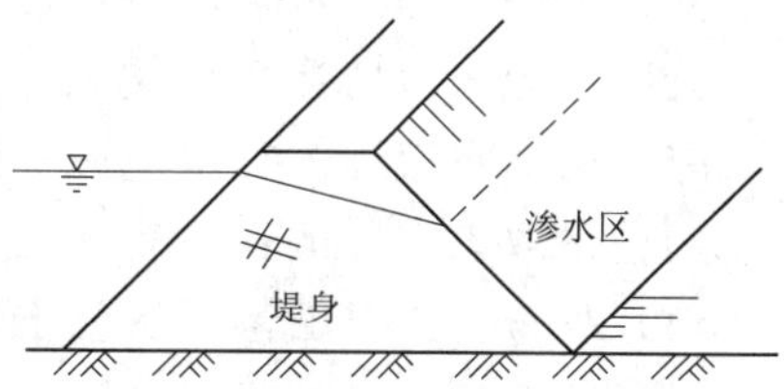


图 5-2-15　渗水示意图

### 一、渗水险情产生的原因

堤防产生渗水的主要原因有：①超警戒水位持续时间长；②堤防断面尺寸不足；③堤身填土含沙量大，临水坡又无防渗斜墙或其他有效控制渗流的工程措施；④由于历史原因，堤防多为民工挑土而筑，填土质量差，没有正规的碾压，有的填筑时含有冻土、团块和其他杂物，夯实不够等；⑤堤防的历年培修，使堤内有明显的新老结合面存在；⑥堤身隐患，如蚁穴、蛇洞、暗沟、易腐烂物、树根等。

### 二、渗水险情的判别

渗水险情的严重程度可以从渗水量、出逸点高度和渗水的浑浊情况等三个方面加以判别，目前常从以下几方面区分险情的严重程度。

（1）堤背水坡严重渗水或渗水已开始冲刷堤坡，使渗水变浑浊，有发生流土的可能，证明险情正在恶化，必须及时进行处理，防止险情的进一步扩大。

（2）渗水是清水，但如果出逸点较高（黏性土堤防不能高于堤坡的 1/3，而对于沙性土堤防，一般不允许堤身渗水），易产生堤背水坡滑坡、漏洞及陷坑等险情，也要及时处理。

（3）因堤防浸水时间长，在堤背水坡出现渗水。渗水出逸点位于堤脚附近，为少量清水，经观察并无发展，同时水情预报水位不再上涨或上涨不大时，可加强观察，注意险情的变化，暂不处理。

(4) 其他原因引起的渗水。通常与险情无关，如堤背水坡江水位以上出现渗水，系由雨水、积水排出造成。

应当指出的是，许多渗水的恶化都与雨水的作用关系甚密，特别是填土不密实的堤段。在降雨过程中应密切注意渗水的发展，该类渗水易引起堤身凹陷，从而使一般渗水险情转化为重大险情。

## 三、渗水险情的抢护方法

### (一) 抢护原则

渗水的抢护应以“临水（河）截渗，背水（河）导渗”为原则。在临水坡用黏性土壤修筑前戗，也可用篷布、土工膜隔渗，以减少渗水入堤；在背水坡用透水性较强的砂石，土工织物或柴草反滤，通过反滤，将已入渗的水有控制地只让清水流走，不让土粒流失，降低浸润线，保持堤身稳定。切忌在背水坡面用黏性上压渗，这样会阻碍堤身内的渗流逸出，势必抬高浸润线，导致渗水范围扩大和险情加剧。

### (二) 抢护方法

1. 临水截渗

为减少堤防的渗水量，降低浸润线，达到控制渗水险情发展和稳定堤防边坡的目的，特别是渗水险情严重的堤段，如渗水出逸点高、渗出浑水、堤坡裂缝及堤身单薄等，应采用临水截渗。临水截渗一般应根据临水的深度、流速、风浪的大小，取土的难易，酌情采取以下方法：

(1) 复合土工膜截渗。堤临水坡相对平整和无明显障碍时，采用复合土工膜截渗是简便易行的办法。具体做法是：在铺设前，将临水坡面铺设范围内的树枝、杂物清理干净，以免损坏土工膜。土工膜顺坡长度应大于堤坡长度 1m，沿堤轴线铺设宽度视堤背水坡渗水程度而定，一般超过险段两端 5～10m，幅间的搭接宽度不小于 50cm。每幅复合土工膜底部固定在钢管上，铺设时从堤坡顶沿坡向下滚动展开，土工膜铺设的同时，用土袋压盖，以免土工膜随水浮起，同时提高土工膜的防冲能力。也可用复合土工膜排体作为临水面截渗体。

(2) 抛黏土截渗。当水流流速和水深不大且有黏性土料时，可采用临水面抛填黏土截渗。将临水面堤坡的灌木、杂物清除干净，使抛填黏土能直接与堤坡土接触。抛填可从堤肩由上向下抛，也可用船只抛填。当水深较大或流速较大时，可先在堤脚处抛填土袋构筑潜堰，再在土袋潜堰内抛黏土。黏土截渗体一般厚 2～3m，高出水面 1m，超出渗水段 3～5m。

2. 背水坡反滤沟导渗

当堤背水坡大面积严重渗水，而在临水侧迅速做截渗有困难时，只要背水坡无脱坡或渗水变浑情况，可在背水坡及其坡脚处开挖导渗沟，排走背水坡表面土体中的渗水，恢复土体的抗剪强度，控制险情的发展。

根据反滤沟内所填反滤料的不同，反滤导渗沟可分为三种：①在导渗沟内铺设土工织物，其上回填一般的透水料，称为土工织物导渗沟；②在导渗沟内填沙石料，称为沙石导渗沟，1998 年汛期，湖北监利和洪湖长江干堤采用效果较好；③因地制宜地选用一些梢料作为导渗沟的反滤料，称为梢料导渗沟。

(1) 导渗沟的布置形式。导渗沟的布置形式可分为纵横沟、Y 字形沟和人字形沟等。以人字形沟的应用最为广泛，效果最好，Y 字形沟次之，如图 5－2－16 所示。

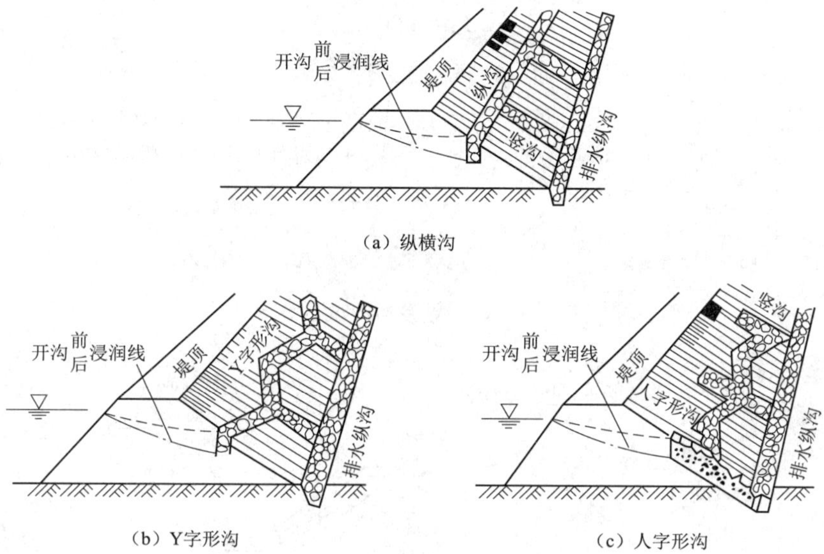


图 5－2－16 导渗沟开沟示意图

(2) 导渗沟尺寸。导渗沟的开挖深度、宽度和间距应根据渗水程度和土壤性质确定。一般情况下，开挖深度、宽度和间距分别选用 30～50cm、30～50cm 和 6～10m。导渗沟的开挖高度，一般要达到或略高于渗水出逸点位置。导渗沟的出口，以导渗沟所截得的水排出离堤脚 2～3m 外为宜，尽量减少渗水对堤脚的浸泡。

(3) 反滤料铺设。边开挖导渗沟，边回填反滤料。反滤料为沙石料时，应控制含泥量，以免影响导渗沟的排水效果；反滤料为土工织物时，土工织物应与沟的周边结合紧密，其上回填碎石等一般的透水料，土工织物搭接宽度以大于 20cm 为宜；反滤料为梢料时，回填滤料为稻糠、麦秸、稻草、柳枝、芦苇等，其上应压透水盖重，如图 5－2－17 所示。

值得指出的是，反滤导渗沟对维护堤坡表面土的稳定是有效的，而对于降低堤内浸润线和堤背水坡出逸点高程的作用相当有限。要彻底根治渗水，还要视工情、水情、雨情等确定是否采用临水截渗和压渗固脚平台。

3. 背水坡贴坡反滤导渗

当堤身透水性较强，在高水位下浸泡时间长久，导致背水坡面渗流出逸点以下土体软化，开挖反滤导渗沟难以成形时，可在背水坡作贴坡反滤导渗。在抢护前，先将渗水边坡的杂草、杂物及松软的表土清除干净；然后，按要求铺设反滤料。根据使用反滤料的不同，贴坡反滤导渗可以分为三种：沙石反滤层；梢料反滤层；土工织物反滤层，如图 5－2－18～图 5－2－20 所示。

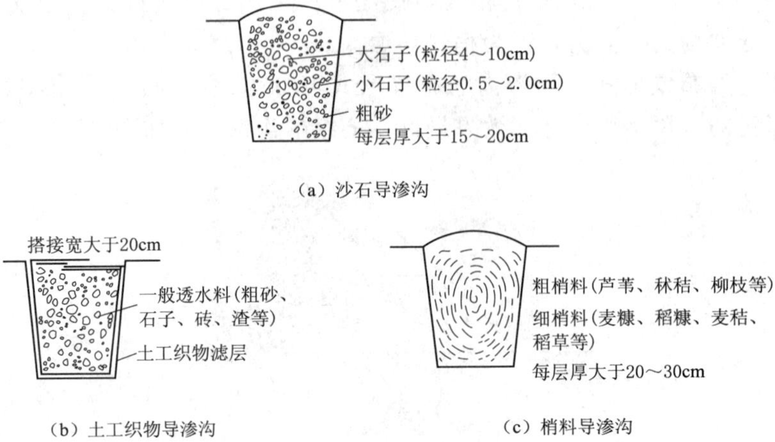


图 5-2-17 导渗沟铺填示意图

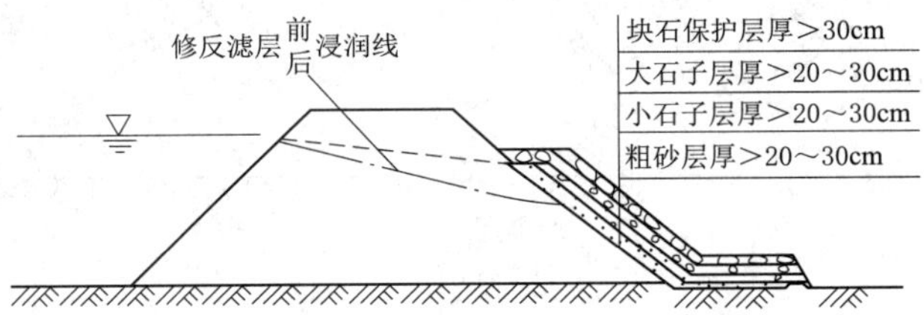


图 5-2-18 砂石反滤层示意图

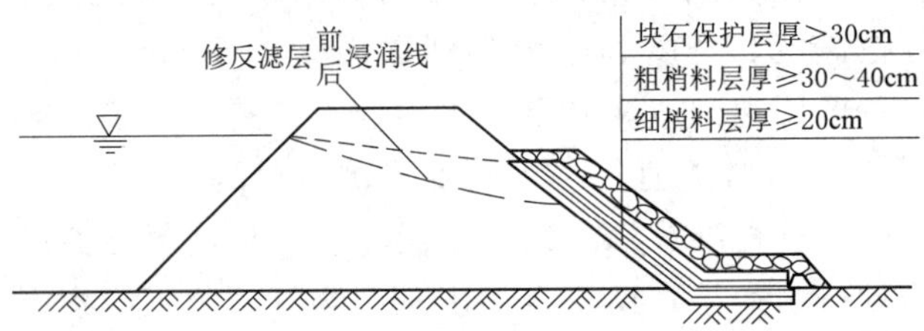


图 5-2-19 梢料反滤示意图

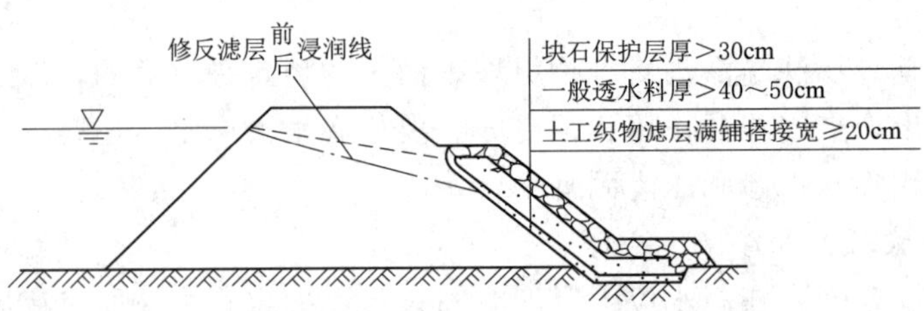


图 5-2-20 土工织物反滤示意图

4. 透水压渗平台

当堤防断面单薄，背水坡较陡，对于大面积渗水，且堤线较长，全线抢筑透水压渗平台的工作量大时，可以结合导渗沟加间隔透水压渗平台的方法进行抢护。透水压渗平台根据使用材料不同，有以下两种方法。

(1) 沙土压渗平台。首先将边坡渗水范围内的杂草、杂物及松软表土清除干净，再用砂砾料填筑后戗，要求分层填筑密实，每层厚度30cm，顶部高出浸润线出逸点0.5～1.0m，顶宽2～3m，戗坡一般为1：3～1：5，长度超过渗水堤段两端至少3m，如图5-2-21所示。

(2) 梢土压渗平台。当填筑沙砾压渗平台缺乏足够料物时，可采用梢土代替砂砾，筑成梢土压渗平台。其外形尺寸以及清基要求与沙土压渗平台基本相同，如图5-2-22所示，梢土压渗平台厚度为1～1.5m。贴坡段及水平段梢料均为三层，中间层粗，上、下两层细。

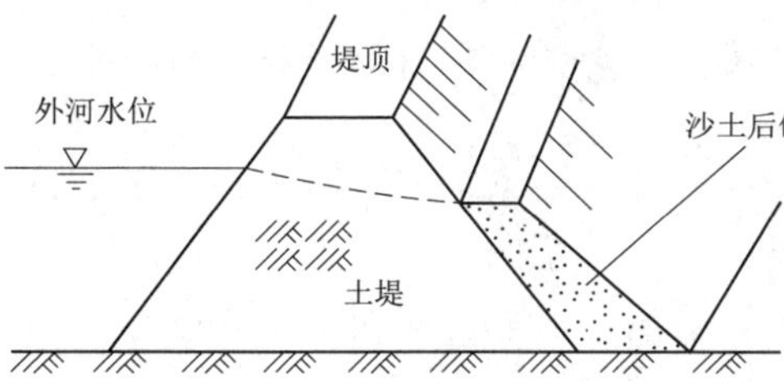


图5-2-21 沙石后戗示意图

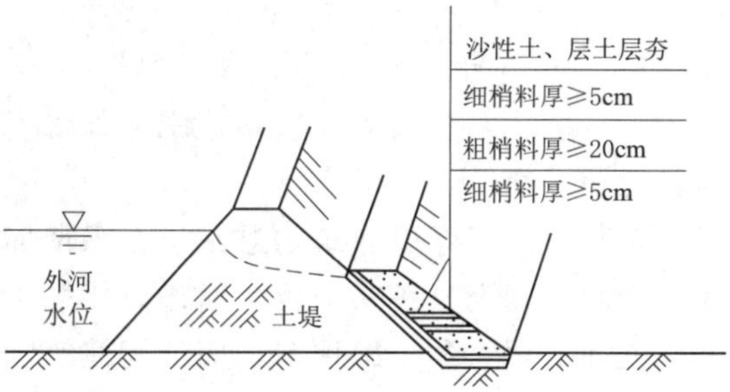


图5-2-22 梢土后戗示意图

## 任务四 接触冲刷险情的判别和抢护

接触冲刷险情发生在有穿堤建筑物的地方或土料层间系数大的堤段。由于穿堤建筑物多为刚性结构，在汛期高水位持续作用下，其与土堤的结合部位，极有可能产生位移张开，使水沿缝渗漏，形成接触冲刷险情。尤其是一些穿堤建筑物直接坐落在沙基上，其接触面渗水给建筑物安全带来极大的影响。

### 一、接触冲刷险情产生的原因

接触冲刷险情产生的原因主要有：①与穿堤建筑物接触的土体回填不密实；②建筑物与土体结合部位有生物活动；③止水齿墙（槽、环）失效；④一些老的涵箱断裂变形；⑤超设计水位的洪水作用；⑥穿堤建筑物的变形引起结合部位不密实或破坏等；⑦土堤直接修建在卵石堤基上；⑧堤基土中层间间隙太大的地方，如粉沙与卵石间也易产生接触冲刷。该类险情可以结合管涌险情来考虑，这里仅讨论穿堤建筑物的接触冲刷险情。

### 二、接触冲刷险情的判别

汛期穿堤建筑物处均应有专人把守，同时新建的一些穿堤建筑物应设有安全监测点，如测压管和渗压计等。汛期只要加强观测，及时分析堤身、堤基渗压力变化，即可分析判定是否有接触冲刷险情发生。没有设置安全监测设施的穿堤建筑物，可以从以下几个方面加以分析判别：①查看建筑物背水侧渠道内水位的变化，也可做一些水位标志进行观测，帮助判别是否产生接触冲刷；②查看堤背水侧渠道水是否浑浊，并判定浑水是从何处流进的，仔细检查各接触带出口处是否有浑水流出；③建筑物轮廓线周边与土结合部位处于水下，可能在水面产生冒泡或浑水，应仔细观察，必要时可进行人工探模；④接触带位于水上部分，在结合缝处（如八字墙与土体结合缝）有水渗出，说明墙与土体间产生了接触冲刷，应及早处理。

## 三、接触冲刷险情的抢护方法

### （一）抢护原则

穿堤建筑物与堤身、堤基接触带产生接触冲刷，险情发展很快，直接危及建筑物与堤防的安全，所以抢险时，应抢早抢小，一气呵成。抢护原则是“临水截堵，背水导渗”，特别是基础与建筑物接触部位产生冲刷破坏时，应抬高堤内渠道水位，减小冲刷水流流速。对可能产生建筑物塌陷的，应在堤临水面修筑挡水围堰或重新筑堤等。

### （二）抢护方法

1. 临水堵截

（1）抛填黏土截渗。适用范围。临水不太深，风浪不大，附近有黏土料，且取土容易，运输方便。

备料。由于穿堤建筑物进水口在汛期伸入江河中较远，在抛填黏土时，需要土方量大，为此，要充分备料，抢险时最好能采用机械运输，及时抢护。

坡面清理。黏土抛填前，应清理建筑物两侧临水坡面，将杂草、树木等清除，以使抛填黏土能较好地与临水坡面接触，提高黏土抛填效果。

抛填尺寸。沿建筑物与堤身、堤基结合部抛填，高度以超出水面 1m 左右为宜，顶宽 2～3m。

抛填顺序。一般是从建筑物两侧临水坡开始抛填，依次向建筑物进水口方向抛填，最终形成封闭的防渗黏土斜墙。

（2）临水围堰。临水侧有滩地，水流流速不大，而接触冲刷险情又很严重时，可在临水侧抢筑围堰，截断进水，达到制止接触冲刷的目的。临水围堰一定要绕过建筑物顶端，将建筑物与土堤及堤基结合部位围在其中。可从建筑物两侧堤顶开始进占抢筑围堰，最后在水中合龙；也可用船连接圆型浮桥进行抛填，加大施工进度，即时抢护。

在临水截渗时，靠近建筑物侧墙和涵管附近不要用土袋抛填，以免产生集中渗漏；切忌乱抛块石或块状物，以免架空，达不到截渗目的。

2. 堤背水侧导渗

（1）反滤围井。当堤内渠道水不深时（小于 2.5m），在接触冲刷水流出口处修筑反滤围井，将出口围住并蓄水，再按反滤层要求填充反滤料。为防止因水位抬高，引起新的险情发生，可以调整围井内水位，直至最佳状态为止，即让水排出而不带走沙土。具体方法见管涌抢护方法中的反滤围井。

（2）围堰蓄水反压。在建筑物出口处修筑较大的围堰，将整个穿堤建筑物的下游出口围在其中，然后蓄水反压，达到控制险情的目的。其原理和方法与抢护管涌险情的蓄水反压相同。

在堤背水侧反滤导渗时，切忌用不透水料堵塞，以免引起新的险情。在堤背水侧蓄水反压时，水位不能抬得过高，以免引起围堰倒塌或周围产生新的险情。同时，由于水位高，水压大，围堰要有足够的强度，以免造成围堰倒塌而出现溃口性险情。

3. 筑堤

当穿堤建筑物已发生严重的接触冲刷险情而无有效抢护措施时，可在堤临水侧或堤背水侧筑新堤封闭，汛后作彻底处理。具体步骤如下：

(1) 方案确定。首先应考虑抢险预案措施，根据地形、水情、人力、物力、抢护工程量及机械化作业情况，确定是筑临水围堤还是背水围堤。一般在堤背水侧抢筑新堤要容易些。

(2) 筑堤线路确定。根据河流流速、滩地的宽窄情况及堤内地形情况，确定筑堤线路，同时根据工程量大小，以及是否来得及抢护，确定筑堤的长短。

(3) 筑堤清基要求。确定筑堤方案和线路后，筑堤范围也即确定。首先应清除筑堤范围内的杂草、淤泥等，特别是新、老堤结合部位应清理彻底。否则一旦新堤挡水，造成结合部集中渗漏，将会引起新的险情发生。

(4) 筑堤填土要求。一般选用含沙少的壤土或黏土，严格控制填土的含水量、压实度，使填土充分夯实或压实，填筑要求可参考有关堤防填筑标准。

## 任务五　漫溢险情的判别和抢护

实际洪水位超过现有堤顶高程，或风浪翻过堤顶，洪水漫堤进入堤内即为漫溢。通常，土堤是不允许堤身过水的。一旦发生漫溢的重大险情，就很快会引起堤防的溃决。因此，在汛期应采取紧急措施防止漫溢的发生。1998 年汛期，长江和嫩江、松花江流域的很多堤段都发生了洪水位超越堤顶高程的重大险情，不得不紧急抢筑子堤，依靠子堤挡水。

### 一、漫溢险情的主要原因

(1) 实际发生的洪水超过了河道的设计标准。设计标准一般是准确而具权威性的，但也可能因为水文资料不够，代表性不足或由于认识上的原因，使设计标准定得偏低，形成漫溢的可能。这种超标准洪水的发生属非常情况。

(2) 堤防本身未达到设计标准，这可能是投入不足，堤顶未达设计高程，也可能因地基软弱，夯填不实，沉陷过大，使堤顶高程低于设计值。

(3) 河道严重淤积、过洪断面减小并对上游产生顶托，使淤积河段及其上游河段洪水位升高。

(4) 因河道上人为建筑物阻水或盲目围垦，减少了过洪断面，河滩种植增加了糙率，影响了泄洪能力，洪水位增高。

(5) 防浪墙高度不足，波浪翻越堤顶。

(6) 河势的变化、潮汐顶托以及地震引起水位增高。

### 二、漫溢险情的判别

对已达防洪标准的堤防，当水位已接近或超过设计水位时以及对尚未达到防洪标准的堤防，当水位已接近堤顶，仅留有安全超高富余时，应运用一切手段，适时收集水文、气象信息，进行水文预报和气象预报，分析判断更大洪水到来的可能性以及水位可能上涨的程度。为防止洪水可能的漫溢溃决，应根据准确的预报和河道的实际情况，在更大洪峰到来之前抓紧时机，尽全力在堤顶临水侧部位抢筑子堤。

一般根据上游水文站的水文预报，通过洪水演进计算的洪水位准确度较高。没有水文站的流域，可通过上游雨量站网的降雨资料，进行产汇流计算和洪水演进计算，作洪峰和汇流时间的预报。目前气象预报已具有了相当高的准确程度，能够估计洪水发展的趋势，从宏观上提供加筑子堤的决策依据。

大江大河平原地区行洪需历经一定时段，这为决策和抢筑子堤提供了宝贵的时间，而山区性河流汇流时间就短得多，抢护更为困难。

## 三、漫溢险情的抢护方法

### （一）抢护原则

对这种险情的抢护原则主要是“预防为主，水涨堤高”。当洪水位有可能超过堤（坝）顶时，为了防止洪水漫溢，应迅速果断地抓紧在堤坝顶部，充分利用人力，机械，因地制宜，就地取材，抢筑子堤（埝），力争在洪水到来之前完成。

### （二）抢护方法

通过对气象、水情、河道堤防的综合分析，对有可能发生漫溢的堤段，抓紧洪水到来之前的宝贵时间，在堤顶上加筑子堤。首先要因地制宜，迅速明确抢筑子堤的形式、取土地点以及施工路线等，组织人力、物料、机具，全线不留缺口，完成子堤的抢筑，并加强工程检查监督，确保子堤的施工质量，使其能承受水压，抵御洪水的浸泡和冲刷。子堤顶高要超出预测推算的最高洪水位，做到子堤不过水，但从堤身稳定考虑，子堤也不宜过高。各种子堤的外脚一般都应距大堤外肩 0.5～1.0m。抢筑各种子堤前应彻底清除地基的草皮、杂物，将表层刨毛，以利新老土层结合，并在子堤轴线开挖一条结合槽，深 20cm 左右，底宽 30cm 左右。子堤的形式大约有以下几种，可根据实际情况确定。

1. 黏性土子堤

现场附近拥有可供选用含水量适当的黏性土，可筑均质黏土子堤，不得用沼泽腐植土或沙土填筑，要分层夯实，堤顶宽 0.6～1.0m，边坡不应陡于 1：1，子堤水面可用编织布防护抗冲刷，编织布下端压在子堤底部。当情况紧急，来不及从远处取土时，堤顶较宽的可就近在背水侧堤肩的浸润线以上部分堤身借土筑子堤，如图 5-2-23 所示，这是不得已而为之，当条件许可时应抓紧修复。

2. 袋装土子堤

这是抗洪抢险中最为常用的形式，土袋临水可起防冲作用，广泛采用的是土工编织袋，麻袋和草袋亦可，汛期抢险应确保充足的袋料储备。此法便于近距离装袋和输送。为确保子堤的稳定，袋内不得装填粉细沙和稀软土，因为它们的颗粒容易被风浪冲刷吸出，宜用黏性土、砾质土装袋。装袋 7～8 成，最好不要用绳索扎口，可用尼龙线缝合袋口，使土袋砌筑服帖，袋口朝背水面，排列紧密，错开袋缝，上下袋应前后交错，上袋退后，成 1：0.3～1：0.5 的坡

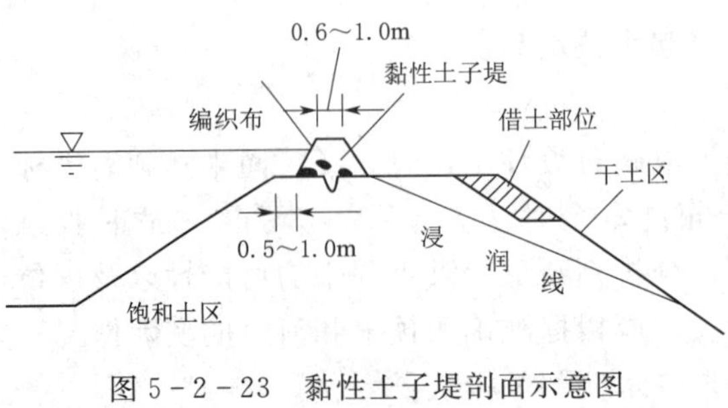

图 5-2-23 黏性土子堤剖面示意图

度。不足1m高的子堤临水面叠铺一排（或一丁一顺）土袋，较高的子堤底层可酌情加宽为两排以上。土袋内侧缝隙可在铺砌时分层用沙土填密实，外露缝隙用稻草、麦秸等塞严，以免袋后土料被风浪抽吸出来。土袋的背水面修土戗，应随土袋逐层加高而分层铺土夯实，如图5－2－24所示。

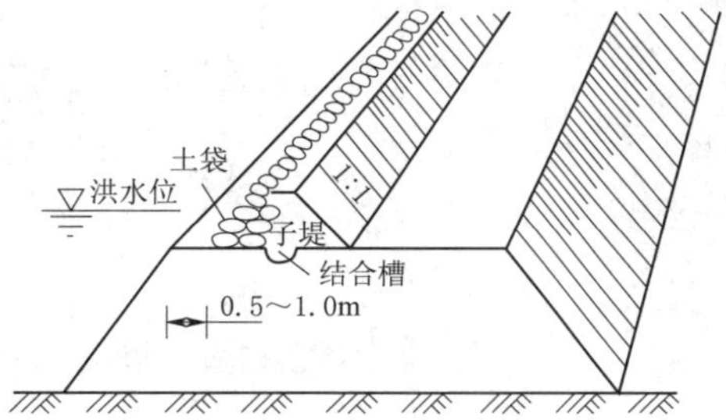

图5－2－24　袋装土子堤剖面示意图

3. 桩柳（桩板）子堤

当抢护堤段缺乏土袋，土质较差，可就地取材修筑桩柳（桩板）子堤。将梢径6～10cm的木桩打入堤顶，深度为桩长的1/3～1/2，桩长根据堤高而定，桩距0.5～1.0m，起直立和固定柳把（木板或门板）的作用。柳把是用柳枝或芦苇、秸料等捆成，长2～3m，直径20cm左右，用铅丝或麻绳绑扎于桩后（亦可用散柳厢修），自下而上紧靠木桩逐层叠捆。应先在堤面抽挖10cm的槽沟，使第一层柳把置入沟内。柳把起防风浪冲刷和挡土作用，在柳把后面散置一层厚约20cm的秸料，在其后分层铺土夯实（要求同黏性土子堤）作成土戗。也可用木板（门板）、秸箔等代替柳把。

临水面单排桩柳（木板）子堤，顶宽1.0m，背水坡1∶1，如图5－2－25所示。当抢护堤段堤顶较窄时，可用双排桩柳或桩板的子堤，里外两排桩的净桩距：桩柳取1.5m，桩板取1.1m。对应两排桩的桩顶用18～20号铅丝拉紧或用木杆连接牢固。两排桩内侧分别绑上柳把或散柳、木板等，中间分层填土并夯实，与大堤结合部同样要开挖轴线结合槽，如图5－2－26所示。

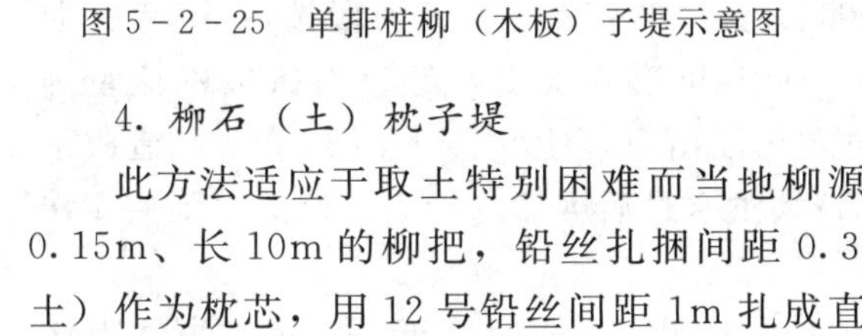

图5－2－25　单排桩柳（木板）子堤示意图

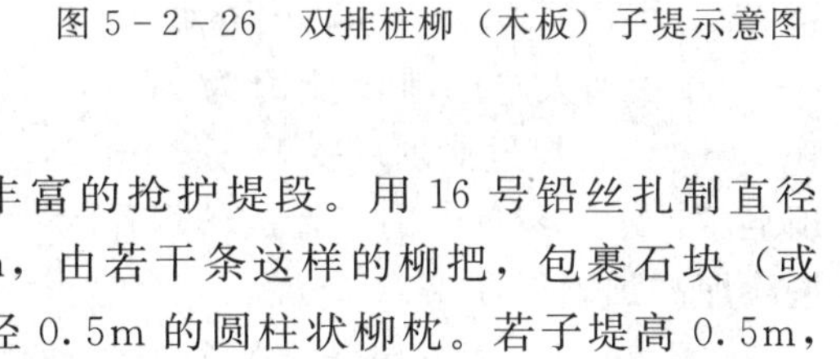

图5－2－26　双排桩柳（木板）子堤示意图

4. 柳石（土）枕子堤

此方法适应于取土特别困难而当地柳源丰富的抢护堤段。用16号铅丝扎制直径0.15m、长10m的柳把，铅丝扎捆间距0.3m，由若干条这样的柳把，包裹石块（或土）作为枕芯，用12号铅丝间距1m扎成直径0.5m的圆柱状柳枕。若子堤高0.5m，只需1个柳石枕置于临水面即可，若子堤是1.0m和1.5m高，则应需3个和6个柳石枕叠置于临水面（成品字形），底层第一枕前缘距临水堤肩1.0m，应在该枕两端各打木桩一个，以此固定，在该枕下挖深10cm的条槽，以免滑动和渗水。枕后同上述各种子堤，用土填筑戗体，子堤顶宽不应小于1.0m，边坡若土质差，可适当加宽顶部放缓边坡，如图5－2－27所示。

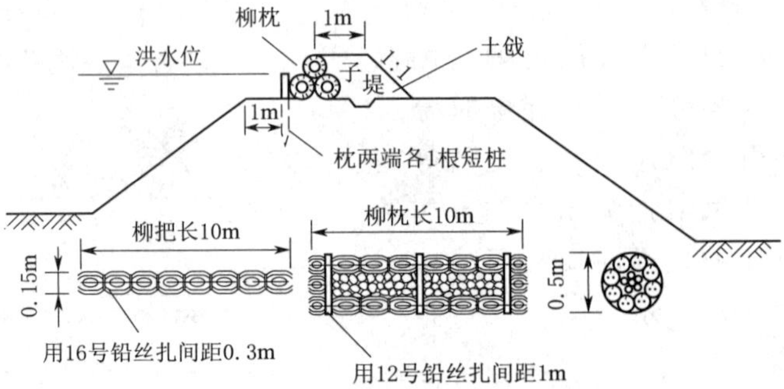


图 5-2-27 柳石（土）枕子堤示意图

5. 防浪墙子堤

如果抢护堤段原有浆砌块石或混凝土防浪墙，可以利用它来挡水，但必须在墙后用土袋加筑后戗，防浪墙体可作为临时防渗防浪面，土袋应紧靠防浪墙后叠砌（同袋装土子堤）。根据需要还可适当加高挡水，其宽度应满足加高的要求，如图 5-2-28 所示。

6. 土工织物土子堤

土工织物土子堤（图 5-2-29）的抢筑方法基本与纯土子堤相同，不同的是将堤坡防风浪的土工织物软体排铺设高度向上延伸覆盖至子堤顶部，使堤坡防风浪淘刷和堤顶防漫溢的软体排构成一个整体，达到更好效果。

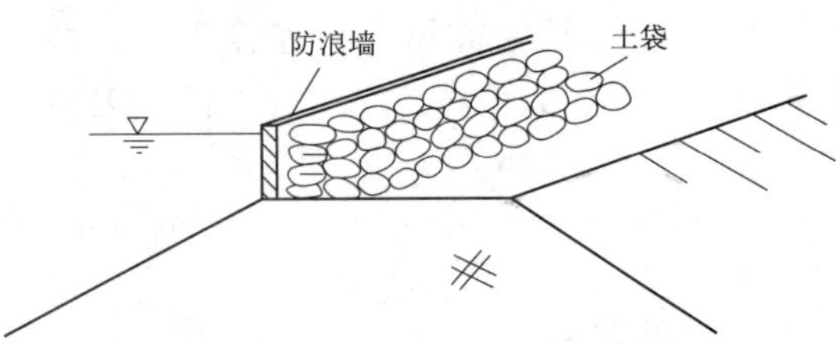


图 5-2-28 防浪墙子堤示意图

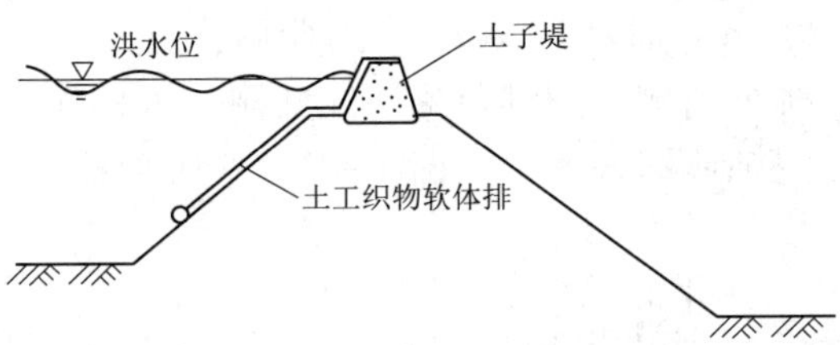


图 5-2-29 土工织物土子堤示意图

**【案例 14】** 湖北石首市长江调关以下堤段漫溢抢险。

湖北石首市长江调关以下堤段设计堤顶高程 38.60～39.50m，按 1954 年最高水位超 1m，堤面宽 5.5～6m，内外坡 1∶3，堤身高度 5.6～7m。石首河段按照 50 年一遇或 80 年一遇大水的泄洪能力为 $38500m^3/s$。1998 年第 6 次洪峰经过石首段的流量为 $46900m^3/s$，超过泄洪承受量 $8400m^3/s$。加之长江由下至上普降大雨到暴雨，造成下顶上压，水位屡创新高，造成子堤作为抵御特大洪水最后屏障的局面。调关以下共 4 次抢险加高加固子堤。

6 月 26 日，根据市防指的要求，动用民工 2 万人次，历时 2 天、完成土方 2 万多 $m^3$，抢筑一道顶宽 0.5m、高 0.5m、底宽 1.5m 的子堤。7 月 18 日，长江第二次洪峰安全经过调关。第三次洪峰预报调关水位将达 39.om，部分堤段子堤将挡水，子堤必须加高至 0.8m，顶面宽加至 0.6m，底宽加至 2m。7 月 26 日，长江第三次洪峰顺利通过调关，洪峰水位 39.0m，干堤鹅公凸段 400m 子堤挡水。

7 月 29 日获悉长江第四次洪峰将于 8 月 9 日左右到达调关，水位将达 39.80m，子堤再次加高到1.2m，顶面宽1m，底宽2.5m。8月9日8时，第四次洪峰通过调关，洪峰水位39.76m，子堤挡水0.2～0.6m。由于高水位持续浸泡时间长，在第五次洪峰到来之前，又对全线子堤进行了加固。8月13日19时，调关水位39.74m，水位仍在缓慢上涨，长江第五次洪峰尚未通过，上游更大的第六次洪峰已经形成，预报水位将达40.40m。3万多军民奋战两昼夜，抢运土方近10万$m^3$，子堤再次加至高1.7～2.2m，顶面宽1.5～2.2m，底宽2～4m。8月17日11时经上游水库成功调节错峰后的长江第六次特大洪峰抵达调关，洪峰水位40.10m，子堤挡水深度0.5～1.2m。

1998年长江干堤调关以下全线漫溢的成功抢护是建立在科学预测、科学决策、劳力及器材充足的基础上的。同时子堤质量也是十分重要的。调关以下全线子堤成功挡水13天，部分堤段子堤挡水37天，最深挡水达1.2m，实践证明子堤质量过关，其主要做法如下：

（1）子、母堤的有效衔接。母堤为沙石堤面，透水性强。所以，一是消除母堤外肩草质和沙石层，降低透水性；二是适当加宽子堤，延长渗透；三是子堤层层捣实（木桩捣、人踩）。

（2）新旧土体的有效结合。子堤加高加固时，新旧土体间容易出现较大缝隙，留有隐患。所以，定要消除旧土体表面覆盖物及其土表层，用湿度相近的疏松泥土与新土体结合，避免新旧土体间出现缝隙，减小渗水。

（3）子堤防浪。调关全段子堤临水面大多由7～12层编织袋层层错开垒成，防浪作用良好。有些重点堤段，风大浪高，子堤很容易被淘空，所以又采用了两种防浪措施，一是覆盖土工布或油布等，二是打桩固枕（柴枕、柳枕）。

## 任务六　风浪险情的判别和抢护

汛期江河涨水以后，堤坝前水深增加，水面加宽，当风速大，风向与吹程一致时，形成冲击力强的风浪，风浪所形成力强，容易造成土堤临水坡面的破坏，削弱土堤断面，可能导致决口漫溢灾害。对于风浪险情严重的堤段应立足防患于未然，除完成坚实的护坡，若有外滩条件则可种植防浪林带，缓解风浪的危害。对那些临水面尚未设置护坡的土堤，汛期要特别重视防护风浪险情。

### 一、风浪险情的成因

（1）堤坝抗冲能力差。如土质不合要求、碾压不密实，护坡质量差等，造成抗冲能力差。

（2）风大浪高。堤防前水深大，水面宽，风速大，风向和吹程一致则形成高浪及强大的冲击力直接冲击堤坡，侵蚀堤身。

（3）风浪爬高大，由于风浪爬高大，增加水面以上堤身的饱和范围，降低土壤的抗剪强度，造成崩塌破坏。

（4）当堤坝顶高程不足，低于浪高时，波浪越顶冲刷，造成决口。

### 二、风浪险情的判别

当堤前水面宽、深增加，且风向与吹程一致时，风大浪高对堤坡具有强大的冲击力。堤身质量不高，土质差，碾压不实，护坡薄弱，垫层不合要求，堤坡抗冲能力差，临水堤坡经受风浪一涌一退的反复冲击，波浪往返爬坡运动，会发生真空作用，堤坡面产生负压，使坡面土料、护坡缝隙内下级配不良的垫层颗粒遭到水流冲击和淘刷，造成堤坡坍塌，严重的可致溃决成灾。高水位时船舶航行波浪也会危及堤坡安全。

## 三、风浪险情的抢护方法

### （一）抢护原则

风浪险情的抢护原则是“削浪抗冲，防重于抢”，即削减风浪对临水坡冲击力，同时加强临水坡的抗冲能力。利用漂浮物防浪，拒波浪于堤防临水坡以外的水面上。由于波浪的能量多半集中在水面上，所以把漂浮物放置在临水坡前，波浪经过漂浮物以后，其运动的规律被打乱，可消减波浪的高度和冲击力。科学选用防汛料物，经加工后铺压在临水坡面，提高坡面抗冲能力，避免风浪冲蚀。

### （二）抢护方法

1. 河段封航

根据《中华人民共和国防洪法》第四十五条，当宣布进入紧急防汛期，必要时，公安、交通等部门可按防汛指挥机构的决定依法实施水面交通管制，对部分或全部河段实行封航措施，消除船舶航行波浪的危害。如 1998 年汛期，长江干流就实行了较长时间的封航，避免了船行波对堤防的冲击。

2. 堤坡防护

对未设置护坡的土堤，临时用防汛料物加工铺压临水堤坡面，增强其抗冲能力，这是常用的方法，具体有以下几种。

（1）土（石）袋防护。用编织袋、麻袋或草袋装土、沙、碎石或碎砖等，平铺迎水堤坡，装袋要求与前述袋装土子堤相同。此法适于土堤抗冲能力差，缺少柳、秸等软料，风浪破坏较严重的堤段，4 级风可用土、沙袋，6 级以上风浪应使用石袋。

放置土袋前，对于水上部分或水深较浅的堤坡适当削平，并铺上土工织物，也可铺软草一层大约 0.1m 厚，起反滤作用，防止风浪把土淘出，在风浪冲击的范围内摆放土袋底向外、口向里，互相叠压，袋间要挤压严密，上下错缝，铺设到浪高以上，确保防浪效果。如果堤坡较陡或土质太差，土袋容易滑动。可在最下一层土袋前面打一排木桩，如图 5-2-30 所示，长度 1m，间隔 0.3～0.4m。此法制作和铺放简便灵活，可随需要增铺，但要注意土袋中的土易被冲失，石袋为佳，草袋易腐烂，如使用时间长则需更换。

（2）土工织物防护。在受风浪冲击的坡面铺置土工织物之前，应清除堤坡上的块石、土块、树枝等杂物，以免使织物受损。织物宽度不等，一般不小于 4m，宽的可达 8～9m，可根据需要预先粘贴、焊接，顺堤格接的长度不小于 1m，织物上沿一般应高出洪水位 1.5～2.0m。为了避免被风浪揭开，织物的四周可用 20cm 厚的预制混凝土压块，或碎石袋（土袋不宜）镇压，如果堤坡过陡，压石袋可能向下滑脱，在险情紧迫时，应适当多压。此外，也可顺堤坡每隔 2～3m 将土工织物叠缝成条形土枕，内充填

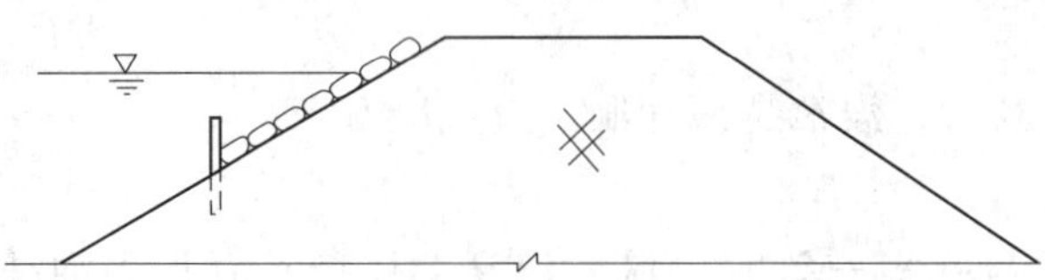

图 5-2-30 土（石）袋防护剖面示意图

沙石料，如图 5－2－31 所示。1998 年抗洪中已广泛使用了编织布防浪技术，成效显著，应予提倡推广。

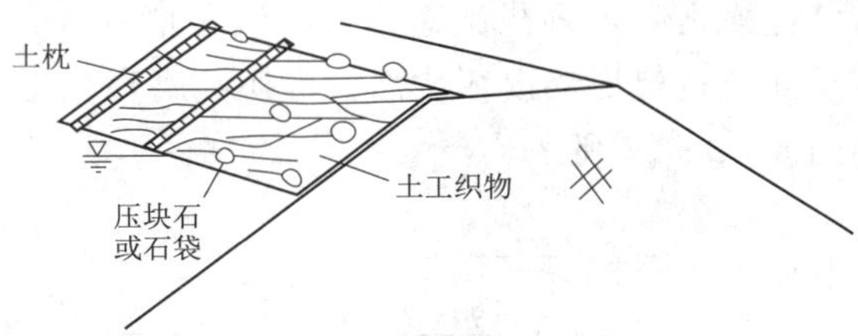


图 5－2－31　土工织物防护示意图

(3) 柳箔防护。将柳、苇、稻草或其他秸料编织成席箔，铺在堤坡并加以固定，其抗冲、抗淘刷性也较好。具体做法是用 18 号铅丝捆扎成直径 0.1m、长约 2m 的柳把，再连成柳箔，其上端以 8 号铅丝或绳缆系在堤顶打牢的木桩上，木桩 1m 长，在距临水堤肩 2～3m 处，打上一排，间隔 3m 一个。柳箔下端适当坠以块石或土袋，使柳箔贴在堤坡上，柳把方向与堤线垂直，必要时可在柳箔面上再压块石或沙袋，防止其漂浮或滑动。必须把高低水位范围内被波浪冲刷的坡面全部护住，如果铺得不严密，堤土仍很容易被水淘出。使用此方法要随时观察，防止木桩以及起固定作用的沙袋被风浪冲坏，如图 5－2－32 所示。

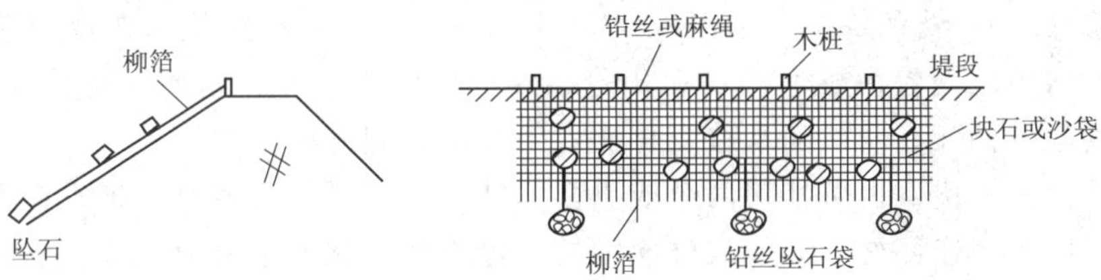


(a) 剖面图　　(b) 立视图

图 5－2－32　柳箔防护示意图

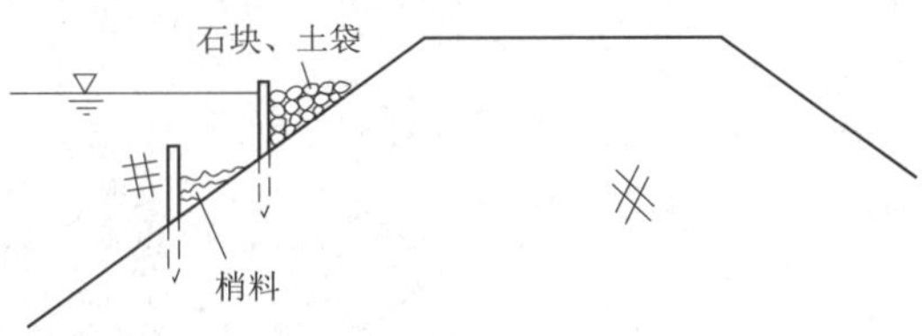


图 5－2－33　柴草（桩柳）防护剖面示意图

(4) 柴草（桩柳）防护。在受风浪冲击的堤坡水面以下打一排签桩，把柳、芦、秸料等梢料分层铺在堤坡与签桩之间，直到高出水面 1m，以石块或土袋压在梢料上面，防止漂浮，如图 5－2－33 所示。当水位上涨，一级不够时，可退后同法做二级或多级。

3. 消浪防护

为削减波浪的冲击力，可以在靠近堤坡的水面漂浮芦柴、柳枝、湖草和木头等材料的捆扎体，设法锚定，防止被风浪水流冲走。消浪方法具体有以下几种。

(1) 柳枝消浪。凡沿江、河、湖泊堤防种植柳树很多的地方可用此法。用大柳树枝叶多的上部，要求干长 1m 以上，枝径 0.1m 左右，也可几棵捆扎使用，在堤顶打木桩，其桩长 1.5～2m，直径 0.1～0.15m，桩距 2～3m。用 8 号铅丝或绳子把柳枝干的头部系在木桩上，树梢伸向堤外，并在树杈处捆扎石（沙）袋，使树梢沉入水下，顺堤边坡推柳入水。如果堤坡已有坍塌，则从其下游向上游顺序逐棵压茬。应根据溜坡和坍塌情况确定棵间距及挂深，在主流附近要挂密一些，边上挂稀一些，根据防护的需要可在已挂柳之间，再补茬签挂。此法一般在 4～5 级风浪下，枝梢面大，消浪作用较好，但要注意枝杈摇动损坏坡面。当柳叶腐烂失效时，可采取补救措施，防止效能的减低，如图 5-2-34 所示。

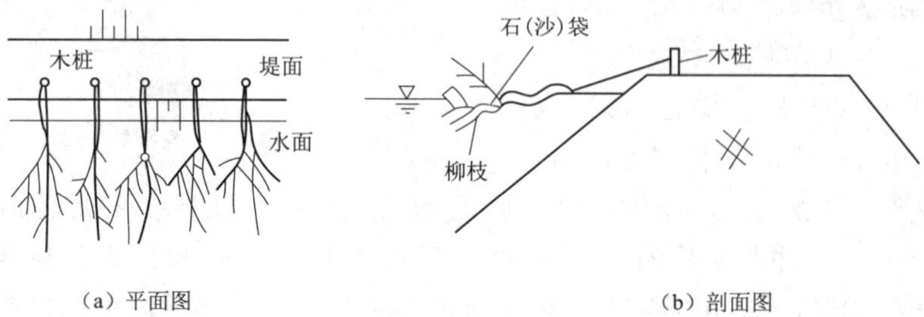


图 5-2-34 柳枝消浪示意图

(2) 枕排消浪。将柳枝、芦苇或秸料扎成枕，其直径 0.5～0.8m；堤直的用长枕，可达 30～50m，弯度大的堤用短枕，枕芯卷入直径 5～7cm 的竹缆二根或粗 3～4cm 的麻绳做龙筋（芯），枕的纵向隔 0.6～1.0m 用 10～14 号铅丝捆扎。在堤顶距临水堤肩 2～3m 到背水坡之间打木桩，桩长 0.8～1.2m，桩距 3～5m，用绳缆将枕拴牢于桩上，绳缆可以收紧或松开，使枕随水位变化而上下移动，起到消浪作用。

拴一枕称为单枕，也可挂用两个或更多的枕，用绳缆木杆或竹竿把它们捆扎在一起成为枕排，也叫作连环枕，要使最外面的枕高浮水面，枕径也要大一些，它直接迎击风浪，后面的枕径可小一些，以消除余浪。枕排要比单枕牢固，效果也高，可防七级以下的风浪。枕位不稳，可适当在枕上拴上块石或沙袋，如图 5-2-35 所示。此法不损坏堤坡面，消浪效果好，制作简单，但必须扎结牢实，柳枕使用时间较短，造价低。

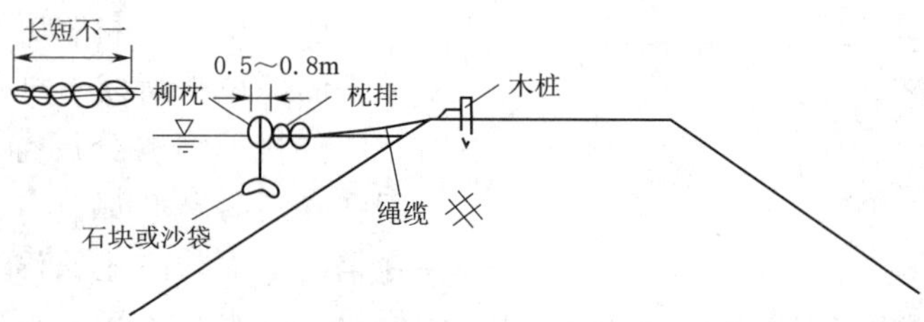


图 5-2-35 枕排（单枕、多枕）消浪示意图

(3) 湖草排消浪。汛期割下湖区菱、蓤等各种浮生水草，编扎草排（也称浮墩），有些蔓植草类可用木杆、竹竿捆扎，排的面积尽可能大，可用船拖动就位，也可把湖草运到现场捆扎。拴固方法同上述枕排，系在木桩上，也可锚固，使其浮在距堤坡 3～5m 的水面上。缺湖草时也可用其他软草代替。此法防浪效果好，造价低，但易被风浪破坏，不能防大风浪，如图 5-2-36 所示。随着洪水位的变化，随时注

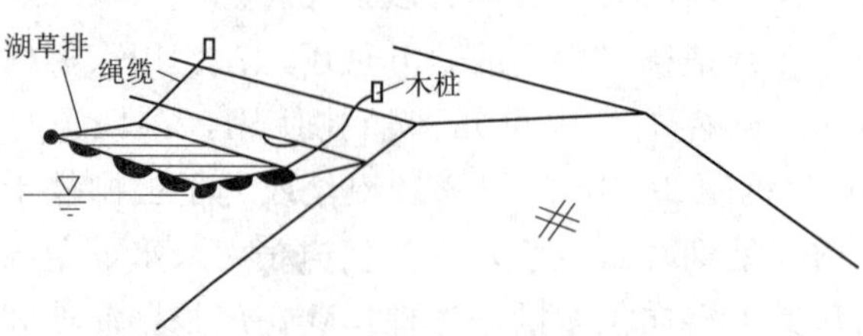


图 5-2-36 湖草排消浪示意图

意调整拴排缆绳和锚索的长短，使湖草排能正常起到消浪的作用。

(4) 木排消浪。使用木排或竹排消浪，效果较好，结构比其他排牢固、耐用，不易散架，汛后还可运用。但用量大，锚链困难，属硬性材料，一旦断开，直接威胁堤坝安全，因此使用时要随时检查，及时加固。将 5～15cm 的圆木以绳缆或铅丝捆扎，重叠 3～4 层，使厚度达到 30～50cm（一般为水深的 1/10～1/20 效果较好），宽度 1.5～2.5m（越宽效果越好），长度 3～5m，可把几个木排连接起来。圆木间的空隙约为圆木直径的一半，可夹以芦柴把和柳把等，节省木材用量，降低造价。楠竹与圆木处理办法相同。为了增强防浪效果，应在竹木排下面坠以块石或沙石袋。防浪竹木排应抛锚固定在堤边坡以外 10～40m 范围，水面越宽，距离应越远，避免撞击堤身。锚链长度应稍大于水深，防止锚链被拔起（走锚）。为了防止木排自己移动，锚链也不要过长。若木排较小，可以直接拴在堤顶木桩上，但要随时调整绳缆，防止撞击堤身。木排距堤坡一般为浪长的 2～3 倍，此时消浪效果较好，太近易撞，太远会失效。所谓浪长指两个浪峰的距离。一般使用木排消浪要特别慎重，使用不是很多，如图 5-2-37 所示。

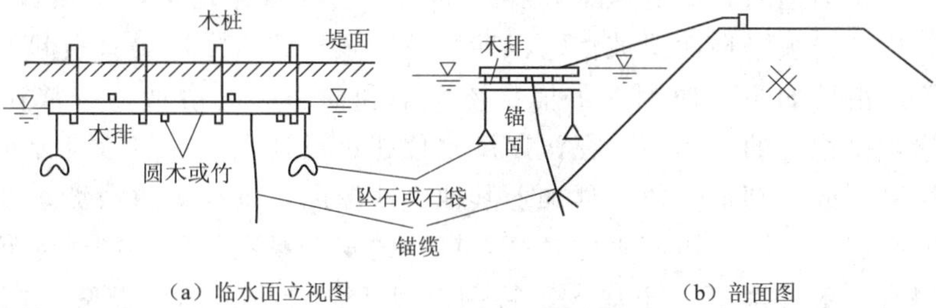


图 5-2-37 木（竹）排消浪示意图

在选用漂浮物消浪的方法时，注意满足消能作用大、范围宽广的要求，避免余波淘刷，力争多使水体本身干扰消能，少与波浪直接撞击。

以上防浪措施中都要注意不要对堤身造成过分损伤。例如，打木桩不宜过密过深，以免破坏堤身土体结构，降低自身的抗洪能力。

**【案例 15】** 内蒙古江桥嫩江堤段风浪冲刷抢险。

嫩江半拉山扬水站西（嫩江 20＋000～20＋700 及 23＋162～24＋960 段），1998 年 7 月 2 日，第一次洪峰流量 7480$m^3/s$，北风 7 级，浪高 1.5m，该堤段冲淘严重；8 月 7 日流量 8070$m^3/s$，东北风 6 级，浪高 1.2m，洪水冲刷堤坡严重；8 月 14 日，嫩江江桥站峰顶 142.37m，西北风 7 级，浪高 1.5m，大堤临水坡被洪水淘失 2/3，直接危及大堤安全。

造成险情的原因：一是堤坡面为土体，无抗冲刷能力，嫩江 23＋300～24＋400 段虽有护石，但水位超过护石面，上部堤面均为土体；二是洪水流量大，水位高，加之北风、西北风、东北风，风力 6～7 级，浪高 1.2～1.5m，风向直对大堤。

抢险措施为，每隔 1m 打 1 根木桩，上捆柳把、柳条包，做防浪隔离带、在被淘刷堤坡处沉铺土工布作面层，用卵石袋对堤坡进行护砌（坡比 1：3）。采取此措施后有效地控制了风浪对堤坡的冲刷。

## 任务七 滑坡险情的判别和抢护

堤防出现滑坡，主要是边坡失稳下滑造成的。开始时，在堤顶或堤坡上发生裂缝或蛰裂，随着险情的发展，即形成滑坡。根据滑坡的范围，一般可分为堤身、基础一起滑动和堤身局部滑动两种，前者滑动面较深，呈圆弧形，滑动体较大，堤脚附近地面往往被准挤外移、隆起或沿地基软弱层一起滑动，后者滑动范围较小，滑裂面较浅，且危害较轻，但也应及时恢复堤身完整，以免继续发展。滑坡严重者，可导致堤防溃口，须立即抢护。由于初始阶段滑坡与崩塌现象不易区分，应对滑坡的原因和判断条件认真分析，确定滑坡性质，以便采取抢护措施。

### 一、滑坡产生的原因

堤防的临水面与背水面堤坡均有发生滑坡的可能，因其所处位置不同，产生滑坡的原因也不同，现分述如下。

(1) 临水面滑坡的主要原因：①堤脚滩地迎流顶冲坍塌，崩岸逼近堤脚，堤脚失稳引起滑坡；②水位消退时，堤身饱水，容重增加，在渗流作用下，使堤坡滑动力加大，抗滑力减小，堤坡失去平衡而滑坡；③汛期风浪冲毁护坡，浸蚀堤身引起的局部滑坡。

(2) 背水面滑坡的主要原因：①堤身渗水饱和而引起的滑坡，通常在设计水位以下，堤身的渗水是稳定的，然而，在汛期洪水位超过设计水位或接近设计水位时，堤身的抗滑稳定性降低或达到最低值。再加上其他一些原因，最终导致滑坡；②在遭遇暴雨或长期降雨而引起的滑坡，汛期水位较高，堤身的安全系数降低，如遭遇暴雨或长时间连续降雨，堤身饱水程度进一步加大，特别是对于已产生了纵向裂缝（沉降缝）的堤段，雨水沿裂缝很容易地渗透到堤防的深部，裂缝附近的土体因浸水而软化，强度降低，最终导致滑坡；③堤脚失去支撑而引起的滑坡；平时不注意堤脚保护，更有甚者，在堤脚下挖塘，或未将紧靠堤脚的水塘及时回填等，这种地方是堤防的薄弱地段，堤脚下的水塘就是将来滑坡的出口。

### 二、堤防滑坡的预兆

(1) 堤顶与堤坡出现纵向裂缝。汛期一旦发现堤顶或堤坡出现了与堤轴线平行而较长的纵向裂缝时，必须引起高度警惕，仔细观察，并做必要的测试，如缝长、缝宽、缝深，缝的走向以及缝隙两侧的高差等，必要时要连续数日进行测试并做详细记录。出现下列情况时，发生滑坡的可能性很大：①裂缝左右两侧出现明显的高差，其中离堤中心远的一侧低，而靠近堤中心的一侧高；②裂缝开度继续增大；③裂缝的尾部走向出现了明显的向下弯曲的趋势，如图 5-2-38 所示；④从发现第一条裂缝起，在几天之内与该裂缝平行的方向相继出现数道裂缝；⑤发现裂缝两侧土体明显湿润，甚至发现裂缝中渗水。

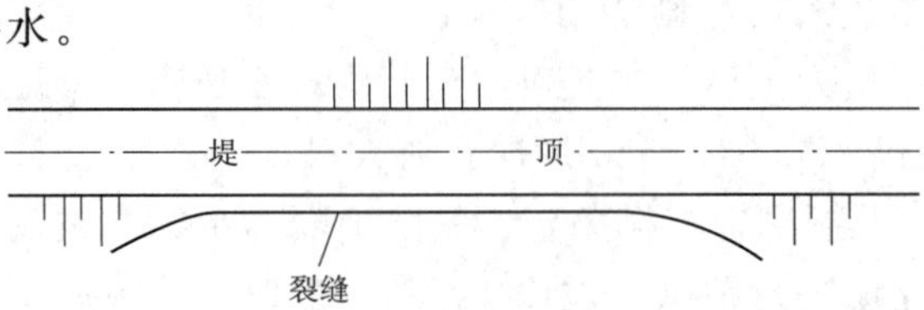


图 5-2-38 滑坡前裂缝两端明显向下弯曲

(2) 堤脚处地面变形异常。滑坡发生之前，滑动体沿着滑动面已经产生移动，在滑动体的出口处，滑动体与非滑动体相对变形突然增大，使出口处地面变形出现异常。一般情况下，滑坡前出口处地面变形异常情况难以发现。因此，在汛期，特别是在洪水异常大的汛期，应在重要堤防，包括软基上的堤防，曾经出现过险情的堤防堤段，应临时布设一些观测点，及时对这些观测点进行观测，以便随时了解堤防坡脚或离坡脚一定距离范围内地面变形情况，当发现堤脚下或堤脚附近出现下列情况，预示着可能发生滑坡。①堤脚下或堤脚下某一范围隆起，可以在堤脚或离堤脚一定距离处打一排或两排木桩，测这些木桩的高程或水平位移来判断堤脚处隆起和水平位移量；②堤脚下某一范围内明显潮湿，变软发泡。

（3）临水坡前滩地崩岸逼近堤脚。汛期或退水期，堤防前滩地在河水的冲刷、涨落作用下，常常发生崩岸。当崩岸逼近堤脚时，堤脚的坡度变陡，压重减小。这种情况一旦出现，极易引起滑坡。

（4）临水坡坡面防护设施失效。汛期洪水位较高，风浪大，对临水坡坡面冲击较大。一旦某一坡面处的防护被毁，风浪直接冲刷堤身，使堤身土体流失，发展到一定程度也会引起局部的滑坡。

## 三、临水面滑坡抢护的方法

### （一）抢护原则

临水面滑坡抢护的基本原则是：尽量增加抗滑力，尽快减小下滑力。具体地说，“上部削坡，下部固脚”，先固脚，后削坡。

### （二）抢护方法

汛期临水面水位较高，采用的抢护方法，必须考虑水下施工问题。

1. 增加抗滑力的方法

（1）做土石戗台。在滑坡阻滑体部分做土石戗台，滑坡阻滑体部位一时难以精确划定最简单的办法是戗台从堤脚往上做，分二级，第一级厚度 1.5～2.0m，第二级厚度 1.0～1.5m，如图 5-2-39 所示，土石戗台断面结构，如图 5-2-40 所示。

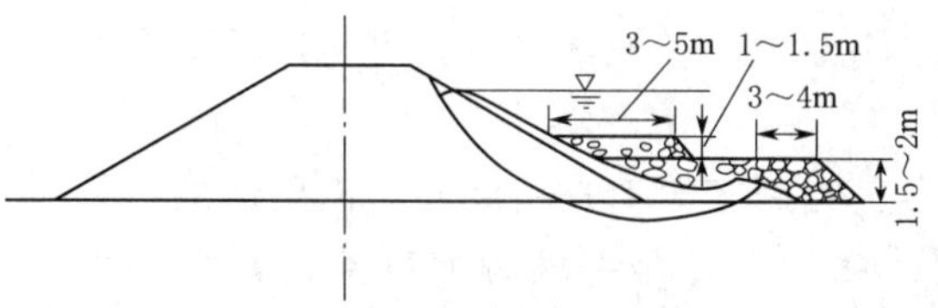


图 5-2-39 土石戗台断面示意图

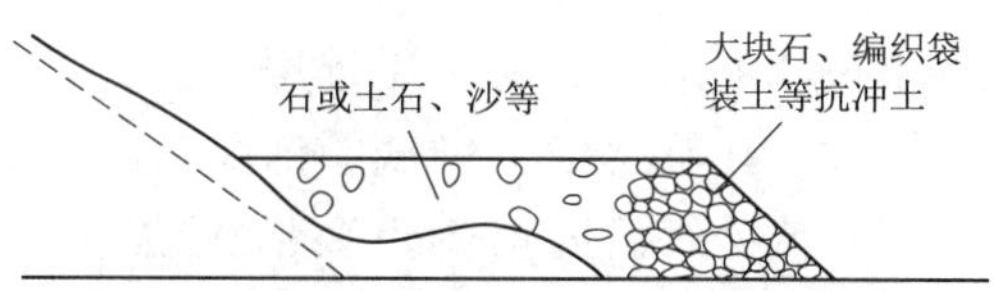


图 5-2-40 土石戗台断面结构示意图

采用本抢护方案的基本条件是：堤脚前未出现崩岸与坍塌险情，堤脚前滩地是稳定的。

（2）做石撑。当做土石戗台有困难时，比如滑坡段较长，土石料紧缺时，应做石撑临时稳定滑坡。该法适用于滑坡段较长，水位较高。采用此法的基本条件与做土石戗台的基本条件相同。石撑宽度 4～6m，坡比 1∶5，撑顶高度不宜高于滑坡体的中点高度，石撑底脚边线应超出滑坡下口 3m 以外，如图 5-2-41 所示。石撑的间隔不宜大于 10m。

（3）堤脚压重，保证滑动体稳定，制止滑动进一步发展。滑坡是由于堤前滩地崩岸、坍塌而引起的，那么，首先要制止崩岸的继续发展，最简单的办法是堤脚抛石块、石笼、编织袋装土石等抗冲压重材料，在极短的时间内制止崩岸与坍塌进一步发展。

2. 背水坡贴坡补强

当临水面水位较高，风浪大，做土石戗台、石撑等有困难时，应在背水坡及时贴坡补强。贴坡的厚度应视临水面滑坡的严重程度而定，一般应大于滑坡的厚度，贴坡的坡度应比背水坡的设计坡度略缓一些。贴坡材料应选用透水的材料，如沙、沙壤土等。如没有透水材料，必须做好贴坡与原堤坡间的反滤层（反滤层做法与渗水抢险中的背水反滤导渗法相同），以保证堤身在渗透条件不被破坏。背水坡贴坡补强断面，如图 5-2-42 所示。背水坡贴坡的长度要超过滑坡两端各 3m 以上。

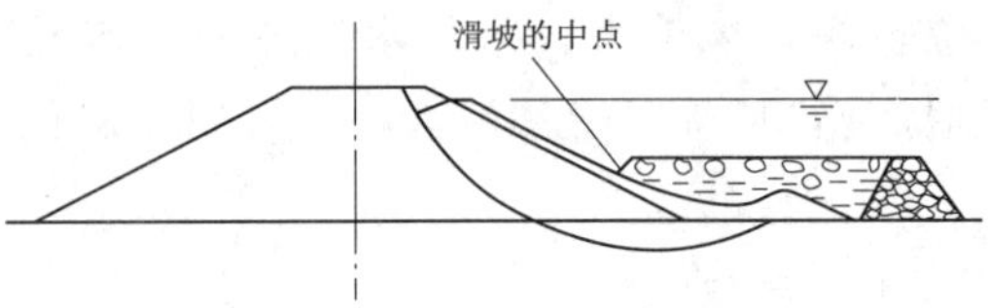


图 5-2-41　石撑断面示意图

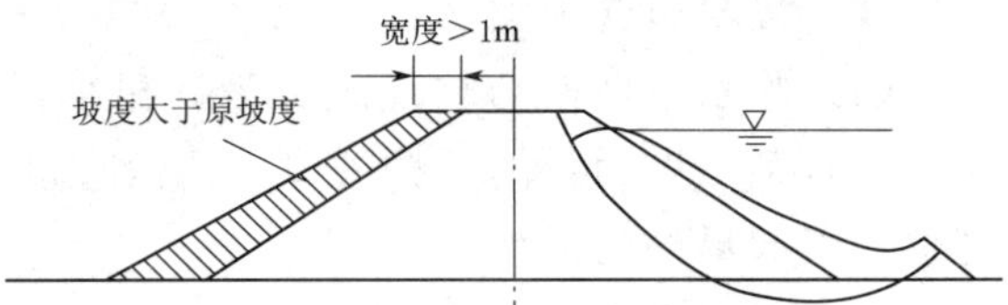


图 5-2-42　背水坡贴坡补强示意图

## 四、背水面滑坡抢护的方法

### （一）抢护原则

减小滑动力，增加抗滑力，即“上部削坡减载、下部固脚压重”，对因渗流作用引起的滑动，必须采取“前截后导”的措施。

### （二）抢护方法

1. 减少滑动力

（1）削坡减载。削坡减载是处理堤防滑坡最常用的方法，该法施工简单，一般只用人工削坡即可。但在滑坡还继续发展，没有稳定之前，不能进行人工削坡。一定要等滑坡已经基本稳定后（大约半天至一天时间）才能施工。一般情况下，可将削坡下来的土料压在滑坡的堤脚上做压重用。

（2）在临水面上做截渗铺盖，减少渗透力。当判定滑坡是由渗透力而引起的，及时截断渗流是缓解险情的重要措施之一。采用此法的条件是：坡脚前有滩地，水深也较浅，附近有黏土可取。在坡面上做黏土铺盖阻截或减少渗水，尽快减小渗透力，以达到减少滑动力的目的。

（3）及时封堵裂隙，阻止雨水继续渗入。滑坡后，滑动体与堤身间的裂隙应及时处理，以防雨水沿裂隙渗入到滑动面的深层。保护滑动面深处土体不再浸水软化，强度不再降低。封堵裂隙的办法有：用黏土填筑捣实，如没有黏土，也可就地捣实后覆盖土工膜。该法与上述截渗铺盖一样只能是维持滑坡不再继续发展，不能根治滑坡。在封堵滑坡裂隙的同时，必须尽快进行其他抢护措施的施工。

（4）在背水坡面上做导渗沟，及时排水，可以进一步降低浸润线，减小滑动力。

2. 增加抗滑力

增加抗滑力才是保证滑坡稳定，彻底排除险情的主要办法。增加抗滑力的有效办法是增加抗滑体本身的重量，见效快，施工简单，易于实施。

（1）滤（透）水反压平台（俗称马道、滤水后戗等）。如用沙、石等透水材料做反压平台，因沙、石本身是透水的，因此，在做反压平台前无须再做导渗沟。用沙、石做成的反压平台，称透水反压平台。

在欲做反压平台的部位（坡面）挖沟，沟深 20～40cm，沟间距 3～5m，在沟内放置滤水材料（粗沙、碎石、塑料排水管等）导渗，这与导渗沟相类似。导渗沟下端伸入排渗体内将水排出堤外，绝不能将导渗沟通向堤外的渗水通道阻塞。做好导渗沟后，即可做反压平台。沙、石、土等均可做反压平台的填筑材料。

反压平台在滑坡长度范围内应全面连续填筑，反压平台两端应长至滑坡端部 3m 以上。第一级平台厚 2m，平台边线应超出滑坡隆起点 3m 以上；第二级平台厚 1m，如图 5-2-43 所示。

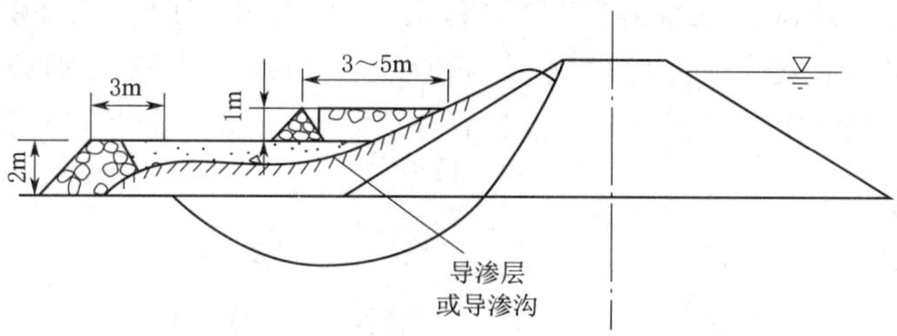


图 5-2-43　滤（透）水反压平台断面示意图

（2）滤（透）水土撑。当用沙、石等透水材料做土撑材料时，不需再做导渗沟，称此类土撑为透水土撑。由于做反压平台需大量的土石料，当滑坡范围很大，土石料供应又紧张的情况下，可做滤（透）水土撑。滤（透）水土撑与反压平台的区别是，前者分段，一个一个的填筑而成。每个土撑宽度 5～8m，坡比 1∶5。撑顶高度不宜高出滑坡体的中点高度。这样做是保证土撑基本上压在阻滑体上。土撑底脚边线应超出滑坡下出口 3m 以上，土撑的间隔不宜大于 10m。土撑的断面，如图 5-2-44 所示。

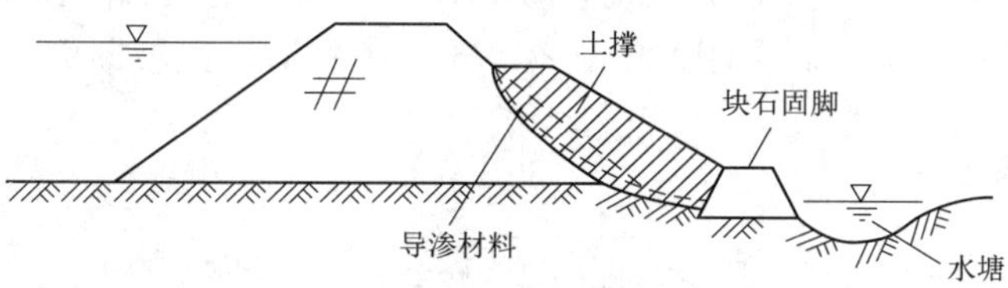


图 5-2-44　滤（透）水土撑断面示意图

（3）削坡减载、固脚阻滑。对背水坡发生滑坡时，可在保证堤顶有安全挡水断面的前提下，将滑坡体顶部的土体尽快挖除（禁止用铲运机施工），同时在滑坡体脚外缘抛块石作临时压重，以固脚阻滑，然后再实施堤脚加戗台，帮宽堤身，如图 5-2-45 所示。

在做压脚抢护时，必须严格划定压脚的范围，切忌将压重加在主滑动体部位。抢护滑坡施工不应采用打桩等办法，震动会引起滑坡的继续发展。

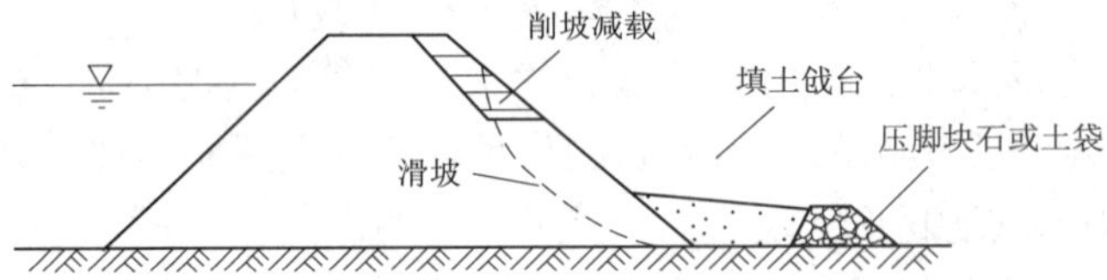


图 5-2-45 削坡减载、固脚阻滑示意图

3. 滤水还坡

汛前堤防稳定性较好，堤身填筑质量符合设计要求，正常设计水位条件下，堤坡是稳定的。但是，如在汛期出现了超设计水位的情况，渗透力超过设计值将会引起滑坡，这类滑坡都是浅层滑坡，滑动面基本不切入地基中，只要解决好堤坡的排水，减少渗透力即可将滑坡恢复到原设计边坡，此为滤水还坡。滤水还坡有以下四种做法。

(1) 导渗沟滤水还坡。先清除滑坡的滑动体，然后在坡面上做导渗沟，用无纺土工布或用其他替代材料，将导渗沟覆盖保护，在其上用沙性土填筑到原有的堤坡，如图 5-2-46 所示。导渗沟的开挖，应从上至下分段进行，切勿全面同时开挖。

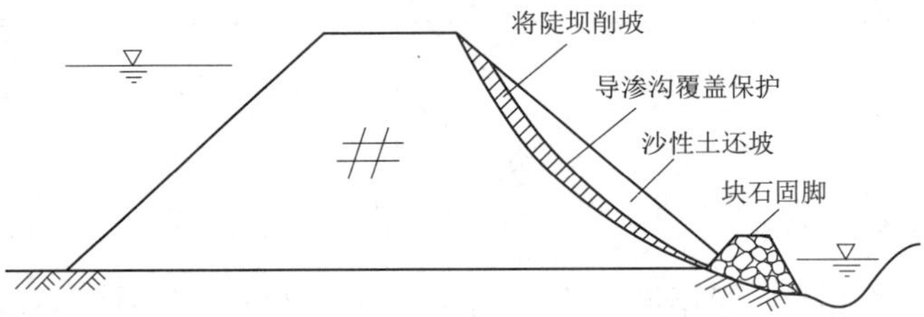


图 5-2-46 导渗沟滤水还坡示意图

(2) 反滤层滤水还坡。该法与导渗沟滤水还坡法一样，其不同之处是将导渗沟滤水改为反滤层滤水。反滤层的做法与渗水抢险中的背水坡反滤导渗的反滤做法相同。

(3) 梢料滤水还坡。当缺乏沙石等反滤料时可用此法。本法的具体做法是：清除滑坡的滑动体，按一层柴一层土夯实填筑，直到恢复滑坡前的断面。柴可用芦柴、柳枝或秸秆等，每层柴厚 0.2m，每层土厚 1.0～1.5m。梢料滤水边坡断面，如图 5-2-47 所示。

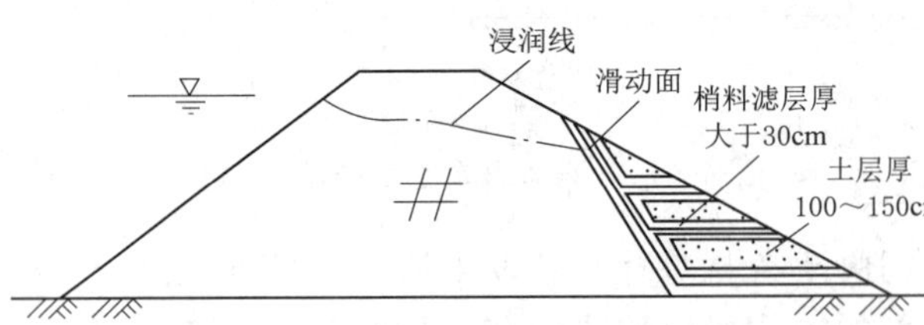


图 5-2-47 梢料滤水还坡示意图

用梢料滤水还坡抢护的滑坡，汛后应清除，重新用原筑堤土料还坡，以防梢料腐烂后影响堤坡的稳定。

(4) 沙土还坡。因为沙土透水性良好，用沙土还坡，坡面不需做滤水处理。将滑坡的滑动体清除后，最好将坡面做成台阶状，再分层填筑夯实，恢复到原断面。如果用细沙还坡，边坡应适当放缓。

填土还坡时，一定严格控制填土的速率，当坡面土壤过于潮湿时，应停止填筑。最好在坡面反滤排水正常以后，在严格控制填土速率的条件下填土还坡。

**【案例 16】** 湖北洪湖市长江青山垸堤段滑坡抢险。

1998 年 8 月 20 日 23 时 30 分，在洪湖市长江青山垸堤段背水坡，发现两条弧形裂缝。第一条发生在 485＋420～485＋488 堤段，长 68m。第二条裂缝发生在 485＋550～485＋590 堤段，长 40m。出险部位都在堤肩以下 1.5～2.5m 处。裂缝宽 1～5cm，缝中明显积有渗水，凌晨 1 时，险情迅速发展，上述两条裂缝扩大，缝宽扩大至 8cm。堤坡下滑，下滑吊坎高 10cm，裂缝中渗水不断涌出。此时两条弧形裂缝中间的堤坡也出现了宽达 2cm 以上的裂缝。在 485＋400～485＋600 堤段的 200m 范围内裂缝相连，全线贯通。局部堤坡上的土壤饱和变成泥浆，险情迅速恶化凌晨 3 时，两段滑体不断下挫，吊坎陡高增加到 12～20cm。此时，485＋600 处的裂缝，已向上游延伸，出现了约 50m 长的断续裂缝，缝宽 1～2cm 左右。21 日 8 时，第一段严重的弧形裂缝下挫不明显，而第二段滑体下滑吊坎增加到 30cm，坡面中部以下的堤坡土壤大部分稀软，一片泥泞，测得裂缝深度达 0.5～1.5m，险情进一步恶化。

21 日 11 时，在青山段堤段的下游方向 485＋050～485＋070 长 20m 堤段的背水坡，距堤内肩以下 2m 的部位，也出现了 1～2cm 的断续裂缝。同时青山垸大堤，从 485＋000 至 485＋850 长 850m 堤段下部的半坡面，普遍散浸严重，渗水量大，有局部地段的堤坡稀软。

青山垸堤段顶宽不到 6m，堤顶高程 34.10m，临水坡坡度 1∶3，背水坡坡度不到 1∶3，堤脚宽度比设计宽度少 4m。坡面中部凸起，堤身单薄，背水坡平台宽 20m，高程 28.5m，地面高程 27.0m。临水面滩地高程 27.5～28.0m，无平台，堤防土质以沙壤土为主。出险时临水面水位 34.08m（当地历史最高水位），超危险水位 1.78m。出险原因如下：

（1）水位高，持续时间长。洪湖从 7 月 3 日进入危险水位 33.17m，至 8 月 20 日止，超危险水位历时 48 天。由于高水位持续时间长，渗压水头高，浸润线不断升高（达 32.5～33m 的高程，仅比临水面水位低 1.0～1.5m），土体抗剪强度下降，土体重量增加，最终导致背水坡失稳而引起滑坡。

（2）堤身单薄。该堤设计的堤顶高程为 34.70m，顶宽 8m，背水坡与临水坡坡度均为 1∶3。背水坡压台宽 30m，临水坡压台宽 50m，高程均为 29.0m。而现有的堤防欠高、欠宽，坡欠缓，该段堤防堤身单薄，渗径不足，边坡过陡，堤身为沙质壤土，抗渗强度不够。总之，堤防本身的稳定安全系数偏低。这是引起背水坡失稳而滑坡的原因。

（3）滤沟小，导渗差。青山垸堤段于 8 月 12 日出现严重散浸，当天只作了一般性的处理，导渗沟的宽深都不足 0.3m。因此，随着水位升高，浸润线也相应抬高。8 月 18 日，第六次洪峰来临，做子捻挡水，进一步抬高了浸润线，使堤身稳定性进一步降低，最终导致滑坡。

滑坡后，从8月21日起进行抢险。采取了以下4条抢护措施：一是抢挖导渗沟，速排渗水。在堤坡上，沿坡脚至滑挫陡坎按垂直于堤防方向挖沟导渗（0.5m×0.5m），垂直沟间距5m。对两条垂直沟之间渗水不畅处的滑体，另加挖人字支沟，加速导水。垂直沟和人字支沟，均铺满三级反滤沙石料。分界沟中则铺满芦苇。同时，还在背水坡平台上按每10m挖沟一条（0.8m×1.0m），将流入堤路分界沟中的渗水导出。二是抢筑透水压台，导出渗水，降低浸润线，做反压平台，使堤坡趋于稳定。具体做法是，在滑挫堤坡485＋420～485＋488和485＋550～485＋590处，分别抢筑长80m和60m，宽5m的透水压台两段。抢筑透水压台前，在做好了三级反滤沟的堤坡堤脚上，全部铺盖芦苇稻草，此后再压盖土料，使透水压台成为从下至上为芦苇0.4m，稻草0.1m，土0.8m的成层透水结构。按以上结构再分三级筑成总高3.3m的透水压台。同时，在485＋500～485＋550和485＋600以上出现裂缝的背水坡，筑顺堤长10m高，高宽相应的透水土撑4座。三是抢筑外帮截渗，加大堤身断面，减少渗水量，稳定堤身。即在485＋400～485＋650堤段，突击抢筑外帮，其宽10m，高出水面0.3m。四是延长外帮，加宽加深导渗沟，翻填裂缝，预防新的险情。在青山垸850m长的严重散渗堤段，组织单独的抢险队，将原来的导渗沟进行加宽加深，以加速滤水，降低浸润线。特别是对紧邻485＋400以下100m严重散浸部分，背水坡做三级沙石反滤，临水坡外帮下延100m，宽3m，以防止可能出现新的滑坡。对485＋050～485＋070出现的断续裂缝也做了两个内透水土撑，加做外帮等相应措施，最后对滑坡裂缝108m的吊坎也进行了清理翻挖，用黏土回填，胶布覆盖，以防止雨水淋灌。青山垸背水坡滑坡抢险堤防剖面如图5-2-48所示。

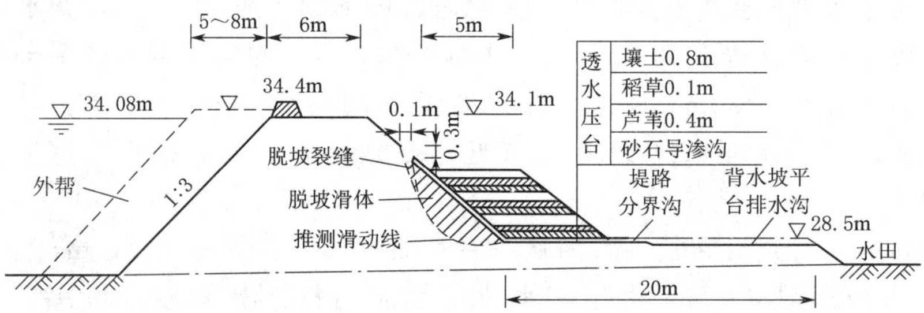


图5-2-48 青山垸背水坡滑坡抢险堤防剖面示意图

经采取上述四项抢护措施后，滑坡体及堤身渗水出溢流畅。21日下午，滑坡堤段浸润线明显下降，背水坡逐步干燥。在透水压台完成后观察，滑体完全终止下滑，滑坡险情基本消除。

## 任务八 崩岸险情的判别和抢护

崩岸是堤防临水面滩岸土体崩落的重要险情。这一险情具有发生突然、发展迅速、后果严重的特点。如不及时抢护，将会危及堤防安全。

### 一、崩岸的原因

崩岸险情发生的主要原因是：水流冲淘刷深堤岸坡脚。在河流的弯道，主流逼近凹岸，深泓紧逼堤防。在水流侵袭、冲刷和弯道环流的作用下，堤外滩地或堤防基础逐渐被淘刷，使岸坡变陡，上层土体失稳而最终崩塌，危及堤防。此外，为了整治河道，控导河势，与险工相结合，在河道的关键部位常建有垛（短丁坝、矶头）、丁坝和顺坝等。由于这些工程的阻水作用，常会在其附近形成回流和旋涡，导致局部冲刷深坑，进而产生窝崩，从而使这些垛、丁坝的自身安全受到威胁。

## 二、崩岸险情的预兆与探测

### （一）崩岸险情的预兆

崩岸险情发生前，堤防临水坡面或顶部常出现纵向或圆弧形裂缝，进而发生沉陷和局部坍塌。因此，裂缝往往是崩岸险情发生的预兆。必须仔细分析裂缝的成因及其发展趋势，及时做好抢护崩岸险情的准备工作。

必须指出：崩岸险情的发生往往比较突然，事先较难判断。它不仅常发生在汛期的涨、落水期，在枯水季节也时有发生；随着河势的变化和控导工程的建设，原来从未发生过崩岸的平工也会变为险工。因此，凡属主流靠岸、堤外无滩、急流顶冲的部位，都有发生崩岸险情的可能，都要加强巡查，加强观察。

勘查分析河势变化，是预估崩岸险情发生的重要方法。要根据以往上下游河道险工与水流顶冲点的相关关系和上下游河势有无新的变化，分析险工发展趋势；根据水文预报的流量变化和水位涨落，估计河势在本区段可能发生变化的位置；综合分析研究，判断可能的出险河段及其原因，做好抢险准备。

### （二）崩岸险情的探测

探测护岸工程前沿或基础被冲深度，是判断险情轻重和决定抢护方法的首要工作。一般可用探水杆、铅鱼从测船上测量堤防前沿水深，并判断河底土石情况。通过多点测量，即可绘出堤防前沿的水下断面图，以大体判断堤脚基础被冲刷的情况及抛石等因基措施的防护效果。与全球定位仪（GPS）配套的超声波双频测深仪法是测量堤防前沿水深和绘制水下断面地形图的先进方法。在条件许可的情况下，可优先选用。因为这一方法可十分迅速地判断水下冲刷深度和范围，以赢得抢险时间。

在情况紧急时，可采用人工水下探查的方法，大致了解冲坑的位置和深度、急流旋涡的部位以及水下护脚破坏的情况，以便及时确定抢护的方法。

## 三、崩岸险情的抢护方法

### （一）抢护原则

崩岸险情的抢护原则是“护脚固基抗冲、缓流挑流防冲、减载加帮”。崩岸险情的抢护措施，应根据河势，特别是近岸水流的状况，崩岸后的水下地形情况以及施工条件等因素，酌情选用。首先要稳定坡脚，固基防冲。待崩岸险情稳定后，再酌情处理岸坡。

### （二）抢护方法

1. 护脚固基抗冲

一旦发生崩岸险情，首先应考虑抛投料物，如石块、石笼、土袋和柳石枕等，以稳定基础、防止崩岸险情的进一步发展。

（1）抛石块。抛投石块应从险情最严重的部位开始，依次向两边展开。首先将石块抛入冲坑最深处，逐步从下层向上层，以形成稳定的阻滑体。在抛石过程中，要随时测量水下地形，掌握抛石位置，以达到稳定坡度（一般为1：1～1：1.5）为止，如图5-2-49所示。抛投石块应尽量选用大的石块，以免流失。在条件许可的情况下，应通过计算确定抗冲抛石粒径。在流速大、紊动剧烈的坝头等处，石块重量一般应达30～75kg；在流速较小，流态平稳的顺坡坡脚处，石块重量一般也不应小于15kg。

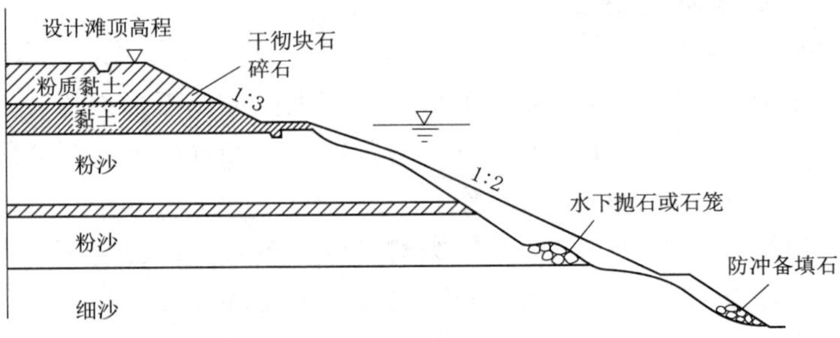


图5-2-49 抛石块、石笼等示意图

抛石的落点受流速、水深、石重等因素的影响，在抛投前应先作简单现场试验，测定抛点与落点的距离，然后确定抛投船的泊位。根据荆江堤防工程多年的实测资料，按抛石位移查对表（表5-2-2）进行初步定位。

在水深流急情况下抛石，应选择突击抢抛的施工方法。集中力量，一次性抛入大量石块，避免零抛散堆，造成不必要的石块流失。从堤岸上抛投时，为避免砸坏堤岸，应采用滑板，保持石块平稳下落。当堤岸抛石的落点不能达到冲坑最深处时，这一施工方法不宜单独运用。应配合船上抛投，形成阻滑体，否则，起不到抛石的作用。

**表5-2-2** **抛石位移查对表**

| 水深/m | 10 | | | | 15 | | | | 20 | | | |
|---|---|---|---|---|---|---|---|---|---|---|---|---|
| 位移/m　流速/(m/s)　块石重量/kg | 0.5 | 0.8 | 1.1 | 1.4 | 0.5 | 0.8 | 1.1 | 1.4 | 0.5 | 0.8 | 1.1 | 1.4 |
| 30 | 3.6 | 5.7 | 7.9 | 10.0 | 5.4 | 8.6 | 11.8 | 15.1 | 7.2 | 11.4 | 15.7 | 20.1 |
| 50 | 3.2 | 5.2 | 7.2 | 9.2 | 4.9 | 8.0 | 10.8 | 13.8 | 6.6 | 10.5 | 14.4 | 18.5 |
| 70 | 3.1 | 5.0 | 6.9 | 8.7 | 4.7 | 7.5 | 10.3 | 13.1 | 6.3 | 10.0 | 13.8 | 17.4 |
| 90 | 3.0 | 4.8 | 6.0 | 8.4 | 4.5 | 7.2 | 9.9 | 12.5 | 6.0 | 9.6 | 13.1 | 16.7 |
| 110 | 2.9 | 4.6 | 6.4 | 8.1 | 4.4 | 7.0 | 9.6 | 12.2 | 5.8 | 9.3 | 12.7 | 16.2 |
| 130 | 2.8 | 4.5 | 6.2 | 7.9 | 4.2 | 6.8 | 9.3 | 11.8 | 5.6 | 9.0 | 12.4 | 15.8 |
| 150 | 2.7 | 4.4 | 6.0 | 7.7 | 4.1 | 6.6 | 9.0 | 11.5 | 5.5 | 8.8 | 12.1 | 15.4 |

（2）抛石笼。当现场石块体积较小，抛投后可能被水冲走时，可采用抛投石笼的方法。抛笼应从险情严重部位开始，并连续抛投至一定高度。可以抛投笼堆，亦可普遍抛笼。在抛投过程中，需不断检测抛投面坡度，一般应使该坡度达到1：1。

应预先编织、扎结铅丝网、钢筋网或竹网，在现场充填石料。石笼体积一般应达

1.0～2.5m$^3$，具体大小应视现场抛投手段而定。

抛投石笼一般在距水面较近的坝顶或堤坡平台上，或船只上实施。船上抛笼，可将船只锚定在抛笼地点直接下投，以便较准确地抛至预计地点。在流速较大的情况下，可同时从堤顶和船只上抛笼，以增加抛投速度。

抛笼完成以后，应全面进行一次水下探摸，将笼与笼接头不严之处，用大块石抛填补齐。

（3）抛土袋。在缺乏石料的地方，可利用草袋、麻袋和土工编织袋充填土料进行抛投护脚。在抢险情况下，采用这一方法是可行的。其中土工编织袋又优于草袋、麻袋，相对较为坚韧耐用。

每个土袋重量宜在50kg以上，袋子装土的充填度为70%～80%，以充填沙土、沙壤土为好，装填完毕后用铅丝或尼龙绳绑扎封口。

可从船只上，或从堤岸上用滑板导滑抛投，层层叠压。如流速过高，可将2～3个土袋捆扎连成一体抛投。在施工过程中，需先抛一部分土袋将水面以下深槽底部填平。抛袋要在要在整个深槽范围内进行，层层交错排列，顺坡上抛，坡度1∶1，直至达到要求的高度。在土袋护体坡面上，还需抛投石块和石笼，以作保护。在施工中，要严防尖硬物扎破、撕裂袋子。

（4）抛柳石枕。对淘刷较严重、基础冲塌较多的情况，仅抛石块抢护，因间隙透水，效果不佳。常可采用抛柳石枕抢护，如图5-2-50所示。

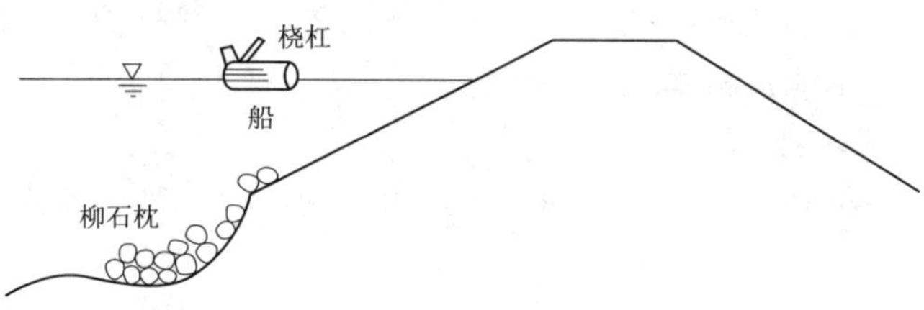


图5-2-50　抛柳石枕示意图

柳石枕的长度视工地条件和需要而定，一般长10m左右，最短不小于3m，直径0.8～1.0m。柳、石体积比约为2∶1，也可根据流速大小适当调整比例。

推枕前要先探摸冲淘部位的情况，要从抢护部位稍上游推枕，以便柳石枕入水后有藏头的地方。若分段推枕，最好同时进行，以便衔接。要避免枕与枕交叉、搁浅、悬空和坡度不顺等现象发生。如河底淘刷严重，应在枕前再加抛第二层枕。要待枕下沉稳定后，继续加抛，直至抛出水面1.0m以上。在柳石枕护体面上，还应加抛石块、石笼等，以作保护。

选用上述几种抛投料物措施的根本目的，在于固基、阻滑和抗冲。因此，特别要注意将料物投放在关键部位，即冲坑最深处。要避免将料物抛投在下滑坡体上，以加重险情。

在条件许可的情况下，在抛投料物前应先做垫层，可考虑选用满足反滤和透水性准则的土工织物材料。无滤层的抛石下部常易被淘刷，从而导致抛石的下沉崩塌。当然，在抢险的紧急关头，往往难以先做好垫层。一旦险情稳定，就应立即补做此项工作。

2. 缓流挑流防冲

为了减缓崩岸险情的发展，必须采取措施防止急流顶冲的破坏作用。

（1）抢修短丁坝。丁坝、垛等可以导引水流离岸，防止近岸冲刷。这是一种间断性有重点的护岸形式，在崩岸除险加固中常有运用。

在突发崩岸险情的抢护中，采用这一方法困难较大，见效较慢。但在急流顶冲明显、冲刷面不断扩大的情况下，也可应急地采用石块、石枕、铅丝石笼、沙石袋等抛堆成短坝，调整水流方向，以减缓急流对坡脚的冲刷。

在抢险中，难以对短丁坝的方向、形式等进行仔细规划，但要求坝长不影响对岸。修建丁坝势必增强坝头附近局部河床的冲刷危险，因此要求坝体自身（特别是坝头）具有一定的抗冲稳定性。

应尽量采用机械化施工，以赢得时间，争取主动。

（2）沉柳缓流防冲。这一方法对减缓近岸流速，抗御水流冲刷比较有效。在含沙量较大的河流中，采用这一方法效果更为显著。

首先应摸清淘刷堤脚的下沿位置等，以确定沉柳的底部位置和应沉的数量。用船运载枝叶茂密的柳树头，用铅丝或麻绳将大块石等重物捆扎在柳树头的树杈上。然后，从下游向上游，由低到高，依次抛沉，要使树头依次排列，紧密相连。如一排不能完全掩护淘刷范围，可增加堆沉排数，层层相叠，以防沉柳之间空隙掏冲。此外，还有挂柳缓流防冲等措施。

上述缓流挑流防冲的几种措施，一般只能作为崩岸险情抢护的辅助手段，它们可以减缓险情的发展，但不能从根本上解决问题。

3. 减载加帮等其他措施

在采用上述方法控制崩岸险情的同时，还可考虑临水削坡、背水帮坡的措施，如图5-2-51所示。

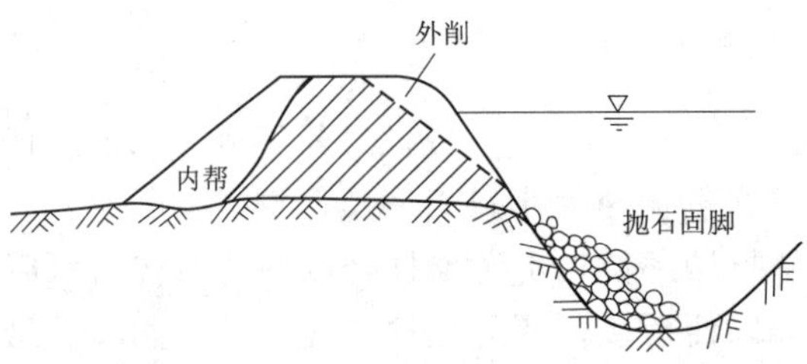


图5-2-51 抛石固脚外削内帮示意图

为了抑制崩岸险情的继续扩大，维持尚未坍塌堤脚的稳定，应移走堤顶堆放的料物或拆除洪水位以上的堤岸。特别是坡度较陡的砌石堤岸，尽可能拆除，并将土坡削成1∶1的坡度，以减轻荷载。因坍塌或削坡使堤身断面过小时，应在堤的背水坡抢筑后戗或培厚堤身。

当崩岸险情发展迅速，一时难以控制时，还应考虑在崩岸堤段后一定距离抢修第二道堤防，俗称月堤。这一方法就是对崩岸险工除险加固中常采用的退堤还滩措施。退堤还滩就是主动将堤防退后重建，以让出滩地，形成对新堤防的保护前沿。在抢险的紧急关头，为防止堤防的溃决，有时也不得不采用这一应急措施，以策安全。

**【案例17】** 河北保定市南拒马河堤防崩岸抢险

1996年8月受台风影响，南拒马河发生较大洪水，流量由8月5日8时的$496m^3/s$，迅即增大为5月20日的$1230m^3/s$，水位也相应地由23.15m提高到24.15m。在持续高水位流量情况下，5日22时南拒马河右岸韩村堤段发生严重崩岸险情。崩岸长50m、宽15m、深5m。由于降雨不断，河水继续上涨，险情扩大，影响着堤防安全。

造成崩岸的主要原因是，出险处主河槽内有一道拦水土埝，使洪水主流偏离主河槽冲向左岸。在洪水流量迅速增大时，对堤防破坏作用显著增强。

为了制止险情的发展，组织了抢险队在塌方上游打桩截流，以减轻洪水对塌方口的冲击。打下间隔80cm，长35m的两排木桩，并在木桩上捆绑上树枝，“挂柴缓溜”。此外，以百余公斤重的装土草袋封堵塌方口，以避免险情扩大。经过近8小时奋战，一道土袋防护堤坝筑成，塌方口全部被封锁。同时，还组织力量清除了阻水土埝，将洪水引入主河槽。

通过上述措施，险情排险，大堤安全得以保证。

## 任务九 跌窝险情的判别和抢护

跌窝（又称陷坑）是指在雨中或雨后，或者在持续高水位情况下，在堤身及坡脚附近局部土体突然下陷而形成的险情。这种险情不但破坏堤防断面的完整性，而且缩短渗径，增大渗透破坏力，有的还可能降低堤坡阻滑力，引起堤防滑坡，对堤防的安全极为不利。特别严重的，随着跌窝的发展，渗水的侵入，或伴随渗水管涌的出现，或伴随滑坡的发生，可能会导致堤防突然溃口的重大险情。

### 一、跌窝形成的原因

（1）堤防隐患。堤身或堤基内有空洞，如獾、狐、鼠、蚁等害堤动物洞穴，坟墓、地窖、防空洞、刨树坑等人为洞穴，树根、历史抢险遗留的梢料、木材等植物腐烂洞穴等。这些洞穴在汛期经高水位浸泡或雨水淋浸，随着空洞周边土体的湿软，成拱能力降低，塌落形成跌窝。

（2）堤身质量差。筑堤施工过程中，没有进行认真清基或清基处理不彻底，堤防施工分段接头部位未处理或处理不当，土块架空、回填碾压不实，堤身填筑料混杂和碾压不实，堤内穿堤建筑物破坏或土石结合部渗水等，经洪水或雨水的浸泡冲蚀而形成跌窝。

（3）渗透破坏。堤防渗水、管涌、接触冲刷、漏洞等险情未能及时发现和处理，或处理不当，造成堤身内部淘刷，随着渗透破坏的发展扩大，发生土体塌陷导致跌窝。

### 二、跌窝险情的判别

（1）根据成因判别。由于渗透变形而形成的跌窝往往伴随渗透破坏，极可能导致漏洞，如抢护不及时，就会导致堤防决口，必须作重大险情处理；其他原因形成的跌窝，是个别不连通的陷洞，还应根据其大小、发展趋势和位置分别判断其危险程度。

（2）根据发展趋势判别。有些跌窝发生后会持续发展，由小到大，最终导致瞬时溃堤。因此，持续发展的跌窝必须慎重对待，及时抢护。否则，后果将是非常严重的。有些跌窝发生后不再发展并趋于稳定状态，其危险程度还应通过其大小和位置进行判别。

（3）根据跌窝的大小判别。跌窝大小不同对堤防安危程度的影响也不同，直径小于0.5m，深度小于1.0m的小跌窝，一般只破坏堤防断面轮廓的完整性，而不会危及堤防的安全。跌窝较大时，就会削弱堤防强度，危及堤防的安全。当跌窝很大且很深时，堤防将至失稳状态，伴随而来的可能是滑坡，则是很危险的。

(4) 根据跌窝位置判别险情。①临（背）水坡较大的跌窝可能造成临（背）水坡滑坡险情，或减小渗径，可能造成漏洞或背水坡渗透破坏；②堤顶跌窝降低部分堤顶高度，削弱堤顶宽度。对于堤顶较大跌窝，将会降低防洪标准，引起堤顶漫溢的危险。

## 三、跌窝的抢护方法

1. 抢护原则

根据跌窝形成的原因、发展趋势、范围大小和出现的部位采取不同的抢护措施。但是，必须以“抓紧翻筑抢护，防止险情扩大”为原则，在条件允许的情况下尽可能采用翻挖，分层填土夯实的办法作彻底处理。条件不许可时，可采取相应的临时性处理措施。如跌窝伴随渗透破坏（渗水、管涌、漏洞等），可采用填筑反滤导渗材料的办法处理。如果跌窝伴随滑坡，应按照抢护滑坡的方法进行处理。如果跌窝在水下较深时，可采取临时性填土措施处理。

2. 抢护方法

抢护跌窝险情首先应当查明原因，针对不同情况，选用不同方法抢护。在抢护过程中，必须密切注意上游水情涨落变化，以免发生意外，主要包括以下几种。

(1) 翻填夯实。未伴随渗透破坏的跌窝险情，只要具备抢护条件，均可采用这种方法。具体做法是：先将跌窝内的松土翻出，然后分层回填夯实，恢复堤防原貌。如跌窝出现在水下且水不太深时，可修土袋围堰或桩柳围堤，将水抽干后，再予翻筑，如图 5-2-52 所示。

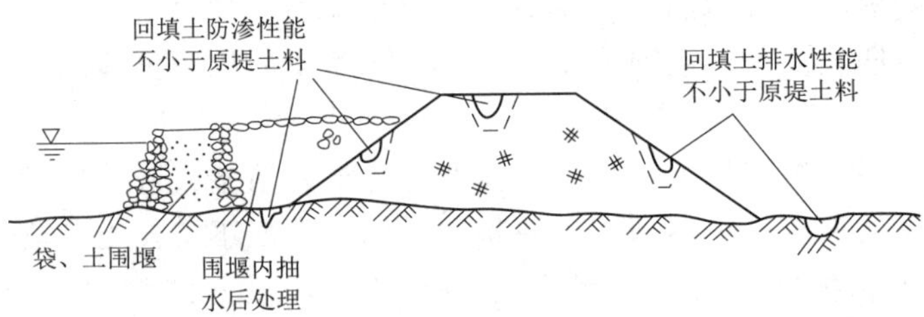


图 5-2-52 翻填夯实跌窝示意图

翻筑所用土料应遵循“前截后排”的原则，如跌窝位于堤顶或临水坡时，须用防渗性能不小于原堤土的土料，以利防渗；如位于背水坡则须用排水性能不小于原堤土的土料，以利排渗。

翻挖时，必须清除松软的边界层面，并根据土质情况留足坡度或用桩板支撑，以免坍塌扩大。需筑围堰时应适当围得大些，以利抢护方便与漏水时加固。回填时，须使相邻土层良好衔接，以确保抢护的质量。

(2) 填塞封堵。这是一种临时抢护措施，适用于临水坡水下较深部位的跌窝。具体方法是：用土工编织袋、草袋或麻袋装黏性土或其他不透水材料，直接在水下填塞跌窝，全部填满跌窝后再抛投黏性散土加以封堵和帮宽。要求封堵严密，避免从跌窝处形成渗水通道，如图 5-2-53 所示。汛后水位回落后，还需按照上述翻填夯实法重新进行翻筑处理。

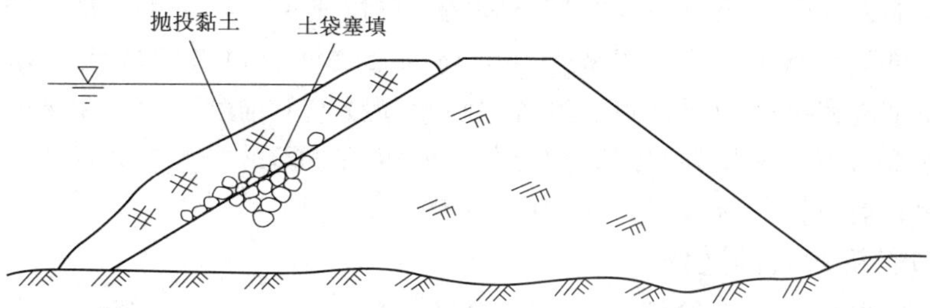


图 5-2-53　填塞封堵跌窝示意图

(3) 填筑反滤料。对于伴随有渗水、管涌险情，不宜直接翻筑的背水坡跌窝，可采用此法抢护。具体做法是：先将跌窝内松土和湿软土壤挖出，然后用粗沙填实，如渗涌水势较大，可加填石子或块石、砖块、梢料等透水料消杀水势后，再予填实。待跌窝填满后，再按反滤层的铺设方法抢护，如图 5-2-54 所示。

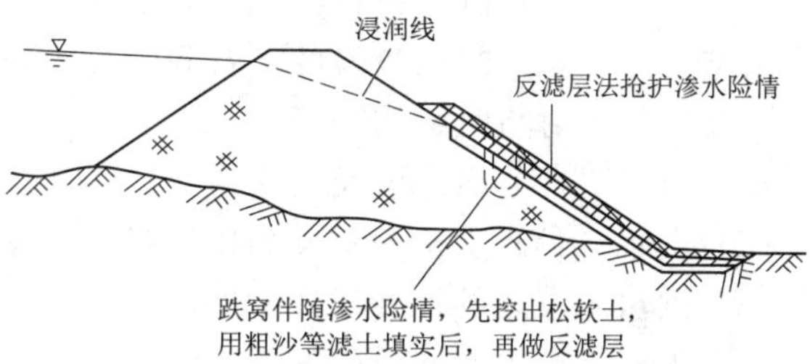


图 5-2-54　填筑反滤料示意图

修筑反滤层时，必须正确选择反滤料，使之真正起到反滤作用。

(4) 伴有滑坡、漏洞险情的抢护。

1) 跌窝伴有漏洞的险情，必须按漏洞险情处理方法进行抢护。

2) 跌窝伴有滑坡的险情，必须按滑坡险情处理方法进行抢护。

**【案例 18】** 湖北赤壁市长江柳山堤段跌窝抢险

1998 年 7 月 28 日凌晨 5 时 35 分，赤壁市长江柳山堤段桩号 2+000 处堤顶出现跌窝，直径 2m，深 2～2.5m；8 月 3 日 14 时 38 分，在桩号 0+020 处堤顶出现跌窝，直径 1.5m。两洞相连，平均深度 2.5m。出现两次跌窝后江水迅速内渗。

1998 年 7 月 24 日在桩号 2+000 高程为 30m 处的堤腰出现直径为 0.3m 的深水大漏洞，在高程 27.6m 的堤脚下出现直径为 0.25m 的深水大漏洞，涌流含沙浑水，跌窝系漏水洞冲刷带走堤土所致。

在出现漏水洞后采用了堤身填土外帮，背水侧采取反滤导渗。对跌窝采取排渍水、清淤泥、填黏土、分层夯实的处理方法。

经过以上处理，险情排除。

## 任务十　堤防决口险情的判别和抢护

江河、湖泊堤防在洪水的长期浸泡和冲击作用下，当洪水超过堤防的抗御能力，或者在汛期出险抢护不当或不及时，都会造成堤防决口。堤防决口对地区社会经济的发展和人民生命财产的安全危害是十分巨大的。

在条件允许的情况下，对一些重要堤防的决口采取有力措施，迅速制止决口的继续发展，并实现堵口复堤，对减小受灾面积和缩小灾害损失有着十分重要的意义。对一些河床高于两岸地面的悬河决口，及时堵口复堤，可以避免长期过水造成河流改道。

堤防决口抢险是指汛期高水位条件下，将通过堤防决口口门的水流以各种方式拦截、封堵，使水流完全回归原河道。这种堵口抢险技术上难度较大，主要牵涉到以下几个方面：一是封堵施工的规划组织，包括封堵时机的选择；二是封堵抢险的实施，包括裹头、沉船和其他各种截流方式，防渗闭气措施等。

## 一、决口封堵时机的选择

堤防一旦出现决口重大险情，必须采取坚决措施，在口门较窄时，采用大体积料物，如篷布、石袋、石笼等，及时抢堵，以免口门扩大，险情进一步发展。

在溃口口门已经扩开的情况下，为了控制灾情的发展，同时也要考虑减少封堵施工的困难，要根据各种因素，精心选择封堵时机。恰当的封堵时机选择，将有利于顺利地实现封堵复堤，减少封堵抢险的经费和减少决口灾害的损失。通常，要根据以下条件，综合考虑，作出封堵时机的决策。

（1）口门附近河道地形及土质情况，估计口门发展变化趋势。

（2）洪水流量、水位等水文预报情况，一段时间内的上游来水情况及天气情况。

（3）洪水淹没区的社会经济发展情况，特别是居住人口情况，铁路、公路等重要交通干线及重要工矿企业和设施的情况。

（4）决口封堵料物的准备情况，施工人员组织情况，施工场地和施工设备的情况。

（5）其他重要情况。

## 二、决口封堵的组织设计

（1）水文观测和河势勘查。在进行决口封堵施工前，必须做好水文观测和河势勘查工作。要实测口门的宽度，绘制简易的纵横断面图，并实测水深、流速和流量等。在可能情况下，要勘测口门及其附近水下地形，并勘查土质情况，了解其抗冲流速值。

（2）堵口堤线确定。为了减少封堵施工时对高流速水流拦截的困难，在河道宽阔并具有一定滩地的情况下，或堤防背水侧较为开阔且地势较高的情况下，可选择“月弧”形堤线，以有效增大过流面积，从而降低流速，减少封堵施工的困难。

（3）堵口辅助工程的选择。为了降低堵口附近的水头差和减少流量、流速，在堵口前可采用开挖引河和修筑挑水坝等辅助工程措施。要根据水力学原理，精心选择挑水坝和引河的位置，以引导水流偏离决口处，并能顺流下泄，以降低堵口施工的难度。

对于全河夺流的堤防决口，要根据河道地形、地势选好引河、挑水坝的位置，从而使引河、堵口堤线和挑水坝三项工程有机结合，达到顺利堵口的目的。

（4）抢险施工准备。在实施封堵前，要根据决口处地形、水头差和流量，做好封堵材料的准备工作。要考虑各种材料的来源、数量和可能的调集情况。封堵过程中不允许停工待料，特别是不允许在合龙阶段出现间歇等待的情况。要考虑好施工场地的布置和组织，充分利用机械施工和现代化的运输设备。传统的以人力为主，采用人工打桩、挑土上堤的方法，不仅施工组织困难，耗时长、花费大，而且失败的可能性也较大。因此，要力争采用现代化的施工方式，提高抢险施工的效率。

## 三、决口抢险的实施

堤防溃口险情的发生，具有明显的突发性质。各地在抢险的组织准备、材料准备等方面都不可能很充分。因此，要针对这种紧急情况，采用适宜的堵口抢险应急措施。为了实现溃口的封堵，通常可采取以下步骤。

1. 抢筑裹头

土堤一旦溃决，水流冲刷扩大溃口口门，以致口门发展速度很快，其宽度通常要达200～300m才能达到稳定状态，如湖北的薛州湾、江西九江的江心洲溃口。

如能及时抢筑裹头，就能防止险情的进一步发展，减少此后封堵的难度。同时，抢筑坚固的裹头，也是堤防决口封堵的必要准备工作。因此，及时抢筑裹头，是堤防决口封堵的关键之一。

要根据不同决口处的水位差、流速及决口处的地形、地质条件，确定有效抢筑裹头的措施。这里重要的是选择抛投料物的尺寸，以满足抗冲稳定性的要求；选择裹头形式，以满足施工要求。

通常，在水浅流缓、土质较好的地带，可在堤头周围打桩，桩后填柳或柴料厢护或抛石裹护。在水深流急、土质较差的地带，则要考虑采用抗冲流速较大的石笼等进行裹护。除了传统的打桩施工方法，可采用螺旋锚方法施工。螺旋锚杆其首部带有特殊的锚针，可以迅速下铺入土，并具有较大的垂直承载力和侧向抗冲力。首先在堤防迎水面安装两排一定根数的螺旋锚，抛下沙石袋后，挡住急流对堤防的正面冲刷，减缓堤头的崩塌速度；然后，由堤头处包裹向背水面安装两排螺旋锚，抛下沙石袋，挡住急流对堤头的激流冲刷和回流对堤背的淘刷。亦有采用土工合成材料或橡胶布裹护的施工方案，将土工合成材料或橡胶布铺展开，并在其四周系重物使它下沉定位，同时采用抛石等方法予以压牢。待裹头初步稳定后，再实施打桩等方法进一步予以加固。

2. 沉船截流

根据九江城防堤决口抢险的经验，沉船截流在封堵决口的施工中起到了关键的作用。沉船截流可以大大减小通过决口处的过流流量，从而为全面封堵决口创造条件。

在实现沉船截流时，最重要的是保证船只能准确定位。在横向水流的作用下，船只的定位较为困难，要精心确定最佳封堵位置，防止沉船不到位的情况发生。

采用沉船截流的措施，还应考虑到由于沉船处底部的不平整，使船底部难与河滩底部紧密结合的情况，如图5-2-55所示。这时在决口处高水位差的作用下，沉船底部流速仍很大，淘刷严重，必须迅即抛投大量料物，堵塞空隙。在条件允许的情况下，可考虑在沉船的迎水侧打钢板桩等阻水。有人建议采用在港口工程中已广泛采用的底部开舱船只抛投料物，如图5-2-56所示，这种船只抛石集中，操作方便，在决口抢险时，抛石船在堵口的关键部位开舱抛石并将船舶下沉，可有效地实现封堵，并减少决口河床冲刷。

3. 进占堵口

在实现沉船截流减少过流流量的步骤后，应迅速组织进占堵口，以确保顺利封堵决口。常用的进占堵口方法有：立堵、平堵和混合堵三种。

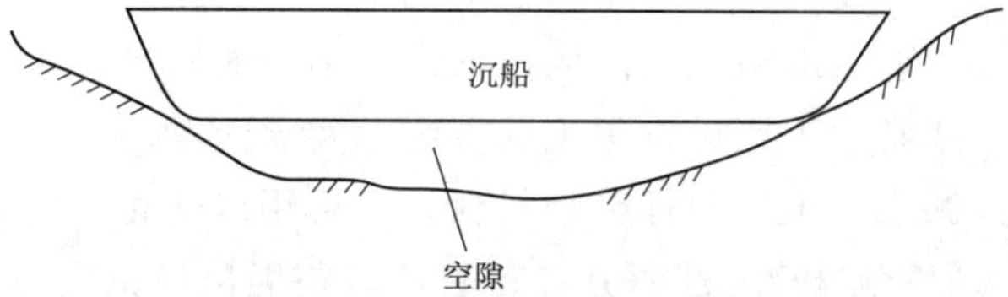


图5-2-55 沉船底部空隙示意图

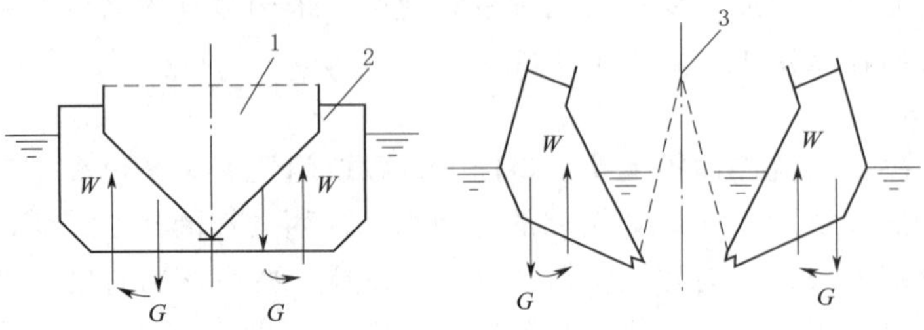


(a) 装料时 (b) 卸料时

图 5-2-56 底部开舱船舶示意图

1—料舱；2—空舱；3—统舱；$G$—重力；$W$—浮力

(1) 立堵法。从口门的两端或一端，按拟定的堵口堤线向水中进占，逐渐缩窄口门，最后实现合龙。采用立堵法，最困难的是实现合龙。这时，龙口处水头差大，流速高，使抛投物料难以到位。在这样的情况下，要做好施工组织，采用巨型块石笼抛入龙口，以实现合龙。在条件许可的情况下，可从口门的两端架设缆索，以加快抛投速率和降低抛投石笼的难度。

(2) 平堵法。沿口门的宽度，自河底向上抛投料物，如柳石枕、石块、石枕、土袋等，逐层填高，直至高出水面，以堵截水流。这种方法从底部逐渐平铺加高，随着堰顶加高，口门单宽流量及流速相应减小，冲刷力随之减弱，利于施工，可实现机械化操作。这种平堵方式特别适用于前述拱型堤线的进占堵口。平堵有架桥和抛投船两种抛投方式。

(3) 混合堵。混合堵是立堵与平堵相结合的堵口方式。堵口时，根据口门的具体情况和立堵、平堵的不同特点，因地制宜，灵活采用。如在开始堵口时，一般流量较小，可用立堵快速进占。在缩小口门后流速较大时，再采用平堵的方式，减小施工难度。

在 1998 年抗洪斗争中，借助人民解放军工兵和桥梁专业的经验，采用了“钢木框架结构、复合式防护技术”进行堵口合龙。这种方法是用 40mm 左右的钢管间隔 2.5m 沿堤线固定成数个框架。钢管下端插入堤基 2m 以上，上端高出水面 1～1.5m 做护栏，将钢管以统一规格的连接器件组成框网结构，形成整体。在其顶部铺设跳板形成桥面，以便快速在框架内外由下而上、由里向外填塞料物袋，以形成石、木、钢、土多种材料构成的复合防护层。要根据结构稳定的要求，做好成片连接、框网推进的钢木结构。同时要做好施工组织，明确分工，衔接紧凑，以保证快速推进。

4. 防渗闭气

防渗闭气是整个堵口抢险的最后一道工序。因为实现封堵进占后，堤身仍然会向外漏水，要采取阻水断流的措施。若不及时防渗闭气，复堤结构仍有被淘刷冲毁的可能。

通常，可用抛投黏土的方法，实现防渗闭气。亦可采用养水盆法，修筑月堤蓄水以解决漏水。土工膜等新型材料，也可用以防止封堵口的渗漏。

**【案例 19】** 江西九江市长江城防堤决口抢险。

九江市长江城防堤决口处位于九江段 4～5 号闸之间，堤外（迎水面）是一片河滩地，事故发生时水深约3m，长江水位22.83m。紧靠城防堤后有一个深水塘（由古河道形成的），面积约$0.33km^2$，事故发生时水塘水位约19m。决口段城堤主要由钢筋混凝土防洪墙、土堤和堤脚浆砌石挡墙等组成。

1998年8月7日12时50分，发现堤脚水塘冒水，有3个泡泉冒浑水，水柱高20cm，直径约10cm，随即用沙包堵压未压住。13时12分，又发现干堤迎水面离堤脚8～20m的江面有3个漩涡，险情继续扩大。至13时40分，干堤顶部发生坍塌，直径约2m，江水随即从坍塌处涌出，干堤被冲毁，形成一个宽50m的大决口，决口处的流量为$300m^3/s$，流速为3m/s，水位落差3m多。

堤防溃决后，在广大干部群众奋力拼搏下，仅用5天时间，堵口合龙成功，又用8天时间完成了决口封堵段的加固和第3道防线的修筑，夺取了决口封堵的全胜。

这次堵口工程的实施方案由三道防线组成。第一道防线是应急措施，起降低流速、减少流量和为修筑第二道防线创造施工条件的作用。主要措施是在决口处沉船，在沉船的外侧抛投袋装碎石、沙包、粮食、钢筋笼，打木桩和钢管桩等，形成了一个长200m，宽2m，高4m的半月形围堰。第二道防线是利用钢木土石组合体、袋装碎石后戗堤和水中抛土闭气三项工程技术措施，使封堵段干堤完成闭气，几乎滴水不漏。第三道防线是采用袋装黏土，形成长430m，顶宽2.5m，底宽8m，高3.5m的土堤和在迎水面加防渗土工布技术，巩固了第二道防线，加大了干堤的安全度。

堵口工程完成后，在专家组初验的基础上，堵口指挥部对整个堵口抢险工程进行了全面验收。验收结论为：符合设计要求，工程质量优良。

**【知识拓展】** 防汛抢险中新技术新设备新材料的应用与研究。

一、防汛抢险中新技术的作用

开闸还是关闸、保堤还是破堤，这些指挥抗洪斗争的关键问题需要科技智囊团来提出对策。在抗洪抢险中，计算机广域网络、气象卫星雷达系统、水文自动预测系统、卫星遥感、卫星定位观测、水下彩色摄像、堤坝隐患电法探测等现代科学技术和科学手段，在抗洪斗争中都得到广泛的应用，提高了成功的把握，为抗洪抢险的胜利做出了贡献。但是大江大河的治理是一项十分复杂和艰巨的任务。因为洪水的确定性和不确定性影响因素很多，限于目前的科技水平，在防汛抢险上还有许多问题有待我们去探索和研究。

二、防汛新技术的应用与研制

1. 研制与开发目标

在相对独立的计算机网络环境下，建立暴雨洪水情报预报的应用软件系统，及时准确地提供流域的实时暴雨洪水系统，制作暴雨、洪水预报，使整个暴雨洪水情报工作进一步系统化、科学化，更好地为防汛决策提供支持。

2. 暴雨洪水情报预报系统的功能

接收处理洪水情报的功能；水情信息服务功能；暴雨洪水辅助分析功能。

3. 遥感技术在抗洪救灾中的应用

遥感作为一项综合性高新技术，观测空间大，可远离被测物体，不受气候条件限制，在世界范围内环境与灾害的检测中一直被优先选用。它是从一定距离对地表和近地表的目标物，从紫外到微波的某些波段的电磁波的发射和发射现象进行探测，从而识别目标物的理论和方法。

4. 科学调度洪水是防洪的关键

洪水调度是防汛决策的核心。洪水调度的任务是根据实时雨情、水情、工情信息，依据暴雨、洪水预报结果，并通过对工程险情及可能发生的各种灾情的分析，遵循洪水调度原则和防洪工程运用条件，设计并计算出合理、有效的洪水调度方案，通过对多种方案的经济性、现实性及风险性等进行综合评价和对比分析，选择较为满意的方案和提出方案的具体实施意见。

5. 科学试验

(1) 沉排坝的试验研究。土工织物沉排坝，是利用具有强度大、柔性好、施工简单、反滤效果好等优点的土工织物作为护底排布，上铺不同的压载体，而修成的各种类型的沉排结构。将沉排放在坝前受溜部位，排体随排前冲刷坑的发展逐渐下沉，自行调整坡度直至稳定，起到护底、护脚、防止淘刷的作用。土工织物作为一种新型的工程材料，在防洪抢险中显示出越来越大的优越性。

(2) 透水混凝土桩坝。透水桩坝是一种新结构形式，是河道整治结构中区别于传统实体坝的一种透水建筑物。其作用是通过缓溜落淤控制河势，达到控导主溜的目的。

三、抢险技术装备

1. 防汛抢险新材料

(1) 吸水膨胀袋。吸水膨胀袋是运用最新的高科技吸水材料作为填充物而制成的。其利用了高吸水材料遇水即胀的特点，在发生水患险情时，能以最快速度防汛抢险，吸水膨胀袋经现场测试比沙土包堵截速度快 9 倍，使用时只需一人就可以完成，420g 的吸水袋浸水 3～5min 立即成为 20kg 的应急膨胀袋，立刻可以进行有效的防水堵截。

1) 适用范围。用于江、河、湖筑坝防洪；用于易淹水工厂，隧道、地铁、地下停车场等低洼地带的防水灌入；雨水季节易崩塌地区或靠山土斜坡地区的临时围堵，防止崩塌；道路施工、工地桥梁建设、竞赛场等积水处的吸水去水；矿山、油气田开采等需快速去水的工矿企业。

2) 特点。沾水即可快速自动膨胀，吸水材料能够有效锁水，不渗漏不透水。重量轻，未膨胀时的体积、重量只是同体积沙土包的 1/50，可以节省大量的储放空间，运输和搬运都十分方便。吸水袋内已装填了高吸水材料，可以直接使用，不需要储备大量沙土装填，减低劳动强度（汛期多阴雨、泥水遍地、取沙土相当困难）。可自然降解，不会释放出有害物质，也不会像沙石般形成淤积而需动用人力物力去清除，非常环保。

(2) 吸水速凝挡水子堤。吸水速凝挡水子堤是由土工织物做外袋、土工膜做内袋和装在内袋里的高效保水材料以及护垫、加强带、注水孔、防渗带、防渗条等组成。袋体吸（充）水后体积胀大，随即水体凝结成具有一定抗压强度能自立的凝胶体，从而沿堤顶形成一道连续矮墙，即挡水子堤。

1) 应用范围。适用于江、河、湖、库各种挡水、防浪护坡、防漫溢抢险工程以及城市防洪。

2) 子堤特点。子堤可以防止洪水漫顶，抵御风浪，它具有以下显著特点：①子堤高度与形状可按设计要求确定，充水后可快速将液体水变为凝胶体，发挥挡水作用，满足防汛应急需要；②袋内充填物为水体，不需要开挖运送土石料，节约大量的人力、物料和运输，有利于环保与生态，在缺乏土石料源处，尤突出其优越性。并且充水操作迅速，效率高，速度快，在防汛千钧一发的紧急时刻，能快速应对；③充水前的子堤重量轻、体积小，人工搬运方便。防潮、密封包装，方便储存；④一堤多用，除挡水功能外，护坡垫前护堤肩后护堤背，既防渗又防浪，可有效地保护堤坝；⑤在各单元子堤底部加防渗带，能有效密合子堤与堤顶空隙，防止子堤底部渗漏；⑥各单元子堤对接，充水后纵向膨胀对挤，外加防渗条塞实接头处，不会在接头处漏水；⑦汛后拆除子堤，只要剖开管袋，凝胶体慢慢泻出，会自动还原成无毒的天然水；⑧施工时除需要充水水泵、防滑钉与简单工具外，别无其他设备要求，也无需复杂技术，安装简易。

(3) 防汛堵漏材料“管涌停”。“管涌停”防汛袋为吸水膨胀型高分子化学材料，装入特制土工袋而成，利用高分子材料吸水迅速膨胀的特点，在防洪抢险中可用来堵塞管涌通道、快速修建挡水围堰、封堵穿堤建筑物基础渗漏等。管涌停防汛袋使用前体积小、重量轻，存放、运输方便，与传统砂（土）袋相比可大大减少人力，并可为抢险争取时间。

1）封堵管涌和漏洞。利用“管涌停”遇水后迅速膨胀，体积变大的特点，可封堵管涌和漏洞。在使用时，根据漏洞或管涌情况，视水深预估洞口直径，选择一个或几个袋装“管涌停”卷成小卷，塞入洞口，封堵管涌通道。如果漏水较大或水面已经形成较大旋涡，可投放多袋“管涌停”，用推杆或依靠水的吸力将其送至洞口，堵塞漏洞。

当分不清漏洞具体位置时，可打开密封袋取出“管涌停”材料，在漏洞可能存在的地方均匀投放，形成一层防水层。也可在水流流速较大区域和石块一起投放，或者在上游处投放。

2）临时加高堤坝。由于“管涌停”遇水后重量成倍增加，体积迅速膨胀，可作紧急抢险时的砂包、土袋使用。汛期将“管涌停”放置在险段，一旦险情出现时，迅速打开塑料包装，将吸水膨胀后的平铺在堤顶，形成快速挡水围堰，临时加高堤坝。由于“管涌停”重量较轻，吸水后重量虽然加重，但抗风浪能力较差，所以，使用时应加压传统砂袋或石块等重物。仅使用“管涌停”修筑挡水围堰时，高度不宜过高，以1～2层为宜。

2. 防汛抢险新设备

(1) 防汛液压自动抛石机。液压自动抛石机主要由移动装置、滑槽、料斗、行走装置、配套动力等部分构成，利用液压传动技术，实现了抛石槽伸展定位、收放及抛石机械化，解决了一次抛投不到位的难题。

(2) 便携式打桩机。由防汛抢险钢桩及快速旋桩机、便携式打桩机和YBZ拔桩机组成的机械旋桩、打桩、拔桩施工。具有机械化施工速度快、质量高、用人少、危险小、减小劳动强度的优点。

快速旋桩机是一种机动灵活、工效高、适应于各种土质的快速植桩机具。钢桩向下旋转运动时加大了土体密度，增加了土壤与旋桩之间的摩擦力，使旋转在土壤中更加坚固。

便携式打桩机是一种专门用于抗洪抢险、堤防加固、维护江河湖塘堤岸的打桩机械，由主机和动力装置组成。主机是击打设备，两人即可操作，主机与动力装置分离，采用软轴连接传动。对长度2.5m以内、桩径8～12cm的木桩，3min内可打入木桩1～2m。

拔桩机由液压顶起机构，链轮链条机构，夹具、底盘结构组成。工作时，液压顶起机构举起链轮、链条机构，链条一端固定于底盘上，另一端通过卡具与本桩相接；随着顶起机构的上升，即可将木桩拔出。与传统拔桩方法相比，工效提高15倍。

(3) 机械组合装袋。组合装袋机可自动地将堆积于地面上的物料装入编织袋中，具有自动化、机械化程度高，省时、省力等优点，可用于堤防、河道工程抢险，每小时装袋1200袋。大洪水情况下，抢修堤防子堤、抢堵漏洞，需大量土袋时更能发挥速度快、效率高、节省劳力、减轻劳动强度的优势。一台组合装袋机每台班装袋量相当于125人一天的工作量。

土袋装运机采用机械传动原理，分自助上土、装袋、爬坡运动运输三部分。组合装袋机由蟹爪耙装、刮板运输、自动称重等七部分组成。工作时，蟹爪耙装机构采用两只机械蟹爪交替运动。连续地将集于铲板上的物料耙入刮板运输机中，刮板运输机构将物料输送到集料仓，物料在集料仓被螺旋分料机破碎并强制下送到编织袋，从而实现了集料、输送、称重、装袋全过程的自动化。

(4) 铺设机具。由以下几个部分组成：行走式铺设机、铺设架、控制柜及蓄电池，这些都能很方便地装载在一辆小型卡车上，单件可用手工装卸。铺设机具解决了水下密封的技术难题，实现了水下的机械铺设，降低了传统抢险中靠人力抢护的危险性。

土工合成材料软体排及其水下铺设机具铺设水深可达6m，铺设软体排宽度4m，铺设长度20m，并可适当调整延长。采用直流电源方式供电，减少了抢险中对当地电源的要求。

水下铺设机具经过增设附件，还可以用于水库水下探漏和水下地形测量等领域。

四、防汛抢险新技术

(1) 防治管涌滤垫及装配式围井。装配式围井由围井单元体构成。单元体设有围板加筋、连接件、固定件等，围板之间的接缝处固定有防渗水材料，围板上设置控制井内水位的排水系统，围井高度可根据需要调整。在抢护管涌中，应用装配式围井蓄水，抬高管涌破坏孔口处水位，减少上下游水位差，抑制堤防管涌破坏的恶化。抢护管涌滤垫的主要作用是“透水保砂”，上层为保护层，保护土工织物，防止其变形而影响过滤特性；下层为减压层，控制水势，削减流速水头；中层为滤层，用土工织物作过滤材料，它可根据土质的不同而选用不同的土工织物，三层材料固定成一整体。抢护管涌破坏，只需将这种滤垫直接铺设到清理好的地面上即可。铺设、更换和连接十分方便迅速，可重复使用，储运方便。

(2) 防汛移动信息工作平台。防汛移动信息工作平台是集实时信息采集、远程通信和数据查询于一体的移动式决策指挥平台。整套装置由信息采集工作箱、专用主机工作站、高清晰摄像头、数码照相机、视音频处理系统、海事卫星通信单元、专用电源和应用软件包等组成。该系统较好地实现野外工情信息与中心网络的完全连接，全方位实现信息传输、资料查询和视音频远程同频会商。它采用有线拨号上网和GPRS线或海事卫星相结合的通信方式，其速度可达128K，全方位实现恶劣环境无障碍远程决策指挥。

(3) 土工合成材料防渗漏软体排。由排布和扁带式压载枕袋组成，解决了水下铺设过程中软体排漂浮的技术问题，使一次性铺设软体排面积达到80$m^2$，为抢护堤身渗漏险情赢得了时间，具有很强的针对性。

总之，防洪抢险新技术、新设备、新材料的应用与研制的主要任务是为汛情预报、防洪工程建设、防汛部署、紧急抢险、各种险情抢护提供安全、高效的措施方案；对指挥抗洪斗争的关键问题，如开闸或是关闸、破堤还是保堤等提出对策；建立高科技立体探测网，准确把握洪水的脉搏；提高工作效能和资料的精确度，同时提高防汛抢险人员的素质和工作能力，增加抢险成功的把握。

# 参 考 文 献


[1] 李宗尧，胡昱玲．水利工程管理技术［M］．北京：中国水利水电出版社，2016.

[2] 湖北省水利厅大坝安全监测与白蚁防治中心．大坝安全监测实用技术［M］．武汉：武汉大学出版社，2018.

[3] 何勇军，刘成栋．大坝安全监测与自动化［M］．北京：中国电力出版社，2008.

[4] 梅孝威．水利工程管理［M］．北京：中国电力出版社出版，2013.

[5] 水利部建设与管理司，水利部建设管理与质量安全中心．小型水库管理实用手册［M］．北京：中国电力出版社，2015.

[6] 任树梅．工程水文学与水利计算基础［M］．北京：中国农业大学出版社，2008.

[7] 董哲仁．堤防抢险实用技术［M］．北京：中国电力出版社，1999.

[8] 水位监测标准：GB/T 50138—2010［S］.

[9] 降水量观测规范：SL 21—2015［S］.

[10] 水文测量规范：SL 58—2014［S］.

[11] 土石坝安全监测技术规范：SL 551—2012［S］.

[12] 土石坝安全监测资料整编规程：DL/T 5256—2010［S］.

[13] 混凝土坝安全监测技术规范：SL 601—2013［S］.

[14] 混凝土坝安全监测资料整编规程：DL/T 5209—2020［S］.

[15] 大坝安全监测仪器安装标准：SL 531—2012［S］.

[16] 大坝安全监测仪器检验测试规程：SL 530—2012［S］.

[17] 土石坝养护修理规程：SL 210—2015［S］.

[18] 混凝土坝养护修理规程：SL 230—2015［S］.